高等院校精品课程系列教材
国家级精品资源共享课程“ 套教材

计算机控制系统

龙志强 马宏绪 许雲淞 安宏雷 编著

机械工业出版社

本书较系统地介绍了计算机控制系统的分析、设计和综合方法，主要作者长期从事自动控制原理、计算机控制以及现代控制工程等课程的教学，在控制工程领域积累了三十多年的科研工作经验。全书共分 11 章，内容包括计算机控制系统的信号处理与数学描述方法、计算机控制系统分析与设计方法、控制网络与网络化控制系统设计基础，以及计算机控制系统的综合设计案例介绍等。本书在内容安排上，在考虑系统性并注重基本理论学习的同时，强化了综合实践训练，重在能力培养。另外，由于计算机控制网络技术的飞速发展和应用，本书增加了网络化的计算机控制系统相关知识介绍。为了便于教学，书中安排了大量的例题，每个例题都给出了 MATLAB 程序和计算结果。在主要设计章节，均安排了综合设计举例，以提高读者的知识运用能力。为了使读者更好地理解书中内容和开展课程预习，关键知识点配备了多媒体视频演示讲解。

本书可作为高等院校自动化及相关专业本科生的教材或教学参考书，也可供有关教师和工程技术人员学习参考。

为配合教学，本书配有教学用 PPT、电子教案、课程教学大纲、试卷（含答案及评分标准）、习题参考答案等教学资源。需要的教师可登录机工教育服务网（www.cmpedu.com），免费注册、审核通过后下载，或联系编辑索取（微信：18515977506/电话：010-88379753）。

图书在版编目（CIP）数据

计算机控制系统/龙志强等编著．—北京：机械工业出版社，2024.1
高等院校精品课程系列教材
ISBN 978-7-111-73174-0

Ⅰ．①计…　Ⅱ．①龙…　Ⅲ．①计算机控制系统-高等学校-教材
Ⅳ．①TP273

中国国家版本馆 CIP 数据核字（2023）第 084015 号

机械工业出版社（北京市百万庄大街 22 号　邮政编码 100037）
策划编辑：李馨馨　　　责任编辑：李馨馨
责任校对：梁　园　王　延　　　责任印制：刘　媛

北京中科印刷有限公司印刷

2024 年 1 月第 1 版第 1 次印刷
184mm×260mm · 17.5 印张 · 434 千字
标准书号：ISBN 978-7-111-73174-0
定价：69.00 元

电话服务　　　网络服务
客服电话：010-88361066　　　机　工　官　网：www.cmpbook.com
010-88379833　　　机　工　官　博：weibo.com/cmp1952
010-68326294　　　金　书　网：www.golden-book.com

机工教育服务网：www.cmpedu.com

前　言

计算机控制是自动控制技术与计算机技术紧密结合的产物。利用计算机快速、强大的数值计算、逻辑判断以及网络连接等信息处理能力，计算机控制系统可以实现比常规控制系统更复杂、更强大的控制功能。计算机技术在控制领域中的应用，有力地推动了自动控制技术的发展，特别是使复杂的、大规模的自动化系统发展到了一个新阶段。

20 世纪 80 年代以来，国内高校的自动化类专业大部分开设了计算机控制方面的课程，出版了各具特色的计算机控制方面的教材。2007 年本人主编了《计算机控制及网络技术》教材，并在国防科技大学自动化专业使用了十多年。以此为基础，本书主要作者基于长期从事自动控制原理、计算机控制、过程控制和现代控制工程等课程的教学积累，以及在控制工程领域积累的三十多年的科研工作经验，撰写出版了本书。本书在内容安排上，在考虑系统性并注重基本方法学习的同时，强化了综合实践锻炼，重在能力培养。另外，由于计算机控制网络技术的飞速发展和应用，书中对网络化的计算机控制系统的相关知识进行了加强。为便于教学，书中安排了大量的例题，每个例题都给出了 MATLAB 程序和计算结果。在主要设计章节，均安排了综合设计举例，以提高读者知识运用能力。为了帮助读者更好地理解书中内容和预习课程，书中部分关键知识点配备了多媒体视频演示和讲解，扫描书中二维码即可在线观看。

全书共分 11 章。第 1 章介绍计算机控制系统的特点、组成、分类，以及控制网络与网络化控制系统，分析了计算机控制技术的发展趋势；第 2 章介绍计算机控制系统的信号分析、信号采样的数学描述和离散拉普拉斯变换；第 3 章介绍 Z 变换和脉冲传递函数；第 4 章讲述计算机控制系统稳定性和稳态误差分析；第 5 章着重阐述各种离散化方法、PID 控制器的设计、改进以及参数整定方法；第 6 章介绍最小拍控制器设计方法，考虑滞后环节的数字控制器设计方法等；第 7 章简述计算机控制系统的离散状态空间分析与设计方法；第 8 章简述典型计算机控制系统的结构与组成；第 9 章以 CAN 总线为对象，介绍 CAN 的通信协议、CAN 控制器和驱动器的原理与应用，以及基于单片机的 CAN 智能节点的硬件结构和程序；第 10 章主要介绍网络化控制系统设计的基础知识；第 11 章介绍计算机控制系统的典型应用实例。

本书可用于高等院校自动化及相关专业的计算机控制课程教学。本书内容可按 48 学时进行教学安排，如课时数只有 32 学时，可重点讲授第 1 章至第 7 章。

本书由龙志强、马宏绪、许雲淞、安宏雷编著，其中第 1、5、7、8、9 章和第 11.4 节由龙志强负责撰写，第 2、3、4 章和第 11 章由马宏绪、安宏雷负责撰写，第 6、10 章由许雲淞负责撰写。全书由龙志强统稿并任主编。

本书邀请华中科技大学人工智能与自动化学院王永骥教授作为主审，对书中内容进行了全面审校。刘建斌、王志强和李迅老师为本书部分章节的撰写和案例设计提供了许多资料。另外，本书在编写过程中学习和参考了部分国内外有关教材的内容。在此一并表示诚挚的感谢。

由于编者知识水平有限，书中难免有不妥或错误之处，诚请读者批评指正。

龙志强
国防科技大学

二维码清单

名　称	二　维　码	名　称	二　维　码
2.1　采样与数学描述		5.3　数字 PID 控制器设计	
2.2　星号拉普拉斯变换		5.4.1　积分分离 PID 控制算法	
2.3　星号拉普拉斯变换的性质与采样定理		5.4.2　抗积分饱和 PID 控制算法	
3.2.1　Z 变换 1		5.4.3　不完全微分 PID 控制算法	
3.2.2　Z 变换 2		5.4.4　微分先行 PID 控制算法	
3.2.3　Z 变换 3		5.4.5　带死区的 PID 控制算法	
4.1.1　控制系统分析 1		5.5　PID 控制器参数对系统性能的影响	
4.1.2　控制系统分析 2		5.6　数字 PID 控制器的参数整定	
4.3　控制系统分析 3		6.1　直接设计方法基本思路	
5.1　离散与连续等效设计步骤		6.2.1　简单被控对象最小拍控制器设计	
5.2　模拟控制器的离散化		6.2.2　复杂被控对象最小拍控制器设计	

（续）

名　称	二　维　码	名　称	二　维　码
6.2.3　采样点间纹波处理		9.5　CAN 总线驱动器 PCA82C250	
6.3　具有滞后环节系统的数字控制器设计		9.7.1　CAN 总线延时分析	
6.4　数字控制器的计算机实现		9.7.2　CAN 总线延时变化分析	
7.1.1　差分方程化为状态空间描述		10.1.1　基本概念	
7.1.2　脉冲传递函数化为状态空间描述		10.1.2　常见的网络化控制系统结构	
7.1.3　离散系统状态方程求解		10.1.3　影响网络化控制系统性能的主要因素	
7.1.4　连续系统的离散化		10.2.1　网络节点间的端到端时延	
7.2　离散系统的能控性和能观性		10.2.2　网络化控制系统时延分析	
7.3　离散系统的状态反馈控制器设计		10.3.1　总时延不大于一个采样周期	
9.1　概述		10.3.2　总时延大于一个采样周期	
9.2　CAN 的系统组成		10.3.3　时延、采样周期和系统稳定性	
9.3　CAN 的通信技术协议		10.3.4　状态反馈	
9.4　CAN 的总线控制器 SJA1000			

目 录

第1章 绪论

计算机控制是自动控制技术与计算机技术紧密结合的产物。依托计算机快速、强大的数值计算、逻辑判断以及网络连接等信息处理能力，计算机控制系统可以实现比常规控制系统更复杂、更强大的控制功能。计算机技术在控制领域中的应用，有力地推动了自动控制技术的发展，扩展了自动控制技术在国民经济和国防建设中的应用范围，特别是使复杂的、大规模的控制系统发展到了一个新阶段。当前，计算机控制技术的应用十分广泛，不仅应用于国防、航天和航空等高精尖领域，在现代工业、农业、交通、通信以及家电等领域也已经十分普及。

本章在给出计算机控制系统基本概念的基础上，分析了计算机控制系统的主要特点，总结了计算机控制系统的硬件和软件组成，对计算机控制系统进行了分类，对控制网络和网络化控制系统进行了介绍，最后对计算机控制系统的发展历程和未来趋势进行了介绍和分析。

1.1 概述

计算机技术、自动化技术被认为是现代科学技术领域发展较快的分支。计算机控制技术是计算机、自动化、自动检测和网络通信等技术综合发展的产物，极大地提高了控制过程的自动化和信息化水平，是工业自动化和武器装备信息化与智能化的重要支柱技术之一。

1.1.1 计算机控制系统概念

计算机控制系统（Computer Control System，CCS）是应用计算机参与控制并实现机电装备、运动控制和工业过程自动控制的系统。在计算机控制系统中，由于计算机的输入和输出都是数字信号，而现场采集到的信号或送到执行机构的信号大多是模拟信号，因此计算机控制系统需要有 A/D 转换和 D/A 转换这两个环节。

这种通过计算机或数字控制装置来实现控制器功能的系统，就构成了计算机控制系统，其基本框图如图 1-1 所示。因此，计算机控制系统可以说是由各种各样的计算机参与控制的一类控制系统。

在一般的模拟控制系统中，控制器是由模拟电路实现的，若要改变控制律就要更改电路参数或结构。而在计算机控制系统中，控制律是用软件实现的，计算机执行预定的控制程序，就能实现对被控对象的控制。因此，要改变控制律，只要改变相应的控制程序即可。这

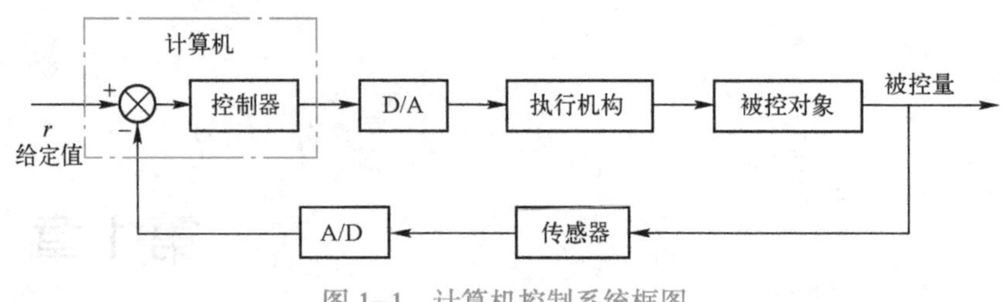

图 1-1 计算机控制系统框图

就使控制系统的设计更加灵活方便，特别是可以利用计算机强大的计算、逻辑判断、存储、信息传递能力，实现更为复杂的控制律。

由于计算机控制系统中的控制器是由计算机的控制算法和程序实现的，A/D 转换器和 D/A 转换器都只能是周期性工作，因此控制系统被引入计算机之后就成为离散时间控制系统，计算机控制系统有时也称为数字控制系统。因此，计算机控制系统的控制过程一般可归纳为三个步骤。

1）实时采集：对被控参数的瞬时值实时采集，通过 A/D 转换通道输入计算机。

2）实时处理：对采集到的被控参数状态量进行分析，控制器按已确定的控制律，决策进一步的控制行为。

3）实时输出：根据做出的控制决策，通过 D/A 转换通道，实时地向执行机构发出控制信号，在线进行控制。

以上过程不断重复，使整个系统按照一定的规律工作。此外，计算机控制系统还应能对被控参数和设备本身可能出现的异常状态进行及时检测和诊断并做相应处理。

与一般控制系统相同，计算机控制系统可以是闭环的，这时计算机要不断采集被控对象的各种状态信息，按照一定的控制策略处理后，输出控制信息直接影响被控对象。计算机控制系统也可以是开环的，计算机只按时间顺序或某种给定的规则影响被控对象。

1.1.2 计算机控制系统特点

计算机控制系统通常具有精度高、速度快、存储容量大和有逻辑判断功能等特点，因此可以实现高级复杂的控制方法，获得快速精密的控制效果。计算机技术的发展已使整个人类社会发生了可观的变化，甚至作战装备和模式也发生了变革，例如无人作战装备与智能化作战模式等。而且，计算机所具有的信息处理能力，能够进一步把现场操控、机电装备控制、信息管理和决策有机地结合起来，从而实现企业或大系统的全面信息化和智能化管理。

计算机控制系统的主要特点如下：

1）利用计算机的存储记忆、数字运算、显示功能和快速运算能力，可以同时实现模拟变送器、控制器、指示器、操作器以及记录仪等多种模拟仪表的功能，并且便于监视和操作。通过分时工作可以实现一台计算机同时控制多个回路，并且还可以同时实现直接数字控制、监督控制、顺序控制等多种控制功能。

2）利用计算机强大的信息处理能力，可以实现模拟控制难以完成的各种先进复杂的控制算法，如最优控制、自适应控制、预测控制以及智能控制等等，从而不仅可以获得更好的控制性能，而且还可实现对难以控制的复杂被控对象（如多变量系统、大时延系统以及某些时变系统和非线性系统等）的有效控制。

3）系统调试、参数整定灵活方便。系统控制算法及其参数的整定，通过修改软件或改变参数即可实现。常规模拟式控制系统的功能实现和方案修改比较困难，需要进行硬件重新配置调整和接线更改。而对于计算机控制系统，由于其所实现功能的软件化，复杂控制系统的实现或控制方案的修改可能只需修改程序、重新组态即可实现。

4）基于分布式控制网络技术，搭建分布控制、集中管理的集散控制系统，实现工业生产与经营的管理、控制一体化，大大提高企业的综合自动化水平。常规模拟控制无法实现各系统之间的通信，不便全面掌握和调度生产情况。而计算机控制系统可以通过通信网络而互通信息，实现数据和信息共享，能使操作人员及时了解生产情况，改变生产控制和经营策略，使生产处于最优状态。

5）利用控制网络技术可将所有的现场设备（如传感器、执行机构、驱动器等）与控制器用一根电缆连接在一起，构成彻底分散的网络化控制系统，实现现场状态监测、控制、远程传输等功能，使企业信息的采集控制直接延伸到生产现场。这种网络化的计算机控制系统具有开放性、互操作性与互用性、现场设备的智能化与功能自治性、系统结构的高度分散性、对现场环境的适应性等优点。

6）实现复杂系统的智能监控，计算机具有记忆和判断功能，它能够综合被控对象中各方面的信息，在发生异常情况下，及时做出判断，采取适当措施，并分析出故障原因，给出准确指导，缩短系统维修和排除故障时间，提高系统运行的安全性和工作效率。

由于计算机控制系统中同时存在连续型和离散型两类信号，因此系统中应有 A/D 和 D/A 通道实现连续信号与离散信号的相互转换。连续系统控制理论已不能直接用于计算机控制系统分析和设计，须学习离散控制理论的有关知识，另外构成计算机系统的平台也发生了变化。这些都是本书的主要研究内容。

1.2 计算机控制系统的组成

计算机是计算机控制系统中的核心装置，是系统中信号处理和决策的机构，它相当于控制系统的神经中枢。计算机控制系统由控制部分和被控对象组成，其控制部分包括硬件部分和软件部分，这不同于模拟控制器构成的系统只有硬件组成。计算机控制软件系统是能完成各种功能计算机程序的总和，通常包括系统软件和应用软件。

1.2.1 硬件系统组成

计算机控制系统的硬件主要由主机、通用 I/O 设备、过程 I/O 设备等组成，如图 1-2 所示。

1. 主机

主机主要由中央处理器（CPU）、内存储器（RAM 和 ROM）、I/O 接口以及连接系统的总线组成，主机是控制计算机的核心，也是计算机控制系统的核心。它按照预先存放在内存中的程序和指令，不断通过输入设备来获取被控对象运行工况的信息；按程序中规定的控制算法自动地进行运算和判断；及时产生并通过输出设备向被控对象发出相应控制信息，以实现对被控对象的控制。

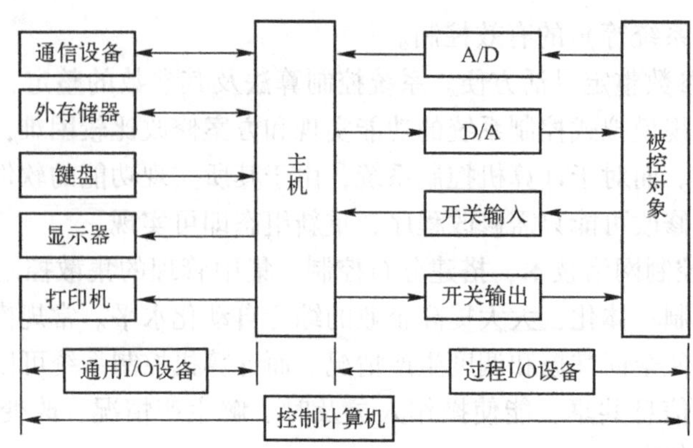

图 1-2　计算机控制系统的硬件组成框图

2. 通用 I/O 设备

常用的 I/O 设备有 4 类：输入设备、输出设备、外存储器和通信设备。

输入设备：常用的是键盘或开关等，用来输入（或修改）程序、数据和操作命令。

输出设备：通常有打印机、显示器等，它们以字符、曲线、表格、图形等形式来反映被控对象的运行工况等有关控制信息。

外存储器：用来存放程序和数据，作为内存储器的后备存储器。

通信设备：用来与其他相关计算机控制系统或计算机管理系统进行联网通信，形成规模更大、功能更强的网络化的计算机控制系统。

以上这些常规的外部设备通过接口与主机连接便构成具有科学计算和信息处理功能的通用计算机，但是这样的计算机不能直接用于控制。如果用于控制，还需要配备过程 I/O 设备构成控制计算机。

3. 过程 I/O 设备

过程 I/O 设备是计算机与被控对象之间信息联系的桥梁和纽带，计算机与被控对象之间的信息传递都是通过它们进行的。这类设备主要包括以下 4 种。

A/D 设备：用来将被控对象的模拟信号转换为数字信号，输入计算机。

DI 设备：用来将被控对象的数字信号或开关量信号转换输入计算机。

D/A 设备：用于将计算机产生的数字控制信号转换为模拟信号，输出去驱动执行机构，对被控对象实施控制。

DO 设备：用于将计算机产生的数字量或开关量信号直接输出去驱动相应的机构动作。

4. 被控对象

被控对象包括传感器、执行机构和被控制的物理对象。一般来说，被控对象是连续模拟环节，而计算机输出数字信号，该信号经 D/A 转换和保持后成为连续信号，输入到被控对象上。

1.2.2　软件系统组成

计算机控制系统必须配备相应的软件才能实现预期的各种控制功能，计算机控制系统的软件通常由系统软件和应用软件两大部分组成。

1. 系统软件

系统软件即计算机的通用性软件，主要包括操作系统、数据库系统和一些公共平台软件等。系统软件通常由计算机厂家和软件公司研制，可以从市场上购置。计算机控制系统设计人员需要了解和学会使用系统软件。

2. 应用软件

应用软件是计算机在系统软件支持下实现各种应用功能的专用程序。计算机控制系统的应用软件一般包括控制程序，输入输出接口程序，人机接口程序，显示、打印、报警和故障联锁程序等。其中控制程序用来执行预先设计的控制算法，它的优劣直接影响控制系统品质；输入输出接口程序与输入输出通道硬件相配合，实现计算机与被控对象之间的数据信息传递。一般情况下，应用软件由计算机控制系统设计人员根据所确定的硬件系统和软件环境来开发编写。

1.3 计算机控制系统的类型

从计算机控制系统的发展历程来看，计算机控制系统有很多种类型，同时计算机控制系统的分类方法很多，可以按照系统的功能结构、控制律和控制方式等进行分类。下面按功能结构介绍计算机控制系统的分类。

1.3.1 直接数字控制系统

直接数字控制（Direct Digital Control，DDC）系统的构成如图 1-3 所示。在计算机控制系统中，DDC 系统是计算机用于工业生产过程控制的最典型的一种系统。在 DDC 系统中，使用计算机作为数字控制器，计算机除了经过输入通道对多个工业过程参数进行巡回检测、采集外，还可以按预定的调节规则进行控制运算，然后将运算结果通过输出通道提供给执行机构，使各个被控量达到预定的控制要求。

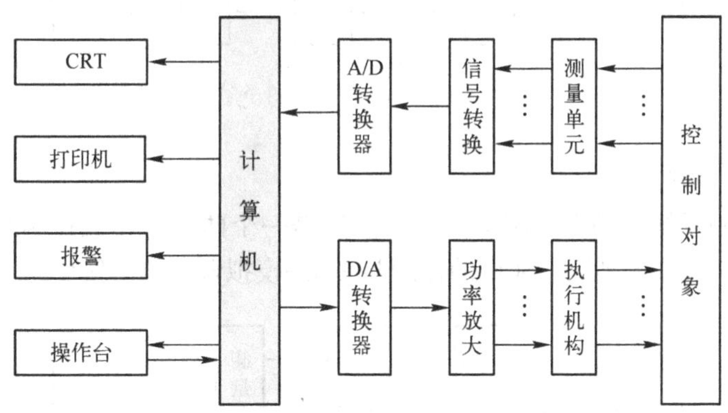

图 1-3　直接数字控制系统框图

由于 DDC 系统中的计算机直接承担控制任务，所以要求计算机的实时性好、可靠性高和适应性强。为充分发挥计算机的利用率，一台计算机通常可以控制多个回路。DDC 系统中常使用小型计算机或微型机的分时系统来实现多个点的控制功能。

DDC 系统的优点是灵活性大、可靠性高和价格便宜，能用数字运算形式对若干个回路，甚至数十个回路进行控制，而且只要改变控制算法和应用程序便可实现较复杂的控制。

1.3.2 计算机监督控制系统

计算机监督控制（Supervision Computer Control，SCC）系统是在直接数字控制系统或模拟调节器上添加一级监督计算机而实现的。在此类系统中，被控对象的闭环控制依靠 DDC 系统或模拟调节器来完成，监督计算机的输出作为 DDC 系统或模拟调节器的设定值，这一设定值将根据生产工艺信息及采集到的现场信息，按照预定的数学模型或其他方法所确定的规律进行自动修改，使生产过程始终处于最优的工况。

SCC 系统可根据被控对象的工况和已定的数学模型，进行优化分析计算，产生最优化设定值，送给直接数字控制系统执行。SCC 系统负责监督计算机系统承担的高级控制与管理任务，要求数据处理功能强、存储容量大等，一般采用较高档微机。

该类系统有两种结构形式：一种是 SCC+模拟调节器，另一种是 SCC+DDC 系统。

1. SCC+模拟调节器

SCC+模拟调节器控制系统原理图如图 1-4 所示。在此系统中，由计算机系统对各物理量进行巡回检测，按一定的工艺要求计算出最佳给定值送给模拟调节器。当 SCC 计算机出现故障时，可由模拟调节器独立完成控制。一台 SCC 计算机可监督控制多台模拟调节器。

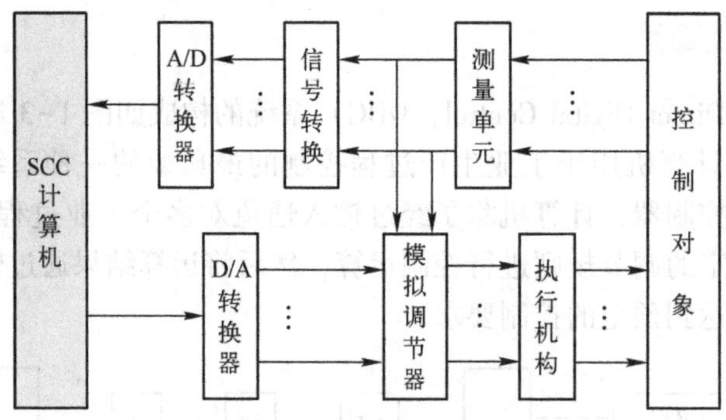

图 1-4 SCC+模拟调节器控制系统原理图

2. SCC+DDC 系统

SCC+DDC 控制系统原理图如图 1-5 所示。这是一个两级计算机控制系统，一级为监控级 SCC，另一级为 DDC 控制级。SCC 的作用与 SCC+模拟调节器系统中的 SCC 一样。两级计

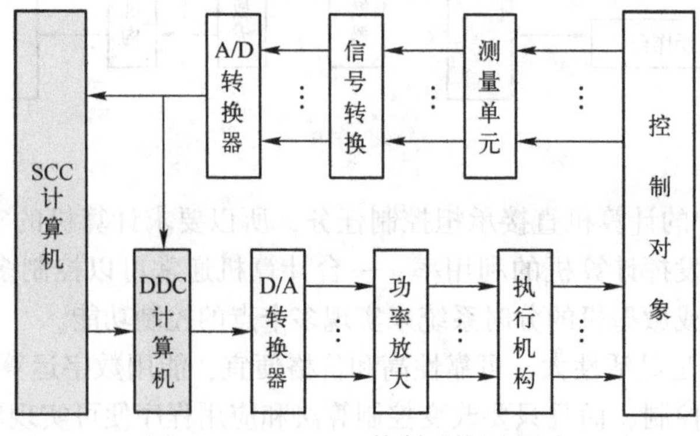

图 1-5 SCC+DDC 控制系统原理图

算机之间通过通信接口进行信息联系，一台 SCC 计算机同样可监督控制多台 DDC 系统。在早期，SCC 与 DDC 通信一般采用 RS232 或 RS485 等通信方式。

1.3.3　集散控制系统

集散控制系统（Distributed Control System，DCS）的核心思想是集中管理、分散控制，即管理与控制相分离。采用多层分级、合作自治的结构形式，其主要特征是集中管理和分散控制。上位机（工程师站或操作站）用于实现集中监视管理功能，若干台下位机（现场控制站）下放分散到现场实现控制，各上下位机之间用控制网络互连以实现相互之间的信息传递，如图 1-6 所示。这种分级式的控制系统体系结构既实现了地理上和功能上分散的控制，又通过高速数据通道来集中监视和操作各个分散点的信息，另外还留有和信息管理系统的接口。

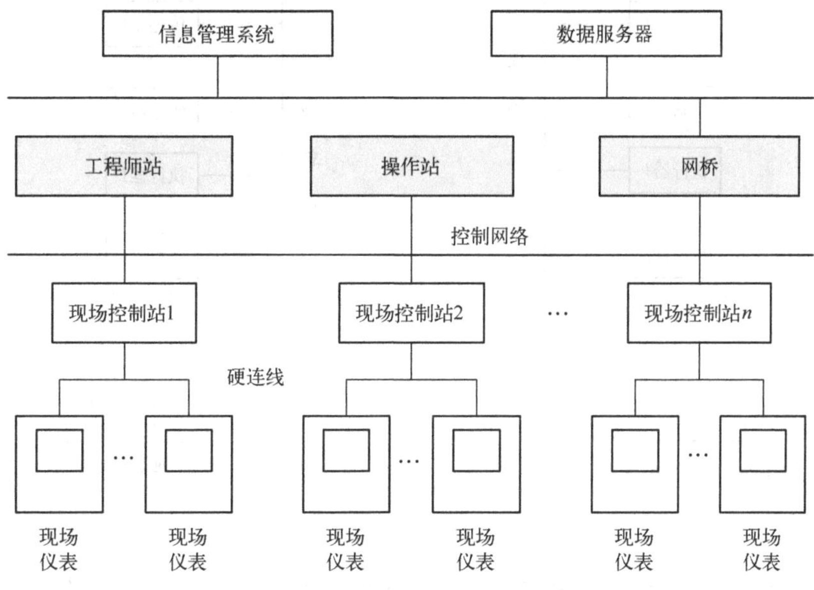

图 1-6　集散控制系统示意框图

集散控制适合于大系统或复杂生产过程的控制，比较容易实现复杂的控制，系统采用积木式结构，组态灵活，易于扩展；通过采用 CRT 显示技术和智能操作，操作、监视十分方便；但控制站与现场仪表之间大部分传输的仍然是 4~20 mA 的模拟信号。

目前，DCS 在电力、冶金、石化等行业都获得了极其广泛的应用。

在集散控制系统中，分级式控制思想的实现正是得益于网络技术的发展和应用。遗憾的是，不同的 DCS 厂家为达到垄断经营的目的而对其控制通信网络采用各自专用的封闭形式，不同厂家的 DCS 之间，以及 DCS 与上层信息网络之间难以实现网络互连和信息共享，因此，集散控制系统从该角度而言实质上是一种封闭专用的、不具可互操作性的分布式控制系统。并且，DCS 没有做到彻底的分散性。在这种情况下，用户对网络控制系统提出了开放化和降低成本的迫切要求。

1.3.4　现场总线控制系统

现场总线控制系统（Fieldbus Control System，FCS）是新一代分布式控制系统，现场总线通过一对传输线，可挂接多个设备，实现多个数字信号的双向传输，数字信号完全取代4~20 mA 的模拟信号，实现了全数字通信。和 DCS 不同，它的结构模式为“操作控制站—现场总线智能仪表”两层结构，取消了现场控制站，另外操作控制站 A 和 B 可以相互备份，提高可靠性。现场总线控制系统结构如图 1-7 所示。

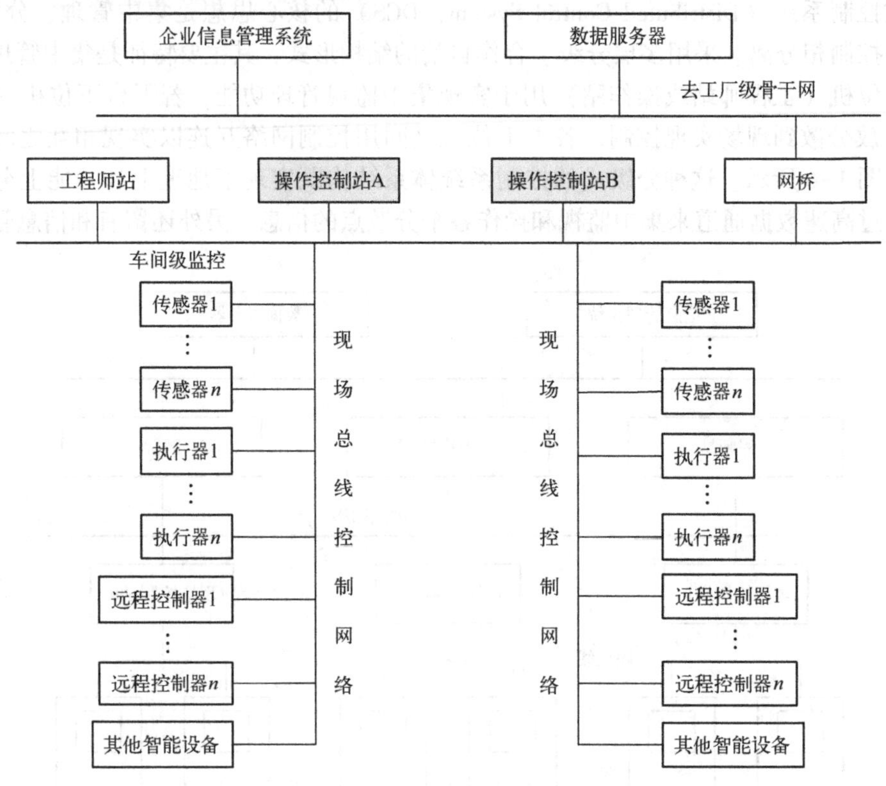

图 1-7 现场总线控制系统结构示意图

由于现场总线是用于现场仪表与控制室系统之间的一种开放、全数字化、双向、多站的通信系统，因此现场总线控制系统具有良好的开放性、互操作性与互用性。

现场总线控制系统融合了智能化仪表、计算机网络和开放系统互连（Open Systems Interconnection，OSI）等技术的精髓，最初设计构想是形成一种开放的、互操作性的、彻底分散的分布式控制系统，目标是要成为 21 世纪控制系统的主流产品。但由于目前现场总线标准和产品的多样性，无法发挥 FCS 的互操作性的优势。

1.3.5 工业以太网控制系统

为了弥补现场总线控制系统的不足，基于工业以太网的网络化控制系统应运而生，并迅速增长，其架构与图 1-7 类似。但是，工业以太网的控制系统不仅具有现场总线控制系统的特点，还具有其他网络无法比拟的优势，主要体现在以下几个方面。

1）开放性：采用公开的标准和协议。

2）平台无关性：可以选择不同厂家、不同类型的设备和服务。

3）提供多种信息服务：提供 E-mail、WWW、FTP 等多种信息服务。

4）图形用户界面：统一、友好、规范化的图形界面，操作简单，易学易用。

5）信息传递：快速、准确。

6）易于实现多现场总线的集成：相互包容，多种现场总线集成起来协同完成测控任务。

7）易于实现多系统集成：主要体现在现场通信协议的相容、不同系统数据的交换以及组态、监控、操作界面的统一。

总之，一般把 20 世纪 50 年代前的气动信号控制系统 PCS 称作第一代；把 4～20 mA 等电动模拟信号控制系统称为第二代；把前面介绍的计算机集中式控制系统（含 DDC 和 SCC）称为第三代；把 20 世纪 70 年代中期以来的集散式分级控制系统（DCS）称作第四代；把 20 世纪 90 年代发展起来的现场总线控制系统（FCS）以及 21 世纪初正在兴起的工业以太网络控制系统称作新一代控制系统架构。

纵观控制系统的发展史，不难发现，每一代新的控制系统的推出都是针对老一代控制系统存在的缺陷而给出的解决方案，最终在用户需求和市场竞争两大外因的牵引下占据市场的主导地位，现场总线控制网络和网络化控制系统的产生也不例外。

1.4 控制网络与网络化控制系统

1.4.1 控制网络

信息技术的飞速发展引发了自动化领域的深刻变革，并逐渐形成了网络化、全开放、全分布的控制系统体系结构，而控制网络正是这场深刻变革中最核心的技术。

控制网络是应用在生产现场，在微机化测控设备之间实现双向串行多节点数字通信的系统，它的关键是把网络化、信息化的概念彻底引入控制领域中，构建完整的控制网络和信息网络。它不仅可以实现高度灵活、高可靠性的分散控制，而且可以实现企业、甚至世界范围的信息共享，提高企业的生产效率。控制网络技术必将改变企业的组织和生产方式，并对社会生产力的发展起到巨大的促进作用。因此，可以说，控制网络的出现标志着一个自动化新时代的开端。

1. 控制网络

控制网络技术源于计算机网络技术，与一般的信息网络有很多共同点，但又有不同之处。控制网络是一种数字化的串行双向通信系统。这一技术可将所有的现场设备（如传感器、执行机构、驱动器等）与控制器用一根电缆连接在一起，形成现场设备级和车间级的数字化通信控制网络，可完成现场状态监测、控制、远程传输等功能。控制网络技术将现场级设备的信息作为整个企业信息网的基础，使企业信息的采集控制直接延伸到生产现场。

由于工业控制系统特别强调可靠性和实时性，所以，测量与控制用的计算机网络不同于信息技术中的一般计算机网络。控制网络数据通信以引发并控制物质或能量的运动为最终目的，控制网络与信息网络的主要不同点在于：

1）控制网络中数据传输的及时性和系统响应的实时性是控制系统最基本的要求。一般来说，过程控制系统的响应时间要求为 0.01～0.5 s，制造自动化系统的响应时间要求 0.5～2.0 s，信息网络的响应时间要求为 2.0～6.0 s。在信息网络中，大部分情况下的实时性是可以忽略的。

2）控制网络强调在恶劣环境下数据传输的完整性、可靠性。控制网络应具有在高温、潮湿、振动、腐蚀，特别是电磁干扰等工业环境中长时间、连续、可靠、完整地传送数据的能力，并能抗工业电网的浪涌、跌落和尖峰干扰。在可燃和易爆场合，控制网络还应具有本质安全性能。

控制网络的技术特点如下：

1）良好的实时性与时间确定性。

2）传送信息多为短帧信息，且信息交换频繁。

3）容错能力强，可靠性高，安全性好。

4）控制网络协议简单实用，工作效率高。

5）控制网络结构具有高度分散性。

6）控制设备的智能化与控制功能的自治性。

7）与信息网络之间有高效率的通信，易于实现与信息系统的集成。

从工业自动化与信息化层次模型来说，控制网络可分为面向设备的现场总线（Field Bus）和面向自动化的主干控制网络。在主干控制网络中，现场总线作为主干控制网络的一个接入节点。从发展的角度看，设备层和自动化层也可以合二为一，从而形成一个统一的控制网络层。相对于现场总线，控制网络是一个广义的概念，包含了现场总线网、工业以太网、无线通信网络等。因此，控制网络的类型如下：

1）从企业计算机网络的层次结构来看，控制网络可分为面向设备的控制网络与面向控制系统的主干控制网络。

2）从网络体系结构来看，控制系统可分为广义 DCS、现场总线控制系统和工业以太网控制系统。广义 DCS 的设备层往往采用专用的网络协议，而控制层则采用了修正的 IEEE 802 协议簇。现场总线控制网络针对工业控制的要求而设计，采用简化了的 OSI 参考模型，并有 IEC 的国际标准支持。工业以太网则采用了 IEEE 802.3 的协议簇，具有良好的开放性。

2. 现场总线

根据国际电工委员会 IEC 61158 标准的定义，现场总线是指将现场设备（如数字传感器、变送器、仪表与执行机构等）与工业控制单元、现场操作站等互连而成的通信网络，它的关键标志是能支持双向、分散、多节点、总线式的全数字通信，是工业控制网络向现场级发展的产物，是控制网络技术典型代表。现场总线技术使现场级设备的信息作为整个信息网的基础，使信息的采集控制直接延伸到生产现场。因此，使用现场总线技术不但提高了通信能力和系统运行的可靠性，而且节省了系统安装时的布线费用和硬件费用，并更加容易对系统进行管理和维护。这一技术代表了自动化的发展方向，是现场级设备通信的一场数字化革命。

现场总线作为底层控制网络是在 20 世纪 80 年代末、90 年代初形成并发展的，主要用于过程自动化、制造自动化、楼宇自动化和信息化装备等领域的现场智能设备的互联通信。作为数字通信网络的基础，现场总线沟通了生产过程现场、控制设备之间及其与更高控制管理层次之间的联系，不仅是一个基层网络，而且还是一种开放式、新型全分布控制系统。这项以智能传感、控制、计算机、数字通信等技术为主要内容的综合技术，已经受到世界范围的关注，成为自动化技术发展的热点，并引发了自动化系统结构与设备的深刻变革。

随着现场总线技术的不断发展，其内容不断丰富，现场总线已经超出了原有的定位范围，不再只是通信标准与通信技术，而成为网络化控制系统，现场总线一词已难以完整地表达控制网络现今的技术内涵，考虑现场总线已经成为这一领域大家熟知的名词，所以后面章节也一直沿用现场总线来代表。目前，现场总线已成为底层控制网络的主流类型，而工业以太网则表现出良好的上升趋势。尽管一些专家认为工业以太网有可能取代现场总线成为控制网络的主流类型，但就两者的应用现状和发展趋势而言，还很难预测控制网络的最终走向。在相当长的时期内，可能会维持现场总线与工业以太网共存的状况。

1.4.2　网络化控制系统

网络化控制系统（Networked Control System，NCS）是指控制回路各器件间通过通信网络交换信息的控制系统，其主要特征是控制系统的命令及回授是在网络中以封包的方式传送的。典型的网络化控制系统结构如图 1-8 所示。

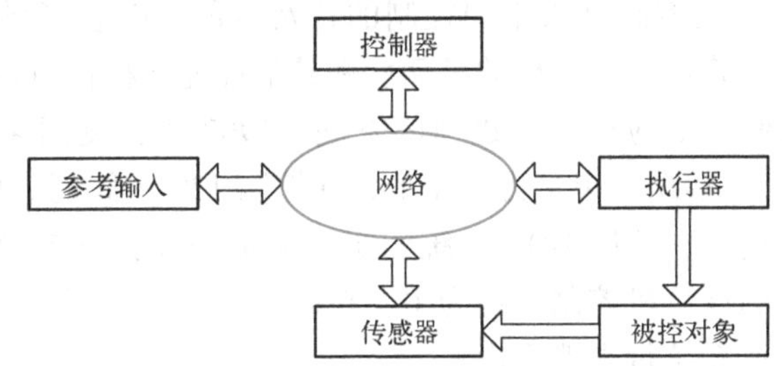

图 1-8　典型的网络化控制系统结构

随着控制系统结构的日益复杂，控制对象由单变量线性对象逐渐扩展为多变量非线性对象；控制目标由单一变为多个；执行控制的器件也由独立的模拟元器件变为现在的大规模集成电路和计算机控制。这样一来，控制系统各部件间要交换的信息就更多了。传统控制系统的连接繁杂，对系统的维护、改进、升级都比较困难。随着计算机技术、通信技术与控制技术的不断发展和融合，控制系统逐渐向网络化、集成化、分布化、节点智能化的方向发展，网络化控制系统在各个领域得到了广泛的应用，成为控制界研究的一个热点。第 1.3 节介绍的 DCS、FCS 以及工业以太网控制系统，从某种意义上都可以归并到网络控制系统的范畴。

1.5　计算机控制技术的发展历程及趋势

前面对计算机控制系统的组成和分类，特别对计算机控制系统的最新发展——控制网络和网络控制系统进行了介绍，下面结合计算机控制系统的发展历程，分析各类计算机控制系统产生的过程和发展趋势。

1.5.1　计算机控制技术的发展历程

计算机控制是以自动控制理论和计算机技术为基础的。自动控制理论是计算机控制的理论支柱，计算机技术的发展又促进了自控理论的发展和应用。计算机控制技术的发展同计算机技术的发展有着紧密的联系，计算机每更新换代一次，计算机控制就前进一步，上一个新台阶。

从国际上的计算机控制技术发展来看，在进行计算机控制试验基础上，大体经历了集中式、分级式和分布式三个大阶段。

（1）集中式

1965 年以前，是计算机控制试验阶段。世界上第一台数字计算机于 1946 年在美国诞生，起初计算机用于科学计算和数据处理。1952 年，在化工生产中实现了计算机自动测量和数据处理。1954 年开始用计算机构成开环控制系统。1957 年，在石油蒸馏过程控制中采用了计算机构成的闭环系统。1959 年 3 月，世界上第一个规模较大的过程计算机控制系统在得克萨斯州的一个炼油厂正式投入运行，并取得成功，该系统的控制参数包括 26 个流量、72 个温度、3 个压力和 3 个成分。这一开创性的工作，唤起了人们对计算机控制的极大兴趣，有力地推动了计算机控制和计算机本身的进一步发展。由于当时的计算机是电子管计算机，计算机的性能价格比很低，而且体积大、可靠性差。因此，当时计算机控制系统主要用来执行数据处理、操作指导和为模拟控制器提供最优设定值的监督控制等简单控制功能。

1965—1969 年是计算机控制进入集中控制的普及阶段。随着半导体技术的兴起，晶体管计算机取代了电子管计算机，计算机的可靠性和其他性能指标都有较大的提高，成本逐年下降，计算机在生产控制中的应用得到迅速的发展。1962 年，英国化学工业公司成功地实现了一套 DDC 系统，其中数据采集量为 244 个，并控制 129 个阀门。由于 DDC 系统可以较好地发挥计算机控制的优势，所以 DDC 系统的实现无疑是计算机控制系统的一大进步。但这个阶段仍然以集中式的计算机控制系统为主，在高度集中的控制系统中，若计算机出现故障，将对整个装置和生产系统带来严重影响。

（2）分级式

1970 年以后进入大量推广分级控制的阶段。随着大规模集成电路技术的突破，微型计算机问世。微型计算机的出现使得计算机控制进入了一个崭新的发展阶段。由于微型计算机具有运算速度快、可靠性高、价格低廉和体积小等特点，消除了长期阻碍计算机控制发展的计算机造价昂贵和可靠性低两大问题，并为计算机分散控制系统的出现创造了条件。20 世纪 70 年代中期出现的 DCS 成功地解决了传统集中控制系统整体可靠性低的问题，从而使计算机控制系统获得了大规模的推广应用。1975 年，世界上几个主要的计算机和仪表公司，如美国的 HoneyWell 公司，日本的横河公司等几乎同时推出各自的 DCS 产品，并都得到了广泛的工业应用。

（3）分布式

20 世纪 90 年代以后，随着现场总线控制技术的逐渐成熟、以太网技术的逐步普及、智能化与功能自治性的现场设备的广泛应用，使嵌入式控制器、智能现场测控仪表和传感器方便地接入现场总线和工业以太网络，直至与 Internet 相连，计算机控制系统步入了分布式网络化的控制阶段。

1.5.2 计算机控制技术的发展趋势

面向未来，计算机控制系统发展主要体现在以下几个方面。

1. 网络化控制

微型计算机技术及超大规模集成电路技术和通信网络技术的发展，为计算机用于控制创造了良好的条件，计算机控制系统的规模越来越大，其结构也发生了变化，经历了计算机集中控制系统、集散控制系统、现场总线控制系统，向着网络化控制系统发展。网络化控制系统不仅仅是将控制系统的传感器、执行器和控制器等单元通过网络连接起来，甚至将整个车间、整个企业的控制系统通过网络连接起来。随着物联网概念的提出以及控制系统发展的需求，以无线通信模式为新特征的物联网控制系统，必将成为计算机控制系统的重要发展方向之一。

2. 智能型控制

随着人工智能技术的发展以及人们对控制系统自动化与智能化水平需要的提高，模糊控制技术、预测控制技术、专家控制技术、神经网络技术、最优控制技术、自适应控制技术等将在计算机控制系统中得到越来越广泛的应用。

3. 综合型控制

计算机控制技术发展迅猛，基于计算机控制的综合自动化控制系统已不再是单一的控制系统，而是集成的多目标、多任务的综合控制系统，即把整体上相关、功能上相对独立、位置上相对分散的子系统或部件组成一个协调控制的综合计算机控制与管理系统。我国已确定要建设成为制造强国、质量强国、航天强国、交通强国、网络强国、数字中国，因此，需要加速推进新型工业化，而综合型计算机控制系统必将发挥重要作用，而且在应用中得到更大的发展。

思考题与习题

1.1　计算机控制系统的组成有哪些？

1.2　计算机控制系统的主要特点有哪些？

1.3　计算机控制系统按功能及结构划分可以分为哪几类？每类计算机控制系统的优缺点如何？

1.4　计算机控制系统中用的计算机在结构和技术性能要求方面和一般办公用计算机有何不同？

1.5　简述控制网络和现场总线的概念。

1.6　控制网络与信息网络有什么区别，各适用于何种场合？

1.7　工业以太网能够进军自动化领域的主要原因有哪些？

1.8　如何理解网络控制系统的定义？

1.9　归纳网络控制系统的特点和优点，指出采用网络控制系统可能存在的问题。

1.10　计算机控制系统的发展趋势表现在哪几个方面？

第2章　计算机控制系统的信号处理

计算机控制系统的核心是控制计算机，作为核心的控制计算机只能接收、处理和输出数字信号，而现场被控对象的控制信号和反馈信号是幅度、时间均连续变化的模拟信号，因此，必须利用采样器将其转换为时间离散的信号，并通过量化、编码过程转换为数字信号。

本章将主要围绕计算机控制系统中的信号分析、信号采样、信号恢复、信号变换等方面进行介绍，为计算机控制系统设计奠定基础。

2.1 计算机控制系统的信号分析与采样过程

微课：采样与数学描述

2.1.1 计算机控制系统的信号描述

典型计算机控制系统结构如图2-1所示，系统连续输入信号必须经过采样和A/D转换器的量化处理才能够变换成计算机能处理的数字信号。计算机输出的数字信号 $u(kT)$，必须经D/A转换器的变换和零阶保持器，才能形成被控对象要求的连续输入信号 $u(t)$。

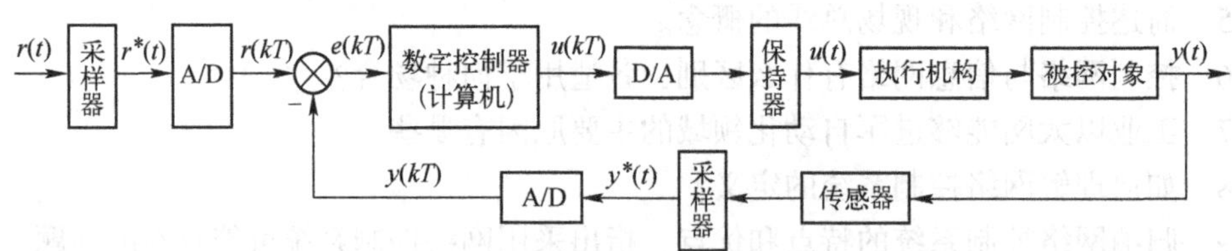

图2-1　典型计算机控制系统结构图

可见，计算机控制系统中存在多种形式的信号，为便于后续的描述和分析，下面针对连续信号、模拟信号、离散信号、采样信号和数字信号进行说明。

1. 连续信号

一个信号，如果在某个时间区间内除有限个间断点外都有定义，就称该信号在此区间内为连续时间信号，简称为连续信号。它的幅值可以是连续的，也可以是断续的。连续信号的一种特殊情况是幅值整量化的连续信号，如D/A转换器输出的台阶式信号，这种信号称为分段连续信号。几种典型连续信号如图2-2所示。

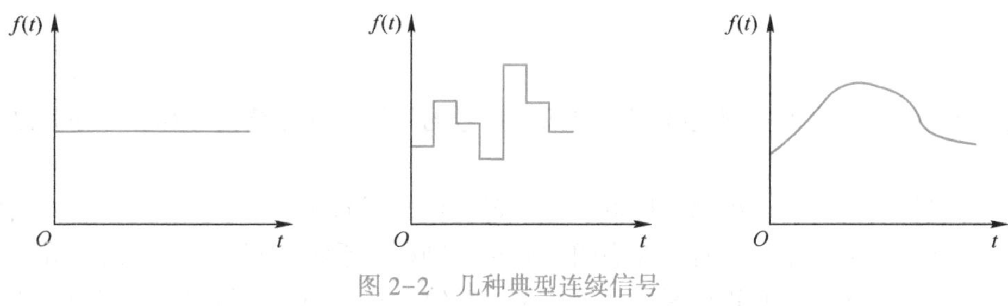

图 2-2 几种典型连续信号

2. 模拟信号

在整个时间范围均有定义，其幅值在某一时间范围内是连续的信号称为模拟信号。模拟信号是连续信号的一个子集，在大多数场合与文献中，将二者等同起来，均称为模拟信号。

3. 离散信号

仅在离散时刻点上有定义的信号称为离散时间信号，简称离散信号。这里“离散”表示自变量只取离散的数值，相邻离散时刻点的间隔可以是相等的，也可以是不相等的。在这些离散时刻点以外，信号无定义。离散信号的值域可以是连续的，也可以是不连续的。几种离散信号的图形表示如图 2-3 所示。

4. 采样信号

采样信号是离散信号的子集，它是取模拟信号在离散时间瞬时上的值构成的信号序列，如图 2-3a 所示。它是时间上离散、幅值上连续的信号。在很多场合下提及离散信号就是指采样信号。

5. 数字信号

数字信号是离散幅值整量化的离散信号，即数字信号的幅值只能取某些规定数值，它在时间上和幅值上均是离散的，如图 2-3b、c 所示。计算机一般只能处理数字信号。

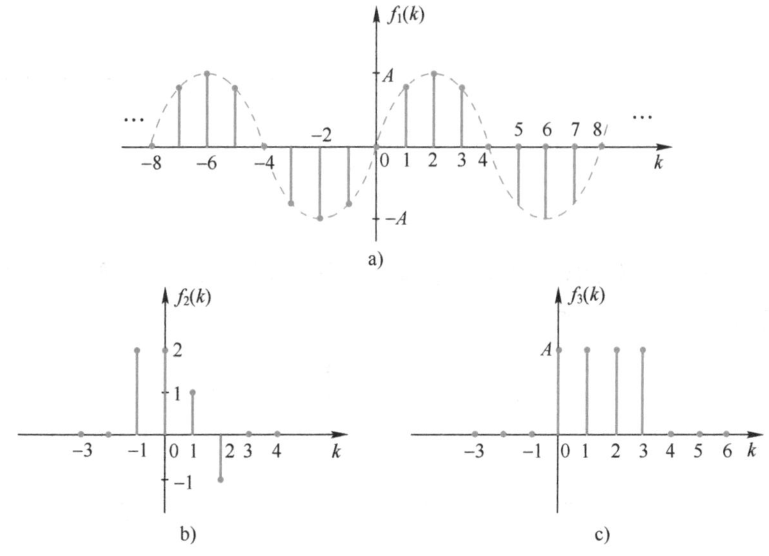

图 2-3 几种离散信号的图形表示

2.1.2 信号采样过程

在控制系统中，为了实现连续信号向离散信号的转换，在连续信号和脉冲序列之间要加采样器。

在计算机控制系统中，根据采样器所处位置，构成不同的采样系统。如果采样器位于系统闭合回路之外，或者系统本身不存在闭合回路，则称该系统为开环采样系统；如果采样器位于系统闭合回路之内，则称该系统为闭环采样系统。在各种采样的控制系统中，用得最多的是基于误差采样控制的闭环采样系统，如图 2-4 所示。

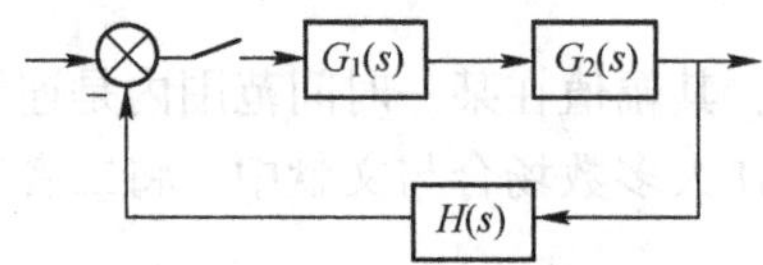

图 2-4 采样系统典型结构图

时间上连续的信号通过一种装置转换为离散的脉冲或者数字序列的过程，称为采样过程，如图 2-5 所示。也就是说，对连续信号的采样就是用离散瞬间的序列值代替初始的连续值。实现信号转换的装置称为采样开关或者采样器。等时间间隔开关的采样被称为周期采样；若采样周期是随机的，则被称为随机采样或者非周期采样；有多个采样开关的系统，如果所有的采样器都是等周期开关，则称它们为同步采样。本章主要讨论周期采样。

周期采样时刻表示为

$$t=kT,\quad k=0,1,2,3,\cdots$$

式中，T 为采样周期。

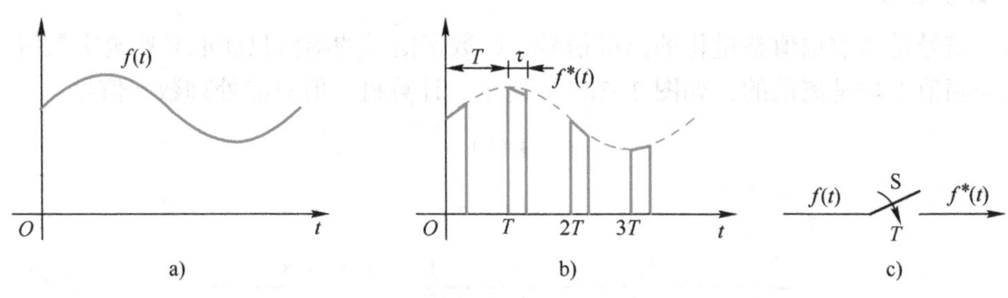

图 2-5 采样过程

a）连续信号 b）离散信号 c）采样器

在采样中，当采样开关的闭合时间 t 远远小于采样周期 T 时，采样器就可以用一个理想采样开关来代替，如图 2-6 所示。

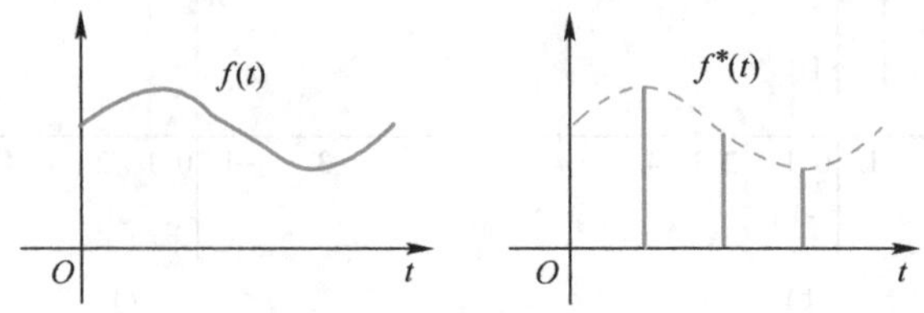

图 2-6 理想采样开关采样

2.2 采样过程的数学描述

用理想采样器每隔一个周期 T 对连续函数 $f(t)$ 进行采样，则可以得到脉冲序列 $f(0)$，$f(1T)$，$f(2T)$，…，其中 T 为采样周期，$0,1T,2T,\cdots$ 为采样时刻，于是得到连续函数 $f(t)$ 的离散函数 $f^*(t)$。

微课：星号拉普拉斯变换

理想采样器的闭合时间为零，即 $\tau \to 0$，在数学上，δ 函数具有这种性质，所以，连续函数 $f(t)$ 的采样过程可以表示为

$$f^*(t)=f(0)\delta(t)+f(1T)\delta(t-T)+f(2T)\delta(t-2T)+\cdots f(kT)\delta(t-kT)+\cdots \tag{2-1}$$

根据式（2-1），可以构造一个函数 $\delta_T(t)$，取 $\delta_T(t)$ 为

$$\delta_T(t)=\cdots+\delta(t+kT)+\cdots\delta(t+2T)+\delta(t+T)+\delta(t)+\delta(t-T)+\delta(t-2T)+\cdots\delta(t-kT)+\cdots=\sum_{k=-\infty}^{\infty}\delta(t-kT) \tag{2-2}$$

式（2-2）为理想采样开关的数学表示，$\delta_T(t)$ 直观上的图形表示如图 2-7 所示。

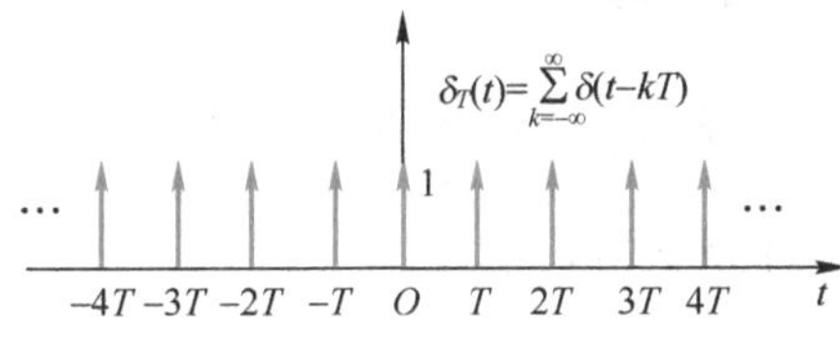

图 2-7　理想采样开关的数学表示

于是式（2-1）可以表述为

$$f^*(t)=f(t)\delta_T(t)=\sum_{k=0}^{\infty}f(kT)\delta(t-kT)\quad f(t)=0,t<0 \tag{2-3}$$

在给出了采样的数学表示后，采样过程可以看作一个幅值调制过程。理想采样开关好像是一个载波为 $\delta_T(t)$ 的幅值调制器，其中 $\delta_T(t)$ 为理想单位脉冲序列。此外，采样信号 $f^*(t)$ 的数学描述可以用采样信号的离散拉普拉斯变换（又称星号拉普拉斯变换）及其频谱分析来表述。

2.2.1 采样信号的离散拉普拉斯变换

对采样信号 $f^*(t)$ 作拉普拉斯变换，则

$$F^*(s)=L[f^*(t)]=L\left[\sum_{k=0}^{\infty}f(kT)\delta(t-kT)\right] \tag{2-4}$$

根据拉普拉斯变换的位移定理，有

$$L[\delta(t-kT)]=\mathrm{e}^{-kTs}\int_0^{\infty}\delta(t)\mathrm{e}^{-st}\mathrm{d}t=\mathrm{e}^{-kTs} \tag{2-5}$$

所以

$$F^*(s)=L[f^*(t)]=\sum_{k=0}^{\infty}f(kT)\mathrm{e}^{-kTs} \tag{2-6}$$

式（2-6）描述的拉普拉斯变换与连续函数 $f(t)$ 的拉普拉斯变换非常相似，由于 $f^*(t)$ 只描述了 $f(t)$ 在采样瞬时的数值，所以 $f^*(t)$ 不能给出连续函数 $f(t)$ 在采样间隔之间的信息。

在求$f^*(t)$的过程中，初始值通常规定采用$f(kT^+)$，其中kT^+表示t从右侧逼近kT时刻的值。

［例 2-1］ 设$f(t)=e^{-5t}$，$t\geqslant 0$，试求$f^*(t)$的拉普拉斯变换。

解：由式（2-6）知

$$F^*(s)=\sum_{k=0}^{\infty}e^{-5kT}e^{-kTs}=\sum_{k=0}^{\infty}e^{-k(s+5)T}=\frac{1}{1-e^{-(s+5)T}}=\frac{e^{Ts}}{e^{Ts}-e^{-5T}}$$

［例 2-2］ 设$f(t)=e^{-3t}-e^{-2t}$，$t\geqslant 0$，试求$f^*(t)$的拉普拉斯变换。

解：由式（2-6）知

$$F^*(s)=\sum_{k=0}^{\infty}(e^{-3kT}-e^{-2kT})e^{-kTs}=\sum_{k=0}^{\infty}e^{-(s+3)kT}-\sum_{k=0}^{\infty}e^{-(s+2)kT}=\frac{1}{1-e^{-T(s+3)}}-\frac{1}{1-e^{-T(s+2)}}$$

2.2.2 采样信号的频谱

由于采样信号是信号函数在某些瞬间的函数值，采样信号的信息并不等于连续信号的全部信息，所以与连续信号的频谱相比，采样信号的频谱会发生变化。研究采样信号的频谱，目的是找出$F^*(s)$与$F(s)$之间的相互联系。

令$s=j\omega$，代入式（2-6），则得到

$$F^*(j\omega)=\sum_{k=0}^{\infty}f(kT)e^{-j\omega kT} \tag{2-7}$$

设与采样周期T对应的采样频率为ω_s，即

$$\omega_s=\frac{2\pi}{T} \tag{2-8}$$

则得到

$$e^{-jk\omega_s nT}=e^{-jkn2\pi}=1 \tag{2-9}$$

对于整数n，频率响应为

$$F^*(j\omega+jn\omega_s)=\sum_{k=0}^{\infty}f(kT)e^{-j\omega kT}e^{-jk\omega_s nT}=\sum_{k=0}^{\infty}f(kT)e^{-j\omega kT} \tag{2-10}$$

由式（2-7）及式（2-10）知

$$F^*(j\omega+jn\omega_s)=F^*(j\omega) \tag{2-11}$$

式（2-11）被定义为采样函数$F^*(s)$的频谱，由式（2-11）可知，该函数是周期函数。理想单位脉冲序列$\delta_T(t)$是一个周期函数，可将其展开为如下形式的傅里叶级数：

$$\delta_T(t)=\sum_{n=-\infty}^{\infty}C_n e^{jn\omega_s t} \tag{2-12}$$

式中，C_n为展开系数，且

$$C_n=\frac{1}{T}\int_{-T/2}^{T/2}\delta_T(t)e^{-jn\omega_s t}dt \tag{2-13}$$

由于在区间$[-T/2,T/2]$中，$\delta_T(t)$仅在$t=0$时有值，且$e^{-jn\omega_s t}|_{t=0}=1$，所以

$$C_n=\frac{1}{T}\int_{0^-}^{0^+}\delta(t)dt=\frac{1}{T} \tag{2-14}$$

对$f^*(t)=f(t)\delta_T(t)$进行拉普拉斯变换得到

$$F^*(s)=L[f(t)\delta_T(t)]=\int_0^{\infty}\frac{1}{T}\sum_{n=-\infty}^{\infty}f(t)\mathrm{e}^{\mathrm{j}n\omega_s t}\mathrm{e}^{-st}\mathrm{d}t$$

$$=\frac{1}{T}\sum_{n=-\infty}^{\infty}\int_0^{\infty}f(t)\mathrm{e}^{-(s-\mathrm{j}n\omega_s)t}\mathrm{d}t=\frac{1}{T}\sum_{n=-\infty}^{\infty}F(s-\mathrm{j}n\omega_s) \tag{2-15}$$

用 $\mathrm{j}\omega$ 代替 s，则

$$F^*(\mathrm{j}\omega)=\frac{1}{T}\sum_{n=-\infty}^{\infty}F(\mathrm{j}\omega+\mathrm{j}n\omega_s) \tag{2-16}$$

式（2-16）给出了 $F^*(s)$ 与 $F(s)$ 之间的相互关系。

2.3 采样定理和周期 T 的选定

2.3.1 采样定理

微课：星号拉普拉斯变换的性质与采样定理

为了从采样信号复现原来的连续信号，采样周期 T 应该满足一定的要求。当采样周期趋向于零时，采样后的离散信号可以近似于连续信号，所以，采样周期没有下限的限制；相对地，如果采样周期过长，采样点减少，采样点之间很容易丢失重要的信息，只有缩短采样周期到一定的限度才能保证采样信息具备原来的特征。

在上一节中，分析了连续信号及离散信号的频谱，记 ω_{max} 为信号 $f(t)$ 的最高频率，ω_s 为采样信号的采样频率。当 $\omega_s \geqslant 2\omega_{max}$ 时，采样信号的频谱如图 2-8 所示。从图中信息可以看出，采样信号的频谱图中增加了无限多组的高次谐波成分。

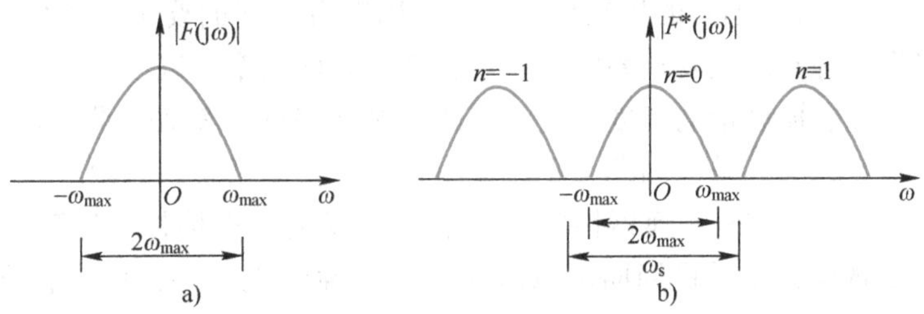

图 2-8　连续信号及其离散信号的频谱图

a）连续信号的频谱　b）信号离散后的频谱

当 $\omega_s \geqslant 2\omega_{max}$ 时，$F^*(\mathrm{j}\omega)$ 与高次谐波是相互分离的，而当 $\omega_s<2\omega_{max}$ 时，采样信号的频谱互相重叠，无论采用什么方式都不能把 $F^*(\mathrm{j}\omega)$ 单独分离出来，由此可见，实现从采样信号恢复到原来连续信号的条件是 $\omega_s \geqslant 2\omega_{max}$。这实际上就是著名的香农采样定理：对于一个具有有限带宽（$\omega<\omega_{max}$）的连续信号 $f(t)$，当采样频率满足 $\omega_s \geqslant 2\omega_{max}$ 条件时，连续信号 $f(t)$ 就可以由采样信号 $f^*(t)$ 无失真地复现。

2.3.2 周期 T 的选定

采样周期 T 在计算机控制系统中是一个重要参数。合理地选择采样周期 T，是数字控制系统设计的关键问题之一。由香农采样定理可知，当采样频率 $\omega_s \geqslant 2\omega_{max}$ 时，系统可由离散

的采样信号真实地恢复原来的连续信号。由于被控对象的物理过程及参数的变化比较复杂，致使模拟信号的最高频率很难确定。因此，香农采样定理仅从理论上给出了采样周期的上限，即在满足采样定理的条件下，系统可真实地恢复原来的连续信号，而实际采样周期的选取受到多方面因素的制约。

一般来说，采样周期的选取应与PID参数的整定综合起来考虑，通常应考虑以下因素。

1）对象的动态特性影响。采样周期应比对象的时间常数小很多，否则，采样信号无法反映瞬变过程。若被控对象的时间常数为T_p，纯滞后时间常数为τ，对象模型为$G_p(s)=\frac{K_p e^{-\tau}}{1+T_p s}$，采样周期可按如下经验公式选择：

$$T\leqslant\frac{1}{5\sim15}(T_p+\tau) \tag{2-17}$$

2）扰动信号影响。在控制系统中，施加到系统的扰动包括两大类：一类是需要控制系统克服的频率较低的主要扰动；另一类是频率较高的随机高频干扰，如测量噪声等，这是采样时要忽略的。因此，采样频率应选择在这两类干扰的频率之间，使系统具有足够的抗干扰能力。一般地，若需要克服的主要扰动频率为f_b，采样应满足：

$$T\leqslant\frac{1}{(5\sim10)f_b} \tag{2-18}$$

3）控制品质的要求。一般而言，在计算机运算速率允许情况下，采样周期越短，控制品质越高。因此，当系统的给定频率较高时，采样周期T相应减小，以使给定的改变能迅速地得到反映。另外，当采用数字PID控制器时，积分作用和微分作用都与采样周期T有关，选择T太小时，积分和微分作用都将不明显，这是因为当T太小时，$e(k)$的变化也就很小。

4）控制算法的要求。不同的控制算法对采样周期有不同的要求。例如，设计数字控制器时，若忽略零阶保持器，就要求系统具有足够高的采样频率，以使采样控制系统更接近于连续系统。又如，考虑控制量的幅度都是受限的，对某些直接离散化设计方法，如最小方差控制、最少拍控制等算法，采样周期又不能太小，否则控制量容易超限。

5）计算机及A/D、D/A转换器性能的影响。计算机字长越长，计算速度越快，A/D、D/A转换器的速度越快，则采样周期可以减小，控制性能也较高，但这将导致计算机等硬件费用增加。

6）执行机构的响应速度的影响。通常执行机构惯性较大，采样周期T应能与之相适应。考虑到执行机构的响应速度都是有限的，过高的采样频率对控制来说不仅无意义，有时还起了不好的作用。

7）控制回路多少的影响。一般来说，控制回路越多，为了保证每个回路都有足够的时间完成必要运算，系统的控制周期就要越长，自然采样周期也就越长。

综上所述，影响采样周期的因素众多，有些还是相互矛盾的，故必须视具体情况和主要要求做出选择。采样周期选择的理论计算法比较复杂，特别在被控系统各环节的时间常数难以确定时，工程上很少应用。而经验法在工程上应用较多，表2-1列出了常见对象采样周期选择的经验数据。由于生产过程千变万化，因此实际采样周期要经过现场调试后确定。

表 2-1　常见对象采样周期选择的经验数据

被控量	采样周期/s	备　注
流量	1~5	优选 1~2 s
压力	3~10	优选 3~5 s
液压	6~8	优选 7 s
温度	15~20	取纯滞后时间常数

2.4 采样信号的恢复与保持器

2.4.1 信号恢复过程

在计算机控制系统中，执行机构大多是连续信号控制的，所以采样信号在输入到执行机构之前必须恢复为相应的连续信号。对于连续信号，经过采样之后，在时域上已由时间上连续的信号变换成时间上离散的脉冲序列，相应地，在频域上是将一个信号的有限频谱变换成无限多的周期频谱。所以信号的恢复实际上就是由 $f^*(t)$ 求得 $f(t)$，或者从频率特性上通过一个低通滤波器把采样信号脉冲的高频部分滤除掉。理想的低通滤波器频率特性如图 2-9 所示。

当 $|\omega|>\omega_s/2$ 时，$H(\mathrm{j}\omega)=0$；当 $|\omega|\leqslant\omega_s/2$ 时，$H(\mathrm{j}\omega)=1$，其中 $H(\mathrm{j}\omega)$ 为理想低通滤波器的频率特性函数。

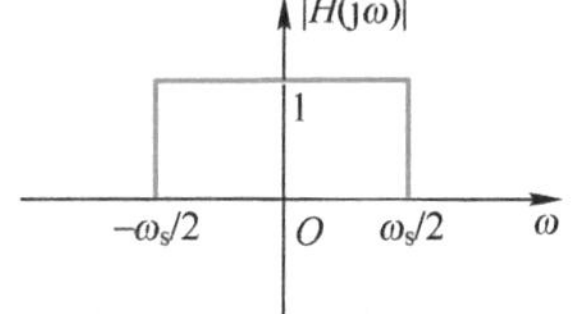

图 2-9　理想低通滤波器频率特性

于是，通过滤波器的函数的输出为

$$F^*(\mathrm{j}\omega)H(\mathrm{j}\omega)=F(\mathrm{j}\omega)/T \tag{2-19}$$

将式（2-19）乘以采样周期 T，则可以无失真地得到连续信号的频谱函数，即恢复为原来的连续信号。

在实际应用中，理想滤波器是不易实现的，而通常用的滤波器就是保持电路，即把数字信号 $f(kT)$ 转换成模拟信号 $f(t)$ 的装置，称为保持器。如果用数学概念来描述，保持器的任务就是完成各采样点之间的插值。

保持器根据过去时刻的离散脉冲值来外推出采样点之间的函数值，其外推公式为

$$f(kT+\Delta t)=f(kT)+f'(kT)\Delta t+f''(kT)(\Delta t)^2/2!+\cdots+a_m(\Delta t)^m \tag{2-20}$$

式（2-20）可以仿照泰勒级数展开的形式，式中，a_m 为常系数，Δt 是以 kT 时刻为坐标原点的时间。式（2-20）表示当前时刻的函数值由各个过去时刻的离散信号值 $f(kT)$，$f((k-1)T)$，$f((k-2)T)$，…，$f((k-m)T)$ 来近似，当 $m=0$ 时，得到的保持器为零阶保持器，当 $m=n$ 时，得到的保持器称为 n 阶保持器。

2.4.2 零阶保持器

零阶保持器是工程上最常用的一种保持器，从式（2-20）的描述上来看，它把前一个时刻的采样值 $f((k-1)T)$ 恒定不变地保持到当前时刻 kT，即把采样信号转换成阶梯形信号 $f_h(t)$，如图 2-10 所示。

零阶保持器的数学描述为

$$f(kT+\Delta t)=f(kT) \tag{2-21}$$

式中，$0<\Delta t<T$。

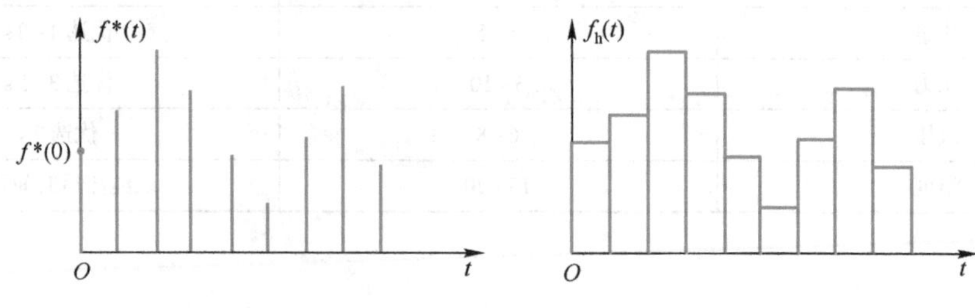

图 2-10 零阶保持器

下面讨论零阶保持器的传递函数及频率特性。

设函数 $1(t)$ 为单位阶跃函数，函数 $h(t)=1(t-kT)-1(t-kT-T)$，则零阶保持器输出函数可以表示为

$$f_{\mathrm{h}}(t)=\sum_{k=0}^{\infty}f(kT)h(t)=\sum_{k=0}^{\infty}f(kT)\{1(t-kT)-1[t-(k+1)T]\} \tag{2-22}$$

而

$$f^{*}(t)=\sum_{k=0}^{\infty}f(kT)\delta(t-kT) \tag{2-23}$$

对式（2-22）和式（2-23）取拉普拉斯变换，则

$$F_{\mathrm{h}}(s)=\sum_{k=0}^{\infty}f(kT)\left[\frac{\mathrm{e}^{-kTs}-\mathrm{e}^{-(k+1)Ts}}{s}\right] \tag{2-24}$$

$$F^{*}(s)=\sum_{k=0}^{\infty}f(kT)\mathrm{e}^{-kTs} \tag{2-25}$$

由式（2-24）和式（2-25）得

$$G_0(s)=\frac{F_{\mathrm{h}}(s)}{F^{*}(s)}=\frac{\sum_{k=0}^{\infty}f(kT)\left[\frac{\mathrm{e}^{-kTs}-\mathrm{e}^{-(k+1)Ts}}{s}\right]}{\sum_{k=0}^{\infty}f(kT)\mathrm{e}^{-kTs}}=\frac{1-\mathrm{e}^{-Ts}}{s} \tag{2-26}$$

式（2-26）定义为零阶保持器的传递函数。

为得到零阶保持器的频率特性，用 $\mathrm{j}\omega$ 替换式（2-26）中的 s，则

$$G_0(\mathrm{j}\omega)=\frac{1-\mathrm{e}^{-\mathrm{j}\omega T}}{\mathrm{j}\omega}=\frac{2\mathrm{e}^{-\frac{\mathrm{j}\omega T}{2}}\left(\mathrm{e}^{\frac{\mathrm{j}\omega T}{2}}-\mathrm{e}^{-\frac{\mathrm{j}\omega T}{2}}\right)}{2\mathrm{j}\omega}=T\frac{\sin\left(\frac{\omega T}{2}\right)}{\left(\frac{\omega T}{2}\right)}\mathrm{e}^{-\frac{\mathrm{j}\omega T}{2}} \tag{2-27}$$

由式（2-27）可得到零阶保持器的幅频特性为

$$|G_0(\mathrm{j}\omega)|=T\frac{\left|\sin\left(\frac{\omega T}{2}\right)\right|}{\left(\frac{\omega T}{2}\right)} \tag{2-28}$$

零阶保持器的相频特性为

$$\angle G_0(\mathrm{j}\omega)=\angle\sin\frac{\omega T}{2}-\frac{\omega T}{2} \tag{2-29}$$

根据式（2-28）和式（2-29），绘制零阶保持器的幅频特性及相频特性如图 2-11 所示。

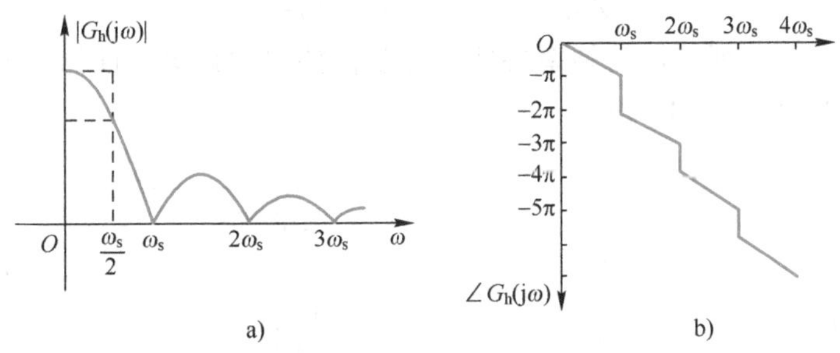

图 2-11　零阶保持器的频率特性
a）幅频特性　b）相频特性

由图 2-11a 可知，在频率为 $3\omega_s/2$、$5\omega_s/2$ 等处，频率图出现了增益峰值，与理想滤波器相比，在 $\omega=\omega_s/2$ 时，其幅值只有 0.637，且零阶保持器的幅值不为常数。所以，当系统与采样器和零阶保持器相连时，系统中会产生频谱失真。从图 2-11b 可以看出，相频特性曲线在 ω_s 的整数倍处有跳变，跳变相位位移为 π，相角滞后随 ω 的增大而增加，从而使闭环系统的稳定性变差。通过分析可知，零阶保持器是一个低通滤波器，它不仅允许主要频谱分量通过，还允许部分高频分量通过，零阶保持器最大的优点就是易于实现。

2.4.3　一阶保持器

对应于零阶保持器，一阶保持器以两个采样时刻的值外推，其公式为

$$f(kT+\Delta t)=f(kT)+f'(kT)\Delta t=f(kT)+\frac{f(kT)-f((k-1)T)}{T}\Delta t \tag{2-30}$$

式中，$0<\Delta t<T$。

由式（2-30）可知，一阶保持器的外推函数是线性的，其斜率与前一时刻的采样值 $f((k-1)T)$ 及当前时刻的采样值 $f(kT)$ 有关。因此，在一阶保持器中，必须记忆前一时刻的采样值。

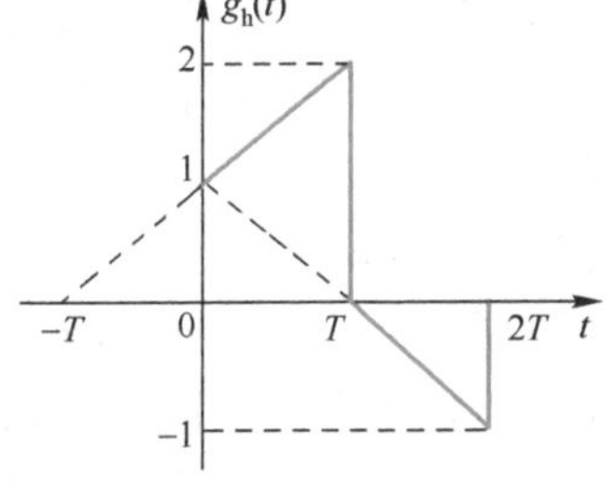

图 2-12　一阶保持器的脉冲响应

为了推导出一阶保持器的传递函数，定义一个如图 2-12 所示的函数 $g_h(t)$ 来等效一阶保持器，该函数用数学描述为

$$g_h(t)=\left(1+\frac{t}{T}\right)1(t)-2\left(1+\frac{t-T}{T}\right)1(t-T)+\left(1+\frac{t-2T}{T}\right)1(t-2T) \tag{2-31}$$

对式（2-31）两端取拉普拉斯变换，则

$$G_h(s)=\frac{1}{s}+\frac{1}{Ts^2}-2\left(\frac{1}{s}+\frac{1}{Ts^2}\right)e^{-Ts}+\left(\frac{1}{s}+\frac{1}{Ts^2}\right)e^{-2Ts}=\frac{1+Ts}{T}\left(\frac{1-e^{-Ts}}{s}\right)^2 \tag{2-32}$$

为了得到一阶保持器的频率特性，用 $\mathrm{j}\omega$ 替换式（2-32）中的 s，则

$$G_h(\mathrm{j}\omega)=\frac{1+T\mathrm{j}\omega}{T}\left(\frac{1-e^{-\mathrm{j}\omega T}}{\mathrm{j}\omega}\right)^2 \tag{2-33}$$

一阶保持器的幅频特性和相频特性为

$$|G_h(j\omega)| = T\sqrt{1+\omega^2T^2}\left[\frac{\sin(\omega T/2)}{\omega T/2}\right]^2 \tag{2-34}$$

$$\angle G_h(j\omega) = \arctan(\omega T) - \omega T \tag{2-35}$$

图 2-13 给出了一阶保持器的频率特性与零阶保持器的频率特性的比较。由图 2-13 可以看出，两者的截止频率是相同的。

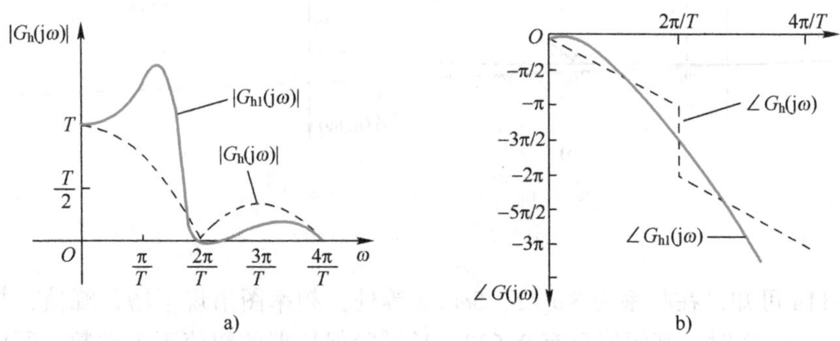

图 2-13 一阶保持器和零阶保持器的频率特性

a）一阶保持器和零阶保持器的幅频特性 b）一阶保持器和零阶保持器的相频特性

思考题与习题

2.1 简述模拟量输入通道各组成部分的作用。

2.2 A/D 转换器的功能是什么？可以分为哪几类？每一类各有什么特点？

2.3 D/A 转换器的功能是什么？由哪几部分组成？其转换方式有哪几类，各有什么特点？

2.4 什么是香农采样定理？采样周期选取的一般原则是什么？

2.5 求出下列时间函数离散后的拉普拉斯变换 $F^*(s)$：

(1) $f(t)=2t$

(2) $f(t)=e^{-2t}$

(3) $f(t)=e^{-\alpha(t-3T)}1(t-T)$

(4) $f(t)=e^{-\alpha(t-T/2)}[1(t)-1(t-T/2)]$

2.6 对于信号函数 $f(t)$，其中包含有用信号 $f_s(t)$ 及噪声 $n(t)$，其信号频谱为 $F(j\omega)=F_s(j\omega)+N(j\omega)$，如图 2-14 所示。为了去除噪声对控制系统影响，请设计一滤波器提取信号 $f_s(t)$。

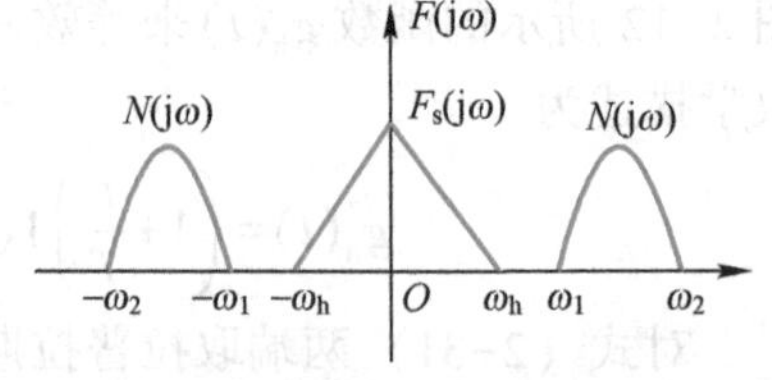

图 2-14 信号频谱图

2.7 试推导零阶保持器的传递函数，说明为什么闭环控制系统一般均采用零阶保持器而不用信号恢复效果更好的高阶保持器。

第 3 章　Z 变换与脉冲传递函数

在线性连续系统中，系统用线性微分方程组来描述。而为了便于对连续系统进行分析与设计，一般将线性微分方程转换成传递函数模型，其中关键的数学原理是拉普拉斯变换。相对应地，计算机控制系统作为线性离散系统或者近似线性离散系统，建立的数学模型是线性差分方程组。同样，为了便于对线性离散系统进行分析与设计，多使用 Z 变换将线性差分方程转换成脉冲传递函数模型。本章主要介绍差分方程、Z 变换的概念、Z 变换性质、线性离散系统的 Z 变换方法以及线性离散系统的 Z 反变换方法，以此为基础，本章详细地阐述了 Z 变换在离散系统中求取差分方程、解析系统开环及闭环传递函数等应用。

3.1　线性离散系统和差分方程

离散时间系统是输入和输出信号均为离散信号的物理系统。如果离散系统的输入信号到输出信号的变换关系满足比例叠加原理，那么该系统就称为线性离散系统。若不满足比例叠加原理，就是非线性离散系统。

我们知道对于线性连续系统，一般用微分方程描述为

$$y^{(n)}(t)+p_1y^{(n-1)}(t)+\cdots+p_ny(t)=q_0x^{(m)}(t)+q_1x^{(m-1)}(t)+\cdots+q_mx(t) \tag{3-1}$$

并将该连续系统的传递函数定义为初始条件为零时的输出输入的拉普拉斯变换的比值

$$G(s)=\frac{Y(s)}{X(s)}=\frac{q_0s^m+q_1s^{m-1}+\cdots+q_m}{s^n+p_1s^{n-1}+\cdots+p_n} \tag{3-2}$$

与此对应，对于一个单输入单输出线性定常离散系统，在某一个采样时刻的输出值 $y(k)$ 不仅与这一时刻的输入值 $x(k)$ 有关，而且与过去时刻的输入值 $x(k-1)$，$x(k-2)$，…有关。这种线性离散系统的差分方程一般式为

$$\begin{aligned}&y[(k+n)]+p_1y[(k+n-1)]+p_2y[(k+n-2)]+\cdots+p_ny(k)\\=&q_0x[(k+m)]+q_1[x(k+m-1)]+\cdots+q_mx(k)\end{aligned} \tag{3-3}$$

两个采样点信息之间的差值即称为差分，在差分方程中，自变量是离散的，方程的各项包含这种离散变量的函数，还包含这种函数增序或减序的函数。差分方程未知函数中变量的最高和最低序号的差值称为方程的阶数。

常系数差分方程的基本形式和常系数线性微分方程类似，但差分方程有前向差分方程和后向差分方程之分。式（3-3）称为前向非齐次差分方程，对应的后向非齐次差分方程为

$$\begin{aligned} &y(k)+a_1y(k-1)+a_2y(k-2)+\cdots+a_ny(k-n)\\ &=b_0x(k)+b_1x(k-1)+\cdots+b_mx(k-m)\end{aligned} \tag{3-4}$$

用两种形式的差分方程描述的系统没有本质的区别，实际应用中，应根据具体情况来确定用哪一种。

[例 3-1] 连续时间的比例-积分（PI）控制器用微分方程描述为

$$m(t)=K_Pe(t)+K_I\int_0^t e(\tau)\mathrm{d}\tau \tag{3-5}$$

式中，$e(t)$是控制器的输入信号，$m(t)$是控制器的输出信号，K_P 和 K_I 是控制器的常量增益参数。

当采用图 3-1 中的采样方式时，根据矩形法则，曲线下方的面积由矩形面积之和近似求得。令 $x(t)$表示输入信号 $e(t)$的数值积分，可以得到

$$x(kT)=x[(k-1)T]+Te(kT) \tag{3-6}$$

其中，T 为数值算法的步长。式（3-6）为一个一阶线性差分方程。

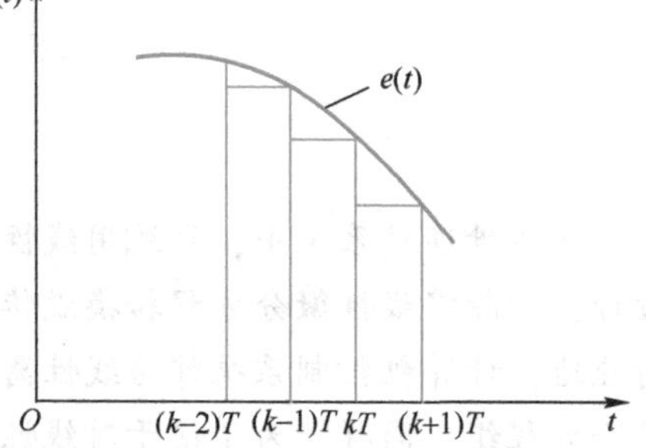

图 3-1 连续信号和采样信号

因此，比例-积分（PI）控制器可表示为

$$m(kT)=K_Pe(kT)+K_Ix(kT) \tag{3-7}$$

3.2 Z 变换及其性质

微课：Z 变换 1

在连续系统的分析中，应用拉普拉斯变换可将系统的微分方程转化为代数方程，并由此建立了以传递函数为基础的复域分析法，使得问题大大简化。同样，在离散系统的分析中，采用 Z 变换可以将差分方程变换为脉冲传递函数，从而建立以脉冲传递函数为基础的分析方法。

3.2.1 Z 变换的定义

对于离散序列的分析，拉普拉斯变换仍是一个非常强大的工具，上一章对线性离散系统的采样信号 $y^*(t)$做拉普拉斯变换，可得到

$$Y^*(s)=L\left[\sum_{k=0}^{\infty}y(kT)\delta(t-kT)\right]=\sum_{k=0}^{\infty}y(kT)\mathrm{e}^{-kTs} \tag{3-8}$$

式中，e^{-kTs}为超越函数，不容易计算，令 $z=\mathrm{e}^{Ts}$，则得到 Z 变换定义：

$$Y(z)=Y^*(s)=\sum_{k=0}^{\infty}y(kT)z^{-k} \tag{3-9}$$

这样把采样函数 $y^*(t)$变换成 $Y(z)$。

如果把序列 $x(nT)$简记为 $x(n)$，定义其 Z 变换为

$$X(z)=Z[x(n)]=\sum_{n=0}^{\infty}x(n)z^{-n} \tag{3-10}$$

则式（3-10）是离散序列 $x(n)$的单边 Z 变换。

[例 3-2] 对于单位阶跃时间序列 $x(n)=1(n)$，根据 Z 变换定义，求其 Z 变换。

解：

$$X(z)=\sum_{n=0}^{\infty}1(n)z^{-n}=1+z^{-1}+z^{-2}+z^{-3}+\cdots=\frac{1}{1-z^{-1}},\quad z^{-1}<1$$

在工程应用中，随着各种应用工具的使用，计算已经由原来的手工计算、计算尺计算等发展到使用现代化工具的计算，比如 MATLAB、Mathematic 等。MATLAB 对于 Z 变换有具体的函数，使用非常方便。对于例 3-2，如果使用 MATLAB 进行 Z 变换，可操作如下：

```
% MATLAB PROGRAM3.1 求 Z 变换
    syms n;
    syms z;
    fn=1;
    FZ=simple(ztrans(fn,n,z));
    %% 输出
    disp('FZ=');
      1
    -----
    1-z^-1
```

常用函数的 Z 变换如表 3-1 所示。

表 3-1　常用 Z 变换

$f(t)$	$f(nT)$	$F(s)$	$F(z)$
$\delta(t)$	$\delta(nT)$	1	1
$1(t)$	$1(nT)$	$\frac{1}{s}$	$\frac{z}{z-1}$
t	nT	$\frac{1}{s^2}$	$\frac{Tz}{(z-1)^2}$
t^2	$(nT)^2$	$\frac{2}{s^3}$	$\frac{T^2z(z+1)}{(z-1)^3}$
e^{-at}	e^{-anT}	$\frac{1}{s+a}$	$\frac{z}{z-e^{-aT}}$
te^{-at}	$(nT)e^{-anT}$	$\frac{1}{(s+a)^2}$	$\frac{Tze^{-aT}}{(z-e^{-aT})^2}$
$e^{-at}-e^{-bt}$	$e^{-anT}-e^{-bnT}$	$\frac{b-a}{(s+a)(s+b)}$	$\frac{z(e^{-aT}-e^{-bT})}{(z-e^{-aT})(z-e^{-bT})}$
$\sin at$	$\sin anT$	$\frac{a}{s^2+a^2}$	$\frac{z\sin aT}{z^2-2z\cos aT+1}$
$\cos at$	$\cos anT$	$\frac{s}{s^2+a^2}$	$\frac{z^2-z\cos aT}{z^2-2z\cos aT+1}$
$e^{-at}\sin\omega t$	$e^{-anT}\sin\omega nT$	$\frac{\omega}{(s+a)^2+\omega^2}$	$\frac{e^{-aT}z\sin\omega T}{z^2-2e^{-aT}z\cos\omega T+e^{-2aT}}$
$e^{-at}\cos\omega t$	$e^{-anT}\cos\omega nT$	$\frac{s+a}{(s+a)^2+\omega^2}$	$\frac{z^2-e^{-aT}z\cos\omega T}{z^2-2e^{-aT}z\cos\omega T+e^{-2aT}}$

3.2.2 Z 变换的性质

和其他变换相似，Z 变换也有很多性质，这些性质在离散系统中起着重要作用。

1. 线性

设：$Z[x_1(n)]=\sum_{n=0}^{\infty}x_1(n)z^{-n}=X_1(z)$，$Z[x_2(n)]=\sum_{n=0}^{\infty}x_2(n)z^{-n}=X_2(z)$，且 a、b 为常数，则

$$Z[ax_1(n)+bx_2(n)]=aX_1(z)+bX_2(z) \tag{3-11}$$

即 Z 变换是一种线性变换。

证明：根据 Z 变换的定义知

$$\begin{aligned}Z[ax_1(n)+bx_2(n)]&=\sum_{n=0}^{\infty}[ax_1(n)+bx_2(n)]z^{-n}=\sum_{n=0}^{\infty}ax_1(n)z^{-n}+\sum_{n=0}^{\infty}bx_2(n)z^{-n}\\&=aX_1(z)+bX_2(z)\end{aligned} \tag{3-12}$$

[例 3-3] 已知序列 $x(n)=1(n)+\frac{1}{3}(-1)^n$，其中 $1(n)$ 是单位阶跃序列，求该序列的 Z 变换。

解：由 Z 变换的线性性质可得

$$\begin{aligned}X(z)&=Z\left[1(n)+\frac{1}{3}(-1)^n\right]=Z[1(n)]+\frac{1}{3}Z[(-1)^n]\\&=\frac{z}{z-1}+\frac{1}{3}\frac{z}{z+1}=\frac{4z^2+2z}{3(z^2-1)}\end{aligned}$$

2. 时移性

(1) 滞后性

若 $t<0$ 时，$f(t)=0$，且 $F(z)=\mathscr{L}[f(t)]$，则：

$$Z[x(t-mT)]=z^{-m}X(z) \tag{3-13}$$

式中，m 为零或正整数。

证明：根据定义：

$$Z[x(t-mT)]=\sum_{k=0}^{\infty}x(kT-mT)z^{-k}=z^{-m}\sum_{k=0}^{\infty}x(kT-mT)z^{-(k-m)}$$

令 $p=k-m$，则

$$Z[x(t-mT)]=z^{-m}\sum_{p=-m}^{\infty}x(pT)z^{-p}$$

因为当 $p<0$ 时，$f(pT)=0$，所以将求和的下限由 $p=-m$ 改为 $p=0$，则

$$Z[x(t-mT)]=z^{-m}\sum_{p=0}^{\infty}x(pT)z^{-p}=z^{-m}X(z)$$

因此，Z 变换 $X(z)$ 乘以 z^{-m}，相当于时间函数 $x(t)$ 延迟 mT。

(2) 超前性

若 $t<0$ 时，$f(t)=0$，且 $F(z)=\mathscr{L}[f(t)]$，则：

$$Z[x(t+mT)]=z^m\left[X(z)-\sum_{k=0}^{m-1}x(kT)z^{-k}\right] \tag{3-14}$$

式中，m 为零或正整数。

证明：根据定义有

$$Z[x(t+mT)]=\sum_{k=0}^{\infty}x(kT+mT)z^{-k}=z^m\sum_{k=0}^{\infty}x(kT+mT)z^{-(k+m)}$$

令 $n=k+m$，则

$$\begin{aligned}Z[x(t+mT)]&=z^m\sum_{n=m}^{\infty}x(nT)z^{-n}\\&=z^m\left[\sum_{n=0}^{\infty}x(nT)z^{-n}-\sum_{n=0}^{m-1}x(nT)z^{-n}\right]\\&=z^m\left[X(z)-\sum_{n=0}^{m-1}x(nT)z^{-n}\right]\end{aligned}$$

当 $x(0)=x(T)=x(2T)=\cdots=x((n-1)T)=0$ 时，即在零初始条件下，超前定理为：

$$Z[x(t+mT)]=z^mX(z) \tag{3-15}$$

［例 3-4］试求延迟 4 个时间单位的单位阶跃函数 $x(n)=1(n-4)$ 的 Z 变换。

解：由时移性质可知

$$\begin{aligned}Z[x(n)]&=Z[1(n-4)]=z^{-4}X(z)\\&=z^{-4}\frac{z}{z-1}=\frac{1}{z^4-z^3}\end{aligned}$$

由 Z 变换的定义知，对于一阶差分方程有

$$\begin{aligned}Z[x(n+1)]&=\sum_{n=0}^{\infty}x(n+1)z^{-n}=z\sum_{n=0}^{\infty}x(n+1)z^{-(n+1)}\\&=z\sum_{p=1}^{\infty}x(p)z^{-p}\quad(p=n+1)\end{aligned} \tag{3-16}$$

对式（3-16）适当变换，加上一个 $x(0)$ 项，再减去一个 $x(0)$ 项，则

$$Z[x(n+1)]=z\left[\sum_{p=0}^{\infty}x(p)z^{-p}-x(0)\right] \tag{3-17}$$

由于式（3-17）中的和式项等于 $X(z)$，则该式可记为

$$Z[x(n+1)]=z[X(z)-x(0)] \tag{3-18}$$

同理，对于二阶差分方程项 $x(n+2)$，变换为

$$\begin{aligned}Z[x(n+2)]&=\sum_{n=0}^{\infty}x(n+2)z^{-n}=z^2\sum_{p=2}^{\infty}x(p)z^{-p}\\&=z^2\left[\sum_{p=0}^{\infty}x(p)z^{-p}-x(0)-z^{-1}x(1)\right]\\&=z^2\left[X(z)-\sum_{p=0}^{1}x(p)z^{-p}\right]\end{aligned} \tag{3-19}$$

以此类推，则可得知 m 阶差分方程的一般变换为

$$Z[x(n+m)] = z^m\left[X(z) - \sum_{n=0}^{m-1} x(n)z^{-n}\right] \tag{3-20}$$

3. 时域扩展性

对于序列 $x(n)$，a 为不为零的常数，则

$$Z\left[x\left(\frac{n}{a}\right)\right] = \sum_{n=0}^{\infty} x\left(\frac{n}{a}\right)z^{-n} = \sum_{n=0}^{\infty} x\left(\frac{n}{a}\right)(z^a)^{-\frac{n}{a}} = X(z^a) \tag{3-21}$$

式中，a 为扩展因子。

该性质可由 Z 变换的定义导出，证明留给读者练习。

4. Z 域尺度变换性

设序列 $x(n)$ 的 Z 变换为

$$X(z) = Z[x(n)] = \sum_{n=0}^{\infty} x(n)z^{-n}$$

有

$$Z[a^n x(n)] = X\left(\frac{z}{a}\right)$$

$$Z[a^{-n}x(n)] = X(az)$$

$$Z[(-1)^n x(n)] = X(-z)Z[e^{jn\omega_0}x(n)] = X(e^{-j\omega_0}z) \tag{3-22}$$

该性质的证明也留给读者练习。

5. 卷积性质

对于两个序列

$$Z[x_1(n)] = \sum_{n=0}^{\infty} x_1(n)z^{-n} = X_1(z)$$

$$Z[x_2(n)] = \sum_{n=0}^{\infty} x_2(n)z^{-n} = X_2(z)$$

有

$$\begin{aligned} Z(x_1(n) * x_2(n)) &= \sum_{n=-\infty}^{\infty}\sum_{m=-\infty}^{\infty} x_1(m)x_2(n-m)z^{-n} \\ &= \sum_{m=-\infty}^{\infty} x_1(m)X_2(z)z^{-m} = X_1(z)X_2(z) \end{aligned} \tag{3-23}$$

证明：由卷积的定义知

$$x_1(n) * x_2(n) = \sum_{m=-\infty}^{n} x_1(m)x_2(n-m) \tag{3-24}$$

根据 Z 变换，则

$$\begin{aligned} Z(x_1(n) * x_2(n)) &= Z\left\{\sum_{m=-\infty}^{n} x_1(m)x_2(n-m)\right\} = \sum_{n=-\infty}^{\infty}\left\{\sum_{m=-\infty}^{\infty} x_1(m)x_2(n-m)\right\}z^{-n} \\ &= \sum_{m=-\infty}^{\infty} x_1(m)\sum_{n=-\infty}^{\infty} x_2(n-m)z^{-n} = \sum_{m=-\infty}^{\infty} x_1(m)X_2(z)z^{-m} = X_1(z)X_2(z) \end{aligned} \tag{3-25}$$

以下两个性质只适用于单边 Z 变换。

6. Z 域微分性

设序列 $x(n)$ 的 Z 变换为

$$X(z)=Z[x(n)]=\sum_{n=0}^{\infty}x(n)z^{-n}$$

则

$$Z[nx(n)]=-z\frac{\mathrm{d}}{\mathrm{d}z}Z[x(n)] \tag{3-26}$$

证明：Z 变换的定义

$$X(z)=\sum_{n=0}^{\infty}x(n)z^{-n}$$

将两边同时对 z 求导，则

$$\frac{\mathrm{d}}{\mathrm{d}z}X(z)=\sum_{n=0}^{\infty}(-n)x(n)z^{-n-1} \tag{3-27}$$

对式（3-27）两边再同时乘以 $-z$，则有

$$-z\frac{\mathrm{d}}{\mathrm{d}z}X(z)=\sum_{n=0}^{\infty}nx(n)z^{-n}$$

将 $Z[nx(n)]=\sum_{n=0}^{\infty}nx(n)z^{-n}$ 代入上式即得

$$Z[nx(n)]=-z\frac{\mathrm{d}}{\mathrm{d}z}Z[x(n)] \tag{3-28}$$

[例 3-5] 已知单位阶跃序列 $u(n)$ 的 Z 变换为 $Z[u(n)]=\frac{z}{z-1}$，试求单位斜坡序列 $x(n)=n$ 的 Z 变换。

解：由 Z 域微分性质，知

$$Z[x(n)]=Z(n)=Z[nu(n)]=-z\frac{\mathrm{d}}{\mathrm{d}z}Z[u(n)]$$

$$=-z\frac{\mathrm{d}}{\mathrm{d}z}\left(\frac{z}{z-1}\right)=\frac{z}{(z-1)^2}$$

7. 初值定理与终值定理

（1）初值定理

已知 $x(n)$ 是因果序列，$X(z)=Z[x(n)]=\sum_{n=0}^{\infty}x(n)z^{-n}$，当 z 趋向于无穷大时，若 $X(z)$ 的极限存在，则 $x(0)=\lim\limits_{z\to\infty}X(z)$。

证明：

$$X(z)=x(0)+x(1)z^{-1}+x(2)z^{-2}+\cdots+x(n)z^{-n}+\cdots$$

当 z 趋于无穷时，

$$\lim_{z\to\infty}X(z)=x(0) \tag{3-29}$$

(2) 终值定理

已知 $x(n)$ 是因果序列，$X(z)=Z[x(n)]=\sum_{n=0}^{\infty}x(n)z^{-n}$，则

$$\lim_{n\to\infty}x(n)=\lim_{z\to1}[(z-1)X(z)] \tag{3-30}$$

证明：

$$Z[x(n)]=\sum_{k=0}^{\infty}x(k)z^{-k}$$

$$Z[x(n+1)]=\sum_{k=0}^{\infty}x(k+1)z^{-k}$$

$$Z[x(n+1)-x(n)]=\lim_{m\to\infty}\sum_{k=0}^{m}[x(k+1)-x(k)]z^{-k} \tag{3-31}$$

由 Z 变换的超前性知

$$zX(z)-zx(0)-X(z)=\lim_{m\to\infty}\sum_{k=0}^{m}[x(k+1)-x(k)]z^{-k} \tag{3-32}$$

令 $z\to1$，对上式两边取极限得

$$\begin{aligned}\lim_{z\to1}((z-1)X(z))-x(0)&=\lim_{m\to\infty}\sum_{k=0}^{m}\{[x(k+1)]-x(k)\}\\&=\lim_{m\to\infty}\{[x(1)-x(0)]+[x(2)-x(1)]+\cdots\\&\quad+[x(m)-x(m-1)]+[x(m+1)-x(m)]\}\\&=\lim_{m\to\infty}[-x(0)+x(m+1)]\end{aligned} \tag{3-33}$$

令 $n=m$，则

$$\begin{aligned}&\lim_{z\to1}(z-1)X(z)-x(0)\\&=\lim_{n\to\infty}[-x(0)+x(n+1)]\\&=-x(0)+\lim_{n\to\infty}x(n)\end{aligned} \tag{3-34}$$

所以

$$\lim_{n\to\infty}x(n)=\lim_{z\to1}[(z-1)X(z)] \tag{3-35}$$

上述 Z 变换的典型性质见表 3-2。

表 3-2 Z 变换的典型性质

性　　质	时间函数或序列	Z 变换表达式
线性	$ax_1(n)+bx_2(n)$	$aX_1(z)+bX_2(z)$
滞后性	$x(n-m)$	$z^{-m}X(z)$
超前性	$x(n+m)$	$z^m[X(z)-\sum_{n=0}^{m-1}x(n)z^{-n}]$
时域扩展性	$x\left(\frac{n}{a}\right)$	$X(z^a)$
Z 域尺度变换性	$a^nx(n)$	$X\left(\frac{z}{a}\right)$

（续）

性　质	时间函数或序列	Z 变换表达式
卷积性	$x_1(n) * x_2(n)$	$X_1(z)X_2(z)$
Z 域微分性	$nx(n)$	$-z\dfrac{\mathrm{d}}{\mathrm{d}z}Z[x(n)]$
初值定理	$x(0)$	$\lim\limits_{z\to\infty}X(z)$
终值定理	$\lim\limits_{n\to\infty}x(n)$	$\lim\limits_{z\to 1}[(z-1)X(z)]$

［例 3-6］对于差分方程 $x(n)-\dfrac{1}{2}x(n-1)=1(n)$，其中 $1(n)$ 为单位阶跃序列，当 $n<0$ 时，$x(n)=0$。求 $x(n)$ 的初值及终值。

解：由 Z 变换理论知

$$Z[1(n)]=\frac{z}{z-1}=Z\left[x(n)-\frac{1}{2}x(n-1)\right]=X(z)-\frac{1}{2}z^{-1}X(z)$$

对上述方程进行变换得

$$X(z)=2\left(\frac{z}{z-1}-\frac{z}{2z-1}\right)$$

根据初值定理，则 $x(0)=\lim\limits_{z\to\infty}X(z)=\lim\limits_{z\to\infty}2\left(\dfrac{z}{z-1}-\dfrac{z}{2z-1}\right)=1$

根据终值定理，则

$$\lim_{n\to\infty}x(n)=\lim_{z\to 1}[(z-1)X(z)]=\lim_{z\to 1}\left[2(z-1)\left(\frac{z}{z-1}-\frac{z}{2z-1}\right)\right]=2$$

3.2.3　Z 反变换

微课：Z 变换 3

由 $X(z)$ 求解序列 $x(n)$ 的过程称为 Z 反变换，表示为

$$x(n)=Z^{-1}[X(z)] \tag{3-36}$$

应当注意，Z 反变换得到的只是在采样点的时间序列 $x(nT)$，而不是序列 $x(t)$。在进行反变换时，常用的方法有三种：长除法、部分分式展开法和留数计算法。

1. 长除法

长除法又称为直接除法或者幂级数法，把 $X(z)$ 展开为 z^{-1} 的无穷级数的形式，然后逐项求取 Z 反变换。在确定反变换闭合表达式比较困难的情况下或者只求 $x(n)$ 前几项时，此法效率最高。

对于

$$X(z)=x(0)+x(1)z^{-1}+x(2)z^{-2}+\cdots$$

z^{-n} 项前面的系数值就是 $t=nT$ 时刻的值 $x(n)$，上式可以用长除法得到，即

$$X(z)=\frac{b_mz^m+b_{m-1}z^{m-1}+\cdots+b_0}{a_nz^n+a_{n-1}z^{n-1}+\cdots+a_0}=x(0)+x(1)z^{-1}+x(2)z^{-2}+\cdots \tag{3-37}$$

[例 3-7] 求 $X(z)=\dfrac{0.6z}{z^2-1.4z+0.4}$ 的 Z 反变换。

解：

$$
\begin{array}{r}
0.6z^{-1}+0.84z^{-2}+0.936z^{-3}+\cdots \\
z^2-1.4z+0.4\,\overline{)\,0.6z\qquad\qquad\qquad\qquad} \\
\underline{0.6z-0.84+0.24z^{-1}} \\
0.84-0.24z^{-1} \\
\underline{0.84-1.176z^{-1}+0.336z^{-2}} \\
0.936z^{-1}-0.336z^{-2} \\
\underline{0.936z^{-1}-1.31z^{-2}+0.374z^{-3}} \\
\vdots
\end{array}
$$

由上式知

$$X(z)=0.6z^{-1}+0.84z^{-2}+0.936z^{-3}+\cdots$$

所以

$$x(0)=0,x(1)=0.6,x(2)=0.84,x(3)=0.936,\cdots$$

由例 3-7 可以看出，如果只求序列的前几项，可以用该方法实现，但是给不出 $x(n)$ 的闭合表达式。

2. 部分分式展开法

对于给出的 $X(z)$：

$$X(z)=\frac{b_m z^m+b_{m-1}z^{m-1}+\cdots+b_0}{a_n z^n+a_{n-1}z^{n-1}+\cdots+a_0},\quad m<n \tag{3-38}$$

变换其形式为

$$X(z)=\frac{b_m z^m+b_{m-1}z^{m-1}+\cdots+b_0}{(z-p_1)(z-p_2)\cdots(z-p_n)} \tag{3-39}$$

1）当 $X(z)$ 的分母为零时，如果只有单实极点，且分子在 $z=0$ 处有一零点，则用 z 除去 $X(z)$ 的两边，然后将 $X(z)/z$ 展开成部分分式，其形式如下：

$$\frac{X(z)}{z}=\frac{B_1}{z-p_1}+\frac{B_2}{z-p_2}+\cdots+\frac{B_n}{z-p_n} \tag{3-40}$$

其中

$$B_i=\frac{X(z)}{z}(z-p_i)\big|_{z=p_i},\quad i=1,2,\cdots,n$$

所以，其反变换为

$$x(k)=B_1(p_1)^k+B_2(p_2)^k+\cdots+B_n(p_n)^k,\quad k>0 \tag{3-41}$$

[例 3-8] 已知 $X(z)$ 如下，试求反变换。

$$X(z)=\frac{10z}{(z-1)(z-0.2)}$$

解：首先将其 $X(z)/z$ 展开为部分分式如下：

$$\frac{X(z)}{z}=\frac{10}{(z-1)(z-0.2)}=\frac{B_1}{(z-1)}+\frac{B_2}{(z-0.2)}$$

$$B_1=\left.\frac{10(z-1)}{(z-1)(z-0.2)}\right|_{z=1}=\left.\frac{10}{z-0.2}\right|_{z=1}=12.5$$

$$B_2=\left.\frac{10(z-0.2)}{(z-1)(z-0.2)}\right|_{z=0.2}=\left.\frac{10}{z-1}\right|_{z=0.2}=-12.5$$

于是我们得到

$$X(z)=12.5\left(\frac{z}{z-1}-\frac{z}{z-0.2}\right)$$

所以

$$x(n)=12.5\times(1)^n-12.5\times(0.2)^n=12.5\times(1-0.2^n),\quad n\geqslant 0$$

2）当分母含有共轭复数极点或者重根时，将 $X(z)/z$ 展开为部分分式，查 Z 变换表即可求得。

例如，在 $z=p_1$ 处有二重极点且无其他极点，则 $X(z)/z$ 将有如下的形式：

$$\frac{X(z)}{z}=\frac{B_1}{(z-p_1)^2}+\frac{B_2}{z-p_1} \tag{3-42}$$

系数 B_1 和 B_2 从以下式子中求得：

$$\begin{aligned}B_1&=\left[(z-p_1)^2\frac{X(z)}{z}\right]_{z=p_1}\\ B_2&=\left\{\frac{\mathrm{d}}{\mathrm{d}z}\left[(z-p_1)^2\frac{X(z)}{z}\right]\right\}_{z=p_1}\end{aligned} \tag{3-43}$$

如果 $X(z)/z$ 有三重极点，则部分分式中必包含形式为 $\frac{z+p_1}{(z-p_1)^3}$ 的项，依据 Z 变换表，求出各项的反变换，然后相加即可求出答案。

[例 3-9] 已知 $X(z)$ 如下，试求其反变换。

$$X(z)=\frac{2z^2-3z}{(z-1)^2(z-2)}$$

解：$X(z)$ 在 $z=2$ 处为单根，在 $z=1$ 处为重根，将 $X(z)/z$ 部分分式展开，则：

$$\frac{X(z)}{z}=\frac{2z-3}{(z-1)^2(z-2)}=\frac{B_1}{(z-2)}+\frac{B_2}{(z-1)}+\frac{B_3}{(z-1)^2}$$

系数 B_1、B_2 和 B_3 分别从以下式子中求得

$$B_1=\left[(z-2)\frac{2z-3}{(z-1)^2(z-2)}\right]_{z=2}=1$$

$$B_2=\left\{\frac{\mathrm{d}}{\mathrm{d}z}\left[(z-1)^2\frac{2z-3}{(z-1)^2(z-2)}\right]\right\}_{z=1}=-1$$

$$B_3=\left[(z-1)^2\frac{2z-3}{(z-1)^2(z-2)}\right]_{z=1}=1$$

所以，$X(z)/z$ 部分分式展开为

$$\frac{X(z)}{z}=\frac{2z-3}{(z-1)^2(z-2)}=\frac{1}{(z-2)}-\frac{1}{(z-1)}+\frac{1}{(z-1)^2}$$

由 Z 变换表可知

$$x(n)=2^n-1+n,\quad n\geqslant 0$$

3. 留数计算法

上面讲述了长除法和部分分式展开两种方法，但是对于超越函数情况，用它们很难处理，留数计算法则对有理分式和非有理分式都适用。留数计算法求取 Z 反变换的计算公式如下：

$$\begin{aligned} x(k)&=\frac{1}{2\pi j}\oint_C X(z)z^{k-1}dz=\sum_{i=1}^{n}\text{Res}\left[X(z)z^{k-1}\right]_{z=p_i} \\ &=\sum_{i=1}^{n}\frac{1}{(r_i-1)!}\frac{d^{r_i-1}}{dz^{r_i-1}}\left[(z-p_i)^{r_i}X(z)z^{k-1}\right]\Big|_{z=p_i} \end{aligned} \tag{3-44}$$

式中，$z=p_i, i=1,2,\cdots,n$ 为 $X(z)$ 的全部的 n 个极点，r_i 是极点 p_i 的重根数。

证明：由 Z 变换理论知

$$X(z)=\sum_{k=0}^{\infty}x(k)z^{-k}=x(0)z^0+x(1)z^{-1}+x(2)z^{-2}+\cdots+x(k)z^{-k}+\cdots \tag{3-45}$$

将上式两边乘以 z^{k-1}，得到

$$X(z)z^{k-1}=z^{k-1}\sum_{k=0}^{\infty}x(k)z^{-k}=x(0)z^{k-1}+x(1)z^{k-2}+x(2)z^{k-3}+\cdots+x(k)z^{-1}+\cdots$$

把 $X(z)z^{k-1}$ 看作展开的罗朗级数，对上式两边同时积分，积分路线 C 包含全部极点，则

$$\oint_C X(z)z^{k-1}dz=x(k)2\pi j$$

所以

$$x(k)=\frac{1}{2\pi j}\oint_C X(z)z^{k-1}dz \tag{3-46}$$

由留数定理知

$$x(k)=\sum_{i=1}^{n}\text{Res}\left[X(z)z^{k-1}\right]_{z=p_i}$$

公式由此得证。

由于

$$\text{Res}\left[X(z)z^{k-1}\right]_{z=p_i}=\lim_{z\to p_i}(z-p_i)X(z)z^{k-1}$$

故留数计算法求取 Z 反变换的计算公式也可以表示为

$$x(k)=\sum_{i=1}^{n}\lim_{z\to p_i}(z-p_1)X(z)z^{k-1} \tag{3-47}$$

[例 3-10] 已知 $X(z)=\dfrac{z^2}{(z-3)(z-2)}$，利用留数计算法求其反变换。

解：由题知，$X(z)$ 有两个极点，分别为 $z=2$ 和 $z=3$，根据式（3-47）则知

$$\begin{aligned} x(k)&=\sum_{i=1}^{n}\lim_{z\to p_i}(z-p_i)X(z)z^{k-1} \\ &=\lim_{z\to 3}(z-3)\frac{z^2}{(z-3)(z-2)}z^{k-1}+\lim_{z\to 2}(z-2)\frac{z^2}{(z-3)(z-2)}z^{k-1} \\ &=3^{k+1}-2^{k+1},\quad k=0,1,2,\cdots \end{aligned}$$

[例 3-11] 已知 $X(z)=\frac{z}{(z-1)^2(z-2)}$，利用留数计算法求其反变换。

解：

$$X(z)z^{k-1}=\frac{z^k}{(z-1)^2(z-2)}$$

由题知，$X(z)$有一个单根 $z=2$，一个二重根 $z=1$，由式（3-47）计算可得

$$\begin{aligned}x(k)&=\sum_{i=1}^{n}\lim_{z\to p_i}(z-p_i)X(z)z^{k-1}\\&=\lim_{z\to 2}(z-2)\frac{z}{(z-1)^2(z-2)}z^{k-1}+\lim_{z\to 1}\frac{1}{(2-1)!}\frac{\mathrm{d}}{\mathrm{d}z}\left[(z-1)^2\frac{z}{(z-1)^2(z-2)}z^{k-1}\right]\\&=2^k-k-1,\quad k=\cdots,-1,0,1,2,\cdots\end{aligned}$$

上面介绍了 Z 反变换的三种算法：长除法、部分分式法以及留数计算法。在 MATLAB 中，Symbolic Toolbox 提供了用留数计算法计算 Z 反变换的 iztrans 指令，利用它可以方便地求解 Z 反变换。以例 3-10 为例，在求 Z 反变换时，可以在 MATLAB 命令窗口键入如下命令。

```
% MATLAB PROGRAM3.2 求 Z 反变换
    syms z;
    FZ=z^2/(z-2)/(z-3);
    fn=iztrans(FZ);
    %% 输出
    disp('fn');
    3^(k+1)-2^(k+1)
```

3.2.4 使用 Z 变换求解离散系统的差分方程

和用拉普拉斯变换求解连续系统一样，可以用 Z 变换来求解由差分方程描述的离散系统。在离散系统中，用 Z 变换来解差分方程，使得求解运算转换成代数运算，大大简化了离散系统的分析过程。

其中用到的主要原理是 Z 变换的时移特性，即

$$\begin{aligned}Z[x(n+m)]&=z^m\left[X(z)-\sum_{n=0}^{m-1}x(n)z^{-n}\right]\\Z[x(n-m)]&=\sum_{n=0}^{\infty}x(n-m)z^{-n}=z^{-m}X(z)\end{aligned}\tag{3-48}$$

[例 3-12] 已知差分方程为 $y(n+2)+3y(n+1)+2y(n)=0$，初始条件为 $y(0)=0$，$y(1)=1$，求解该方程。

解：对方程的两端求 Z 变换，利用时移性，得

$$z^2Y(z)-z^2y(0)-zy(1)+3zY(z)-3zy(0)+2Y(z)=0$$

化简得

$$Y(z)=\frac{(z^2+3z)y(0)+zy(1)}{z^2+3z+2}$$

把 $y(0)=0$，$y(1)=1$ 代入上式并用部分分式展开得

$$Y(z)=\frac{z}{z^2+3z+2}=\frac{z}{z+1}-\frac{z}{z+2}$$

对各项求其 Z 反变换，则

$$y(n)=(-1)^n-(-2)^n,\quad n\geqslant 0$$

[例 3-13] 用 Z 变换求解差分方程 $y(n+1)-0.121y(n)=0$，初始条件为 $y(0)=1$。

解：对方程的两端求 Z 变换，得

$$zY(z)-zy(0)-0.121Y(z)=0$$

把初始条件 $y(0)=1$ 代入，则得

$$zY(z)-z-0.121Y(z)=0$$

即

$$Y(z)=\frac{z}{z-0.121}$$

对其求 Z 反变换则得

$$y(n)=(0.121)^n,\quad n\geqslant 0$$

[例 3-14] 已知差分方程为 $y(n+2)-5y(n+1)+6y(n)=x(n)$，其中 $y(0)=0$，$y(1)=0$，当 $n\neq 0$ 时 $x(n)=0$，当 $n=0$ 时 $x(n)=1$，求其反变换。

解：对方程两端取 Z 变换得

$$z^2Y(z)-z^2y(0)-zy(1)-5zY(z)+5zy(0)+6Y(z)=1$$

将初始条件代入，有

$$Y(z)=\frac{1}{z^2-5z+6}=\frac{1}{(z-3)(z-2)}$$

取上式的 Z 反变换，则

$$y(n)=\lim_{z\to 3}(z-3)\frac{1}{(z-3)(z-2)}z^{n-1}+\lim_{z\to 2}(z-2)\frac{1}{(z-3)(z-2)}z^{n-1}$$
$$=(3)^{n-1}-(2)^{n-1},\quad n\geqslant 0$$

综上，求解差分方程的一般方法可以归结如下。

1）对差分方程两端同时取 Z 变换。

2）利用初始条件化简 Z 变换式。

3）将 Z 变换式改写成如下形式。

$$X(z)=\frac{b_mz^m+b_{m-1}z^{m-1}+\cdots+b_0}{a_nz^n+a_{n-1}z^{n-1}+\cdots+a_0},\quad m<n$$

4）求解 $X(z)$ 的 Z 反变换，即可得到差分方程的解。

3.3 脉冲传递函数

已经知道，对于离散系统，一般用差分方程来描述，其形式为

$$\begin{aligned}&y[(k+n)]+p_1y[(k+n-1)]+p_2y[(k+n-2)]+\cdots+p_ny(k)\\&=q_0x[(k+m)]+q_1[x(k+m-1)]+\cdots+q_mx(k)\end{aligned}\tag{3-49}$$

定义 3-1：线性离散控制系统中，在初始条件为零时，系统输出序列 Z 变换 $Y(z)$ 与输入序列 Z 变换 $X(z)$ 之比：

$$G(z)=\frac{Y(z)}{X(z)}$$

定义为该系统的脉冲传递函数，又称为 Z 传递函数。

当 Z 传递函数中的 $n \geqslant m$ 时，由该传递函数描述的系统是可物理实现的。

在实际系统中，一般的输入输出是连续的变量，经过采样及模数转换变化为离散的变量，但是被控对象是连续的，系统的方框模型如图 3-2 所示。

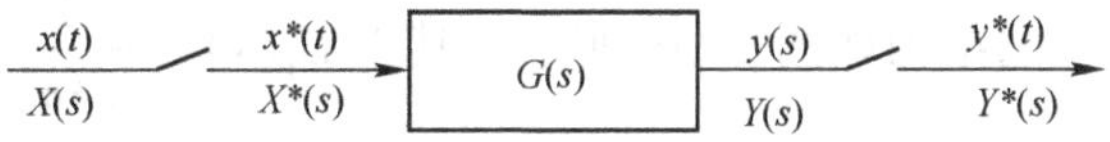

图 3-2　离散系统

如果加入虚拟的采样器，则该系统的传递函数与采样输入有关。由图 3-2 知，系统的输出为

$$y(n)=x(n)*g(n)=\sum_{m=0}^{n} g(m)x(n-m) \tag{3-50}$$

式中，$g(n)$ 为系统的冲击响应。由卷积定理知

$$Y(z)=G(z)X(z)$$

式中，$G(z)$ 是 $G(s)$ 的 Z 变换。将该式改写，即得

$$G(z)=\frac{Y(z)}{X(z)} \tag{3-51}$$

于是我们可以总结出求离散序列作用到连续被控对象上的脉冲传递函数的方法：方法之一是先求出连续系统的 $G(s)$，然后对其进行 Z 变换，即得到脉冲传递函数 $G(z)$；方法之二是根据系统找出其冲击响应 $g(n)$，然后对其进行 Z 变换，也可得到系统的脉冲传递函数 $G(z)$。

3.3.1　开环传递函数

线性离散系统的开环脉冲传递函数与连续系统的开环传递函数具有类似的性质。

1. 串联环节的传递函数

按照系统的结构，串联有两种形式。

连续环节串联结构如图 3-3a 所示，两个环节 $G_1(s)$、$G_2(s)$ 直接串联，其开环传递函数为

$$G(z)=Z[G_1(s)G_2(s)]=G_1G_2(z) \tag{3-52}$$

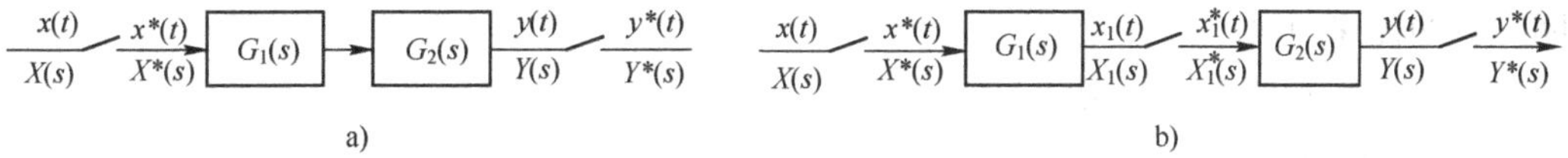

图 3-3　开环串联环节

a）连续环节串联结构　b）环节中间带有采样开关

［例 3-15］已知开环系统如图 3-3a 所示，其中 $G_1(s)=\dfrac{1}{s+a}$，$G_2(s)=\dfrac{b-a}{s+b}$，求系统的开环传递函数。

解：系统的开环传递函数 $G(z)$ 为

$$G(z)=Z[G_1(s)G_2(s)]=Z\left[\frac{1}{s+a}\frac{b-a}{s+b}\right]=Z\left[\frac{b-a}{(s+a)(s+b)}\right]$$

$$=Z\left[\frac{1}{s+a}-\frac{1}{s+b}\right]=\frac{z}{z-e^{-aT}}-\frac{z}{z-e^{-bT}}$$

环节间带有采样开关的串联结构如图 3-3b 所示，两个串联环节 $G_1(s)$、$G_2(s)$之间存在一个采样开关。该系统的开环传递函数为

$$G(z)=Z[G_1(s)]Z[G_2(s)]=G_1(z)G_2(z) \tag{3-53}$$

［例 3-16］已知系统的结构如图 3-3b 所示，其中 $G_1(s)=\frac{1}{(s+a)^2}$，$G_2(s)=\frac{1}{s}$，求系统的开环传递函数。

解：系统的开环传递函数 $G(z)$ 为

$$G(z)=Z[G_1(s)]Z[G_2(s)]=Z\left[\frac{1}{(s+a)^2}\right]Z\left[\frac{1}{s}\right]$$

$$=\frac{Tze^{-aT}}{(z-e^{-aT})^2}\frac{z}{z-1}=\frac{Tz^2e^{-aT}}{(z-1)(z-e^{-aT})^2}$$

2. 并联环节的传递函数

按照系统的结构，并联也有连续环节并联和带采样开关的连续环节并联两种形式，分别如图 3-4a 和图 3-4b 所示，这两种结构并联的传递函数求法是一样的，即

$$G(z)=Z[G_1(s)]+Z[G_2(s)]=G_1(z)+G_2(z) \tag{3-54}$$

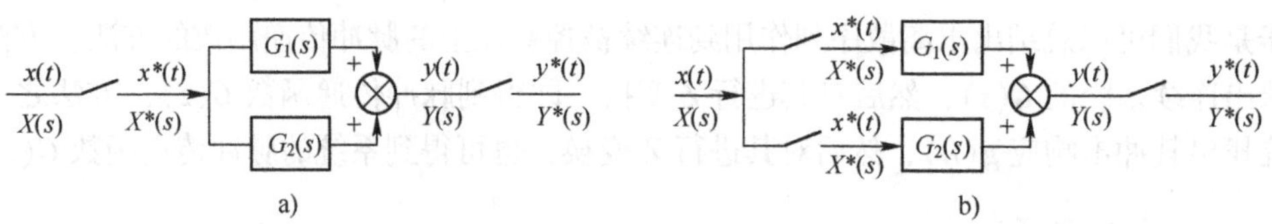

图 3-4　并联环节的传递函数

a）连续环节并联结构　b）带采样开关的连续环节并联

3.3.2　闭环传递函数

对于闭环系统，系统结构中可能有一个或者多个采样开关，并且采样开关可能放置于系统中不同的位置，因此闭环离散系统的结构没有固定的形式。如图 3-5 所示的是一种典型的闭环系统结构，我们对此来求取输入信号 $r(s)$ 和输出信号 $Y(s)$ 的 Z 变换关系式，即系统的闭环脉冲传递函数。

由图 3-5 所示的系统结构图知

$$\begin{aligned} &e(s)=r(s)-c(s)\\ &E(z)=R(z)-C(z)\\ &Y(z)=E(z)G(z)\\ &C(z)=E(z)GH(z)\end{aligned} \tag{3-55}$$

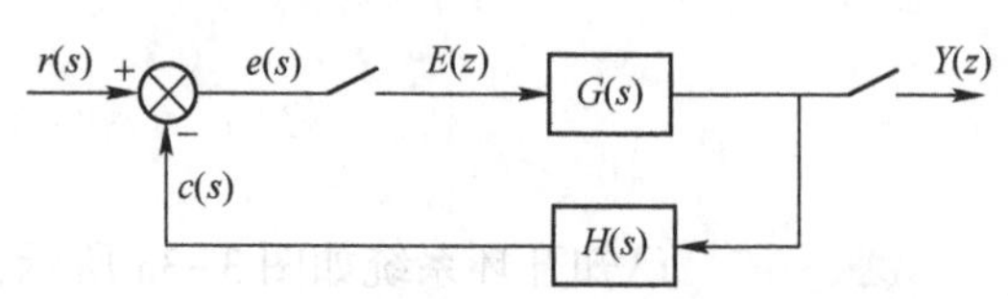

图 3-5　闭环离散系统的结构框图

式中，$GH(z)$是 $G(s)$和 $H(s)$直接串联组合的 Z 传递函数。

如果我们用 $\Phi(z)$ 表示闭环系统的传递函数，则

$$\Phi(z)=\frac{Y(z)}{R(z)}=\frac{G(z)}{1+GH(z)} \tag{3-56}$$

由上例可以总结，求取系统闭环传递函数有以下原则：首先，在主通道上找出 $Y(z)$ 与 $E(z)$ 的关系，然后在闭环回路上寻找 $C(z)$ 与 $E(z)$ 的关系，最后，消去中间变量，便可得到系统的闭环传递函数 $\Phi(z)$。

常见的离散控制系统的结构框图及闭环传递函数见表 3-3。

表 3-3　常见的离散控制系统的结构框图及闭环传递函数

序号	系统结构框图	闭环传递函数或输出表达式
1	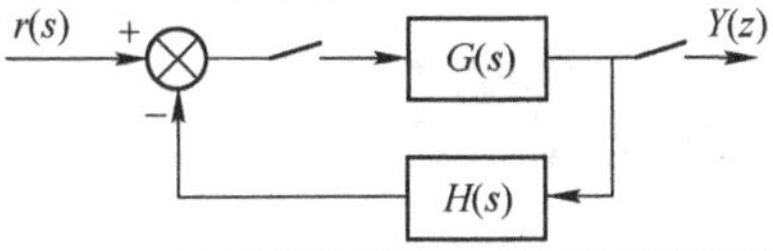	$\Phi(z)=\frac{G(z)}{1+GH(z)}$
2	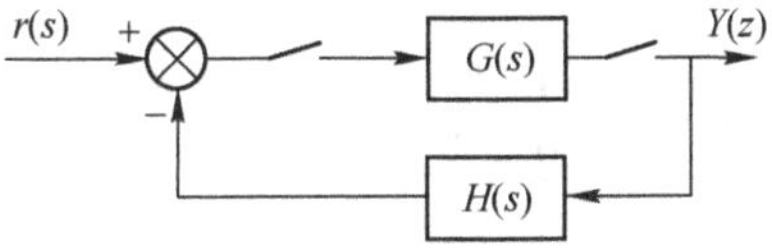	$\Phi(z)=\frac{G(z)}{1+G(z)H(z)}$
3	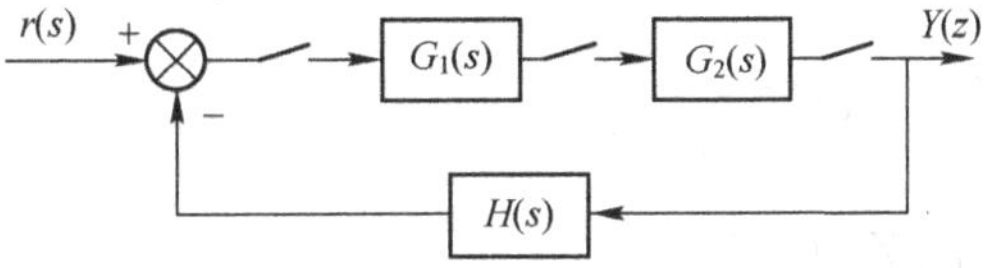	$\Phi(z)=\frac{G_1(z)G_2(z)}{1+G_1(z)G_2(z)H(z)}$
4	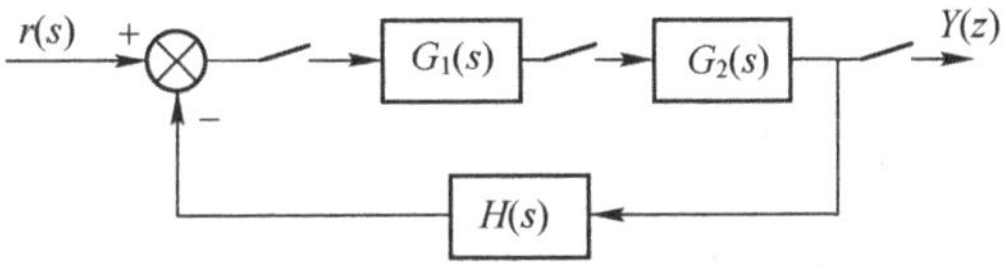	$\Phi(z)=\frac{Y(z)}{R(z)}=\frac{G_1(z)G_2(z)}{1+G_1(z)G_2H(z)}$
5	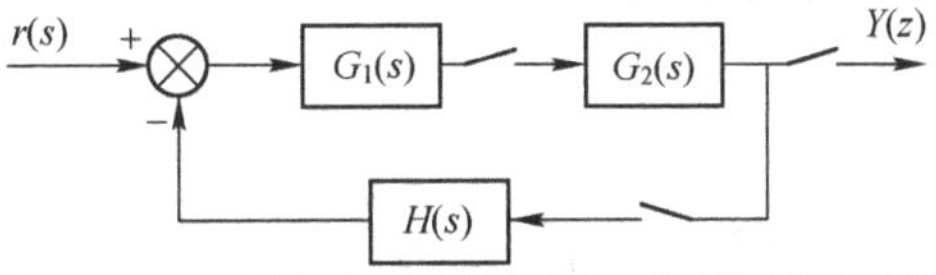	$Y(z)=\frac{G_2(z)}{1+G_2(z)G_1H(z)}RG_1(z)$
6	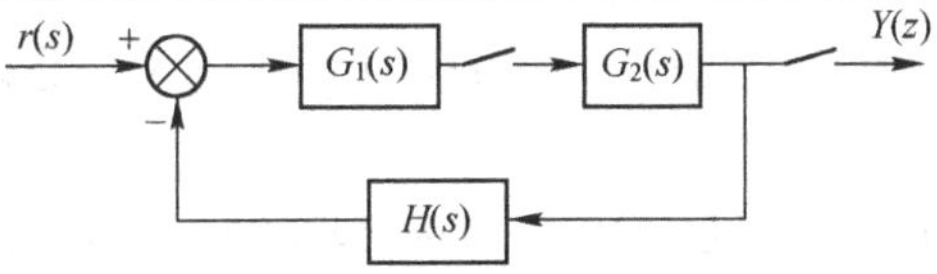	$Y(z)=\frac{G_2(z)}{1+G_1G_2H(z)}RG_1(z)$
7	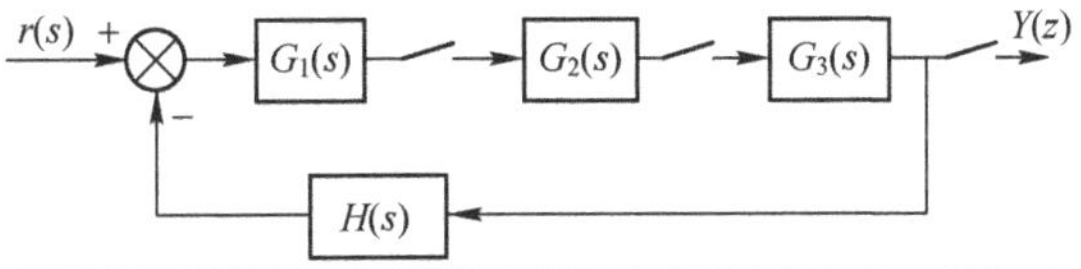	$Y(z)=\frac{G_2(z)G_3(z)}{1+G_2(z)G_1G_3H(z)}RG_1(z)$

[例 3-17] 已知系统的结构框图如图 3-6 所示，求该系统的闭环传递函数。

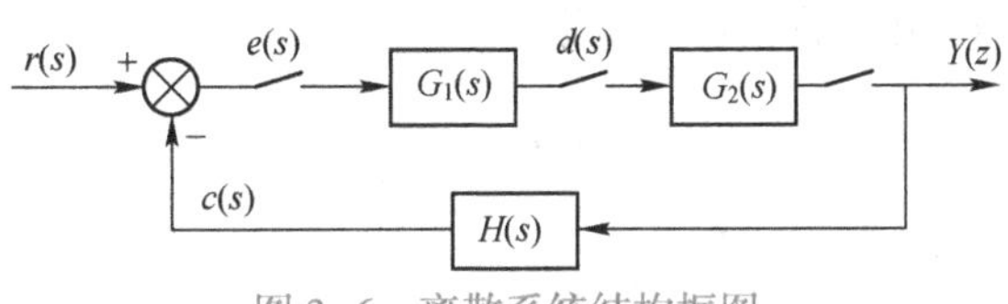

图 3-6　离散系统结构框图

解： 由系统结构图知

$$e(s)=r(s)-c(s)$$
$$E(z)=R(z)-C(z)$$
$$D(z)=E(z)G_1(z)$$
$$Y(z)=D(z)G_2(z)$$
$$C(z)=D(z)G_2H(z)$$

消去中间变量，则系统的传递函数为

$$\Phi(z)=\frac{Y(z)}{R(z)}=\frac{G_1(z)G_2(z)}{1+G_1(z)G_2H(z)}$$

思考题与习题

3.1　求下列序列的 Z 变换。

（1）$x(n)=\frac{1}{n}$　　（2）$x(n)=-\left(\frac{1}{2}\right)^n u(-n-1)$

3.2　求下列函数的 Z 变换。

（1）$F(s)=\frac{1}{s(s+1)}$　　（2）$F(s)=\frac{a}{s(s+a)}$

3.3　用长除法求 $F(z)=\frac{10z}{(z-1)(z-2)}$ 的 Z 反变换。

3.4　用部分分式法求 $F(z)=\frac{5z}{(z-10)(z-5)}$ 的 Z 反变换。

3.5　用留数计算法求 $F(z)=\frac{2z}{(z-6)(z-4)}$ 的 Z 反变换。

3.6　求下列函数的初值和终值。

（1）$X(z)=\frac{5z^2}{(z-1)(z-2)}$　　（2）$X(z)=\frac{z^{-1}}{(1-z^{-1})^2}$

3.7　已知 $y(k+2)+3y(k+1)+2y(k)=0$，初始条件：$y(0)=0, y(1)=1$，用 Z 变换法求解该差分方程。

3.8　某二阶离散系统的差分方程为 $y(k)-5y(k-1)+6y(k-2)=r(k)$，输入为单位阶跃序列，$r(k)=\begin{cases}0, & k<0\\1, & k\geqslant 0\end{cases}$，初始条件为 0，求 $y(k)$。

3.9　求下列各差分方程相应的 Z 传递函数。

（1）$y(k)-2y(k-2)+3y(k-4)=u(k)+u(k-1)$

（2）$y(k)+y(k-3)=u(k)-2u(k-2)$

3.10　求下列各 $G(s)$ 相应的 Z 传递函数。

（1）$G(s)=\frac{1}{s(0.1s+1)}$　　（2）$G(s)=\frac{1}{s+a}$

3.11　已知 $G(s)=\frac{(1-e^{-Ts})}{s}\frac{K}{s(\tau s+1)}$，求 $G(z)$。

3.12　已知开环系统如图 3-7 所示，求该系统的脉冲传递函数。

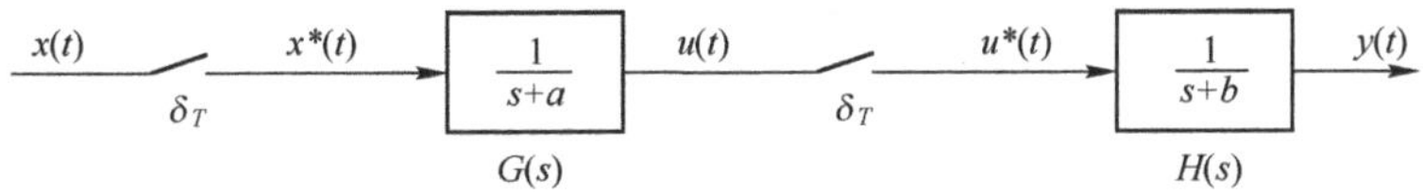

图 3-7　习题 3.12 系统图

3.13　已知开环系统如图 3-8 所示，求该系统的脉冲传递函数。

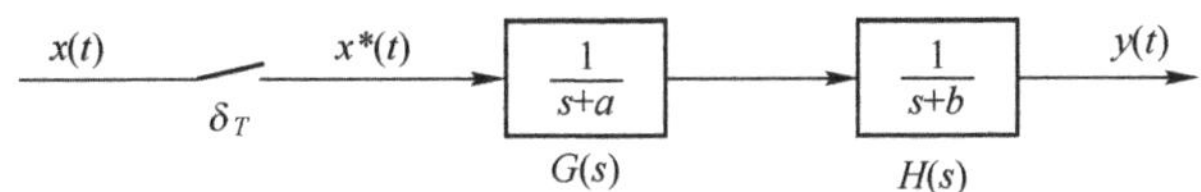

图 3-8　习题 3.13 系统图

3.14　带有数字 PID 控制器的控制系统如图 3-9 所示（此处的 PID 控制器是位置式的），假设被控对象的传递函数为 $G_{\mathrm{P}}(s)=\dfrac{1}{s(s+1)}$，零阶保持器的传递函数为 $G_0(s)=\dfrac{1-\mathrm{e}^{-Ts}}{s}$，且采样周期 T 为 1 s，数字 PID 控制器 $D(z)$，其 Z 变换表达式为 $D(z)=K_{\mathrm{P}}+\dfrac{K_{\mathrm{I}}}{1-z^{-1}}+K_{\mathrm{D}}(1-z^{-1})$，且其参数为 $K_{\mathrm{P}}=1, K_{\mathrm{I}}=0.2, K_{\mathrm{D}}=0.2$，求该系统的闭环脉冲传递函数。

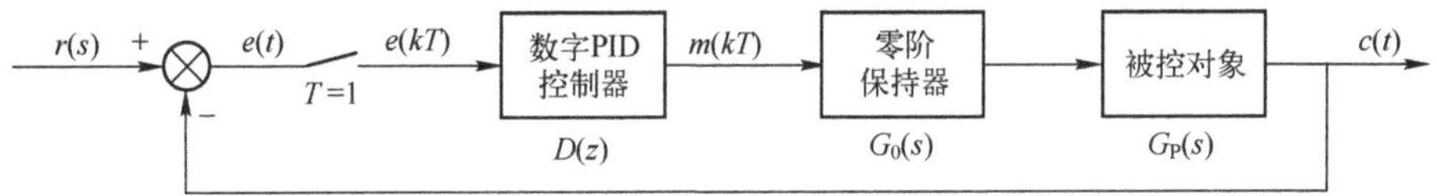

图 3-9　习题 3.14 系统图

第 4 章　计算机控制系统分析

计算机控制系统分析就是对给定的控制系统数学模型，分别从系统的稳定性、准确性、快速性三个方面进行分析。计算机控制系统的分析方法和连续系统的分析方法基本相似，可以从描述系统离散特性的差分方程或脉冲传递函数出发，应用 Z 变换和 Z 反变换，求得离散系统输出值的采样值。本章将分别讨论系统的稳定性条件、稳定性判据、动态响应过程和稳态误差，并利用根轨迹方法和频域方法对系统开展综合分析。

4.1 计算机控制系统的稳定性分析

4.1.1 线性离散控制系统的稳定性条件

微课：控制系统分析 1

稳定是控制系统正常工作的前提。当系统在有界输入作用下，系统的输出也是有界的。对于一个线性定常系统，如果它是稳定的，那么对应的微分方程的解必须是收敛的和有界的。对于连续系统，其稳定性主要是由系统闭环传递函数的极点在 s 平面的分布状况决定的，如果所有极点都分布在 s 平面的左半部，则该系统稳定，如果有极点出现在 s 平面右半部，则系统不稳定。s 平面的虚轴是连续系统稳定与不稳定的分界线。对于离散系统，同样也可以由离散闭环系统的特征值在 z 平面的分布决定该系统的稳定性，但其变量为 z，而 z 与 s 之间具有指数关系，即 $z=\mathrm{e}^{Ts}$，如果将 s 平面按这个指数关系映射到 z 平面，找出 s 平面的虚轴及稳定区域（s 左半平面）在 z 平面的映像，那么，就能够获得离散系统稳定的充要条件。

1. s 域到 z 域的映射

令 $s=\sigma+\mathrm{j}\omega$，则有

$$z=\mathrm{e}^{Ts}=\mathrm{e}^{T(\sigma+\mathrm{j}\omega)}=\mathrm{e}^{T\sigma}\cdot\mathrm{e}^{\mathrm{j}T\omega} \tag{4-1}$$

于是，s 域到 z 域的基本映射关系式为

$$|z|=\mathrm{e}^{T\sigma},\quad \theta=T\omega \tag{4-2}$$

由式（4-2）可知，s 平面的坐标原点映射到 z 平面上为（1，j0）的点；s 平面的虚轴映射到 z 平面上是以原点为圆心的单位圆周，其中对于 ω 等于 $-\omega_s/2$ 到 $\omega_s/2$ 一段，映射到 z 平面上是第一个单位圆周，其后每当 ω 增加（或减小）一个 ω_s，映射到 z 平面上就是与第

一个圆完全重叠的单位圆周。因此，s 平面的虚轴映射到 z 平面上无穷多个相重叠的单位圆周；s 平面的左半平面映射到 z 平面上单位圆的内部区域；s 平面的右半平面映射到 z 平面上单位圆的外部区域，如图 4-1 所示。

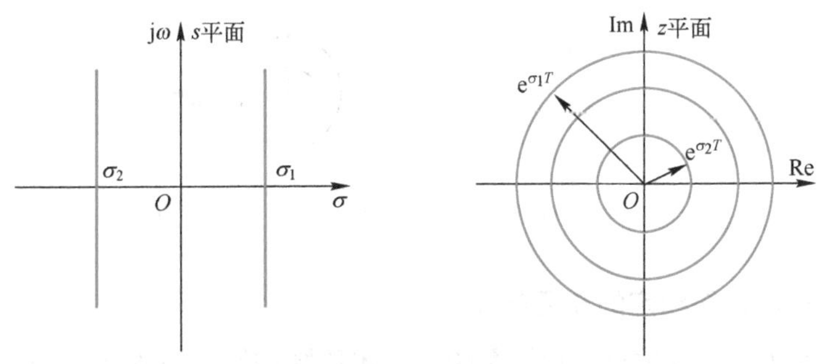

图 4-1　s 平面与 z 平面的映射关系

下面研究几种 s 平面上有用的轨迹变换到 z 平面的情况。

（1）s 平面的等衰减线

s 平面的等衰减线是 σ 为常值的垂直线，变换到 z 平面是半径为 $e^{\sigma T}$ 的圆，左半平面的垂直线对应于 z 平面半径小于 1 的圆；s 右半平面的垂直线对应于 z 平面半径大于 1 的圆，如图 4-2 所示。

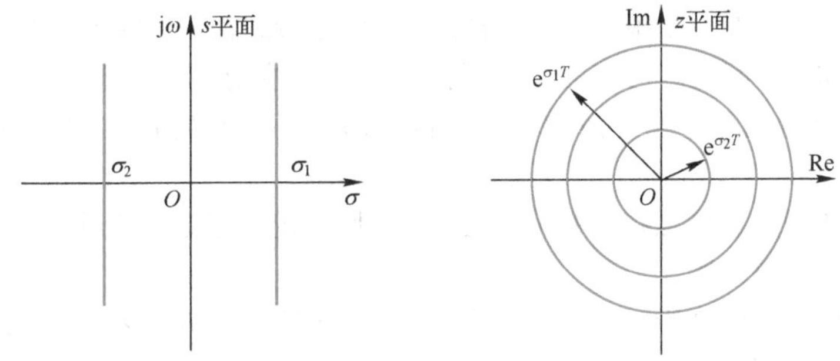

图 4-2　s 平面的等衰减线到 z 平面的映射

（2）s 平面的等频率线

s 平面 ω 为常值的直线对应于 z 平面过原点的射线，射线同横坐标的夹角为 ωT，如图 4-3 所示。

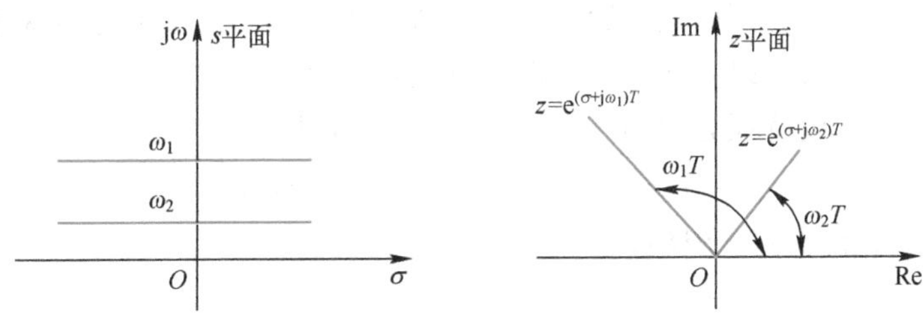

图 4-3　s 平面的等频率线到 z 平面的映射

(3) s 平面的等阻尼比线

s 平面的等 ξ（阻尼）比线对应于 z 平面的螺旋线，如图 4-4 所示。

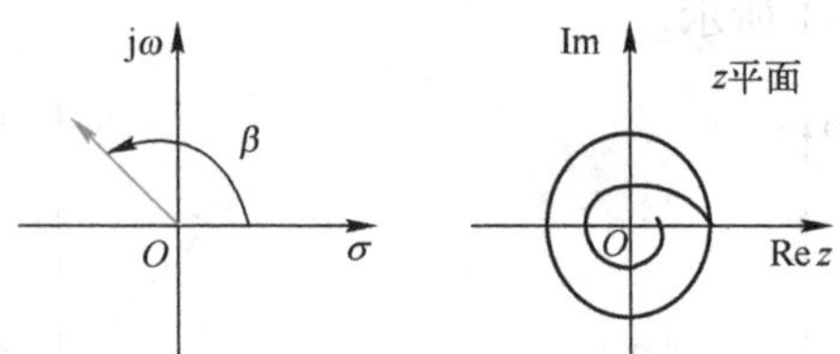

图 4-4　s 平面的等阻尼比线到 z 平面的映射

2. 线性离散控制系统稳定的充要条件

考虑如图 4-5 所示的线性离散控制系统，其闭环脉冲传递函数 $\Phi(z)$ 为

$$\Phi(z)=\frac{Y(z)}{R(z)}=\frac{G(z)}{1+G(z)} \tag{4-3}$$

图 4-5　线性离散控制系统

系统对应的特征方程为

$$1+G(z)=0 \tag{4-4}$$

由式（4-4）可以看出闭环系统特征方程的根 $z_1,z_2,\cdots,z_n$，即是闭环脉冲传递函数的极点。

连续系统的稳定性与闭环系统的特征根在 s 平面上的位置有关。若特征根全在 s 左半平面，则系统稳定；只要有一个根在 s 平面的右半平面或者虚轴上，则系统不稳定。

根据 s 平面和 z 平面极点对应关系，可得线性离散控制系统稳定的充要条件是：闭环脉冲传递函数的极点均位于 z 平面的单位圆内，即闭环系统特征方程的所有根的模满足 $|z_i|<1, i=1,2,\cdots,n$。

如果闭环传递函数有极点在 z 平面单位圆外，则系统不稳定，所以 z 平面单位圆是离散系统稳定与不稳定的分界线。

与连续系统稳定性的分析一样，用直接求解特征方程根的方法来判别高阶离散系统的稳定性是不太方便的。因此，下面介绍几种常用的判据，这些判据通过间接方法来判断系统的稳定性。

微课：控制系统分析 2

4.1.2　线性离散系统的稳定性判据

1. 朱利判据

朱利判据是对给定的特征方程 $D(z)=0$ 的系数建立朱利表，由朱利表的系数可以直接判断离散系统的稳定性。

设特征方程 $D(z)$ 是 z 的下列多项式：

$$D(z)=a_nz^n+a_{n-1}z^{n-1}+\cdots+a_1z+a_0 \tag{4-5}$$

表 4-1 列出了朱利表的一般形式。

表 4-1　朱利表的一般形式

行	z^0	z^1	z^2	…	z^{n-2}	z^{n-1}	z^n
1	a_0	a_1	a_2	…	a_{n-2}	a_{n-1}	a_n

（续）

行	z^0	z^1	z^2	…	z^{n-2}	z^{n-1}	z^n
2	a_n	a_{n-1}	a_{n-2}	…	a_2	a_1	a_0
3	b_0	b_1	b_2	…	b_{n-2}	b_{n-1}	
4	b_{n-1}	b_{n-2}	b_{n-3}	…	b_1	b_0	
5	c_0	c_1	c_2	…	c_{n-2}		
6	c_{n-2}	c_{n-3}	c_{n-4}	…	c_0		
…	…	…	…	…	…		
$2n-5$	p_0	p_1	p_2	p_3			
$2n-4$	p_3	p_2	p_1	p_0			
$2n-3$	q_0	q_1	q_2				

第一行元素由 $D(z)$ 按 z 的升幂排列的系数组成。第二行元素由 $D(z)$ 按 z 的降幂排列的系数组成。第三行至第 $2n-3$ 行元素，则按下式确定：

$$\begin{cases} b_k=\begin{vmatrix} a_0 & a_{n-k} \\ a_n & a_k \end{vmatrix}, \quad k=0,1,2,\cdots,n-1 \\ c_k=\begin{vmatrix} b_0 & b_{n-1-k} \\ b_{n-1} & b_k \end{vmatrix}, \quad k=0,1,2,\cdots,n-2 \\ \qquad \cdots \\ q_k=\begin{vmatrix} p_0 & p_{3-k} \\ p_3 & p_k \end{vmatrix}, \quad k=0,1,2 \end{cases} \tag{4-6}$$

在阵列中，第 $2k+2$ 行的元素由第 $2k+1$ 行的元素按逆顺序排列而组成。

朱利判据：如果满足下列全部条件，则由特征方程 $D(z)=0$ 表征的系统是稳定的。

1）$|a_0|<|a_n|$；

2）$D(z)|_{z=1}>0$；

3）$(-1)^n D(z)|_{z=-1}>0$；

4）$\begin{cases} |b_{n-1}|<|b_0| \\ |c_{n-2}|<|c_0| \\ \qquad \cdots \\ |q_2|<|q_0| \end{cases}$

朱利判据准则是离散系统特征根（极点）位于单位圆内（$|z|<1$）的充分必要条件。

对于常见的低阶系统，下面列出了根据朱利判据得到的稳定条件，这些条件用特征方程的系数表示。

（1）一阶系统（$n=1$）

$$D(z)=a_1z+a_0=0, \quad a_1>0$$

稳定条件：

$$|a_0|<a_1 \tag{4-7}$$

（2）二阶系统（$n=2$）

$$D(z)=a_2z^2+a_1z+a_0=0,\quad a_2>0$$

稳定条件：

$$\begin{cases}D(1)=a_2+a_1+a_0>0\\(-1)^2D(-1)=a_2-a_1+a_0>0\\|a_0|<a_2\end{cases}\tag{4-8}$$

[例 4-1] 一离散系统的闭环特征方程为 $D(z)=z^2+(k_pc+k_ic-2)z+1-k_pc=0$，其中 c 为大于零的常数，利用朱利判据试求使系统稳定的 k_p 与 k_i 的取值范围。

解：系统的特征方程为

$$D(z)=z^2+(k_pc+k_ic-2)z+1-k_pc=0$$

与 $D(z)=a_nz^n+a_{n-1}z^{n-1}+\cdots+a_0$ 相比较，则

$$a_2=1>0,\quad a_1=k_pc+k_ic-2,\quad a_0=1-k_pc$$

由二阶系统朱利判据条件，则

1）$a_2>|a_0|$，即 $1>|1-k_pc|$；

2）$D(z)_{z=-1}>0$，即 $D(-1)=1-(k_pc+k_ic-2)+1-k_pc>0$；

3）$D(z)_{z=1}>0$，即 $D(1)=1+(k_pc+k_ic-2)+1-k_pc>0$。

解：1）、2）、3）联立不等式组，则

$$\begin{cases}0<k_p<\dfrac{4-k_ic}{2c}\\k_i>0\end{cases}$$

即 k_p 与 k_i 满足上述不等式组时，系统才是稳定系统。

[例 4-2] 一离散系统如图 4-6 所示，试讨论该系统的稳定性，其中 $T=1$ s。

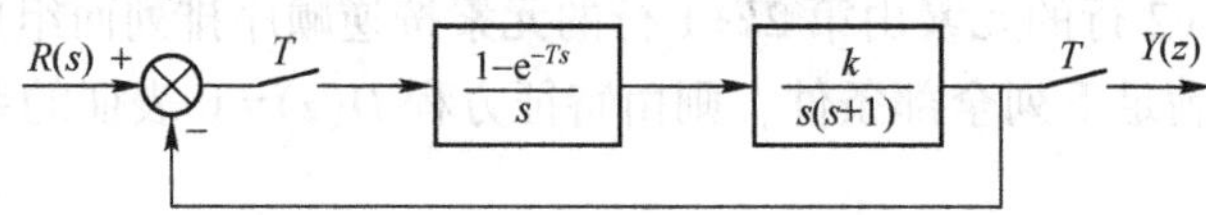

图 4-6 例 4-2 系统结构图

解：系统开环脉冲传递函数为

$$G(z)=Z[H_0(s)G_p(s)]=(1-z^{-1})Z\left[\frac{1}{s}G_p(s)\right]=(1-z^{-1})Z\left[\frac{k}{s^2(s+1)}\right]$$

$$=\frac{0.368kz+0.264k}{z^2-1.368z+0.368}$$

闭环脉冲传递函数为

$$\Phi(z)=\frac{0.368kz+0.264k}{z^2+(0.368k-1.368)z+0.368+0.264k}$$

系统特征方程为

$$D(z)=z^2+(0.368k-1.368)z+(0.264k+0.368)=0$$

利用二阶系统朱利判据条件，有

1）$a_2>|a_0|$，即 $|0.264k+0.368|<1$；

2）$D(z)_{z=-1}>0$，即 $D(-1)=1-(0.368k-1.368)+(0.264k+0.368)>0$；

3）$D(z)_{z=1}>0$，即 $D(1)=1+(0.368k-1.368)+(0.264k+0.368)>0$。

第一个式子可解 $k<2.39$，第二个式子可解 $k>0$，第三个式子可解 $k<26.2$。即满足系统稳定的 k 值范围为 $0<k<2.39$。

2. 修正劳斯判据

在连续系统中，如果特征方程的根都在 s 平面的左半部，则系统是稳定的，这可以用劳斯判据通过劳斯表来判断。

然而，在离散系统中，系统的稳定性要求系统特征方程的根全部在 z 平面的单位圆内。因此，离散系统不能直接应用连续系统的劳斯判据来分析其稳定性，而必须引入 W 变换。

采用这种变换方法，可以将 z 平面单位圆内区域映射为另一平面上的左半部，同时又保证变换后的特征方程为一般方程，这样，就可以应用劳斯判据来判断离散系统的稳定性。

W 变换定义如下：

$$z=\frac{1+(T/2)w}{1-(T/2)w} \tag{4-9}$$

式中，T 为采样周期。解出

$$w=\frac{2}{T}\frac{z-1}{z+1} \tag{4-10}$$

设复变量 z 和 w 分别为

$$z=x+\mathrm{j}y,\quad w=u+\mathrm{j}v$$

则可得

$$w=u+\mathrm{j}v=\frac{2}{T}\frac{z-1}{z+1}=\frac{2}{T}\frac{x+\mathrm{j}y-1}{x+\mathrm{j}y+1}=\frac{2}{T}\left[\frac{(x^2+y^2)-1}{(x+1)^2+y^2}+\mathrm{j}\frac{2y}{(x+1)^2+y^2}\right] \tag{4-11}$$

因此有

$$\begin{cases}u=\dfrac{2}{T}\dfrac{(x^2+y^2)-1}{(x+1)^2+y^2}\\ v=\dfrac{2}{T}\dfrac{2y}{(x+1)^2+y^2}\end{cases} \tag{4-12}$$

根据式（4-12）可得如下关系：

当 $|z|=x^2+y^2=1$ 时，$u=0$，$w=\mathrm{j}v$；

当 $|z|=x^2+y^2<1$ 时，$u<0$，$w=u+\mathrm{j}v$；

当 $|z|=x^2+y^2>1$ 时，$u>0$，$w=u+\mathrm{j}v$。

由此可见，W 变换把 z 平面上的单位圆映射为 w 平面上的虚轴；把 z 平面上的单位圆内区域映射为 w 平面上的左半部；把 z 平面上的单位圆外区域映射为 w 平面上的右半部。

z 平面和 w 平面的映射关系如图 4-7 所示。

此时

$$\begin{aligned}w&=\frac{2}{T}\frac{z-1}{z+1}\bigg|_{z=\mathrm{e}^{\mathrm{j}\omega T}}=\frac{2}{T}\frac{\mathrm{e}^{\mathrm{j}\omega T}-1}{\mathrm{e}^{\mathrm{j}\omega T}+1}=\frac{2}{T}\frac{\mathrm{e}^{\mathrm{j}\omega T/2}-\mathrm{e}^{\mathrm{j}\omega T/2}}{\mathrm{e}^{\mathrm{j}\omega T/2}+\mathrm{e}^{-\mathrm{j}\omega T/2}}\\&=\mathrm{j}\frac{2}{T}\tan\frac{\omega T}{2}=\mathrm{j}\omega_w\end{aligned} \tag{4-13}$$

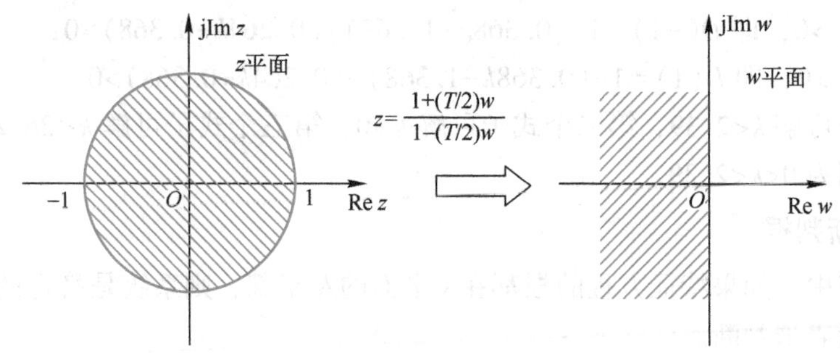

图 4-7　z 平面与 w 平面映射关系

$j\omega_w$ 为 w 平面的虚轴，则它对应 z 平面的单位圆，ω_w 为 w 平面的频率，且由上式可知

$$\omega_w=\frac{2}{T}\tan\frac{\omega T}{2}$$

式中，ω 为 s 平面的频率。

当 ωT 较小时有

$$\omega_w=\frac{2}{T}\tan\frac{\omega T}{2}\approx\frac{2}{T}\frac{\omega T}{2}=\omega \tag{4-14}$$

即 w 平面的频率近似于 s 平面的频率。

通过 W 变换，就可以应用劳斯判据分析线性离散系统的稳定性。

离散系统劳斯判据的应用步骤简单归纳如下：

1）建立离散系统 z 平面的特征方程 $D(z)=0$。

2）对特征方程 $D(z)=0$ 做 W 变换。

3）对于特征方程 $a_nw^n+a_{n-1}w^{n-1}+\cdots+a_0=0$，若系数 $a_n,a_{n-1},\cdots,a_0$ 有变号，则系统不稳定。若系数符号相同，建立劳斯行列表。

4）建立劳斯行列表：

$$\begin{array}{cccccc}
w^n & a_n & a_{n-2} & a_{n-4} & \cdots & a_0 \\
w^{n-1} & a_{n-1} & a_{n-3} & a_{n-5} & \cdots & a_1 \\
w^{n-2} & b_{n-1} & b_{n-3} & b_{n-5} & \cdots & \\
w^{n-3} & c_{n-1} & c_{n-3} & c_{n-5} & \cdots & \\
\vdots & \vdots & \vdots & \vdots & & \\
w^0 & h_{n-1} & & & &
\end{array}$$

其中

$$b_{n-1}=\frac{-1}{a_{n-1}}\begin{vmatrix}a_n & a_{n-2}\\ a_{n-1} & a_{n-3}\end{vmatrix},\quad b_{n-3}=\frac{-1}{a_{n-1}}\begin{vmatrix}a_n & a_{n-4}\\ a_{n-1} & a_{n-5}\end{vmatrix},\quad c_{n-1}=\frac{-1}{b_{n-1}}\begin{vmatrix}a_{n-1} & a_{n-3}\\ b_{n-1} & b_{n-3}\end{vmatrix}$$

5）若劳斯行列表第一列各元素符号一致，则所有特征根均分布在左半平面，系统稳定。

6）劳斯行列表第一列各元素符号变化的次数等于系统右半平面上的特征根个数。

[例 4-3] 应用劳斯判据，讨论例 4-2 所示系统的稳定性，其中 $k=1$，$T=1$ s。

解：系统开环脉冲传递函数为

$$G(z)=Z[H_0(s)G_p(s)]=(1-z^{-1})Z\left[\frac{1}{s}G_p(s)\right]=(1-z^{-1})Z\left[\frac{1}{s^2(s+1)}\right]$$

$$=\frac{0.368z+0.264}{z^2-1.368z+0.368}$$

闭环脉冲传递函数为

$$\Phi(z)=\frac{0.368z+0.264}{z^2-z+0.632}$$

系统特征方程为

$$z^2-z+0.632=0$$

采用 W 变换，即 $z=\dfrac{1+0.5w}{1-0.5w}$，则可得 w 平面的特征方程为

$$0.658w^2+0.368w+0.632=0$$

建立劳斯表

w^2	0.658	0.632
w^1	0.368	
w^0	0.632	

由劳斯判据可知系统稳定。

[例 4-4]　在例 4-1 中，设 $T=0.1\text{s}$，求使系统稳定的 k 的变化范围，并求 s 平面和 w 平面的临界频率。

解：系统开环脉冲传递函数为

$$G(z)=Z[G_0(s)G_p(s)]=(1-z^{-1})Z\left[\frac{1}{s}G_p(s)\right]=(1-z^{-1})Z\left[\frac{k}{s^2(s+1)}\right]$$

$$=\frac{0.00484kz+0.00468k}{(z-1)(z-0.905)}$$

采用 W 变换

$$G(w)=G(z)\Big|_{z=\frac{1+0.5w}{1-0.5w}}=\frac{k(0.00484z+0.00468)}{(z-1)(z-0.905)}\Big|_{z=\frac{1+0.05w}{1-0.05w}}$$

$$=\frac{-0.00016kw^2-0.1872kw+3.81k}{3.81w^2+3.80w}$$

此时系统的特征方程为

$$(3.81-0.00016k)w^2+(3.80-0.1872k)w+3.81k=0$$

劳斯表为

w^2	$(3.81-0.00016k)$	$3.81k$	$\rightarrow k<23812.5$
w^1	$3.80-0.1872k$		$\rightarrow k<20.3$
w^0	$3.81k$		$\rightarrow k>0$

故 k 的变化范围为 $0<k<20.3$。

当 $k=20.3$ 时，系统临界稳定，此时特征方程的解为

$$w=\pm j4.508$$

故 w 平面的临界频率为

$$\omega_w = 4.508\ \mathrm{rad/s}$$

s 平面的临界频率为

$$\omega = \frac{2}{T}\arctan\frac{\omega_w T}{2} = 4.43\ \mathrm{rad/s}$$

4.2 计算机控制系统的动态特性分析

4.2.1 计算机控制系统的动态响应过程

所有的控制系统除了要求系统具有稳定性和满意的静态特性外，还要求系统具有满意的快速性和动态品质，即系统的动态特性（暂态响应）满足要求。为研究系统的动态响应特性，通常在系统输入端加入单位阶跃信号，通过研究系统的输出响应来得到系统的过渡特性。如果已知线性离散系统在阶跃输入下输出的 Z 变换 $Y(z)$，那么，对 $Y(z)$ 进行 Z 的反变换，就可获得在采样时刻的输出值 $y(kT)$。将 $y(kT)$ 连成光滑曲线，就可得到系统的动态性能指标（即超调量 $\sigma\%$ 与过渡过程时间 t_s），如图 4-8 所示。

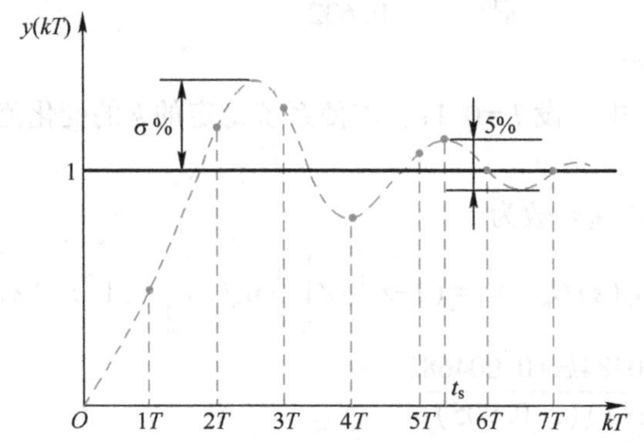

图 4-8 线性离散系统的单位阶跃响应

采样系统的闭环脉冲传递函数可以写成如下形式：

$$\Phi(z) = \frac{Y(z)}{R(z)} = \frac{K\prod_{i=1}^{m}(z - z_i)}{\prod_{j=1}^{n}(z - p_j)} \quad (m < n) \tag{4-15}$$

式中，z_i 与 p_j 分别表示闭环零点和极点。

当单位阶跃信号输入时，系统的输出为

$$Y(z) = \Phi(z)R(z) = \frac{K\prod_{i=1}^{m}(z - z_i)}{\prod_{j=1}^{n}(z - p_j)} \cdot \frac{z}{z-1} \tag{4-16}$$

对上式取逆 Z 变换，得采样系统的输出响应 $y(kT)$，其中包含稳态响应，以及由实极点和复极点所引起的暂态响应。

下面，分别讨论实极点和复极点对系统动态性能的影响。

1. 闭环实极点对系统动态性能的影响

若系统具有 n 个互异的单实根 $p_i(i=1,2,\cdots n)$，则 $Y(z)$ 可以展开为

$$Y(z)=\Phi(z)R(z)=\sum_{i=1}^{n}A_i\frac{z}{z-p_i}$$

相应的输出序列为

$$y(k)=\sum_{i=1}^{n}A_i(p_i)^k,\quad k\geqslant 0 \tag{4-17}$$

由式（4-17）可以看出，系统的每一个实极点对应一个暂态响应分量。由于实极点的位置不同，因而对系统动态性能的影响也不同，如图 4-9 所示。

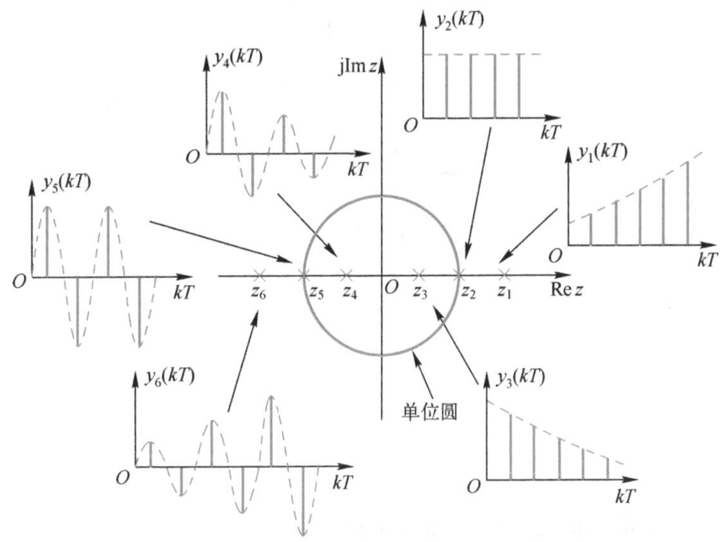

图 4-9　实极点位置和动态响应之间的关系

由图 4-9 可看出：

1）如果 $p_1>1$，对应的暂态响应分量 $y_1(kT)$ 单调发散。

2）如果 $p_2=1$，它对应的暂态响应 $y_2(kT)$ 是等幅的。

3）如果 $0<p_3<1$，它对应的暂态响应 $y_3(kT)$ 单调衰减。

4）如果 $-1<p_4<0$，它对应的暂态响应 $y_4(kT)$ 是正负交替的衰减振荡（周期为 $2T$）。

5）如果 $p_5=-1$，它对应的暂态响应 $y_5(kT)$ 是正负交替的等幅振荡（周期为 $2T$）。

6）如果 $p_6<-1$，它对应的暂态响应 $y_6(kT)$ 是正负交替的发散振荡（周期为 $2T$）。

2. 闭环复数极点对系统动态性能的影响

若系统只具有一对共轭复数极点 p_i，p_{i+1}，则

$$p_i,p_{i+1}=|p_i|\mathrm{e}^{\pm\mathrm{j}\theta_i}$$

该共轭复数极点对引起的输出响应序列为

$$y_{i,i+1}(k)=Z^{-1}\left[\frac{A_iz}{z-p_i}+\frac{A_{i+1}z}{z-p_{i+1}}\right]=A_i(p_i)^k+A_{i+1}(p_{i+1})^k,\quad k\geqslant 0 \tag{4-18}$$

由于特征方程是实系数，故 A_i,A_{i+1} 必定是共轭的。

设 $A_i, A_{i+1} = |A_i| e^{\pm j\varphi_i}$，代入式（4-18）有

$$\begin{aligned} y_{i,i+1}(k) &= |A_i\|p_i|^k e^{j(k\theta_i+\varphi_i)} + |A_i\|p_i|^k e^{-j(k\theta_i+\varphi_i)} \\ &= 2|A_i\|p_i|^k \cos(k\theta_i+\varphi_i), \quad k \geqslant 0 \end{aligned} \tag{4-19}$$

根据式（4-19）可以看出：

1）复极点在 z 平面单位圆外，对应的暂态响应是振荡发散的。

2）复极点在 z 平面单位圆上，对应的暂态响应是等幅振荡。

3）复极点在 z 平面单位圆内，对应的暂态响应是振荡衰减的。

复数极点引起的输出响应如图 4-10 所示。

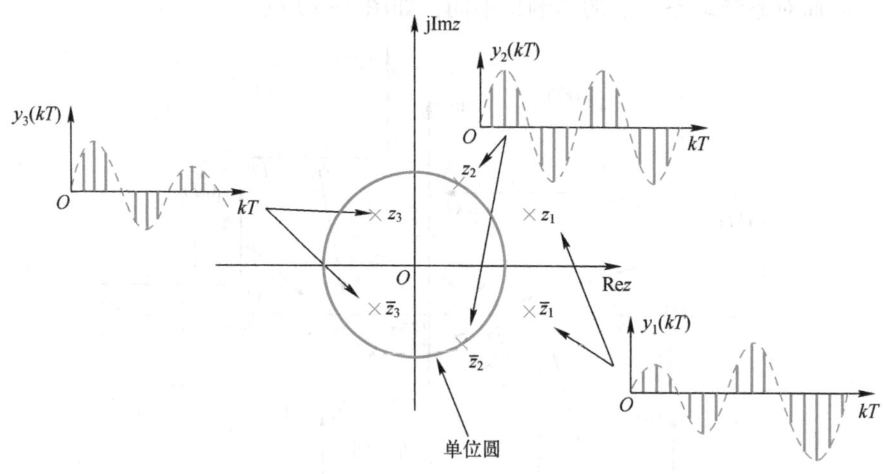

图 4-10 复数极点位置和动态响应之间的关系

综上所述，对离散系统的极点分布做如下讨论：

1）闭环极点最好分布在 z 平面单位圆的右半部，理想的是分布在靠近原点的地方，由于这时 $|z_j|$ 值较小，所以相应的瞬态过程较快，即离散系统对输入具有快速响应的性能。

2）极点越接近 z 平面的单位圆，瞬态响应衰减越慢。参照连续系统主导极点的概念，假如有一对极点最靠近单位圆，而其他极点均在原点附近，离这一对极点相当远，则系统输出响应过程主要由这一对极点决定，所以这一对极点称为主导极点对。这时，可忽略原点附近极点相对应的瞬态分量，而考虑主导极点引起的瞬态分量。

［例 4-5］ 求例 4-2 的阶跃响应。

解： 在采样周期 $T=1\,\text{s}$ 时，因为闭环脉冲函数为 $\Phi(z)=\dfrac{0.368z+0.264}{z^2-z+0.632}$，故对应离散系统阶跃响应程序如下。

```
% MATLAB PROGRAM4.1 求阶跃响应
    num=[0.368 0.264];
    den=[1 -1 0.632];
    %% 阶跃响应
    dstep(num,den,50)
```

图 4-11a 为 $T=1\,\text{s}$ 和 $T=0.1\,\text{s}$ 时系统的阶跃响应，其中超调大的为 $T=1\,\text{s}$ 时的阶跃响应，图 4-11b 为对应连续系统的阶跃响应。由两图可以看出当采样周期较大时（如 $T=1\,\text{s}$），

离散系统性能变差（超调变大，调节时间加长），当采样周期较小时（如 $T=0.1\text{s}$），离散系统的性能与连续系统一样。

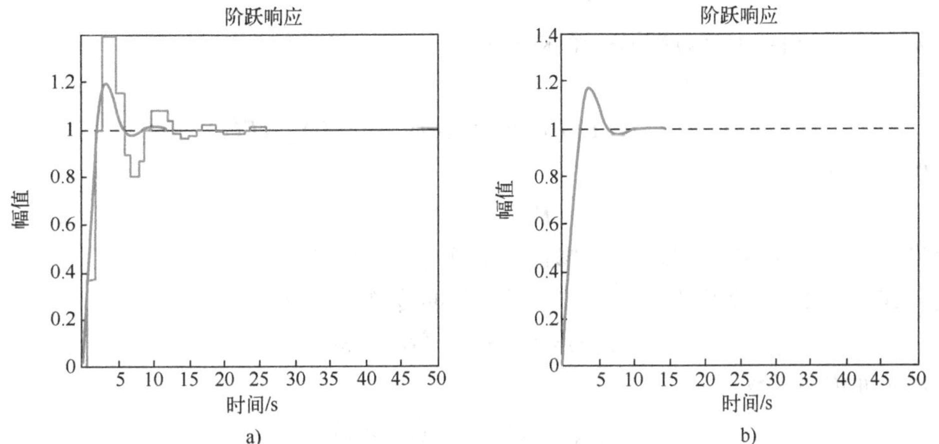

图 4-11　例 4-5 阶跃响应曲线仿真图

a）$T=1\text{s}$ 和 $T=0.1\text{s}$ 时系统的阶跃响应　b）对应连续系统的阶跃响应

4.2.2　含有滞后环节的计算机控制系统的输出响应

一般的计算机控制系统都含有滞后特性，来源有两个方面，一是计算机执行控制程序和计算所需要的时间以及执行 A/D 转换时间等；二是被控对象，特别是工业被控对象，大多具有滞后特性，所有这些特性都可以等效为滞后环节。对于含有滞后环节的计算机控制系统，可以应用修正 Z 变换在 z 域进行分析，计算系统的输出响应。

考虑图 4-12 所示的具有滞后环节的计算机控制系统。已知 $D(z)$ 为控制器的脉冲传递函数，$G(s)=G_p(s)e^{-\tau s}$ 为被控对象的传递函数，采样周期为 T。

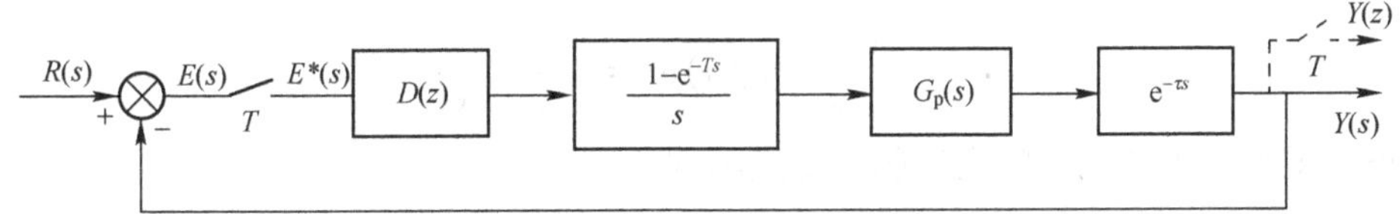

图 4-12　具有滞后环节的计算机控制系统

定义广义的被控对象为 $G(s)=\dfrac{1-e^{-Ts}}{s}G_p(s)e^{-Ts}$，设 $\tau=NT+\lambda T$，$0<\lambda<1$，$N\geqslant 1$ 为整数，则广义被控对象的脉冲传递函数为

$$G(z)=Z\left[\frac{1-e^{-Ts}}{s}G_p(s)e^{-Ts}\right]=(1-z^{-1})z^{-N}Z\left[\frac{G_p(s)}{s}e^{-\lambda Ts}\right] \tag{4-20}$$

令 $G_1(s)=\dfrac{G_p(s)}{s}$，则根据修正 Z 变换定义，可得

$$Z\left[\frac{G_p(s)}{s}e^{-\lambda Ts}\right]=Z[G_1(s)e^{-Ts+(T-\lambda T)s}]=z^{-1}Z[G_1(s)e^{(1-\lambda)Ts}]=G_1(z,m)\mid_{m=1-\lambda} \tag{4-21}$$

$G_1(z,m)$ 为修正 Z 变换后的表示式，其变参数 m 有两种极端情况：

1）$m=0$（即 $\lambda=1$），则

$$F(z,0)=z^{-1}\mathscr{Z}[f(kT)]=z^{-1}\sum_{k=0}^{\infty}f(kT)z^{-k}=z^{-1}F(z) \tag{4-22}$$

这表示 $m=0$ 时，相当于 $f(t)$ 延迟一个采样周期。

2）$m=1$（即 $\lambda=0$），则

$$F(z,1)=z^{-1}\mathscr{Z}[f(kT+T)]=z^{-1}[zF(z)-zF(0)]=F(z)-F(0) \tag{4-23}$$

如果 $f(0)=0$，即

$$F(z,1)=F(z) \tag{4-24}$$

这表示当 $m=1$，且 $f(0)=0$ 时，$f(t)$ 修正 Z 变换变为一般 Z 变换。

代入式（4-20），即可得到广义被控对象脉冲传递函数为

$$G(z)=(1-z^{-1})z^{-N}G_1(z,m) \tag{4-25}$$

系统闭环脉冲传递函数为

$$\varphi(z)=\frac{Y(z)}{R(z)}=\frac{D(z)G(z)}{1+D(z)G(z)}$$

因此可知闭环系统的输出为

$$Y(z)=\frac{D(z)G(z)}{1+D(z)G(z)}R(z)$$

进一步，对 $Y(z)$ 求 Z 反变换，即可得到系统输出的离散响应序列。

［例 4-6］计算机控制系统如图 4-12 所示，$G_p(s)=\dfrac{1}{s+1}$，$D(z)=1$，滞后时间 $\tau=0.25T$，试求该系统的脉冲传递函数。

解：系统中含有滞后环节 $e^{-\tau s}$，滞后时间 $\tau=0T+0.25T$，则 $\lambda=0.25$，因此

$$m=1-\lambda=0.75$$

广义对象传递函数为

$$G(s)=\frac{1-e^{-Ts}}{s}G_p(s)e^{-\tau s}=\frac{1-e^{-Ts}}{s}\frac{e^{-\tau s}}{s+1}$$

根据修正 Z 变换，可得相应的离散脉冲传递函数

$$\begin{aligned}G(z)=G(z,m)&=(1-z^{-1})Z_m\left[\frac{1}{s(s+1)}\right]\\&=(1-z^{-1})Z\left[\frac{e^{-\tau s}}{s(s+1)}\right]=(1-z^{-1})z^{-1}Z\left[\frac{e^{-mTs}}{s(s+1)}\right]\\&=(1-z^{-1})z^{-1}\left(\frac{1}{1-z^{-1}}-\frac{e^{-mT}}{1-e^{-T}z^{-1}}\right)\\&=\frac{(1-e^{-mT})z^{-1}+(e^{-mT}-e^{-T})z^{-2}}{1-e^{-T}z^{-1}}\end{aligned}$$

由 $T=1\,\mathrm{s}$ 可得

$$G(z)=\frac{0.528z^{-1}+0.104z^{-2}}{1-0.368z^{-1}}$$

系统闭环传递函数为

$$\Phi(z)=\frac{G(z)}{1+G(z)}=\frac{0.528z^{-1}+0.104z^{-2}}{1+0.16z^{-1}+0.104z^{-2}}$$

4.3 计算机控制系统的稳态误差分析

在连续系统中，稳态误差的计算可以通过两种方法进行：一种是建立在拉普拉斯变换终值定理基础上的计算方法，可以求出系统的终值误差；另一种是从系统误差传递函数出发的动态误差系数法，可以求出系统动态误差的稳态分量。由于在离散系统结构图中，采样开关的不同位置导致离散系统的传递函数不同，所以误差脉冲传递函数给不出一般的计算公式。离散系统的稳态误差需要根据具体的离散系统结构形式，利用 Z 变换的终值定理方法，求取离散系统输出响应达到稳态时输入值和输出值在采样时刻的误差。

微课：控制系统分析 3

4.3.1 计算机控制系统的稳态误差分析

设单位反馈误差采样系统如图 4-13 所示。

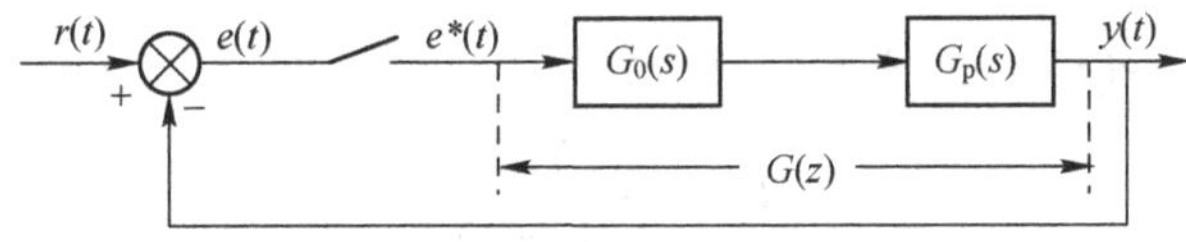

图 4-13　单位反馈误差采样系统

其中，$G_0(s)$为零阶保持器，$G_p(s)$为被控对象的传递函数，$e(t)$为系统连续误差信号，$e^*(t)$为系统误差采样信号，其 Z 变换函数为

$$E(z)=R(z)-Y(z)=[1-\Phi(z)]R(z)=\Phi_e(z)R(z) \tag{4-26}$$

其中

$$\Phi_e(z)=\frac{E(z)}{R(z)}=1-\Phi(z)=\frac{1}{1+G(z)} \tag{4-27}$$

$\Phi_e(z)$为系统误差脉冲传递函数。

如果$\Phi_e(z)$的极点（即闭环极点）全部严格位于 z 平面的单位圆内，即离散系统是稳定的，则可用 Z 变换的终值定理求出采样时刻的终值误差

$$e(\infty)=\lim_{t\to\infty}e^*(t)=\lim_{z\to1}(1-z^{-1})E(z)=\lim_{z\to1}\frac{(1-z^{-1})R(z)}{[1+G(z)]} \tag{4-28}$$

上式表明，线性定常离散系统的稳态误差，不但与系统本身的结构和参数有关，而且与输入序列的形式及幅值有关。对于系统的结构形式，可以把开环脉冲传递函数 $G(z)$ 中具有 $z=1$ 的极点数 v 作为划分离散系统类型的标准，$v=0,1,2$ 时离散系统分别称为 0 型，Ⅰ型和Ⅱ型离散系统。

下面讨论不同类别的离散系统在三种典型输入信号作用下的稳态误差，并建立离散系统静态误差系数的概念。

1. 单位阶跃输入时的稳态误差

对于单位阶跃输入 $r(t)=1(t)$，其 Z 变换函数为

$$R(z)=\frac{1}{1-z^{-1}}$$

因此，可得单位阶跃输入响应的稳态误差

$$e(\infty)=\lim_{z\to 1}\frac{1}{1+G(z)}$$

定义静态位置误差系数为

$$K_p=\lim_{z\to 1}G(z) \tag{4-29}$$

则系统对于阶跃输入信号的稳态误差为

$$e(\infty)=\lim_{z\to 1}\frac{1}{1+G(z)}=\frac{1}{1+K_p} \tag{4-30}$$

若 $G(z)$ 没有 $z=1$ 的极点，则 $K_p\neq\infty$，从而 $e(\infty)\neq 0$；若 $G(z)$ 有一个或一个以上 $z=1$ 的极点，则 $K_p=\infty$，从而 $e(\infty)=0$，因而在单位阶跃函数作用下，系统达到稳态时，0 型离散系统在采样时刻存在位置误差；Ⅰ型或Ⅰ型以上的离散系统，在采样时刻没有位置误差。这与连续系统相似。

2. 单位速度输入时的稳态误差

对于单位速度输入 $r(t)=t$，其 Z 变换函数为

$$R(z)=\frac{Tz^{-1}}{(1-z^{-1})^2}$$

因此，可得响应单位速度输入的稳态误差

$$e(\infty)=\lim_{z\to 1}\frac{Tz^{-1}}{(1-z^{-1})[1+G(z)]}=\lim_{z\to 1}\frac{T}{(1-z^{-1})G(z)}$$

定义静态速度误差系数为

$$K_v=\lim_{z\to 1}\frac{(1-z^{-1})G(z)}{T} \tag{4-31}$$

则系统对于单位速度输入信号的稳态误差为

$$e(\infty)=\frac{1}{K_v} \tag{4-32}$$

因为 0 型系统的 $K_v=0$；Ⅰ型系统的 K_v 为有限值，Ⅱ型或Ⅱ型以上的系统 $K_v=\infty$，因而在单位速度函数作用下，0 型离散系统在采样时刻稳态误差无穷大，Ⅰ型离散系统在采样时刻存在速度误差；Ⅱ型或Ⅱ型以上的离散系统，在采样时刻不存在稳态误差。

3. 单位加速度输入时的稳态误差

对于单位加速度输入 $r(t)=t^2/2$，其 Z 变换函数为

$$R(z)=\frac{T^2z^{-1}(1+z^{-1})}{2(1-z^{-1})^3}$$

因此，可得响应单位加速度输入的稳态误差

$$e(\infty)=\lim_{z\to 1}\frac{T^2z^{-1}(1+z^{-1})}{2(1-z^{-1})^2[1+G(z)]}=\lim_{z\to 1}\frac{T^2}{(1-z^{-1})^2G(z)}$$

定义静态加速度误差系数为

$$K_a = \lim_{z \to 1} \frac{(1-z^{-1})^2 G(z)}{T^2} \tag{4-33}$$

则系统对于单位加速度输入信号的稳态误差为

$$e(\infty) = \frac{1}{K_a} \tag{4-34}$$

因为 0 型及 Ⅰ 型系统 $K_a=0$，Ⅱ 型系统的 K_a 为常值，Ⅲ 型及 Ⅲ 型以上系统 $K_a=\infty$。因而，在加速度函数作用下，0 型和 Ⅰ 型离散系统的稳态误差为无穷大，Ⅱ 型离散系统存在加速度误差，只有Ⅲ型及以上的离散系统，在采样时刻不存在稳态误差。不同类型单位反馈离散系统的稳态误差见表 4-2。

表 4-2　单位反馈离散系统的稳态误差

系统类型	位置误差 $r(t)=1(t)$	速度误差 $r(t)=t$	加速度误差 $r(t)=\frac{t^2}{2}$
0 型	$\frac{1}{1+K_p}$	∞	∞
Ⅰ 型	0	$\frac{1}{K_v}$	∞
Ⅱ 型	0	0	$\frac{1}{K_a}$
Ⅲ 型	0	0	0

4.3.2　计算机控制系统对干扰输入信号的响应

与连续系统一样，计算机控制系统也会受到干扰信号的作用，同时系统的输出对于干扰信号会有一定的响应。对于控制系统而言，总是希望具有良好的抗干扰能力，即系统能够将干扰的影响降到最低，直至消除。但是，干扰在计算机控制系统中的作用位置不同，对系统的影响也不同。

1. 干扰作用在控制系统的前向通道

假设受到干扰作用的控制系统如图 4-14a 所示，设参考输入为 0，系统受到的干扰为 $N(z)$。

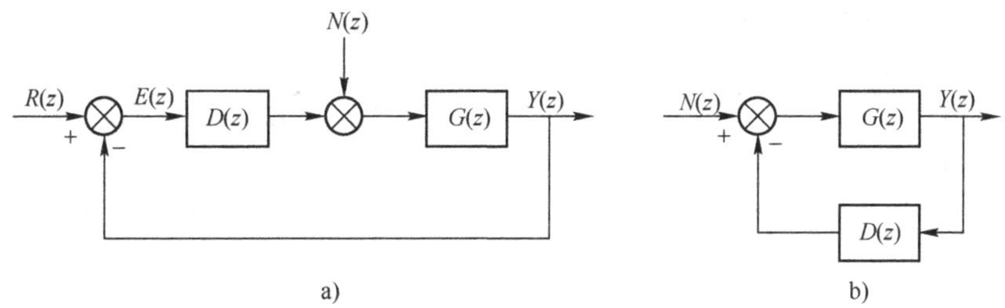

图 4-14　干扰作用在前向通道的计算机控制系统

a）受到干扰作用的控制系统　b）转换后的形式

在 $R(z)=0$ 时，系统框图可以转换为图 4-14b。以 $N(z)$ 为输入，$Y(z)$ 为输出的脉冲传递函数为

$$\frac{Y(z)}{N(z)}=\frac{G(z)}{1+D(z)G(z)} \tag{4-35}$$

如果 $|D(z)G(z)|>>1$，则有

$$\frac{Y(z)}{N(z)}=\frac{1}{D(z)} \tag{4-36}$$

于是系统误差为

$$E(z)=R(z)-Y(z)=-Y(z)$$

因此由干扰所引起的系统误差为

$$E(z)=-Y(z)=-\frac{1}{D(z)}N(z) \tag{4-37}$$

由式（4-37）可以看出，$D(z)$的增益越大，干扰引起的误差 $E(z)$就越小。如果 $D(z)$有积分环节（$z=1$ 的极点），那么常值扰动对系统的稳态误差为零。这一点从下面的推导中可以得知。

设干扰为幅值 N 的常值扰动，即

$$N(z)=\frac{N}{1-z^{-1}}$$

如果 $D(z)$含有一个 $z=1$ 的极点，则 $D(z)$为

$$D(z)=\frac{\overline{D}(z)}{z-1}=\frac{z^{-1}}{1-z^{-1}}\overline{D}(z)$$

式中，$\overline{D}(z)$不含 $z=1$ 的极点。那么在干扰作用下，系统的稳态误差为

$$\begin{aligned}e_{ss}^{*}&=\lim_{z\to1}[(1-z^{-1})E(z)]=\lim_{z\to1}\left[(1-z^{-1})\frac{-N(z)}{D(z)}\right]\\&=-\lim_{z\to1}\left[(1-z^{-1})\frac{N}{1-z^{-1}}\frac{1-z^{-1}}{z^{-1}\overline{D}(z)}\right]\\&=-\lim_{z\to1}\frac{(1-z^{-1})N}{\overline{D}(z)z^{-1}}=0\end{aligned}$$

2. 干扰作用在控制系统的反馈通道

假设干扰作用在反馈通道的控制系统如图 4-15a 所示，在输入 $R(z)=0$ 时，系统可以转换为图 4-15b 所示的结构框图。

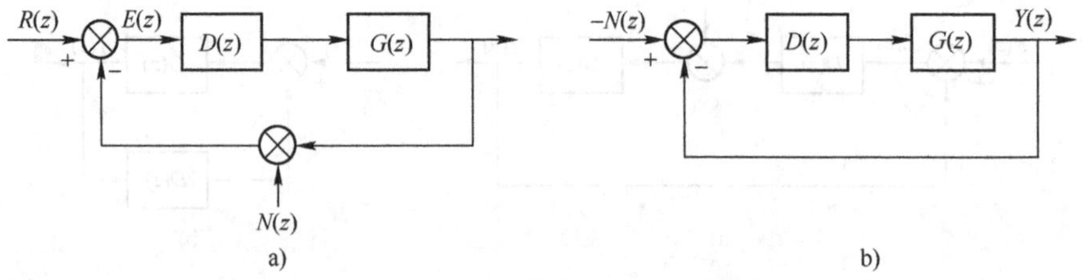

图 4-15　干扰作用在反馈通道的计算机控制系统

a）干扰作用在反馈通道的控制系统　b）转换后的形式

由图 4-15b 可知

$$\frac{Y(z)}{-N(z)}=\frac{D(z)G(z)}{1+D(z)G(z)}$$

$$\frac{Y(z)}{N(z)}=-\frac{D(z)G(z)}{1+D(z)G(z)} \tag{4-38}$$

由 $E(z)=R(z)-Y(z)=-Y(z)$ 可得

$$\frac{E(z)}{N(z)}=-\frac{Y(z)}{N(z)}=\frac{D(z)G(z)}{1+D(z)G(z)} \tag{4-39}$$

由式（4-39）可以看出，为了减小扰动 $N(z)$ 对误差 $E(z)$ 的影响，则 $D(z)G(z)$ 增益应尽可能小。

综上所述，在考虑扰动对误差的影响时，应先求出 $E(z)/N(z)$ 的表达式，再确定 $D(z)G(z)$ 的增益是应该大还是应该小。但是，$D(z)G(z)$ 增益的大小，除了要考虑扰动的作用外，还要考虑系统输入的作用。如果输入信号的频率范围和扰动信号的频率范围分离得足够大，可以在系统中选择合适的滤波器；如果它们的频率范围重叠，则必须修改系统框图，以便使系统对参考输入以及扰动作用都有满意的响应。

4.4 离散系统的根轨迹分析法

在连续系统中，根轨迹法是分析和设计线性定常控制系统的一种常用方法。由于其可以非常直观方便地分析系统的稳定性、稳态性能及动态性能等，所以在工程实践中获得了广泛的应用。连续系统根轨迹是研究开环系统某一参数从零变到无穷大时，闭环系统特征方程的根在 s 平面上变化的轨迹。相应的，离散系统根轨迹是研究离散系统开环脉冲传递函数某一参数从零变到无穷大时，闭环系统特征方程的根在 z 平面上变化的轨迹。

考虑图 4-16 所示的线性定常离散系统，$G_0(s)$ 为零阶保持器。

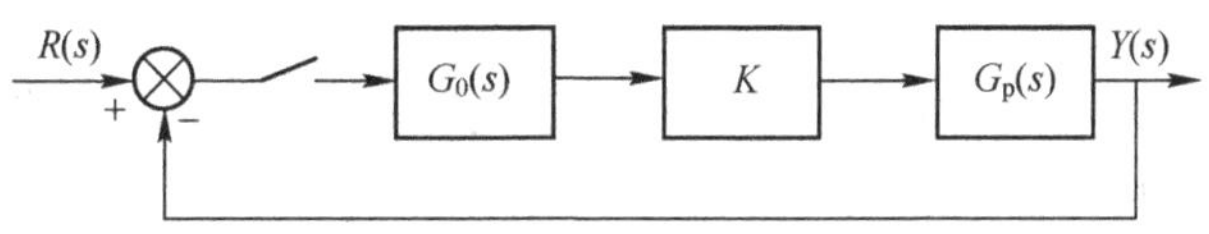

图 4-16　线性定常离散系统

其广义开环脉冲传递函数为

$$KG(z)=K(1-z^{-1})Z[G_p(s)/s] \tag{4-40}$$

系统的闭环特征方程为

$$1+KG(z)=0 \tag{4-41}$$

将式（4-41）写成下列式子：

$$|KG(z)|=1 \tag{4-42}$$

$$\angle KG(z)=\pm(2l+1)180°,\quad l=0,1,2,\cdots \tag{4-43}$$

式（4-42）和式（4-43）就是闭环系统特征方程的根所应满足的幅值条件和相角条件。当参数 K 从 0 到 ∞ 变化时，所有满足该幅值条件和相角条件的点在 z 平面上的轨迹就是该离散系统的根轨迹。

进一步，考虑开环脉冲传递函数为如下所示的零极点形式：

$$KG(z) = K\frac{\prod_{i=1}^{m}(z-z_i)}{\prod_{i=1}^{n}(z-p_i)} \tag{4-44}$$

式中，z_i 为开环脉冲传递函数的零点；p_i 为开环脉冲传递函数的极点。

闭环系统的极点在 z 平面上应满足的条件可改写为

$$\frac{\prod_{i=1}^{m}|z-z_i|}{\prod_{i=1}^{n}|z-p_i|} = \frac{1}{K} \tag{4-45}$$

$$\sum_{i=1}^{m}\angle(z-z_i) - \sum_{i=1}^{n}\angle(z-p_i) = \pm(2l+1)180°, \quad l=0,1,2,\cdots \tag{4-46}$$

由式（4-45）和式（4-46）可以看出，离散系统根轨迹所满足的条件与连续系统根轨迹的条件在形式上相同，所以在 z 平面上绘制离散系统根轨迹的方法与在 s 平面绘制连续系统根轨迹类似。

绘制离散系统根轨迹的基本步骤如下：

1）求出以零极点形式表示的系统开环传递函数，在 z 平面上画出开环零极点。

2）确定根轨迹的起点和终点，并找出根轨迹的分支数。

根轨迹起于开环脉冲传递函数 $G(z)$ 的极点，终止于开环脉冲传递函数 $G(z)$ 的零点；根轨迹的条数等于开环脉冲传递函数 $G(z)$ 的极点个数（通常极点数大于零点数）。

3）确定实轴上的根轨迹。

实轴上的某一区域，如果它右侧开环实数零、极点个数之和为奇数，则该区域必是根轨迹的一部分。

4）确定根轨迹的渐近线。

渐近线的个数等于开环脉冲传递函数 $G(z)$ 的极点 n_p 与零点 n_z 之差，且渐近线与实轴的交角 ϕ 和交点 σ 分别为

$$\phi=\frac{(2k+1)\pi}{n_p-n_z} \quad (k=0,1,2,\cdots,n_p-n_z-1) \tag{4-47}$$

$$\sigma = \frac{\sum_{i=1}^{n}(-p_i) - \sum_{i=1}^{m}(-z_i)}{n_p - n_z} \tag{4-48}$$

5）找出根轨迹的分离点和会合点。

如果根轨迹位于实轴上两个相邻开环极点之间，则这两个极点之间至少存在一个分离点；同样，如果根轨迹位于实轴上两个相邻开环零点之间（一个零点可以位于无穷远处），则这两个零点之间至少存在一个会合点；如果根轨迹位于实轴上一个开环极点和一个开环零点之间，则既不存在分离点也不存在会合点，或者两者都存在。

设 $G(z)=\frac{N(z)}{D(z)}$，则根轨迹的分离点和会合点由下面式子求解：

$$\frac{\mathrm{d}[G(z)]}{\mathrm{d}z}=0 \tag{4-49}$$

即

$$D(z)\frac{\mathrm{d}N(z)}{\mathrm{d}z}-N(z)\frac{\mathrm{d}D(z)}{\mathrm{d}z}=0 \tag{4-50}$$

［例 4-7］ 系统如图 4-17 所示，$G_0(s)$为零阶保持器，设 $G_p(s)=\frac{K}{s(s+1)}$，试绘制系统的根轨迹，并确定系统临界稳定时的增益 K。

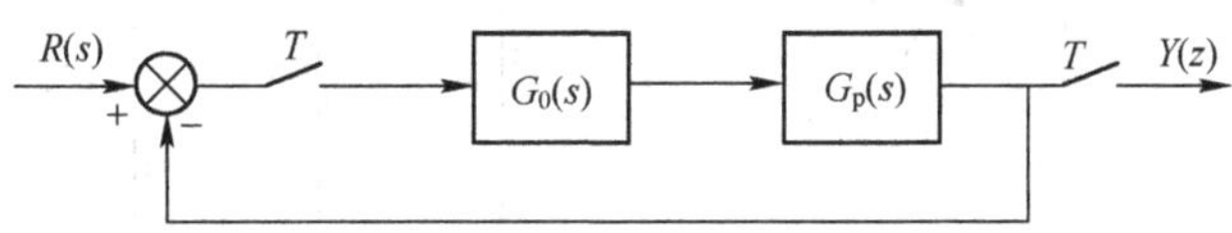

图 4-17　例 4-7 系统结构图

解：开环脉冲传递函数为

$$G(z)=Z[H_0(s)G_p(s)]=(1-z^{-1})Z[\frac{1}{s}G_p(s)]=(1-z^{-1})Z\left[\frac{1}{s^2(s+1)}\right]$$

$$=\frac{0.368(z+0.717)}{(z-1)(z-0.368)}$$

故系统开环极点为 $z=1$ 和 $z=0.368$，开环零点为 $z=-0.717$ 和 $z=\infty$ 。

由式（4-50）可计算分离点

$$\frac{\mathrm{d}G(z)}{\mathrm{d}z}=(z-1)(z-0.368)-(z+0.717)(2z-1.368)$$

$$=z^2+1.434z-1.352$$

可求得根轨迹分离点为 $z=0.65$、会合点为 $z=-2.08$。

再根据幅值条件式（4-46）可以求出分离点处增益 $K=0.196$、会合点处增益 $K=15$，由以上原则，可画出其根轨迹如图 4-18a 所示。

对于本例，也可通过编写下列 MATLAB 程序，用计算机画出其根轨迹，如图 4-18b 所示。

```
% MATLAB PROGRAM4.2 画根轨迹
    k=0:0.1:16;
    n=[0.368 0.264];
    d=[1 -1.368 0.368];
    r=rlocus(n,d,k);
    %% 输出
    plot(real(r),imag(r),'x')
    title('Root Locus')
```

在 z 平面上，根轨迹与单位圆的交点就是系统的临界稳定点。

对于系统临界稳定点，一方面可以通过画系统根轨迹，找出它与单位圆的交点来确定，另一方面还可以应用稳定性判据，求出系统的临界增益 K，再将此 K 值代入系统特征方程，求出临界稳定时的特征根来确定。

对于本例，根据稳定性判据，可以求出系统临界增益 $K=2.39$，此时特征方程为 $z^2-0.488z-1=0$，所以临界点为

$$z=0.244\pm j0.970=1\angle(\pm 75.8°)=1\angle(\pm 1.32\text{rad})=1\angle(\pm\omega T),\quad \omega=1.32, T=1$$

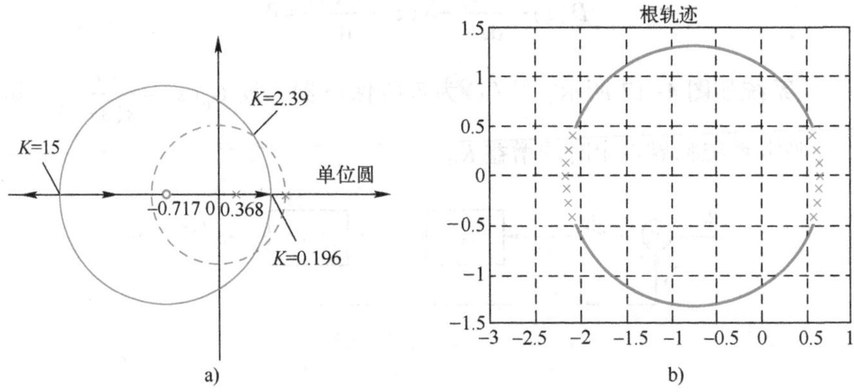

图 4-18 例 4-7 根轨迹图

4.5 离散系统的频域分析法

在连续控制系统设计中，频率响应设计法和根轨迹设计法是两大行之有效的经典设计方法，特别是对数频率特性曲线（即 Bode 图）能采用简单的方法近似绘制，因此频率法应用得更广泛。

由于 s 平面和 z 平面的映射关系为

$$z=e^{sT} \tag{4-51}$$

要得到频率特性，则需用

$$z=e^{j\omega T} \tag{4-52}$$

这样，z 域的频率特性已不再是 ω 的有理函数，而是以超越函数的形式出现，从而不能像 s 平面那样，将传递函数分解成各种典型环节，如积分环节、惯性环节、振荡环节等，采用渐近的直线来画出近似的对数幅频特性。那么，在 z 平面上 Bode 图设计方法的优点就不再存在。另外，Z 变换把 s 左半平面的基本带和辅助带都映射进入 z 平面的单位圆内，所以涉及整个左半平面的常规频率响应设计法，就不适用于 z 平面。为了能够应用频率响应设计法分析和设计离散时间系统，必须对 z 平面进行某种变换。

解决上述困难可以通过把 z 平面中的脉冲传递函数变换到一个 w 平面，该变换通常称为 W 变换，是一种双线性变换，有两种形式：

$$w=\frac{z-1}{z+1} \tag{4-53}$$

或

$$w=\frac{2}{T}\frac{z-1}{z+1} \tag{4-54}$$

第二种形式与第一种形式的区别是加了一个变化常数 $2/T$，其中 T 为采样周期。实践证

明，具有 $2/T$ 系数的 W 变换比前者优越得多，所以，以下所研究的 W 变换均指式（4-54）所示的 W 变换。

1. W 变换的性质

（1）当采样周期无限缩小，复变量 w 近似等于复变量 s

以 $z=e^{sT}$代入 W 变换公式，并在两端取 $T\to 0$ 的极限

$$\lim_{T\to 0} w=\lim_{T\to 0}\frac{2}{T}\frac{z-1}{z+1}\bigg|_{z=e^{sT}}=\lim_{T\to 0}\frac{2}{T}\frac{e^{sT}-1}{e^{sT}+1}$$

$$=\lim_{T\to 0}\frac{2(se^{sT})}{(e^{sT}+1)+Tse^{sT}}=\frac{2s}{2}=s \tag{4-55}$$

上式表明，当采样频率无限高时，w 平面便可视作连续域 s 平面。

（2）传递函数的相似性

假设连续被控对象为

$$G(s)=\frac{a}{s+a}$$

它用零阶保持器接收给它的控制信号，则它的脉冲传递函数为

$$G(z)=Z\left[\frac{1-e^{-sT}}{s}G(s)\right]=Z\left[\frac{1-e^{-sT}}{s}\frac{a}{s+a}\right]=\frac{1-e^{-aT}}{z-e^{-aT}} \tag{4-56}$$

利用 W 变换公式（4-56）将 $G(z)$再变换到 w 平面，得

$$G(w)=G(z)\bigg|_{z=\frac{1+\frac{T}{2}w}{1-\frac{T}{2}w}}=A\cdot\frac{1-\frac{T}{2}w}{w+A} \tag{4-57}$$

式中，A 为常数，有

$$A=\frac{2}{T}\cdot\frac{1-e^{-aT}}{z-e^{-aT}}$$

以 $a=5$，采样周期 $T=0.1\text{ s}$ 代入，则有

$$G(s)=\frac{5}{s+5}$$

$$G(z)=\frac{0.3935}{z-0.6065}$$

$$G(w)=\frac{4.899\left(1-\frac{w}{20}\right)}{w+4.899}$$

比较 $G(w)$和 $G(s)$，可以看到它们的增益值和极点值相近，而 $G(z)$则没有这种相似性。不同的是，$G(w)$比 $G(s)$多了一个因子$\left(1-\frac{w}{20}\right)$，也即 $G(w)$多了一个在 $w=\frac{2}{T}=20$ 的零点。这是因为双线性变换后，分子和分母总是同阶，因而该零点可看作是 $G(s)$在无穷远的零点映射过来的。

当 $T\to 0$ 时，对式（4-57）取极限，得

$$\lim_{T\to 0}G(w)=\frac{a}{w+a} \tag{4-58}$$

这时，$G(w)$和$G(s)$完全一致。

上述结论能推广到一般，即只要考虑s平面在无穷远的零点，那么w平面的传递函数和s平面的传递函数非常相似。同时，我们也注意到，$G(z)$不具备和$G(s)$相似的性质。

（3）$w=\frac{2}{T}$的零点的意义

$w=\frac{2}{T}$的零点是用零阶保持器重构数字控制信号而引进的，它出现在w平面的右半部，所以是非最小相位零点。它的引进清楚地反映了零阶保持器的相位滞后特性，此处就不具体说明了。不过零阶保持器的特性在w平面的传递函数中能清楚地显示出来，这是w平面表示的一大优点。

2. 映射关系

从s平面映射到w平面经过两步映射。

1）通过Z变换，s平面的基本带首先映射到z平面：$s=0$点映射到$z=1$点；$s=0\sim s=\mathrm{j}\frac{w_s}{2}$段映射至$z$平面上半平面的单位圆周上；而对应的方向上，$s=0\sim s=-\mathrm{j}\frac{w_s}{2}$段映射至$z$平面下半平面的单位圆周；$s$平面的基本带的左半部分映射至$z$平面的单位圆内；$s$平面的基本带的右半部分映射至$z$平面的单位圆外。

2）通过W变换又将z平面映射到整个w平面：z平面的原点$z=0$映射至w平面上的$w=-\frac{2}{T}$点；z平面上单位圆的圆周映射为整个w平面的虚轴$\mathrm{j}v$，v是w平面上的虚拟频率；将z平面上单位圆外的区域变换为w平面的右半平面。

由于s平面和w平面的稳定区域均为左半平面，因而可以得出这样的结论：s平面的一切稳定性判别方法均适用于w平面；s平面的综合、分析方法，如频率法、根轨迹法等均适用于w平面设计。这样，人们在s平面上积累的丰富设计经验又可用在w平面上进行离散系统的设计。

但两个平面却是不同的。主要差别是在s平面$-\frac{w_s}{2}\leqslant w\leqslant\frac{w_s}{2}$频率范围内的状态映射到$w$平面的$-\infty\leqslant v\leqslant\infty$范围。这说明虽然模拟控制器的频率响应特征将在数字控制器中重现，但其频率刻度将从模拟控制器的无限大区间被压缩到数字控制器中的有限区间。

以$s=\mathrm{j}\Omega$，$z=\mathrm{e}^{\mathrm{j}\omega T}$代入变换公式$z=\mathrm{e}^{sT}$，则有$\Omega=\omega$，这说明，$s$平面上的频率和$z$平面上的频率是线性相等关系。因此在$s$平面和$z$平面频率都用$\omega$表示。

以$\omega=\mathrm{j}v$，$z=\mathrm{e}^{\mathrm{j}\omega T}$代入变换公式（4-54），可得$w$平面和$z$平面的频率关系

$$\omega\big|_{\omega=\mathrm{j}v}=\mathrm{j}v=\frac{2}{T}\left.\frac{z-1}{z+1}\right|_{z=\mathrm{e}^{\mathrm{j}\omega T}}=\frac{2}{T}\frac{\mathrm{e}^{\mathrm{j}\omega T}-1}{\mathrm{e}^{\mathrm{j}\omega T}+1}=\frac{2}{T_s}\frac{\mathrm{e}^{\mathrm{j}(1/2)\omega T}-\mathrm{e}^{-\mathrm{j}(1/2)\omega T}}{\mathrm{e}^{\mathrm{j}(1/2)\omega T}+\mathrm{e}^{-\mathrm{j}(1/2)\omega T}}=\frac{2}{T}\mathrm{j}\tan\frac{\omega T}{2} \tag{4-59}$$

即

$$v=\frac{2}{T}\tan\frac{\omega T}{2} \tag{4-60}$$

这样，s平面真实频率ω和w平面虚拟频率v之间是如图4-19所示的非线性关系。ω

和 v 的量纲都是 rad/s。当采样频率很高，而系统的角频率又处于低频段时，若

$$\omega \leqslant \frac{\pi}{2T} = \frac{\omega_s}{4} \text{或} v < \frac{2}{T}$$

时，可近似认为下式成立：

$$\tan\frac{\omega T}{2} \approx \frac{\omega T}{2}$$

代入式（4-60），有下式成立：

$$v \approx \omega$$

在低频段，w 平面虚拟频率 v 和 s 平面真实频率 ω 近似相等的关系是相当有意义的，这样，在设计数字控制器的定性阶段，设计人员可将 w 平面的频率当作真实频率看待。但是必须注意，当频率较高时，不能将 s 平面和 w 平面上的频率看作相等，而必须按照式（4-60）进行换算。

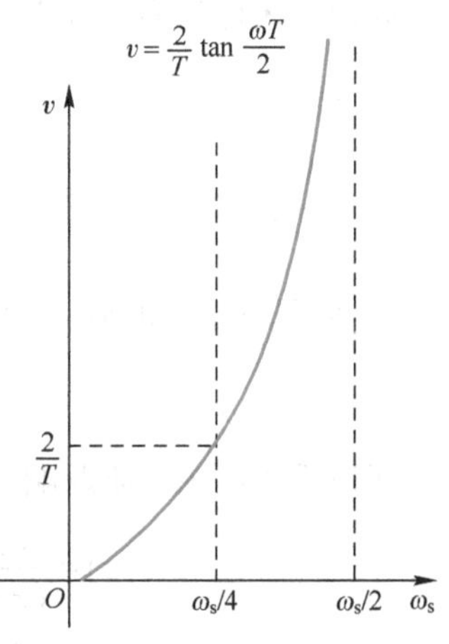

图 4-19　s 平面和 w 平面的频率变换关系

4.6 典型案例综合分析

本节所分析的案例使用一个典型的二阶系统，其系统结构如图 4-20 所示。

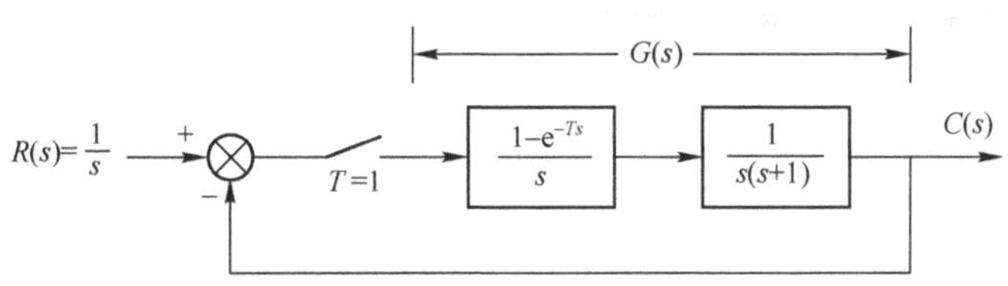

图 4-20　综合案例系统框图

对该系统，进行下列综合分析：

1）求解系统闭环脉冲传递函数。

2）求解系统动态响应。

3）基于朱利判据判断系统的稳定性。

4.6.1　求解系统闭环脉冲传递函数

考虑系统输出

$$C(z) = \frac{G(z)}{1+G(z)}R(z)$$

使用部分分式法计算传递函数的 Z 变换，有

$$G(z) = \left(\frac{z-1}{z}\right) Z\left[\frac{1}{s^2(s+1)}\right]_{T=1} = \frac{z-1}{z}\left[\frac{z[(1-1+e^{-1})z+(1-e^{-1}-e^{-1})]}{(z-1)^2(z-e^{-1})}\right]$$

$$= \frac{0.368z+0.264}{z^2-1.368z+0.368}$$

因此，闭环传递函数为

$$\frac{G(z)}{1+G(z)}=\frac{0.368z+0.264}{z^2-z+0.632}$$

4.6.2 求解系统动态响应

已知单位阶跃输入的传递函数

$$R(z)=\frac{z}{z-1}$$

所以系统的单位阶跃响应为

$$\begin{aligned}C(z)=\frac{z(0.368z+0.264)}{(z-1)(z^2-z+0.632)}&=0.368z^{-1}+1.00z^{-2}+1.40z^{-3}\\&+1.40z^{-4}+1.15z^{-5}+0.90z^{-6}+0.80z^{-7}+0.87z^{-8}\\&+0.99z^{-9}+1.08z^{-10}+1.08z^{-11}+1.03z^{-12}+0.98z^{-13}\\&+\cdots\end{aligned} \tag{4-61}$$

用终值定理得到的终值 $c(nT)$ 为

$$\lim_{n\to\infty}c(nT)=\lim_{z\to1}(z-1)C(z)=\lim_{z\to1}\left[(z-1)\frac{z(0.368z+0.264)}{(z-1)(z^2-z+0.632)}\right]=\frac{0.632}{0.632}=1$$

该系统的阶跃响应如图 4-21 所示。采样时刻之间的响应由系统模拟得到，图中还绘制了去除采样器和保持器后连续系统的响应。

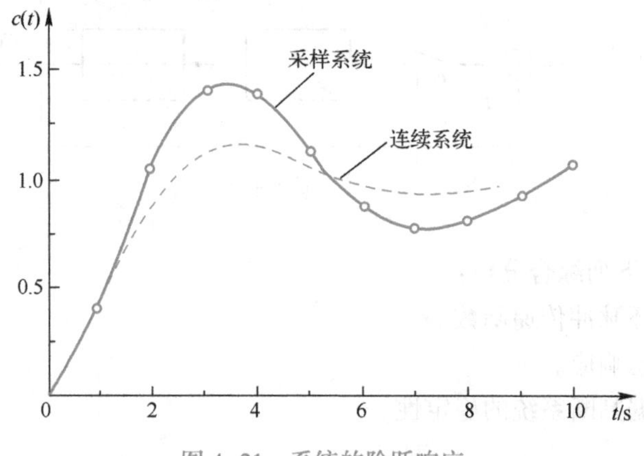

图 4-21 系统的阶跃响应

对于连续时间系统，传递函数为

$$\frac{C(s)}{R(s)}=\frac{\omega_n^2}{s^2+2\zeta\omega_n s+\omega_n^2}=\frac{1}{s^2+s+1} \tag{4-62}$$

因此，$\omega=1$，$\zeta=0.5$，超调量约为 18%。可知采样对系统有不稳定的影响。不过一般情况下，采样的影响可以忽略不计，即连续系统响应和离散系统响应近似相等。

系统响应时间也可以用差分方程方法计算。由闭环传递函数的表达式

$$\frac{C(z)}{R(z)}=\frac{0.368z^{-1}+0.264z^{-2}}{1-z^{-1}+0.632z^{-2}}$$

或者

$$C(z)[1-z^{-1}+0.632z^{-2}]=R(z)[0.368z^{-1}+0.264z^{-2}] \tag{4-63}$$

对式（4-63）进行 Z 反变换，得到差分方程

$$c(kT)=0.368r(kT-T)+0.264r(kT-2T)+c(kT-T)-0.632c(kT-2T) \tag{4-64}$$

当 $k<0$ 时，$c(kT)$ 和 $r(kT)$ 都为零。因此，在式（4-64）中，$c(0)=0$，$c(1)=0.368$。当 $k\geqslant 2$ 时，式（4-64）变成

$$c(kT)=0.632+c(kT-T)-0.632c(kT-2T) \tag{4-65}$$

求解式（4-64）中的 $c(kT)$ 可以得到与式（4-61）相同的值。

对于式（4-64），也可通过编写下列 MATLAB 程序，用计算机进行计算。

```
% MATLAB PROGRAM4.3 案例分析计算
  rm1=0; rm2=0; cm1=0; cm2=0;
  for kk=1:14
 k=kk-1;
 r=1;
 c=0.368*rm1+0.264*rm2+cm1-0.632*cm2;
 [k,c]
 cm2=cm1; cm1=c; rm2=rm1; rm1=r; % Time delay
  end
```

4.6.3 基于朱利判据判断系统的稳定性

本案例中系统特征方程为

$$1+KG(z)=1+\frac{(0.368z+0.264)K}{z^2-1.368z+0.368}=0$$

或者

$$z^2+(0.368K-1.368)z+(0.368+0.264K)=0$$

判定数组是

z^0	z^1	z^2
$0.368+0.264K$	$0.368K-1.368$	1

约束 $Q(1)>0$ 导致

$$1+(0.368K-1.368)+(0.368+0.264K)=0.632K>0\Rightarrow K>0$$

约束 $(-1)^2Q(-1)>0$ 导致

$$1-0.368K+1.368+0.368+0.264K>0\Rightarrow K<\frac{2.736}{0.104}=26.3$$

约束 $|a_0|<a_2$ 导致

$$0.368+0.264K<1\Rightarrow K<\frac{0.632}{0.264}=2.39$$

因此系统的稳定范围是

$$0<K<2.39$$

当 $K=2.39$ 时，系统临界稳定。对于 K 的这个值，特征方程是

$$z^2+(0.368K-1.368)z+(0.368+0.264K)\big|_{K=2.39}=z^2-0.488z+1=0$$

这个方程的根是

$$z=0.244\pm j0.970=1\angle(\pm 75.9°)=1\angle(\pm 1.32\text{rad})=1\angle(\pm\omega T)$$

系统临界频率为 1.32 rad/s。

思考题与习题

4.1 试确定下述系统的零初始状态的稳定性。

(1) $y(k+2)+0.8y(k+1)+0.07y(k)=2u(k+1)+0.2u(k) \quad k=0,1,2,\cdots$

(2) $y(k+2)-0.8y(k+1)+0.07y(k)=2u(k+1)+0.2u(k) \quad k=0,1,2,\cdots$

(3) $y(k+2)+0.1y(k+1)+0.9y(k)=3.0u(k) \quad k=0,1,2,\cdots$

4.2 已知离散控制系统（如图 4-22 所示）使用比例控制器 K，采样周期 $T=1\text{ s}$，试使用劳斯判据判断 $K=1$ 时系统的稳定性。

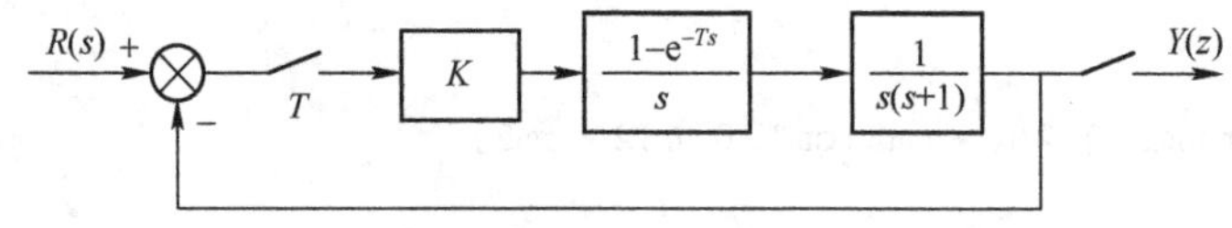

图 4-22 习题 4.2 控制系统结构

4.3 已知单位负反馈系统的广义对象的脉冲传递函数如下，使用修正劳斯判据判断下述系统的稳定性。

(1) $G(z)=\dfrac{5(z-2)}{(z-0.1)(z-0.8)}$

(2) $G(z)=\dfrac{10(z+0.1)}{(z-0.7)(z-0.9)}$

4.4 使用朱利判据解题 4.3。

4.5 已知单位负反馈系统的广义对象的脉冲传递函数为

(1) $G(z)=\dfrac{K(z-1)}{(z-0.1)(z-0.8)}$

(2) $G(z)=\dfrac{K(z+0.1)}{(z-0.7)(z-0.9)}$

试确定满足系统稳定的 K 值。

4.6 已知离散控制系统的结构如图 4-23 所示，采样周期 $T=0.1\text{ s}$，输入信号为 $r(t)=3+10t+t^2$，求该系统的稳态误差。

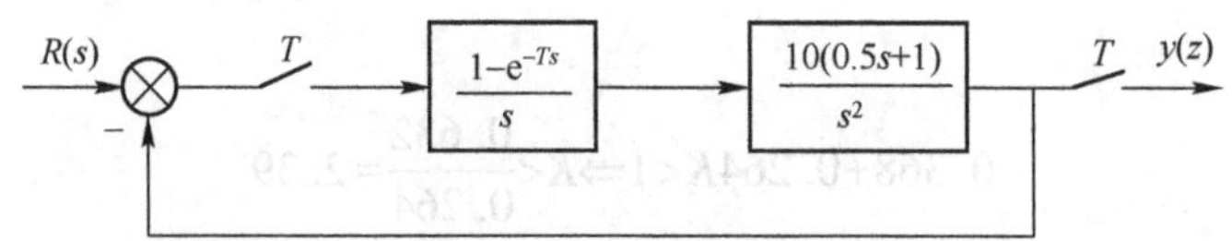

图 4-23 习题 4.6 控制系统结构

4.7 讨论如图 4-24 所示的数字控制系统。要求在 w 平面内设计一个数字控制器，使系统相位裕量为 50°，增益裕量至少 1 dB（相应主导闭环极点的阻尼比约为 0.5），静态速度

误差系数 $K_v = 2s^{-1}$。设采样周期 $T_s = 0.2\ s$。

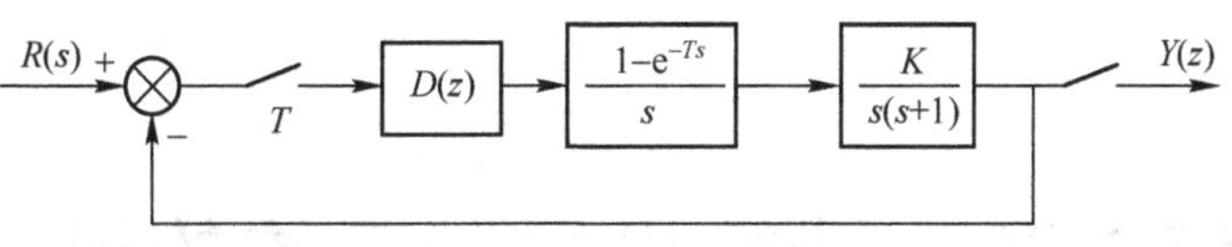

图 4-24 习题 4.7 控制系统结构

4.8 某采样控制系统的结构图如图 4-25 所示，采样周期 $T = 1\ s$，试绘制增益 K 从零变化到无穷大时闭环系统的根轨迹。

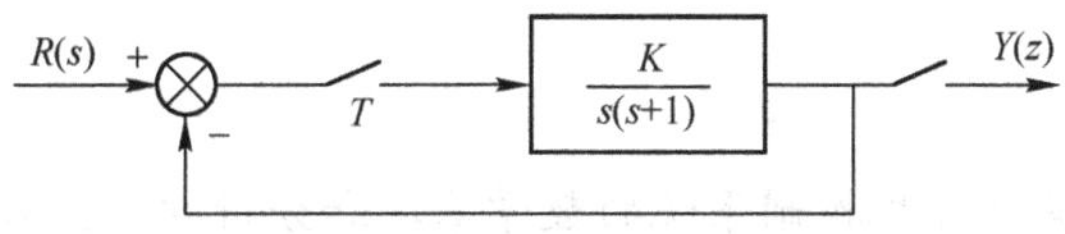

图 4-25 习题 4.8 控制系统结构

第5章　计算机控制系统的模拟化设计法

前面章节介绍了有关计算机控制系统的数学基础和分析方法，为计算机控制系统设计建立了理论和实践基础。从本章开始，将系统介绍计算机控制系统的一些常用设计方法，在已经确定反馈控制系统结构的情况下，根据所要求的系统性能指标以及被控对象特性和数学模型，设计出数字控制器。计算机控制系统的设计方法按照其所用的理论和系统模型的形式，大致可以分为连续域的离散化模拟设计法、离散域直接设计法（简称离散化设计法）和状态空间设计法。

本章主要介绍计算机控制器的模拟化设计方法，阐述离散与连续等效设计的基本步骤和各种离散化方法，重点论述了数字PID控制器及其改进算法和PID控制器参数的整定方法，最后基于一个典型系统进行了模拟化设计方法综合举例。

5.1　离散与连续等效设计步骤

微课：离散与连续等效设计步骤

连续域的离散化设计是先在连续域（s平面）上进行控制系统的分析、设计，得到满足性能指标的连续控制系统，然后再离散化，得到与连续系统指标相接近的计算机控制系统。如果连续控制系统已经具备，则可以直接将它离散化，必要时再配置一些补偿网络，使之达到原连续控制系统的性能指标。使用连续域的离散化设计方法的好处是可以利用连续控制系统设计和实践经验，所以目前有许多计算机控制系统仍然按照这种方法进行设计，下面具体说明设计步骤。

第一步，连续控制系统框图如图5-1所示，$G_p(s)$为被控对象传递函数，$D(s)$为控制器。首先在连续域上完成$D(s)$的分析、设计。在设计$D(s)$时，要把对系统有不利影响的时间滞后零阶保持器加入连续系统模型，检查系统性能指标，如果不满足，则修改$D(s)$。

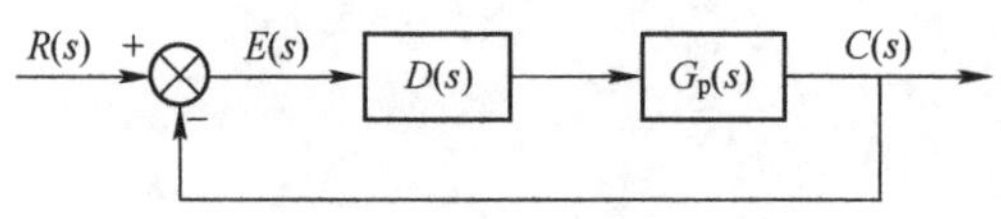

图5-1　连续控制系统框图

第二步，将连续传递函数$D(s)$离散为脉冲传递函数（传递函数）$D(z)$，这样，就得到如图5-2所示的计算机控制系统，具体转换方法将在下节讨论。

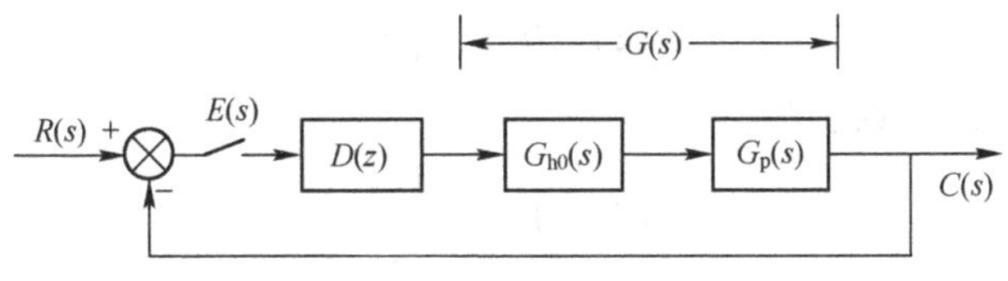

图 5-2　计算机控制系统

在图 5-2 中，$D(z)$为控制器的脉冲传递函数，$G_{h0}(s)=\dfrac{1-e^{-Ts}}{s}$为零阶保持器的传递函数，把 $G(s)=G_{h0}(s)G_p(s)$称为广义被控对象的传递函数。

第三步，将 $D(z)$变为差分方程或状态空间方程，并编写计算机程序。

5.2 连续系统的离散化

在对连续控制器进行离散化时，必须明确对离散化的控制算法有何要求，以保证连续控制系统的性能得到保持，常用的离散化方法如下：

微课：模拟控制器的离散化

1）反向差分变换法。

2）正向差分变换法。

3）双线性变换法。

4）脉冲响应不变法（Z 变换法）。

5）阶跃响应不变法（具有采样-保持器的脉冲响应不变法）。

6）零、极点匹配 Z 变换法。

下面对这 6 种离散化方法进行简要介绍。

5.2.1 常用离散化方法

1. 反向差分变换法

对于给定的

$$D(s)=\frac{U(s)}{E(s)}=\frac{1}{s} \tag{5-1}$$

其微分方程为$\dfrac{du(t)}{dt}=e(t)$，用反向差分代替微分，得

$$\frac{du(t)}{dt}\approx\frac{u(k)-u(k-1)}{T}=e(k) \tag{5-2}$$

对式（5-2）两边取 Z 变换得$(1-z^{-1})U(z)=TE(z)$，即

$$D(z)=\frac{U(z)}{E(z)}=\frac{1}{\dfrac{1-z^{-1}}{T}} \tag{5-3}$$

比较式（5-1）与式（5-3）可知，将式（5-1）中的 s 直接用

$$s=\frac{1-z^{-1}}{T} \tag{5-4}$$

代入即可，即

$$D(z)=D(s)\Big|_{s=\frac{1-z^{-1}}{T}} \tag{5-5}$$

另外，还可将 z^{-1} 做级数展开

$$z^{-1}=\mathrm{e}^{-Ts}=1-Ts+\frac{T^2s^2}{2}-\cdots \tag{5-6}$$

取一阶近似 $z^{-1}\approx 1-Ts$，也可得到

$$s=\frac{1-z^{-1}}{T} \tag{5-7}$$

s 平面的稳定域可以通过式（5-4）映射到 z 平面。因为 s 平面的稳定域为 $\mathrm{Re}(s)<0$，参考式（5-4），可以写出 z 平面的稳定域为

$$\mathrm{Re}\left(\frac{1-z^{-1}}{T}\right)=\mathrm{Re}\left(\frac{z-1}{Tz}\right)<0$$

T 为正数，将 z 写成 $z=\sigma+\mathrm{j}\omega$，上式可以写成

$$\mathrm{Re}\left(\frac{\sigma+\mathrm{j}\omega-1}{\sigma+\mathrm{j}\omega}\right)<0$$

即

$$\mathrm{Re}\left[\frac{(\sigma+\mathrm{j}\omega-1)(\sigma-\mathrm{j}\omega)}{(\sigma+\mathrm{j}\omega)(\sigma-\mathrm{j}\omega)}\right]=\mathrm{Re}\left[\frac{\sigma^2-\sigma+\omega^2+\mathrm{j}\omega}{\sigma^2+\omega^2}\right]=\frac{\sigma^2-\sigma+\omega^2}{\sigma^2+\omega^2}<0$$

上式可以写成

$$\left(\sigma-\frac{1}{2}\right)^2+\omega^2<\left(\frac{1}{2}\right)^2$$

由上式可以看出，s 平面的稳定域映射到 z 平面上以 $\sigma=1/2$，$\omega=0$ 为圆心，1/2 为半径的圆内，如图 5-3 所示。

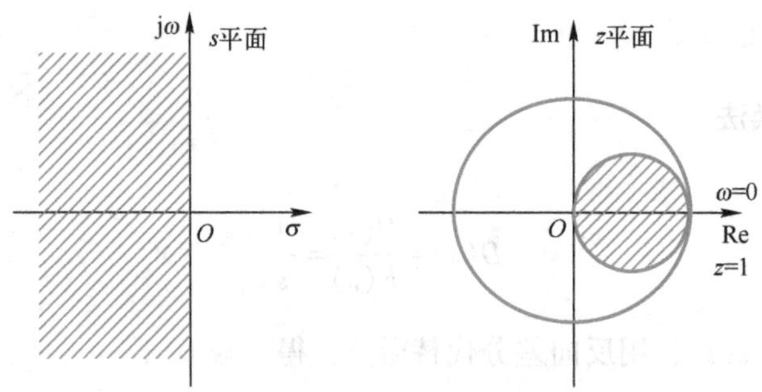

图 5-3 反向差分变换 s 平面与 z 平面的对应关系

反向差分变换方法的主要特点如下：

1）变换计算简单。

2）由图 5-3 看出，s 平面的左半平面映射到 z 平面的单位圆内部一个小圆内，因而，如果 $D(s)$ 稳定，则变换后的 $D(z)$ 也是稳定的。

3）不能保持 $D(s)$ 的脉冲与频率响应。

2. 正向差分变换法

对于给定的

$$D(s)=\frac{U(s)}{E(s)}=\frac{1}{s} \tag{5-8}$$

其微分方程为$\frac{\mathrm{d}u(t)}{\mathrm{d}t}=e(t)$，用正向差分代替微分，即

$$\frac{\mathrm{d}u(t)}{\mathrm{d}t}\approx\frac{u(k+1)-u(k)}{T}=e(k)$$

两边取 Z 变换得$(z-1)U(z)=TE(z)$，即

$$D(z)=\frac{U(z)}{E(z)}=\frac{1}{\frac{z-1}{T}} \tag{5-9}$$

比较式（5-8）与式（5-9）可知，对$D(s)$进行正向差分变换时，将其中的 s 直接用

$$s=\frac{z-1}{T} \tag{5-10}$$

代入即可，即

$$D(z)=D(s)\big|_{s=\frac{z-1}{T}} \tag{5-11}$$

另外还可将 z 级数展开：$z=\mathrm{e}^{Ts}=1+Ts+\frac{T^2s^2}{2}+\cdots$。

取一阶近似 $z\approx1+Ts$，也可得到 $s=\frac{z-1}{T}$。

s 平面的稳定域为 $\mathrm{Re}(s)<0$，参考式（5-10），可以写出 z 平面的稳定域为 $\mathrm{Re}\left(\frac{z-1}{T}\right)<0$。

令 $z=\sigma+\mathrm{j}\omega$，则可写成

$$\mathrm{Re}\left(\frac{\sigma+\mathrm{j}\omega-1}{T}\right)<0$$

因为 $T>0$，则有 $\sigma-1<0$，即 $\sigma<1$，如图 5-4 所示。

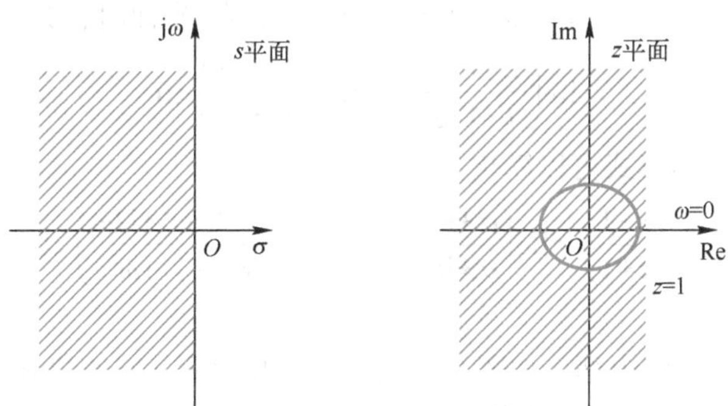

图 5-4　正向差分变换 s 平面与 z 平面的对应关系

由此可得出：在前向差分变换法中，s 平面左半平面的极点可能映射到 z 平面单位圆外，即稳定的 $D(s)$不能够保证变换成稳定的 $D(z)$。

3. 双线性变换法

双线性变换法又称突斯汀（Tustin）法，是一种基于梯形积分规则的数字积分变换方法。

由 Z 变换定义 $z=\mathrm{e}^{Ts}$，将 e^{Ts}改写为如下形式：

$$\mathrm{e}^{Ts}=\frac{\mathrm{e}^{\frac{Ts}{2}}}{\mathrm{e}^{-\frac{Ts}{2}}} \tag{5-12}$$

然后将分子和分母同时展成泰勒级数，取前两项，得

$$z=\frac{1+\frac{Ts}{2}}{1-\frac{Ts}{2}} \tag{5-13}$$

由上式计算出 s，得双线性变换公式

$$s=\frac{2}{T}\frac{1-z^{-1}}{1+z^{-1}} \tag{5-14}$$

另外，由图 5-5 所示的梯形面积近似积分可得

$$y(kT)=y[(k-1)T]+\frac{T}{2}\{x[(k-1)T]+x(kT)\} \tag{5-15}$$

式中，$y(kT)$为到 kT 时刻的阴影总面积。对式（5-15）进行 Z 变换，并整理得到

$$\frac{Y(z)}{X(z)}=\frac{T}{2}\frac{1+z^{-1}}{1-z^{-1}} \tag{5-16}$$

由式（5-16），也可得双线性变换

$$D(z)=D(s)\Big|_{s=\frac{2}{T}\frac{1-z^{-1}}{1+z^{-1}}} \tag{5-17}$$

还可以将式（5-14）看作采用双线性变换时由 s 平面到 z 平面的映射。应当注意到，双线性变换使 $D(z)$的极、零点数目相同，且离散滤波器的阶数（即离散滤波器的极点数）与原连续滤波器的阶数相同。

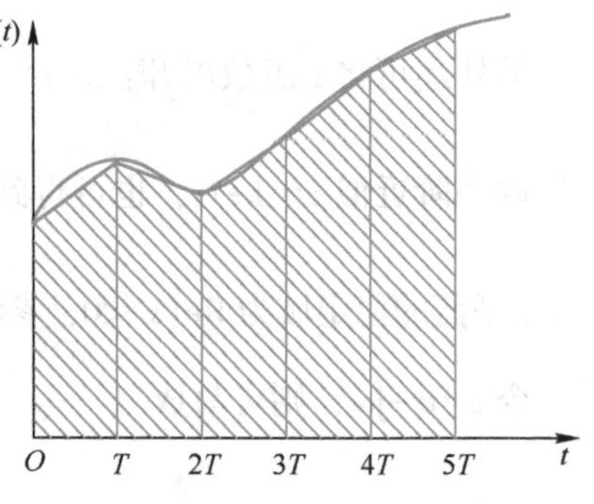

图 5-5 梯形面积近似积分

由式（5-14），s 平面的左半平面[$\mathrm{Re}(s)<0$]映射到 z 平面时，其关系如下：

$$\mathrm{Re}\left(\frac{2}{T}\frac{1-z^{-1}}{1+z^{-1}}\right)=\mathrm{Re}\left(\frac{2}{T}\frac{z-1}{z+1}\right)<0$$

因为 $T>0$，上面的不等式可以简化为

$$\mathrm{Re}\left(\frac{z-1}{z+1}\right)=\mathrm{Re}\left(\frac{\sigma+\mathrm{j}\omega-1}{\sigma+\mathrm{j}\omega+1}\right)=\mathrm{Re}\left(\frac{\sigma^2-1+\omega^2+\mathrm{j}2\omega}{(\sigma+1)^2+\omega^2}\right)<0$$

即 $\sigma^2+\omega^2<1^2$。

这相应于 z 平面单位圆内部，如图 5-6 所示，其中表示 s 域的角频率 ω_B 对应 z 域的角频率 ω_B 的位置关系。因此，双线性变换将 s 平面上整个左半平面映射到 z 平面上以原点为圆心的单位圆内部（这是 z 平面上的稳定区）。这和 $z=\mathrm{e}^{Ts}$映射是一样的，但其脉冲响应及频率响应特性有显著的不同。

双线性变换的主要特点：

1）如果 $D(s)$稳定，则相应的 $D(z)$也稳定；$D(s)$不稳定，则相应的 $D(z)$也不稳定。

2）所得 $D(z)$的频率响应在低频段与 $D(s)$的频率响应相近，而在高频段相对于 $D(s)$的频率响应有严重畸变。

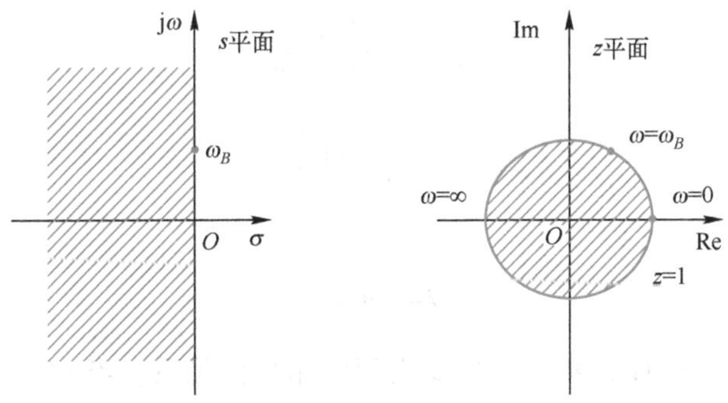

图 5-6　双线性变换 s 平面与 z 平面的对应关系

［例 5-1］用双线性变换法将模拟积分控制器 $D(s)=\dfrac{U(s)}{E(s)}=\dfrac{1}{s}$ 离散化为数字积分控制器。

解：　由式（5-14），得数字控制器的脉冲传递函数为

$$D(z)=\frac{U(z)}{E(z)}=D(s)\bigg|_{s=\frac{2(1-z^{-1})}{T(1+z^{-1})}}=\frac{1}{s}\bigg|_{s=\frac{2(1-z^{-1})}{T(1+z^{-1})}}=\frac{T(1+z^{-1})}{2(1-z^{-1})}$$

上式可以写成

$$(1-z^{-1})U(z)=\frac{T}{2}(1+z^{-1})E(z)$$

由上式可以得出相应的差分方程

$$u(kT)=u[(k-1)T]+\frac{T}{2}\{e(kT)+e[(k-1)T]\}$$

式中，$u(kT)$、$e(kT)$ 分别为 kT 时刻 $D(z)$ 的输出量和输入量。

以下为采用双线性法将 $D(s)=\dfrac{1}{s}$ 离散化的 MATLAB 程序（设 $T=1$ s）：

```
% MATLAB PROGRAM 5.1
   num=1;den=[1,0];[dnum,dden]=c2dm(num,den,1,'tustin');
   printsys(dnum,dden,'z')
   num/den =
         0.5 z + 0.5
         -----------
            z - 1
```

其中，num 为连续系统分子的系数；den 为连续系统分母的系数；c2dm 是 MATLAB 函数，将连续传递函数转换为离散传递函数；tustin 表示采用双线性方法；dnum 和 dden 分别为转换后传递函数的分子和分母的系数。

上述双线性变换，将 s 平面的虚轴变换到 z 平面的单位圆，因而没有混叠现象。但是在模拟频率 Ω 和离散频率 ω 之间是非线性的对应关系。

设 $s=\mathrm{j}\Omega$，$z=\mathrm{e}^{\mathrm{j}\omega T}$，代入 $s=\dfrac{2}{T}\dfrac{1-z^{-1}}{1+z^{-1}}$ 得到

$$
\begin{aligned}
\mathrm{j}\Omega &= \frac{2}{T}\frac{1-\mathrm{e}^{-\mathrm{j}\omega T}}{1+\mathrm{e}^{-\mathrm{j}\omega T}} \\
&= \frac{2}{T}\mathrm{j}\tan\frac{\omega T}{2}
\end{aligned}
\tag{5-18}
$$

于是

$$
\Omega = \frac{2}{T}\tan\frac{\omega T}{2} \tag{5-19}
$$

上式表明了模拟频率 Ω 和离散频率 ω 之间的非线性关系。当 ωT 取值 $0\sim\pi$ 时，Ω 的值为 $0\sim\infty$。这意味着，模拟滤波器的全部频率响应特性被压缩到离散滤波器的 $0<\omega T<\pi$ 的频率范围内。这两种频率之间的非线性特性，使得由双线性变换所得的离散频率响应产生畸变。这种缺点可以通过预畸变的办法来补偿。

补偿的基本思想：在 $D(s)$ 变换成 $D(z)$ 之前，将 $D(s)$ 的断点频率预先加以修正（预畸变），使得修正后的 $D(s)$ 变换成 $D(z)$ 时正好达到所要求的断点频率。

双线性变换的特点如下：

1）将 s 平面左半平面映射到 z 平面单位圆内。

2）稳定的 $D(s)$ 变换成稳定的 $D(z)$。

3）没有混叠现象。

4）$D(z)$ 不能保持 $D(s)$ 的脉冲响应和频率响应。

5）所得的离散频率响应不产生畸变。

4. 脉冲响应不变法

所谓脉冲响应不变法就是将连续滤波器 $D(s)$ 离散得到离散滤波器 $D(z)$ 后，它的脉冲响应 $g_D(kT)=Z^{-1}[D(z)]$ 与连续滤波器的脉冲响应 $g(t)=L^{-1}[D(s)]$ 在各采样时刻的值是相等的，即

$$
g_D(kT)=g(t)\big|_{t=kT}
$$

因此，脉冲响应不变法保持了脉冲响应的形状

$$
D(z)=Z[D(s)] \tag{5-20}
$$

因而，上面给出的连续滤波器 $D(s)$，采用脉冲响应不变法所得到的离散滤波器 $D(z)$ 即 $D(s)$ 的 Z 变换。所以，脉冲响应不变法也称 Z 变换法。

Z 变换法的特点如下：

1）$D(z)$ 和 $D(s)$ 有相同的单位脉冲响应。

2）若 $D(s)$ 稳定，则 $D(z)$ 也稳定。

3）$D(z)$ 存在着频率失真。

4）该法特别适用于频率特性为锐截止型的连续滤波器的离散化。

它主要应用于连续控制器 $D(s)$ 具有部分分式结构或能较容易地分解为并联结构，以及 $D(s)$ 具有陡衰减特性，且为有限带宽的场合。这时采样频率足够高，可减少频率混叠影响，从而保证 $D(z)$ 的频率特性接近原连续控制器 $D(s)$。

5. 阶跃响应不变法

所谓阶跃响应不变法就是将连续滤波器 $D(s)$ 离散后得到的离散滤波器 $D(z)$，保证其阶跃响应与原连续滤波器的阶跃响应在各采样时刻的值是相等的。

用阶跃响应不变法离散后得到的离散滤波器 $D(z)$，则有

$$Z^{-1}\left[D(z)\frac{1}{1-z^{-1}}\right]=L^{-1}\left[D(s)\frac{1}{s}\right]\bigg|_{t=kT}$$

式中，$Z^{-1}\left[D(z)\frac{1}{1-z^{-1}}\right]$表示 $D(z)$的阶跃响应，$L^{-1}\left[D(s)\frac{1}{s}\right]$表示 $D(s)$的阶跃响应。取上式的 Z 变换，得到

$$\left[D(z)\frac{1}{1-z^{-1}}\right]=Z\left[\frac{D(s)}{s}\right]$$

即 $D(z)=(1-z^{-1})Z\left[\frac{D(s)}{s}\right]$。

上式可以写成如下形式：

$$D(z)=Z\left[\frac{1-e^{-Ts}}{s}D(s)\right] \tag{5-21}$$

式（5-21）的右边可以看作 $D(s)$前面加了一个采样器和零阶保持器。因而，可以假设一个连续信号和一个假想的采样——保持装置，如图 5-7 所示。

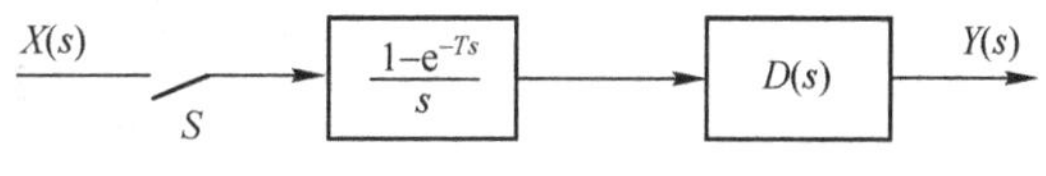

图 5-7　带假想的采样-保持器的 $D(s)$

必须指出，这里的采样保持器是一个虚拟的数字模型，而不是实际硬件。由于这种方法加入了零阶保持器，对变换所得的离散滤波器会带来相移，当采样频率较低时，应进行补偿。零阶保持器的加入，虽然保持了阶跃响应和稳态增益不变的特性，但未从根本上改变 Z 变换的性质。

阶跃响应不变法的特点如下：

1）若 $D(s)$稳定，则相应的 $D(z)$也稳定。

2）$D(z)$和 $D(s)$的阶跃响应序列相同。

6. 零、极点匹配 Z 变换法

所谓零、极点匹配 Z 变换法，就是按照一定的规则把 $G(s)$ 的零点映射到离散滤波器 $D(z)$ 的零点，把 $G(s)$的极点映射到 $D(z)$的极点。极点的变换同 Z 变换相同，零点的变换添加了新的规则。设连续传递函数 $G(s)$的分母和分子分别为 n 阶和 m 阶($m\leqslant n$)，称 $G(s)$有 m 个有限零点，$(n-m)$ 个无穷远的零点，如：

$$G(s)=\frac{s+z_1}{(s+p_1)(s+p_2)(s+p_3)}$$

其有限零点为 $s=-z_1$，还有两个无穷远的零点。

零、极点匹配 Z 变换的规则如下：

1）将 $G(s)$所有的极点和所有的有限值零点均按照 $z=e^{sT}$变换。

$$\begin{aligned}&s+a\Rightarrow z-e^{-aT}\\&(s+a\pm jb)\Rightarrow z-e^{-(a\pm jb)T}\\&(s+a)^2+b^2\Rightarrow z^2-2ze^{-aT}\cos bT+e^{-2aT}\\&\cdots\end{aligned} \tag{5-22}$$

2）将 $G(s)$所有的在无穷远的零点变换成在 $z=-1$ 处的零点。

3）如需要 $D(z)$ 的脉冲响应具有一单位延迟，则 $D(z)$ 分子的零点数应比分母的极点数少 1。

4）要保证变换前后的增益不变，还需进行增益匹配。

低频增益匹配：

$$\lim_{z\to 1} D(z)=\lim_{s\to 0} G(s) \tag{5-23}$$

高频增益匹配：

$$\lim_{z\to -1} D(z)=\lim_{s\to \infty} G(s) \tag{5-24}$$

实际系统中，$G(s)$ 的分母阶数常常比分子阶数高，如不采用规则 2），那么 $D(z)$ 的脉冲响应会产生（$n-m$）个采样时间的延迟，对系统造成不利影响，引入规则 2）后，$D(z)$ 的分母和分子的阶数就相同了。

［例 5-2］ 求 $G(s)=1/(s+a)$ 的零、极点匹配 Z 变换。

解：按规则 2），

$$D(z)=K\frac{z+1}{z-e^{-aT}}$$

由式（5-23）有

$$\lim_{z\to 1} D(z)=\lim_{s\to 0} G(s)$$

$$K\frac{2}{1-e^{-aT}}=1$$

解得

$$K=\frac{1-e^{-aT}}{2}$$

于是

$$D(z)=\frac{1-e^{-aT}}{2}\frac{z+1}{z-e^{-aT}}$$

根据规则 3），有

$$D(z)=K\frac{1}{z-e^{-aT}}$$

$$K=1-e^{-aT}$$

则

$$D(z)=\frac{1-e^{-aT}}{z-e^{-aT}}$$

以下是求 $D(s)=\dfrac{1}{s+a}$ 的零、极点匹配 Z 变换的 MATLAB 程序，仍然取 $T=1$，$a=1$。

```
% MATLAB PROGRAM 5.2
    num=1;den=[1,1];ts=1;[dnum,dden]=c2dm(num,den,ts,'matched');
    printsys(dnum,dden,'z')
    num/den =
       0.63212
      -----------
      z - 0.36788
```

注意到用函数 c2dm 求零、极点匹配 Z 变换时，是采用低增益匹配的。

［例 5-3］ 求 $G(s)=a/(s+a)$ 的零、极点匹配 Z 变换。

解：

$$D(z)=K\frac{z-e^{-0\times T}}{z-e^{-aT}}=K\frac{z-1}{z-e^{-aT}}$$

按高频增益匹配

$$\lim_{z\to -1}D(z)=\lim_{s\to\infty}G(s)$$

$$K\frac{-1-1}{-1-e^{-aT}}=1$$

$$K=\frac{1+e^{-aT}}{2}$$

于是

$$D(z)=\frac{1+e^{-aT}}{2}\cdot\frac{z-1}{z-e^{-aT}}$$

对于同一个对象，使用的离散化方法不同，采样点之间的响应也不同。进一步来说，没有哪一种离散化方法完全不失真。不管使用哪种离散化方法，任何两个采样点之间的实际响应（即连续响应），总是不同于同样两个采样点之间的离散控制器所发生的响应。

表 5-1 给出了各种变换方法对应的变换方程，以及连续传递函数 $G(s)=a/(s+a)$，在各种离散化方法变换后得到的等效的脉冲传递函数。

表 5-1　$G(s)=a/(s+a)$ 用各种变换方法得到的等效 $D(z)$

变换方法	变换方程	等效的脉冲传递函数 $D(z)$
反向差分变换法	$s=\frac{1-z^{-1}}{T}$	$D(z)=\frac{a}{\frac{1-z^{-1}}{T}+a}$
正向差分变换法	$s=\frac{1-z^{-1}}{Tz^{-1}}$	$D(z)=\frac{a}{\frac{1-z^{-1}}{Tz^{-1}}+a}$
双线性变换法	$s=\frac{2}{T}\frac{1-z^{-1}}{1+z^{-1}}$	$D(z)=\frac{a}{\frac{2}{T}\frac{1-z^{-1}}{1+z^{-1}}+a}$
脉冲响应不变法	$D(z)=Z[G(s)]$	$D(z)=\frac{az}{z-e^{-aT}}$
阶跃响应不变法	$D(z)=Z\left[\frac{1-e^{-Ts}}{s}G(s)\right]$	$D(z)=\frac{1-e^{-aT}}{z-e^{-aT}}$
零、极点匹配 Z 变换法		$D(z)=\frac{1-e^{-aT}}{2}\cdot\frac{z+1}{z-e^{-aT}}$

以上介绍了 6 种已知连续滤波器求等效离散滤波器的方法，其中正向差分法产生不稳定离散滤波器，实际上基本不用。一般情况下，由连续到离散的设计最好多实验几种方法（通过仿真，得出满意的结果）。因为匹配零、极点映射法、双线性变换法都能得出比较满意的结果，初步设计时，可以试用这些方法。

5.2.2　离散与连续等效设计举例

下面通过一个具体的设计实例，介绍连续控制器离散成数字控制器的设计方法，然后指出这种设计方法应注意的事项及改进办法。

[例 5-4] 某伺服控制系统框图如图 5-8 所示，系统的设计指标要求如下：超调量 $\sigma\leqslant 17\%$，调节时间 $t_s<10\,\mathrm{s}$，速度误差系数 $K_v=1$。请求出 $D(s)$，在将系统即控制器离散化的基础上，求单位阶跃响应。

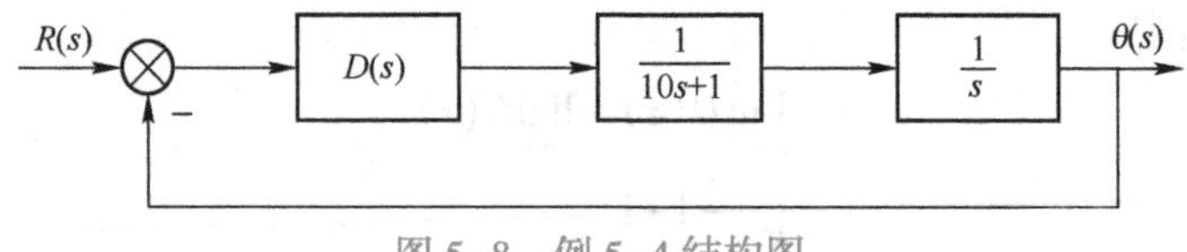

图 5-8 例 5-4 结构图

解：

第一步：设计模拟控制器。

根据二阶系统阻尼比、超调量与调节时间之间的关系，可以确定闭环系统的 ζ 和 ω_n 如下：

$$\sigma=\mathrm{e}^{-\frac{\pi\xi}{\sqrt{1-\xi^2}}}\cdot 100\%=17\%$$

$$\xi=0.5$$

$$\xi\omega_n=\frac{4.5}{t_s}=\frac{4.5}{10}=0.45$$

根据上式可选取 $\omega_n=1$，从而得到系统闭环传递函数为

$$\phi(s)=\frac{1}{s^2+s+1}$$

其中闭环极点的 $\omega_n=1$，$\xi=0.5$，超调量和调节时间均满足题目的要求。该系统是一阶无静差系统，速度误差系数 $K_v=1$。

根据上述系统闭环传递函数，可得系统的连续控制器为 $D(s)=(10s+1)/(s+1)$。

第二步：将 $D(s)$ 离散成 $D(z)$。

对 $D(s)$ 采用零、极点匹配 Z 变换方法，取采样周期 $T=1$，其 MATLAB 程序如下：

```
% MATLAB PROGRAM 5.3
   num=[10,1]; den=[1,1];ts=1;[dnum,dden]=c2dm(num,den,ts,'matched');
   printsys(dnum,dden,'z')
   num/den =
     6.6425 z - 6.0104
     ----------------------
        z - 0.36788
```

因此 $$D(z)=\frac{6.6425z-6.0104}{z-0.36788}$$

第三步：计算机仿真。

为了得到输出响应特性，可进一步用 MATLAB 程序求出包含零阶保持器广义被控对象的脉冲传递函数：

```
% MATLAB PROGRAM 5.4
   num=1;den=[10,1,0];ts=1;[dnum,dden]=c2dm(num,den,ts,'zoh');
   printsys(dnum,dden,'z')
```

```
num/den =
     0.048374 z + 0.046788
    ----------------------------------
    z^2 - 1.9048 z + 0.90484
```

由此得到

$$G(z)=\frac{z-1}{z}Z\left[\frac{0.1}{s(s+0.1)}\right]=\frac{0.048374z+0.046788}{z^2-1.9048z+0.90484}$$

速度误差系数

$$K_v=\lim_{z\to 1}\frac{(z-1)D(z)G(z)}{Tz}=1$$

满足要求。

通过以上计算，可以求出闭环系统的传递函数为

$$\Phi(z)=\frac{D(z)G(z)}{1+D(z)G(z)}=\frac{0.321324z^2+0.020042z-0.2812146}{z^3-1.95136z^2+1.62562z-0.6140871}$$

下面再用 MATLAB 求单位阶跃响应，相应程序如下：

```
% MATLAB PROGRAM 5.5
    dnum=[0.321324,0.020042,-0.2812146];
    dden=[1,-1.95136,1.62562,-0.6140871];
    i=[0:35];time=i*0.1;
    y=dstep(dnum,dden,36);
    plot(time,y,'r');grid
```

离散化后所得到的闭环系统的单位阶跃响应如图 5-9 所示，超调量接近 50%，超出了 17%的设计要求。这是由于采用离散与连续等效的设计方法过程中，采样周期 $T=1\,\text{s}$ 的值较大，使得零阶保持器在截止频率 ω_d 处产生了较大的相位延迟，从而导致系统稳定裕度降低，超调量增大。如将采样周期 T 改选为 0.2 s，可以得到良好的输出特性，如图 5-9b 所示。

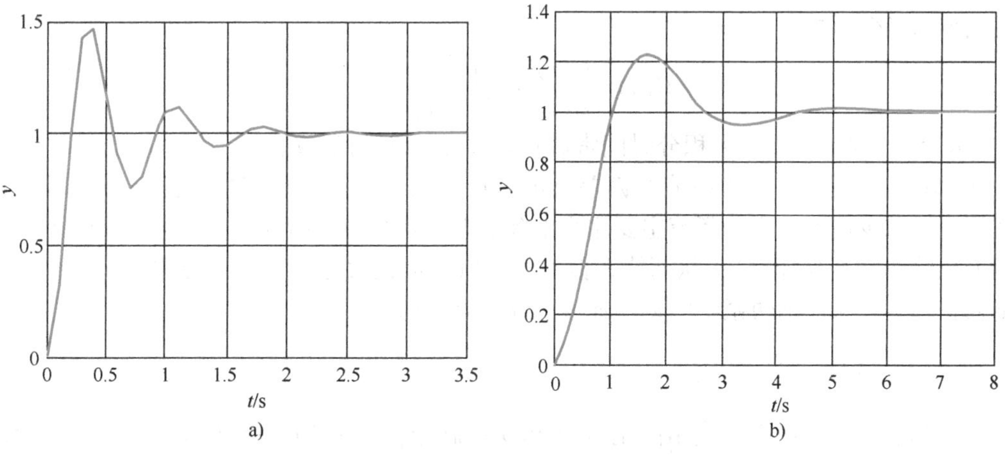

图 5-9　例 5-4 输出结果

a）例 5-4 输出响应（$T=1\,\text{s}$）　b）例 5-4 输出响应（$T=0.2\,\text{s}$）

5.3 数字 PID 控制器设计

微课：数字 PID 控制器设计

在工业控制领域中，最常用的是 PID 控制算法，它结构简单，参数易于整定，在长期的应用中已经积累了丰富的经验，并且数字 PID 控制算法比较容易通过软件实现。通过对 PID 控制算法的进一步完善，使得数字 PID 控制器具有更大的灵活性和适用性。

5.3.1 PID 控制原理

常规模拟 PID 控制系统原理框图如图 5-10 所示。

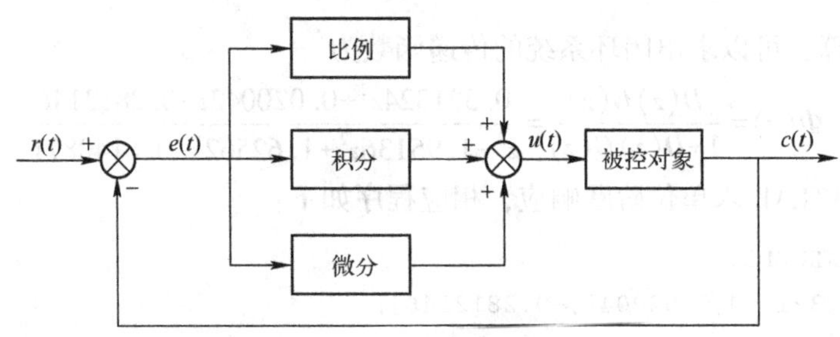

图 5-10 模拟 PID 控制系统原理框图

PID 控制器是根据闭环控制系统的给定值 $r(t)$ 与实际输出值 $c(t)$ 的偏差来进行控制的，控制偏差如下：

$$e(t)=r(t)-c(t) \tag{5-25}$$

将偏差的比例、积分和微分的线性组合构成控制量，对被控对象进行控制，其控制规律为

$$u(t)=K_P\left[e(t)+\frac{1}{T_I}\int_0^t e(t)\mathrm{d}t+\frac{T_D\mathrm{d}e(t)}{\mathrm{d}t}\right] \tag{5-26}$$

或写成传递函数形式

$$G(s)=\frac{U(s)}{E(s)}=K_P\left(1+\frac{1}{T_I s}+T_D s\right) \tag{5-27}$$

式中，K_P 为比例系数；T_I 为积分时间常数；T_D 为微分时间常数。

在 PID 控制器中，比例环节对偏差是即时反映的，偏差一旦产生，控制器立即产生控制作用，以减少偏差；积分环节主要用来消除静差和提高控制精度。微分环节反映了偏差信号的变化趋势（变化速率），从而能在偏差信号值变得太大之前，在系统中引入一个有效的早期修正信号，从而加快系统的动作速度，减小调节时间。

5.3.2 数字 PID 控制算法

在计算机控制系统中，使用的是数字 PID 控制器，数字 PID 控制算法通常又分为位置式 PID 控制算法和增量式 PID 控制算法。

1. 位置式 PID 控制算法

由于计算机控制是一种采样控制，它只能根据采样时刻的偏差值计算控制量，因此

式（5-26）中的积分和微分项不能直接使用，需要进行离散化处理。

当采样周期 T 足够短时，以一系列的采样时刻点 kT 代表连续时间 t，以和式代替积分，以增量代替微分，$t \approx kT$，其中 $k=0,1,2,\cdots$，则可做如下近似变换：

$$\begin{cases} \int_0^t e(t)\mathrm{d}t \approx T\sum_{j=0}^{k} e(jT) = T\sum_{j=0}^{k} e(j) \\ \dfrac{\mathrm{d}e(t)}{\mathrm{d}t} \approx \dfrac{e(kT) - e[(k-1)T]}{T} = \dfrac{e(k) - e(k-1)}{T} \end{cases} \tag{5-28}$$

在上式中，为书写方便，将 $e(kT)$ 简化表示成 $e(k)$ 等，即省去 T。将式（5-28）代入式（5-26），可得离散的 PID 表达式为

$$u(k) = K_{\mathrm{P}}\left\{e(k) + \frac{T}{T_{\mathrm{I}}}\sum_{j=0}^{k} e(j) + \frac{T_{\mathrm{D}}}{T}[e(k) - e(k-1)]\right\} \tag{5-29}$$

或写成

$$u(k) = K_{\mathrm{P}}e(k) + K_{\mathrm{I}}\sum_{j=0}^{k} e(j) + K_{\mathrm{D}}[e(k) - e(k-1)] \tag{5-30}$$

式中，k 是采样序号，$k=0,1,2\cdots$；$u(k)$ 是第 k 次采样时刻的计算机输出值；$e(k)$ 是第 k 次采样时刻输入的偏差值；K_{I} 是积分系数，$K_{\mathrm{I}}=K_{\mathrm{P}}T/T_{\mathrm{I}}$；$K_{\mathrm{D}}$ 是微分系数，$K_{\mathrm{D}}=K_{\mathrm{P}}T_{\mathrm{D}}/T$。

根据 Z 变换的性质：$Z[e(k-1)]=Z^{-1}E(z)$ 和 $Z\left[\sum_{j=0}^{k} e(j)\right]=\dfrac{E(z)}{1-z^{-1}}$，对式（5-30）进行 Z 变换为

$$U(z)=K_{\mathrm{P}}E(z)+K_{\mathrm{I}}\frac{E(z)}{1-z^{-1}}+K_{\mathrm{D}}[E(z)-z^{-1}E(z)] \tag{5-31}$$

由式（5-31）便可得到数字 PID 控制器的 z 传递函数为

$$G(z)=\frac{U(z)}{E(z)}=K_{\mathrm{P}}+\frac{K_{\mathrm{I}}}{1-z^{-1}}+K_{\mathrm{D}}(1-z^{-1}) \tag{5-32}$$

由于计算机输出的 $u(k)$ 直接去控制执行机构，$u(k)$ 的值和执行机构的位置是一一对应的，所以通常称式（5-29）为位置式 PID 控制算法。

［例 5-5］ 设被控对象为

$$G(s)=\frac{523500}{s^3+87.35s^2+10470s}$$

令采样时间 $T=0.001\,\mathrm{s}$，请设计位置式 PID 控制器，使得系统达到稳定。

解：

第一步：依据式（5-30）确定位置式 PID 的结构。

第二步：将 $G(s)$ 离散化。

第三步：根据被控对象的数学模型，使用 MATLAB 的 pidtool 工具确定一组使得被控对象稳定的 PID 的参数为 $K_{\mathrm{P}}=0.5$，$K_{\mathrm{I}}=0.05$，$K_{\mathrm{D}}=0.002$。具体程序如下。

```
% MATLAB PROGRAM 5.6
    clc;clear;ts=0.001;sys=tf(523500,[1 87.35 10470 0]);
    dsys=c2d(sys,ts,'z');
    [num,den]=tfdata(dsys,'v');
```

```
u_1=0.0; u_2=0.0; u_3=0.0;y_1=0.0; y_2=0.0; y_3=0.0; x=[0,0,0]'; error_1=0;
time=zeros(1,1000); yd=zeros(1,1000);u=zeros(1,1000);
y=zeros(1,1000);error=zeros(1,1000);
for k=1:1:1000
    time(k)=k*ts;yd(k)=1.0;kp=0.5;ki=0.05; kd=0.002;
    u(k)=kp*x(1)+kd*x(2)+ki*x(3);
    y(k)=-den(2)*y_1-den(3)*y_2-den(4)*y_3+num(2)*u_1+num(3)*u_2+num(4)*u_3;
    error(k)=yd(k)-y(k);u_3=u_2;u_2=u_1;u_1=u(k);
    y_3=y_2; y_2=y_1;y_1=y(k);
    x(1)=error(k);x(2)=(error(k)-error_1)/ts;
    x(3)=x(3)+error(k)*ts; error_1=error(k);
end
figure
plot(time,y,'k:','linewidth',2);
xlabel('t/s','Fontname', 'Times New Roman','FontSize',14);
ylabel('y', 'Times New Roman','FontSize',14); grid on
```

第四步：系统阶跃响应仿真曲线如图 5-11 所示。可根据式（5-30）和确定的控制器参数编程实现 PID 控制器。

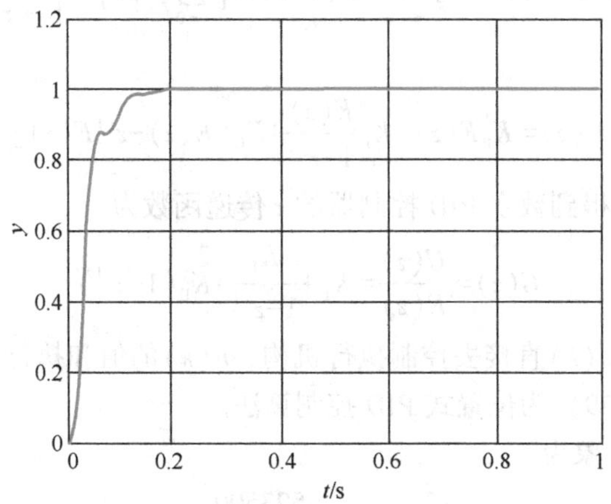

图 5-11　位置式 PID 控制器的输出

由于位置式 PID 控制算法是全量输出，故每次输出均与过去的状态有关，计算时要对 $e(k)$ 进行累加，计算机运算工作量大。而且，因为计算机输出 $u(k)$ 对应的是执行机构的实际位置，如果计算机出现故障，$u(k)$ 大幅度变化，会引起执行机构位置的大幅度变化，在某些场合，可能造成重大的生产事故，为避免这种情况的发生，提出了增量式 PID 控制的控制算法。

2. 增量式 PID 控制算法

增量式 PID 是指数字控制器的输出只是控制量的增量 $\Delta u(k)$，由式（5-30）和递推原理可得

$$u(k-1)=K_{P}e(k-1)+K_{I}\sum_{j=0}^{k-1}e(j)+K_{D}[e(k-1)-e(k-2)] \tag{5-33}$$

用式（5-30）减去式（5-33），可得

$$\Delta u(k)=K_{P}[e(k)-e(k-1)]+K_{I}e(k)+K_{D}[e(k)-2e(k-1)+e(k-2)] \tag{5-34}$$

$$\Delta u(k)=K_{P}\Delta e(k)+K_{I}e(k)+K_{D}[\Delta e(k)-\Delta e(k-1)] \tag{5-35}$$

式中，$\Delta e(k)=e(k)-e(k-1)$。

式（5-35）即增量式 PID 控制算法。式（5-35）可进一步改写为

$$\Delta u(k)=Ae(k)-Be(k-1)+Ce(k-2) \tag{5-36}$$

式中，$A=K_{P}\left(1+\frac{T}{T_{I}}+\frac{T_{D}}{T}\right)$，$B=K_{P}\left(1+2\frac{T_{D}}{T}\right)$，$C=\frac{K_{P}T_{D}}{T}$，它们都是与采样周期、比例系数、积分时间常数、微分时间常数有关的系数。

可以看出，由于一般计算机控制系统采用恒定的采样周期 T，一旦确定了 K_{P}、K_{I}、K_{D}，只要使用前后 3 次测量值的偏差，即可求出控制增量。

采用增量式算法时，计算机输出的控制增量 $\Delta u(k)$ 对应的是本次执行机构位置的增量。对应阀门实际位置的控制量，即控制量增量的积累 $u(k)=\sum_{j=0}^{k}\Delta u(j)$ 需要采用一定的方法来解决，例如用有积累作用的元件来实现，而目前较多的是利用算式 $u(k)=u(k-1)+\Delta u(k)$ 通过软件来完成。

和位置式 PID 控制相比，增量式 PID 控制具有许多优点：

1）由于计算机输出增量，所以出现错误时，影响小，必要时可用逻辑判断的方法去掉。

2）手动/自动切换时冲击小，便于实现无扰动切换。此外，当计算机发生故障时，由于输出通道或执行装置具有信号的锁存作用，故仍能保持原值。

3）算式中不需要累加。控制增量 $\Delta u(k)$ 的确定，仅与最近 k 次的采样值有关，所以较容易通过加权处理获得比较好的控制效果。

增量式 PID 控制器的不足之处：积分截断效应大，有静态误差；溢出的影响大。

[例 5-6] 设被控对象为

$$G(s)=\frac{400}{s^{2}+50s}$$

令采样时间为 1 ms，请设计一组使得被控对象稳定的增量式 PID 控制器。

解：

第一步：依据式（5-35）确定增量式 PID 控制器的形式。

第二步：将 $G(s)$ 离散化，得到 $G(z)=\frac{0.0001967\,z+0.0001935}{z^{2}-1.951\,z+0.9512}$。

第三步：根据被控对象的数学模型，使用 MATLAB 的 pidtool 工具确定一组使得被控对象稳定的 PID 参数为 $K_{P}=8$，$K_{I}=0.1$，$K_{D}=10$。具体程序如下。

```
% MATLAB PROGRAM 5.7
    clc;clear;ts=0.001; sys=tf(400,[1 50 0]);
    dsys=c2d(sys,ts,'z');
```

```
[num,den]=tfdata(dsys,'v');
u1=0;u2=0;u3=0;y1=0;y2=0;y3=0;x=[0 0 0]'; error1=0;
error2=0;time=zeros(3000,1);yd=zeros(3000,1);u=zeros(3000,1);y=zeros(3000,1);
for k=1:1:3000
    time(k)=k*ts; yd(k)=1.0;kp=8; ki=0.10;kd=10;
    u(k)=kp*x(1)+kd*x(2)+ki*x(3);u(k)=u1+u(k);
    y(k)=-den(2)*y1-den(3)*y2+num(2)*u1+num(3)*u2; error=yd(k)-y(k);
    u1=u(k);u2=u1;u3=u2;y1=y(k);y2=y1;y3=y2;x(1)=error-error1;
    x(2)=error-2*error1+error2;x(3)=error;error2=error1;error1=error;
end
figure;
plot(time,y,'k','linewidth',2);xlabel('t/s','FontSize',14);ylabel('y','FontSize',
14);
grid on
```

第四步：单位阶跃响应曲线如图 5-12 所示。

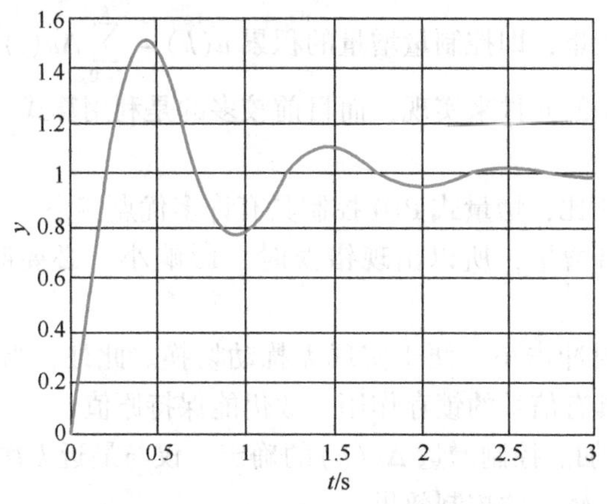

图 5-12　增量式 PID 控制的阶跃响应曲线

5.4 改进的数字 PID 控制算法

为满足不同控制系统的需要，产生了一系列改进的 PID 算法。下面介绍 5 种数字 PID 的改进算法：积分分离 PID 控制算法、抗积分饱和 PID 控制算法、不完全微分 PID 控制算法、微分先行 PID 控制算法和带死区的 PID 控制算法等。

微课：积分分离 PID 控制算法

5.4.1 积分分离 PID 控制算法

在一般的 PID 控制系统中，若积分作用太强，会使系统产生过大的超调量，振荡剧烈，且调节时间过长，对某些系统来说是不允许的。为了克服这个缺点，可以采用积分分离的方法，即在系统误差较大时，取消积分作用，在误差减小到一定值后，再加上积分作用。这样既减小了超调量，改善动态特性，又保持了积分作用。具体实现如下：

1）人为设定一阈值 ε。

2）当$|e(k)|>\varepsilon$时，采用 PD 控制。

3）当$|e(k)|\leqslant\varepsilon$时，采用 PID 控制。

写成计算公式，可在积分项乘一个系数K_L，K_L按下式取值：

$$K_L=\begin{cases}1, & 当|e(k)|\leqslant\varepsilon,\\0, & 当|e(k)|>\varepsilon。\end{cases} \tag{5-37}$$

以位置式 PID 算式（5-29）为例，写成积分分离形式，即

$$u(k)=K_P\left\{e(k)+\frac{T}{T_I}\sum_{j=0}^{k}K_Le(j)+\frac{T_D}{T}[e(k)-e(k-1)]\right\} \tag{5-38}$$

下面举例说明采用积分分离 PID 控制的效果。

［例 5-7］设被控对象为一阶惯性时延环节$G(s)=\dfrac{2e^{-5T}}{10s+1}$，采样时间为 1 s，$y_d(k)=1$，请将被控对象离散化，并设计积分分离式 PID 控制器。

解：

第一步：确定 PID 的形式为式（5-30）所示的增量式 PID 控制器。

第二步：采用零阶保持器将$G(s)$离散化，结果为$G(z)=\dfrac{0.1903z^{-5}}{z-0.9048}$。

第三步：依据 MATLAB 的 pidtool 确定 PID 的参数分别为$K_P=0.8$，$K_I=0.048$，$K_D=0.2$。具体程序如下。

```
% MATLAB PROGRAM 5.8
    ts=1;
    sys=tf([2],[10,1],'inputdelay',5);
    dsys=c2d(sys,ts,'zoh');
    [num,den]=tfdata(dsys,'v');
    u_1=0;u_2=0;u_3=0;u_4=0;u_5=0;u_6=0;
    y_1=0;y_2=0;y_3=0;error_1=0;error_2=0;ei=0;
    for k=1:1:100
        time(k)=k*ts;
        y(k)=-den(2)*y_1+num(2)*u_6;yd(k)=1;error(k)=yd(k)-y(k);ei=ei+error(k)*ts;
        M=1;
        if M==1 % Using integration separation
            if abs(error(k))>=0.65
                beta=0.0;
            else
                beta=1.0;
            end
        elseif M==2
            beta=1.0; % Not using integration separation
        end
        kp=0.8;ki=0.048;kd=0.2;
        u(k)=kp*error(k)+kd*(error(k)-error_1)/ts+beta*ki*ei;
        u_6=u_5;u_5=u_4;u_4=u_3;u_3=u_2;u_2=u_1;u_1=u(k);
```

```
    y_3=y_2;y_2=y_1;y_1=y(k);error_2=error_1;error_1=error(k);
end
figure(1);
plot(time,yd,'k:',time,y,'k','linewidth',2);
xlabel('t/s','FontSize',14);ylabel('y','FontSize',14);grid on
```

第四步：分别采用普通PID控制器和积分分离式PID控制器如式（5-38），进行响应曲线分析，如图5-13所示。对比可知，采用积分分离方法控制效果有很大的改善。

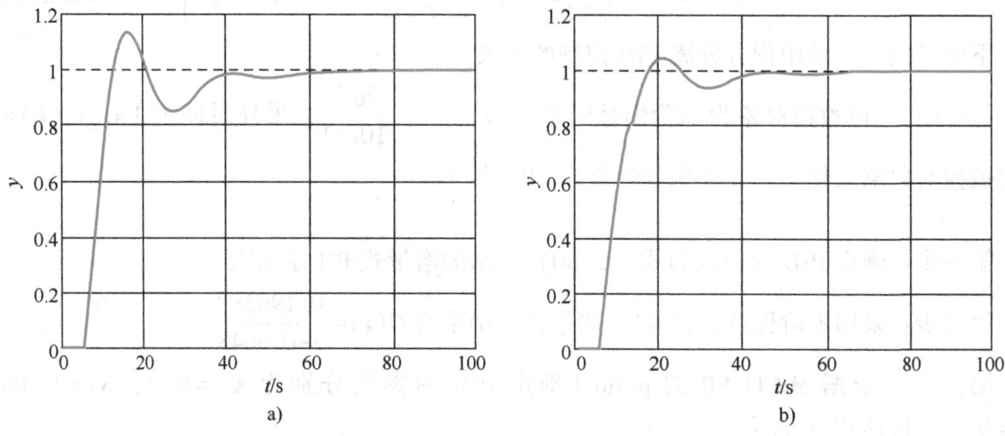

图5-13 响应曲线对比图

a）使用普通PID控制器 b）使用积分分离式PID控制器

微课：抗积分饱和PID控制算法

5.4.2 抗积分饱和PID控制算法

抗积分饱和PID控制算法的基本思想：当控制量进入饱和区以后，便不再进行积分项的累加，而只执行削弱积分的累加。在计算$u(k)$时，分为两种情况。$u(k)$为正时，如果$u(k-1)>u_{max}$，则只累加负偏差；若$u(k-1)<u_{max}$，则正常积分。$u(k)$为负时，如果$u(k-1)<-u_{max}$，则只累加正偏差；若$u(k-1)>-u_{max}$，则正常积分。这种算法可以避免控制量长时间停留在饱和区。

[例5-8] 设被控对象为

$$G(s)=\frac{523500}{s^3+87.35s^2+10470s}$$

采样时间为$T=1\text{ ms}$，设跟踪信号$y_d(k)=30$，采用抗积分饱和PID算法进行阶跃响应分析。

解：

第一步：确定PID的形式为式（5-30）所示的增量式PID控制器。

第二步：将$G(s)$离散化，结果为

$$G(z)=\frac{8.533e^{-5}z^2+0.0003338z+8.169e^{-5}}{z^3-2.906z^2+2.823z-0.9164}$$

第三步：依据MATLAB的pidtool确定PID的参数。

```
% MATLAB PROGRAM 5.9
    ts=0.001;sys=tf(5.235e005,[1,87.35,1.047e004,0]);
    dsys=c2d(sys,ts,'z');
    [num,den]=tfdata(dsys,'v');
    u_1=0.0;u_2=0.0;u_3=0.0;
    y_1=0;y_2-0;y_3=0;x=[0,0,0];error_1=0;um=6;kp =1;ki=10;kd=0.5;
    for k=1:1:500
        time(k)=k*ts;yd(k)=30;u(k)=kp*x(1)+kd*x(2)+ki*x(3);
        if u(k)>=um
            u(k)=um ;
        end
        if u(k)<=-um
            u(k)=-um ;
        end
        y(k)=-den(2)*y_1-den(3)*y_2-den(4)*y_3+num(2)*u_1+num(3)*u_2+num
    (4)*u_3;
        error(k)=yd(k)-y(k);M=1; % M=1 时使用抗积分饱和 PID
        if M==1
            if u(k)>=um
                if error(k)>0
                    alpha=0;
                else
                    alpha=1 ;
                end
            elseif u(k)<=-um
                if error(k)>0
                    alpha=1;
                else
                    alpha=0;
                end
            else
                alpha=1;
            end
        elseif M ==2
         alpha=1;
        end
        u_3=u_2;u_2=u_1;u_1=u(k); y_3=y_2; y_2=y_1;y_1=y(k); error_1=error(k);
        x(1)=error(k);x(2)=(error(k)-error_1)/ts ; x(3)=x(3)+alpha*error(k)*
    ts ;xi(k)=x(3);
    end
    figure
    subplot(3,1,1);
```

```
plot(time,yd,'k:',time ,y,'k','linewidth',2);
xlabel('t/s','Fontname', 'Times New Roman','FontSize',14);
ylabel('位置信号','FontSize',14);legend ('期望位置','实际位置','FontSize',14);
subplot(3,1,2);
plot (time,u,'k','linewidth',2);
xlabel('t/s','Fontname', 'Times New Roman','FontSize',14);
ylabel ('控制器输出','FontSize',14 );
subplot (3,1,3);
plot( time , xi , 'k' ,'linewidth',2);
xlabel('t/s','Fontname', 'Times New Roman','FontSize',14);
ylabel('积分信号','FontSize',14);
```

第四步：采用普通 PID 控制器和抗积分饱和 PID 控制器的仿真曲线如图 5-14 所示。

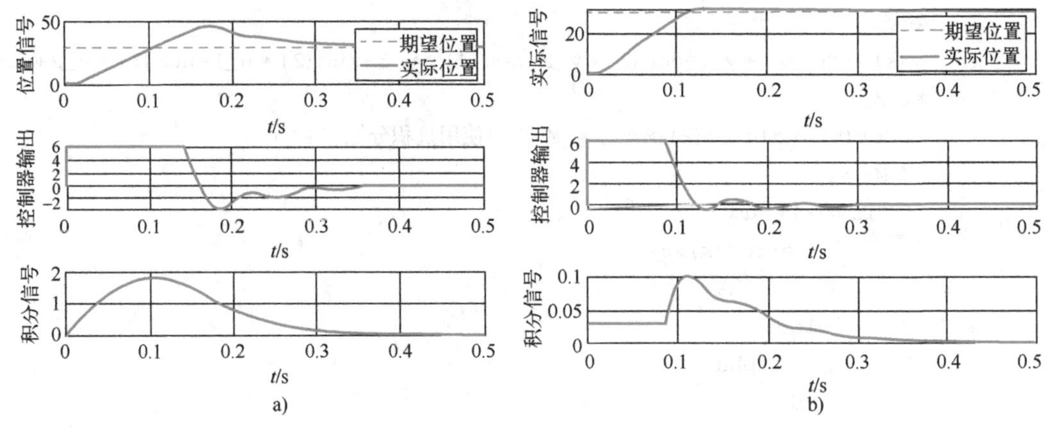

图 5-14 跟踪曲线对比图

a）采用普通 PID 控制器 b）采用抗积分饱和 PID 控制器

由仿真结果可以看出，两种算法均可实现无静差，通过控制器输出对比，采用抗积分饱和 PID 控制器的输出停留在饱和区的时间缩短。最终，通过位置信号可以看阶跃响应，采用抗积分饱和 PID 控制器响应时间快，超调量小。

微课：不完全微分 PID 控制算法

5.4.3 不完全微分 PID 控制算法

微分环节的引入，改善了系统的动态特性，但对于干扰特别敏感。微分项的输出与误差的关系为

$$u_{\mathrm{D}}(k)=\left(K_{\mathrm{P}}\frac{T_{\mathrm{D}}}{T}\right)[e(k)-e(k-1)]=K_{\mathrm{D}}[e(k)-e(k-1)] \tag{5-39}$$

当 $e(k)$ 为阶跃函数时，$u_{\mathrm{D}}(k)$ 输出为 $u_{\mathrm{D}}(0)=K_{\mathrm{D}}$，$u_{\mathrm{D}}(1)=u_{\mathrm{D}}(2)=\cdots=0$，即仅第一个周期有激励作用，并且 u_{D} 的幅值 K_{D} 一般比较大，容易造成计算机中数据溢出。

克服上述缺点的方法之一是，在 PID 算法中加一个一阶惯性环节（即低通滤波器）$G_{\mathrm{f}}(s)=1/[1+T_{\mathrm{f}}(s)]$，如图 5-15 所示，即可构成不完全微分 PID 控制。

图 5-15a 是将低通滤波器直接加在微分环节上，图 5-15b 是将低通滤波器加在整个 PID 控

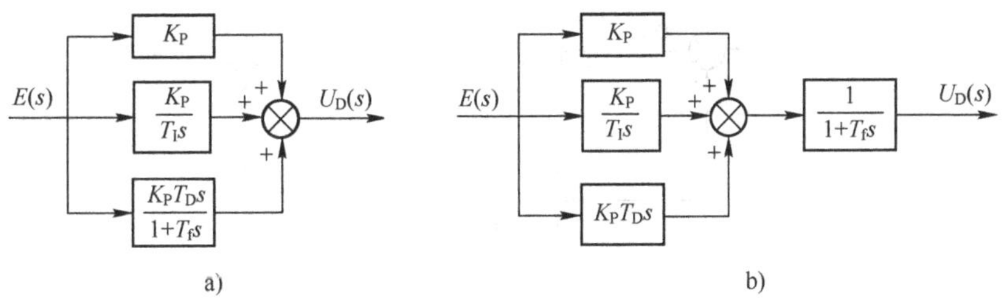

图 5-15　不完全微分 PID 控制算法结构图

a）低通滤波器直接加在微分环节　b）低通滤波器加在整个 PID 控制器之后

制器之后。下面以图 5-15a 结构为例，说明不完全微分 PID 控制对一般 PID 控制性能的改进。

对微分项 $U_D(s)=\dfrac{K_P T_D s}{1+T_f s}E(s)$ 采用一阶向后差分离散化，整理得

$$u_D(k)=\frac{T_f}{T_f+T}u_D(k-1)+\frac{K_P T_D}{T_f+T}[e(k)-e(k-1)] \tag{5-40}$$

上式中，令 $\alpha=T_f/(T_f+T)$，则 $T/(T+T_f)=1-\alpha$，式（5-40）可简化为

$$u_D(k)=K_D(1-\alpha)[e(k)-e(k-1)]+\alpha u_D(k-1) \tag{5-41}$$

当 $e(k)$ 为阶跃（即 $e(k)=1,k=0,1,2,\cdots$）时，可求出

$$u_D(0)=K_D(1-\alpha),\qquad u_D(k)=\alpha u_D(k-1)=\alpha^k u_D(0) \tag{5-42}$$

由此可见，引入不完全微分后，微分输出在第一个采样周期内的脉冲高度下降，此后又按 $\alpha^k u_D(0)$ 的规律（$\alpha<1$）逐渐衰减。所以采用不完全微分能有效地抑制高频干扰，具有较理想的控制特性，具体比较如图 5-16 所示。

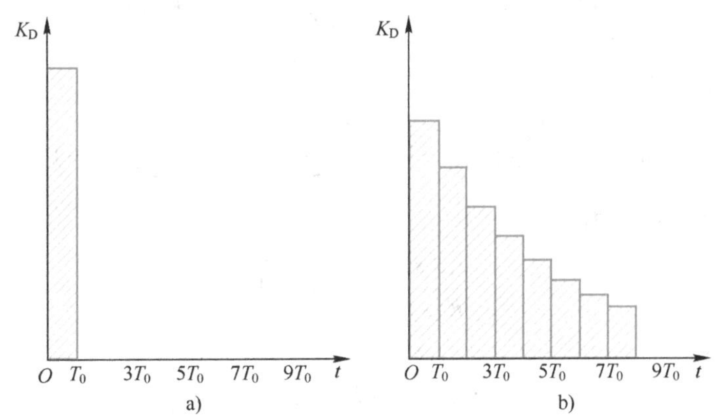

图 5-16　标准 PID、不完全微分 PID 算式的微分项输出响应

a）标准 PID 算式　b）不完全微分 PID 算式

5.4.4　微分先行 PID 控制算法

微分先行 PID 控制的结构如图 5-17 所示，其特点是只对输出量 $y(k)$ 进行微分，而对给定值 $y_d(k)$ 不做微分。这样，在改变给定值时，输出不会改变，而被控量的变化通常总是比较缓和的。这种输出量先行微分控制适用于给定值 $y_d(k)$ 频繁升降的场合，可以避免给定值升降时所引起的系统振荡，明显地改善了系统的动态特性。

微课：微分先行 PID 控制算法

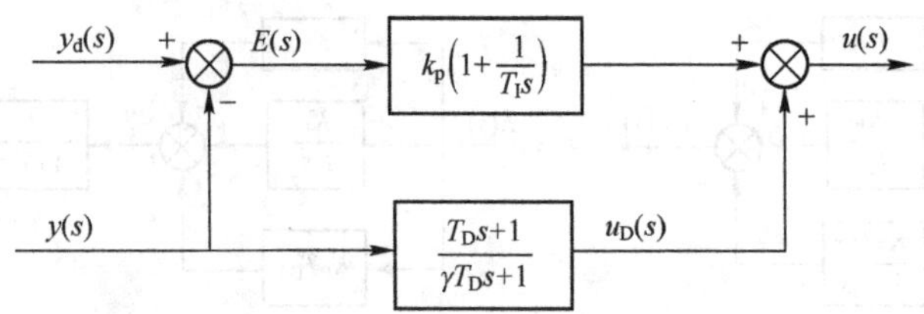

图 5-17 微分先行 PID 控制结构图

令微分部分的传递函数为

$$\frac{u_D(s)}{y(s)}=\frac{T_D s+1}{\gamma T_D s+1},\quad \gamma<1 \tag{5-43}$$

式中，$\frac{1}{\gamma T_D s+1}$相当于低通滤波器，则

$$\gamma T_D\frac{du_D}{dt}+u_D=T_D\frac{dy}{dt}+y \tag{5-44}$$

由差分得

$$\frac{du_D}{dt}\approx\frac{u_D(k)-u_D(k-1)}{T} \tag{5-45}$$

$$\frac{dy}{dt}\approx\frac{y(k)-y(k-1)}{T} \tag{5-46}$$

将式（5-45）和式（5-46）代入式（5-44）得到

$$\gamma T_D\frac{u_D(k)-u_D(k-1)}{T}+u_D(k)=T_D\frac{y(k)-y(k-1)}{T}+y(k) \tag{5-47}$$

将式（5-47）化简得到

$$u_D(k)=\left(\frac{\gamma T_D}{\gamma T_D+T}\right)u_D(k-1)+\frac{T_D+T}{\gamma T_D+T}y(k)-\frac{T_D}{\gamma T_D+T}y(k-1) \tag{5-48}$$

PI 控制部分传递函数为

$$\frac{u_{PI}(s)}{E(s)}=k_p\left(1+\frac{1}{T_I s}\right) \tag{5-49}$$

离散控制律为

$$u(k)=u_D(k)+u_{PI}(k) \tag{5-50}$$

[例 5-9] 设被控对象为一阶惯性时延环节

$$G(s)=\frac{e^{-80s}}{60s+1}$$

采样时间为 20s，设输入信号为

$$y_d(k)=1.0\text{sgn}(\sin(0.0005\pi t))+0.05\sin(0.03\pi t)$$

请将被控对象离散化，采用微分先行 PID 进行方波响应分析。

解：

第一步：确定 PID 的形式为式（5-48）所示的微分先行 PID 控制器。

第二步：将 $G(s)$离散化，结果为

$$G(z)=\frac{8.533\mathrm{e}^{-5}z^2+0.0003338z+8.169\mathrm{e}^{-5}}{z^3-2.906z^2+2.823z-0.9164}$$

第三步：依据 MATLAB 的 pidtool 确定 PID 的参数。具体程序如下。

```
% MATLAB PROGRAM 5.10
 ts=20;sys=tf([1],[60,1],'inputdelay',80);dsys=c2d(sys,ts,'zoh');
 [num,den]=tfdata(dsys,'v');u_1=0;u_2=0;u_3=0;u_4=0;u_5=0;ud_1=0;
 y_1=0;y_2=0;y_3=0;error_1=0;error_2=0;ei=0;
 for k=1:1:250
    time(k)=k*ts;y(k)=-den(2)*y_1+num(2)*u_5;
    kp=0.36; kd=14; ki=0.0021;yd(k)=1.0*sign(sin(0.00025*2*pi*k*ts));
    yd(k)=yd(k)+0.05*sin(0.03*pi*k*ts); error(k)=yd(k)-y(k);
    ei=ei+error(k)*ts;gama=0.50;Td=kd/kp;
    Ti=0.5;c1=gama*Td/(gama*Td+ts); c2=(Td+ts)/(gama*Td+ts);c3=Td/
 (gama*Td+ts);
    M=2; %M=1 为微分先行 PID,M=2 为普通 PID
    if M==1
       ud(k)=c1*ud_1+c2*y(k)-c3*y_1;u(k)=kp*error(k)+ud(k)+ki*ei;
    elseif M==2
       u(k)=kp*error(k)+kd*(error(k)-error_1)/ts+ki*ei;
    end
    u_5=u_4;u_4=u_3;u_3=u_2;u_2=u_1;u_1=u(k);
    y_3=y_2;y_2=y_1;y_1=y(k);error_2=error_1;error_1=error(k);
 end
 figure
 xlabel('t/s','Fontname', 'Times New Roman','FontSize',14);
 ylabel('位置信号','FontSize',14);legend ('期望位置','实际位置','FontSize',14);grid on
```

第四步：分别采用微分先行 PID 控制和普通 PID 控制，方波响应如图 5-18 所示。

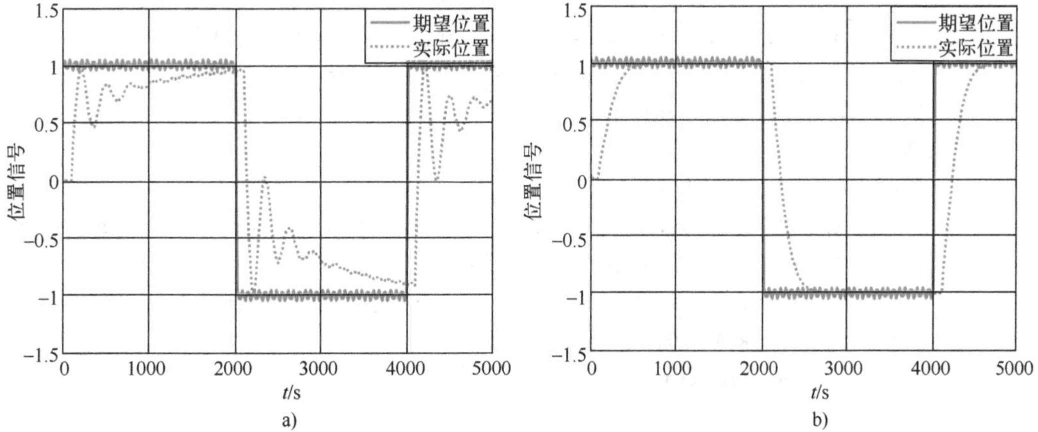

图 5-18　方波响应曲线

a）采用普通 PID 的方波响应　b）采用微分先行 PID 的方波响应

通过仿真曲线可以看出，对于给定值频繁波动的场合，引入微分先行后，可以边面给定值波动时所引起的系统振荡，明显改善了系统的动态性能。

微课：带死区的 PID 控制算法

5.4.5 带死区的 PID 控制算法

在计算机控制系统中，某些系统为了避免控制动作的过于频繁，消除由于频繁动作所引起的振荡，可采用带死区的 PID 控制，相应的控制算式为

$$e'(k)=\begin{cases}0, & |e(k)|\leqslant|e_0| \\ e(k), & |e(k)|>|e_0|\end{cases} \tag{5-51}$$

式中，死区 e_0 是一个可调的参数，其具体数值可根据实际控制对象由实验确定。若 e_0 值太小，使控制动作过于频繁，达不到稳定被控对象的目的；若 e_0 值太大，则系统将产生较大的滞后。此控制系统实际上是一个非线性系统。

［例 5-10］设被控对象为

$$G(s)=\frac{500000}{s^3+85s^2+1000s}$$

采样时间为 1 ms，对象输出上有一个幅值为 0.5 的正态分布的随机干扰信号，取阈值 $\varepsilon=0.2$，死区参数 $e_0=0.1$，采用低通滤波器对输出信号进行滤波，滤波器为

$$Q(s)=\frac{1}{0.05s+1}$$

采用带死区的 PID 对系统进行单位阶跃响应分析，分析计算控制器的性能。

解：

第一步：确定 PID 的形式为式（5-38）所示的积分分离式 PID 控制器。

第二步：将 $G(s)$ 离散化。

第三步：依据 MATLAB 的 pidtool 确定 PID 的参数。具体程序如下。

```
% MATLAB PROGRAM 5.11
   ts=0.001;sys=tf(5e005,[1,85,1e004,0]);dsys=c2d(sys,ts,'z');
   [num,den]=tfdata(dsys,'v');u_1=0;u_2=0;u_3=0;u_4=0;u_5=0;
   y_1=0;y_2=0;y_3=0;yn_1=0;error_1=0;error_2=0;ei=0; f_1=0;
   sys1=tf([1],[0.05,1]);dsys1=c2d(sys1,ts,'tucsin');[num1,den1]=tfdata(dsys1,'v');
   for k=1:1:1000
      time(k)=k*ts;yd(k)=1;
      y(k)=-den(2)*y_1-den(3)*y_2-den(4)*y_3+num(2)*u_1+num(3)*u_2+num(4)*u_3;
      n(k)=0.50*rands(1);yn(k)=y(k)+n(k);
      filty(k)=-den1(2)*f_1+num1(1)*(yn(k)+yn_1);error(k)=yd(k)-filty(k);
      if abs(error(k))<=0.20
         ei=ei+error(k)*ts;
      else
         ei=0;
      end
```

```
    kp=0.50; ki=0.10; kd=0.020;u(k)=kp*error(k)+ki*ei+kd*(error(k)-error_1)/ts;
    if u(k)>=5
        u(k)=5
    end
        if abs(error(k))<=0.10
            u(k)=0;
        end
    yd_1=yd(k);u_3=u_2;u_2=u_1; u_1=u(k); y_3=y_2; y_2=y_1; y_1=y(k);
    f_1=filty(k); yn_1=yn(k); error_2=error_1; error_1=error(k);
end
figure
plot(time,yd,'k',time,y,'k:','linewidth',2);
xlabel('t/s','Fontname', 'Times New Roman','FontSize',14);
ylabel('位置信号','FontSize',14);legend ('期望位置','实际位置','FontSize',14);grid on
```

第四步：采用积分分离式 PID 和带死区的 PID 控制器的控制结果分别如图 5-19 所示。

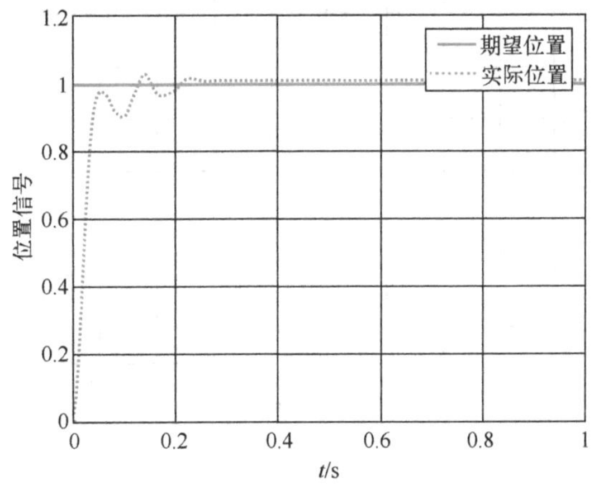

图 5-19　单位阶跃响应曲线分析

仿真结果可以看出，引入带死区的 PID 控制器后，控制器输出更平稳，抗干扰能力更强。

5.5 PID 控制器参数对系统性能的影响分析

确定 PID 参数的工作被称为 PID 的参数整定。整定 PID 控制参数的方法有很多，可以归纳为理论整定法与工程整定法两大类。理论整定法以被控对象的数学模型为基础，通过理论计算（如根轨迹、频率特性等方法）直接求得控制器参数，MATLAB 提供了一个 PID 整定的工具箱 pidtool，用于控制器参数整定，应用案例见第 5.3 节和第 5.4 节例题。理论整定需要知道被控对象的精确数学模型，否则整定后的控制系统难以达到预期的效果。而实际问题的数学模型往往都是一定条件下的近似，所以这种方法主要用于理论分析和工程应用指导。

微课：PID 控制器参数对系统性能的影响

实际中应用较多的是工程整定法，即一种近似的经验方法。由于其方法简单，便于实现，特别是不依赖控制对象的精确数学模型，且能解决控制工程中的实际问题，因而在实际中被广泛采用。

在进行 PID 控制器参数整定之前，本节首先分析 PID 控制器参数对系统性能的影响。PID 控制器是基于比例、积分和微分增益的组合。尽管后两个增益可以选择性地归零，但实际上所有控制器都具有比例增益。采样周期 T 的确定对系统的性能也有较大影响，其确定原则见第 2 章。

[例 5-11] 设被控对象为

$$G(s)=\frac{1}{10s^2+s}$$

采样时间为 0.05 s，采用 MATLAB 的 pidtool 整定出的控制器参数为 $K_P=10$，$K_I=3$，$K_D=10$，单位阶跃响应曲线如图 5-20 所示。下面以此对象为例，改变 PID 控制器参数，分析其对系统性能的影响。

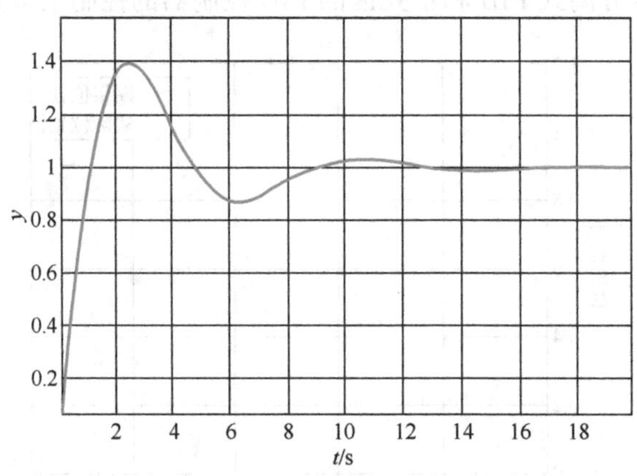

图 5-20 单位阶跃响应曲线

5.5.1 比例系数对系统性能的影响

比例调节的特点是简单、快速。比例系数增大可以加快响应速度、减小系统稳态误差、提高控制精度，但比例系数过大或过小都会对系统性能造成不好的影响。

(1) 对系统的动态性能影响

K_P 加大，将使系统响应速度加快，K_P 偏大时，系统振荡次数增多，调节时间加长；K_P 太小又会使系统的响应速度缓慢。

(2) 对系统的稳态性能影响

若控制器无积分环节，在系统稳定的前提下，加大 K_P 可以减少稳态误差，但不能消除稳态误差。

针对例 5-11 的系统，在积分增益和微分增益不变的情况下，将 K_P 设为 5,10,100，不同比例系数下的阶跃响应曲线如图 5-21 所示。

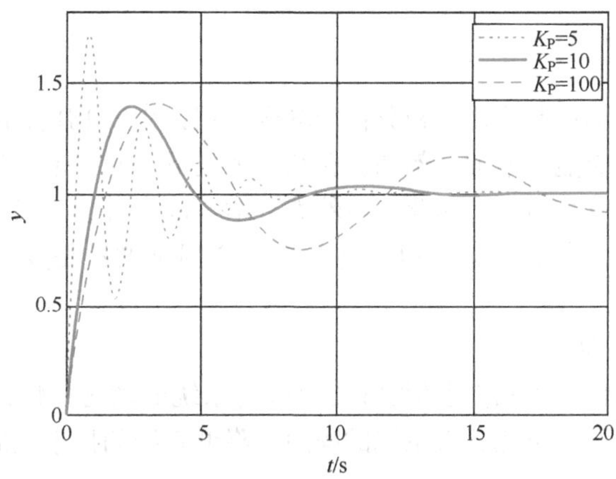

图 5-21　不同比例系数下的阶跃响应

5.5.2　积分增益对系统性能的影响

积分控制通常和比例控制或比例微分控制联合作用，构成 PI 控制或 PID 控制。积分增益提供直流和低频刚度。刚度是系统抵抗干扰的能力。积分增益在低频区工作，因此在相对较低的频率（远低于带宽的频率）下提高刚度。当发生直流误差时，积分增益将移动以进行校正，积分增益越高，校正速度越快。

（1）对系统的动态性能影响

积分控制通常影响系统的稳定性。K_I 太大，系统可能不稳定，且振荡次数较多；K_I 太小，对系统的影响将削弱；当 K_I 较适合时，系统的过渡过程特性比较理想。

（2）对系统的稳态性能影响

积分控制有助于消除系统稳态误差，提高系统的控制精度，但若 K_I 太小，积分作用太弱，则不能减少余差。

针对例 5-11 的系统，在比例系数和微分增益不变的情况下，将 K_I 分别设为 0.3、3、9，阶跃响应曲线如图 5-22 所示。

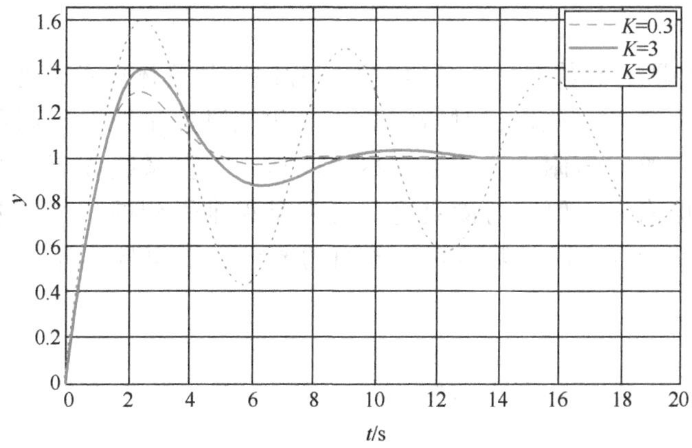

图 5-22　不同积分时间下的阶跃响应

5.5.3 微分增益对系统性能的影响

微分控制通常和比例控制或比例积分控制联合作用，构成 PD 控制或 PID 控制。使用微分增益通常会使系统响应能力增加，例如，在某些情况下，允许带宽几乎翻倍。微分增益有缺点。微分在高频下具有高增益。因此，虽然微分增益确实有助于相位裕度，但过多的微分增益会通过在相位交叉处增加增益（通常是高频）来损害增益裕度。这使得微分增益难以调整。

（1）对系统的动态性能影响

微分增益 K_D 的增加即微分作用的增加可以改善系统的动态特性，如减少超调量，缩短调节时间等。但微分作用有可能放大系统的噪声，降低系统的抗干扰能力。

（2）对系统的稳态性能影响

微分环节的加入，可以在误差出现或变化瞬间，按偏差变化的趋向进行控制。它能在偏差信号值变得太大之前，在系统中引入一个有效的早期修正信号，从而加快系统的动作速度，减小调节时间。

针对例 5-11 的系统，比例系数和积分时间不变，改变微分时间，即将 K_D 设为 5、10、50，阶跃响应曲线如图 5-23 所示。

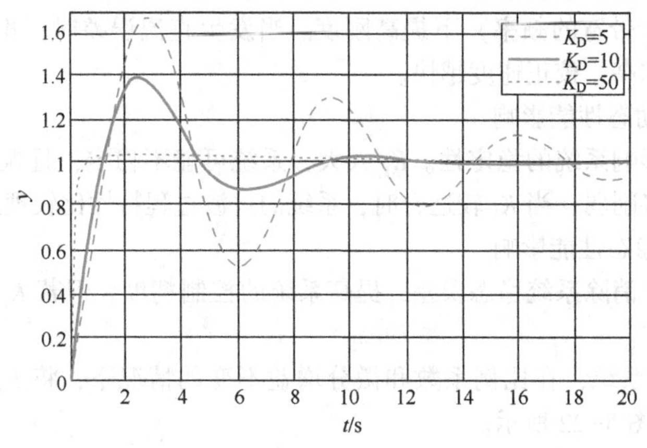

图 5-23 不同微分时间下的阶跃响应

总之，PID 控制器的参数选择，必须根据工程问题的具体要求来考虑。在工业过程控制中，通常要保证闭环系统稳定，对给定量的变化能迅速跟踪，超调量要小。在不同干扰下输出应能保持在给定值附近，控制量尽可能地小，在系统和环境参数发生变化时控制应保持稳定。一般来说，要同时满足这些要求是很难做到的，必须根据系统的具体情况，满足主要的性能指标，同时兼顾其他方面的要求。下面具体介绍 PID 控制器的参数的确定方法。

5.6 数字 PID 控制器的参数整定

PID 控制器参数整定的方法有很多，概括起来主要有两大类：一是理论计算整定法，二是通过实验和工程经验整定法。

理论计算整定法主要是依据被控对象准确的数学模型，经过理论计算确定控制器参数。这种方法前提是建立准确模型，下面主要介绍实验试凑法和工程整定法。

5.6.1　实验试凑法确定 PID 控制器参数

微课：数字 PID 控制器的参数整定

试凑法是通过计算机仿真或实际运行，观察系统对典型输入作用的响应曲线，根据各调节参数（K_P、T_I、T_D 或 K_P、K_I、K_D）对系统响应的影响，反复调节试凑，直到满意为止，从而确定 PID 参数。试凑时，可参考 PID 各参数对控制系统性能的影响趋势，实行先比例、后积分、再微分的反复调整。

1）首先只确定比例系数，将 K_P 由小变大，使系统响应曲线略有超调。此时若系统无稳态误差或稳态误差已小到允许范围内，并且认为响应曲线已属满意，那么，只需用比例控制器即可，而最优比例系数 K_P 也就相应确定了。

2）若在比例调节的基础上，系统稳态误差太大，则必须加入积分环节。整定时先将第一步所整定的比例系数略为缩小（如为原值的 0.8 倍），再将积分时间常数置成一个较大值并连续减小，使得在保持系统动态性能的前提下消除稳态误差。这一步骤可反复进行，即根据响应曲线的好坏反复改变比例系数与积分时间常数，以期得到满意的结果。

3）若使用 PI 控制器消除了稳态误差，但系统动态响应经反复调整后仍不能令人满意，则可以加入微分环节，构成 PID 控制器。在整定时，先将微分时间常数设定为零，再逐步增加 T_D 并同时进行前面 1）、2）两步的调整。如此逐步试凑，以获得满意的调节效果和控制参数。

需要指出，PID 控制器的参数对控制系统性能的影响通常并不十分敏感，因而参数整定的结果可以不唯一。

5.6.2　工程经验整定法确定 PID 控制器参数

工程整定法简单易行，不需要进行大量的计算，适于现场应用，通常采用扩充临界比例度法、扩充响应曲线法和 PID 归一参数整定法等。

1. 扩充临界比例度法

扩充临界比例度法是基于系统临界振荡的闭环整定方法，这一方法是对模拟 PID 控制中的临界比例度法的扩充。使用该方法整定数字 PID 控制器参数的步骤如下：

1）选定一个足够短的采样周期，一般采样周期 T 小于被控对象纯滞后时间的 1/10 以下。

2）用该比例控制器构成闭环，并使数字闭环系统工作。逐渐加大比例系数 K_P，直到系统发生持续等幅振荡，即系统输出或误差信号发生等幅振荡。对应此时的比例系数为 K_r，临界振荡周期为 T_r。

3）按下面的经验公式得到不同类型控制器参数，见表 5-2。

P 控制器：$K_P=0.5K_r$。

PI 控制器：$K_P=0.45K_r, T_I=0.83T_r$。

PID 控制器：$K_P=0.6K_r, T_I=0.5T_r, T_D=0.125T_r$。

表 5-2 扩充临界比例度法整定数字 PID 控制器参数

控制度	控制规律	T/T_r	K_P/K_r	T_I/T_r	T_D/T_r
1.05	PI PID	0.03 0.014	0.55 0.63	0.88 0.49	— 0.14
1.2	PI PID	0.05 0.043	0.49 0.47	0.91 0.47	— 0.16
1.5	PI PID	0.14 0.09	0.42 0.34	0.99 0.43	— 0.20
2.0	PI PID	0.22 0.16	0.36 0.27	1.05 0.40	— 0.22
模拟控制器	PI PID	— —	0.57 0.70	0.83 0.50	— 0.13
简化的扩充临界比例度法	PI PID	— —	0.45 0.60	0.83 0.50	— 0.125

4）使用中还可以将这一方法扩充，即引入控制度的概念。控制度是以模拟调节为基准，将直接数字控制的控制效果与模拟控制效果相比较。评价函数采用误差平方积分（即控制度 Q），其表达式如下：

$$Q=\frac{\left[\int_0^{\infty} e^2(t)\,\mathrm{d}t\right]_{(\text{数字控制})}}{\left[\int_0^{\infty} e^2(t)\,\mathrm{d}t\right]_{(\text{模拟控制})}}$$

实际运用中，控制度仅是表示控制效果的物理概念，并不需要计算两个误差平方面积。当控制度为 1.05 时，可以认为数字控制与模拟控制效果相当；从提高数字 PID 控制品质出发，控制度可以选小一些；从提高系统稳定性出发，控制度可以选大一些。引入控制度后，根据 K_r 和 T_r 可由表 5-2 中求得 PID 各参数之值。

5）根据表 5-2 得到的 PID 参数，运行系统，如果控制效果不好，可适当减少比例系数 K_P，重复步骤 4），直到获得满意的控制效果。

2. 扩充响应曲线法

在数字 PID 控制器参数整定时，也可以采用模拟 PID 控制的响应曲线法，即扩充响应曲线法，其步骤如下：

1）让系统处于手动操作的开环状态下，将被调量调节到给定值附近，并使之稳定下来。

2）给系统加以阶跃输入，记录被调量的阶跃响应曲线，如图 5-24 所示。

3）在阶跃响应曲线的拐点处作切线求得滞后时间 τ 和被控对象时间常数 T_τ，然后根据表 5-3 求得各参数。

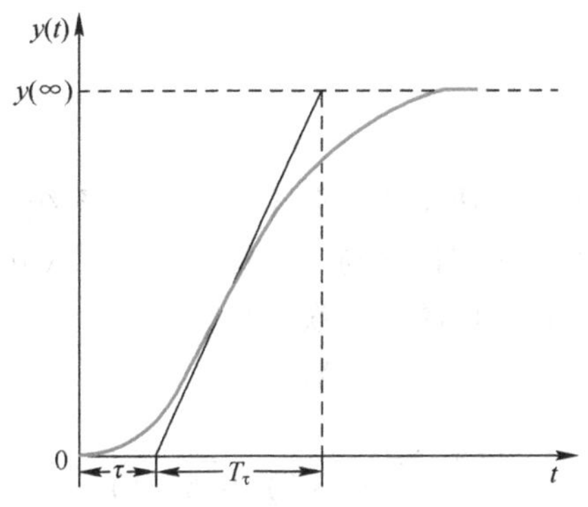

图 5-24　扩充响应曲线法

表 5-3　扩充响应曲线法整定数字 PID 控制器参数

控制度	控制规律	T/τ	$K_P/(T_\tau/\tau)$	T_I/τ	T_D/τ
1.05	PI PID	0.1 0.05	0.84 1.15	3.4 2.0	— 0.45
1.2	PI PID	0.12 0.16	0.78 1.0	3.6 1.9	— 0.55
1.5	PI PID	0.5 0.34	0.68 0.85	3.9 1.62	— 0.65
2.0	PI PID	0.8 0.6	0.57 0.6	4.2 1.5	— 0.82
模拟控制器	PI PID	—	0.9 1.2	3.3 2.0	— 0.4
简化扩充响应曲线法	PI PID	—	0.9 1.2	3.3 3.0	— 0.5

3. PID 归一参数整定法

Roberts 在 1974 年提出了一种简化的扩充临界比例度整定法，该方法以扩充临界比例度整定法为基础。设 PID 的增量算式为

$$\Delta u(kT)=K_P\left\{[e(kT)-e(kT-T)]+\frac{T}{T_I}e(kT)+\frac{T_D}{T}[e(kT)-2e(kT-T)+e(kT-2T)]\right\} \tag{5-52}$$

根据大量的实际经验的总结，人为假设约束条件，以减少独立变量的个数，如取

$$\begin{cases}T=0.1T_r\\T_I=0.5T_r\\T_D=0.125T_r\end{cases} \tag{5-53}$$

得到

$$\Delta u(kT)=K_P[2.45e(kT)-3.5e(kT-T)+1.25e(kT-2T)] \tag{5-54}$$

由式（5-54）可以看出，对 4 个参数的整定简化成了对一个参数 K_P 的整定，使问题简化了。

5.7 模拟化设计方法综合举例

本节所分析的案例来自于一个典型的伺服系统（定位系统）。在该系统中，电动机用于旋转自动跟踪飞机的雷达天线。误差信号与天线指向方向和飞机视线之间的差值成比例，被放大并在适当的方向驱动电动机，以减少该误差。

假设伺服系统的模型为一个三阶传递函数

$$G(s)=\frac{1}{s(s+1)(0.5s+1)}$$

1. 离散化处理

采用双线性变化法对模型进行离散化，由式（5-14）得数字控制器的脉冲传递函数为

$$G(z)=\frac{U(z)}{E(z)}=G(s)\bigg|_{s=\frac{2(1-z^{-1})}{T(1+z^{-1})}}=\frac{1}{s(s+1)(0.5s+1)}\bigg|_{s=\frac{2(1-z^{-1})}{T(1+z^{-1})}}$$

设采样时间 $T=0.05\,\text{s}$，则上式可写成

$$G(z)=\frac{0.0058z^2+0.012z+0.0058}{z^2-1.856z+0.86}$$

2. 位置式 PID 控制器设计

令 $y_d(k)=10$，选择式（5-30）所示的位置式 PID 控制器为系统的控制器，即

$$u(k)=K_Pe(k)+K_I\sum_{j=0}^{k}e(j)+K_D[e(k)-e(k-1)]$$

使用 MATLAB 的 pidtool 工具确定位置式 PID 控制器的参数为 $K_P=10$，$K_I=4$，$K_D=0.5$，则系统的阶跃响应跟踪如图 5-25 所示。

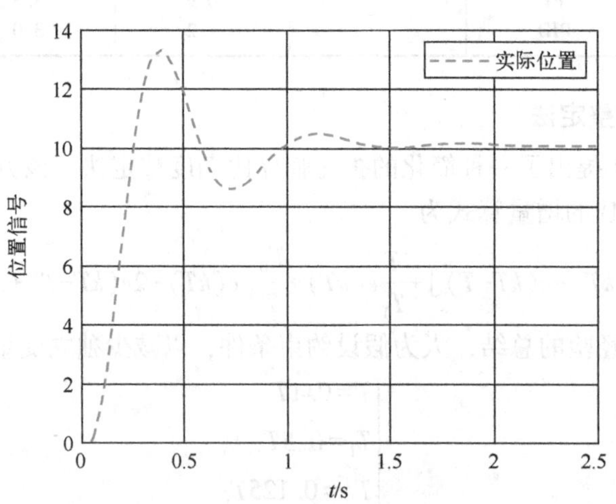

图 5-25 阶跃响应跟踪曲线

3. 积分分离式 PID 控制器

选择积分分离 PID 控制器，设 $\varepsilon=0.5$，依据式（5-27）确定比例前系数 K_L。系统的输出曲线如图 5-26 所示。从图中可以看出，采用积分分离式 PID 控制器可以显著减小超调和

二次超调，系统的跟踪性能有所提高。

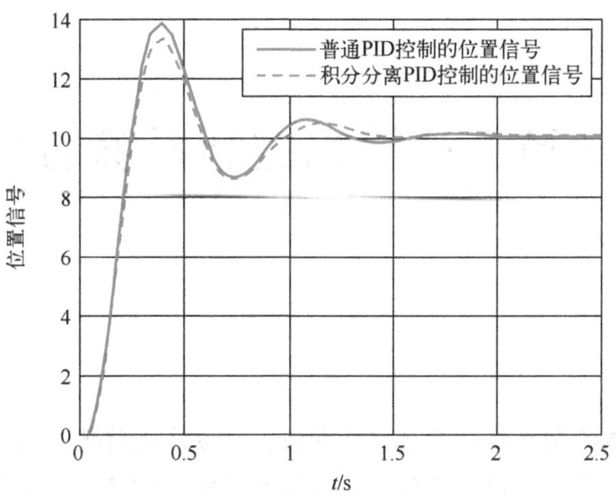

图 5-26 跟踪曲线对比

思考题与习题

5.1 试简述将连续控制器转变为离散控制器的步骤。

5.2 模拟控制器的离散化方法有哪些？各有什么特点？

5.3 试用反向差分法和正向差分法将下列模拟控制器离散化，设采样周期 $T=1\,\text{s}$。

（1）$G(s)=\dfrac{50+100s+150s^2}{s^2+s}$ （2）$G(s)=\dfrac{s+1}{s+2}$

5.4 试用双线性变换法和零、极点匹配 Z 变换方法，求传递函数 $G(s)=\dfrac{s+a}{s(s+b)}$ 的等效离散脉冲传递函数，设采样周期为 T。

5.5 试用脉冲响应不变方法求下列传递函数的等效离散脉冲传递函数，采样周期 $T=0.1\,\text{s}$。

（1）$G(s)=\dfrac{0.2s+1}{s+1}$ （2）$G(s)=\dfrac{0.8s+1}{s(s+1)}$

5.6 简述 PID 调节器中比例系数、积分时间常数和微分时间常数的变化对闭环系统控制性能的影响。

5.7 在数字 PID 控制中，选择采样周期 T 应该根据什么原则？

5.8 什么叫作积分饱和作用？它是怎样引起的？可采取什么办法消除？

5.9 简述试凑法和扩充临界比例度法整定 PID 参数的步骤？

5.10 设采样时间 $T=0.05\,\text{s}$，系统的模型为

$$G(s)=\frac{4}{s^3+5s^2+3s}$$

请将其离散化，并设计使得系统稳定的数字 PID 控制器。

5.11 针对习题 5.10 的系统，请设计积分分离的 PID 算法，并绘制出单位阶跃响应。

第 6 章　计算机控制系统的直接设计方法

本章介绍的计算机控制系统的直接设计方法，该方法先将被控对象和保持器组成的连续部分离散化，然后在离散域中应用离散控制理论的方法进行分析与综合，直接设计出满足控制指标的离散控制器。计算机控制系统的直接设计方法有多种，虽然具体细节不同，但它们都遵循下列的设计步骤：

1）根据已知的被控对象，针对控制系统的性能指标要求及其他约束条件，确定理想的闭环脉冲传递函数 $\Phi(z)$。

2）确定数字控制器的脉冲传递函数 $D(z)$。

3）根据 $D(z)$ 编制控制算法程序。

4）在数字控制器 $D(z)$ 作用下，验证系统输出响应是否满足性能指标要求。

本章将介绍几种常见的直接设计方法，有最小拍设计、针对具有纯滞后特性对象的大林算法、史密斯预估算法等数字控制器设计方法。

6.1　直接设计方法基本思路

微课：直接设计方法基本思路

考虑如图 6-1 所示的控制系统结构，其中 $H_0(s)$ 为零阶保持器，$G_p(s)$ 为被控对象，$D(z)$ 为控制器。

图 6-1　离散的计算机控制系统框图

定义广义被控对象的脉冲传递函数为

$$G(z)=Z[G(s)]=Z[H_0(s)G_p(s)] \tag{6-1}$$

根据图 6-1 可以直接得到闭环脉冲传递函数为

$$\Phi(z)=\frac{Y(z)}{R(z)}=\frac{D(z)G(z)}{1+D(z)G(z)} \tag{6-2}$$

误差脉冲传递函数

$$\Phi_e(z)=\frac{E(z)}{R(z)}=\frac{1}{1+D(z)G(z)}=1-\Phi(z) \tag{6-3}$$

数字控制器

$$D(z)=\frac{\Phi(z)}{(1-\Phi(z))G(z)}=\frac{\Phi(z)}{\Phi_e(z)G(z)} \tag{6-4}$$

不难看出，若被控对象的脉冲传递函数 $G(z)$ 已知，并且根据系统性能指标已经得到闭环系统的传递函数 $\Phi(z)$ 或误差脉冲传递函数 $\Phi_e(z)$，那么可以根据式（6-3）确定数字控制器 $D(z)$。按照此思路，可以得到数字控制器的设计步骤如下：

步骤一：根据式（6-1）获取被控对象传递函数 $G(z)$。本步骤需要根据被控对象的连续传递函数 $G_P(s)$ 连同 $H_0(s)$ 一起进行离散化得到。

步骤二：根据系统性能指标，确定闭环传递函数 $\Phi(z)$ 或误差脉冲传递函数 $\Phi_e(z)$。

步骤三：根据式（6-4）计算数字控制器 $D(z)$。

步骤四：对得到的数字控制器 $D(z)$ 进行编程实现。

根据上述设计步骤不难看出，数字控制器设计的关键在于确定闭环传递函数 $\Phi(z)$ 或误差脉冲传递函数 $\Phi_e(z)$，而 $\Phi(z)$ 的设计需满足快速性、准确性、稳定性要求，此外，数字控制器 $D(z)$ 的设计还需要满足物理可实现性。换言之，$D(z)$ 必须是物理逻辑上可以实现的，这要求其分母的最高阶次不小于分子的最高阶次，否则 $D(z)$ 将有超前输出而无法实现。以如下数字控制器为例：

$$D(z)=\frac{z^2+2z+3}{z-0.5}=\frac{1+2z^{-1}+3z^{-2}}{z^{-1}-0.5z^{-2}}=\frac{U(z)}{E(z)} \tag{6-5}$$

交叉相乘得到

$$E(z)+2z^{-1}E(z)+3z^{-2}E(z)=z^{-1}U(z)-0.5z^{-2}U(z) \tag{6-6}$$

对上式进行 Z 反变换得到

$$u(k-1)=0.5u(k-2)-e(k)-2e(k-1)-3e(k-2) \tag{6-7}$$

从式（6-7）可以看出，生成控制量 $u(k-1)$ 的时候，需要知道下一个采样时刻的跟踪误差 $e(k)$，而数字计算机在生成控制量 $u(k-1)$ 时并不能得到下一个采样时刻的跟踪误差 $e(k)$，从而无法计算出 $u(k-1)$，使得 $D(z)$ 无法实现。回顾式（6-5）中 $D(z)$ 的表达形式，其分子阶次为 2、分母阶次为 1，不满足“分母阶次不小于分子阶次”的条件，数字控制器无法实现。

6.2 最小拍控制器设计方法

在采样系统中，时间经过一个采样周期称为一拍。最小拍系统设计，是指系统在典型输入信号（如阶跃信号，速度信号，加速度信号等）作用下，经过最小拍（有限拍），使系统输出的稳态误差为零。所以，最小拍控制系统的性能指标包括系统稳定、在典型输入下稳态误差为零、系统的调节时间最短或尽可能短，即最小拍系统对闭环脉冲传递函数的要求是稳定、准确和快速。下面，首先针对稳定、不含纯滞后环节的被控对象，来推导数字控制器 $D(z)$ 具有的形式；然后在此基础上，针对一般被控对象讨论数字控制器 $D(z)$ 的形式。

6.2.1 简单被控对象最小拍控制器设计

微课：简单被控对象最小拍控制器设计

本小节针对稳定且不包含纯滞后环节的被控对象。考虑如图 6-1 所示控制系统结构，根据式（6-3）知

$$E(z)=\Phi_e(z)R(z) \tag{6-8}$$

将其展开成如下形式：

$$\begin{aligned}E(z)&=\sum_{i=0}^{\infty}e(iT)z^{-i}\\&=e(0)+e(T)z^{-1}+e(2T)z^{-2}+\cdots\end{aligned} \tag{6-9}$$

由式（6-8）可知，$E(z)$与系统结构 $\Phi_e(z)$及输入信号 $E(z)$有关。由式（6-9）可以看出，根据最小拍控制器的快速性设计准则，系统输出应在有限拍 N 拍内和系统输入一致，即 $i\geqslant N$ 之后，$e(i)=0$，也就是说，$E(z)$ 只有有限项。因此，在不同输入信号 $E(z)$作用下，根据使 $E(z)$项数最少的原则，选择合适的 $\Phi_e(z)$，即可设计出最小拍无静差系统的控制器。

表 6-1 列出了常见的典型输入信号及其对应的 Z 变换。一般地，典型输入信号的 Z 变换具有如下形式：

$$R(z)=\frac{A(z^{-1})}{(1-z^{-1})^m} \tag{6-10}$$

式中，$A(z^{-1})$是不包含因式$(1-z^{-1})$的 z^{-1}多项式。

表 6-1 常见的典型输入信号

信　　号	$r(t)$	$R(z)$
单位阶跃输入	$1(t)$	$\frac{1}{1-z^{-1}}$
单位速度输入	$t1(t)$	$\frac{Tz^{-1}}{(1-z^{-1})^2}$
单位加速度输入	$\frac{1}{2}t^2 1(t)$	$\frac{T^2z^{-1}(1+z^{-1})}{2(1-z^{-1})^3}$

将式（6-10）代入式（6-8），得到

$$E(z)=\Phi_e(z)R(z)=\Phi_e(z)\frac{A(z^{-1})}{(1-z^{-1})^m} \tag{6-11}$$

因此，从准确性要求来看，为使系统对式（6-10）的典型输入信号无稳态误差，$\Phi_e(z)$应具有的一般形式：

$$\Phi_e(z)=(1-z^{-1})^pF(z^{-1}),\quad p\geqslant m \tag{6-12}$$

式中，$F(z^{-1})$是不含$(1-z^{-1})$式的 z^{-1}的有限多项式。根据最小拍控制器的设计原则，要使 $E(z)$中关于 z^{-1}的项数最少，应该选择合适的 $\Phi_e(z)$，即选择合适的 p 及 $F(z^{-1})$，一般取 $F(z^{-1})=1$，$p=m$。式（6-12）及式（6-3）是设计最小拍控制系统的一般公式。

下面分别讨论在不同典型输入下，数字控制器的形式。

(1) 单位阶跃输入 $r(t)=1(t)$

$$R(z)=\frac{1}{1-z^{-1}}$$

为使 $E(z)$ 项数最少，选择 $p=1$，$F(z^{-1})=1$，即 $\Phi_e(z)=1-z^{-1}$，则

$$E(z)=(1-z^{-1})\frac{1}{1-z^{-1}}=1$$

由 Z 变换定义可知 $e(t)$ 为单位脉冲函数，即 $e(0)=1,e(T)=e(2T)=e(3T)=\cdots=0$。

也就是说，系统经过 1 拍，输出就可以无静差地跟踪上输入信号，此时系统的调节时间 $t_s=T$。

(2) 单位速度输入 $r(t)=t$

$$R(z)=\frac{Tz^{-1}}{(1-z^{-1})^2}$$

由式 (6-12) 易知，选择 $p=2$，$F(z^{-1})=1$，即 $\Phi_e(z)=(1-z^{-1})^2$，则

$$E(z)=(1-z^{-1})^2\frac{Tz^{-1}}{(1-z^{-1})^2}=Tz^{-1}$$

则 $e(0)=0,e(T)=T,e(2T)=e(3T)=e(4T)=\cdots=0$，即系统经过 2 拍，输出无静差地跟踪上输入信号，系统的调节时间 $t_s=2T$。

(3) 单位加速度输入 $r(t)=t^2/2$

$$R(z)=\frac{T^2z^{-1}(1+z^{-1})}{2(1-z^{-1})^3}$$

由式 (6-12) 可知，选择 $p=3$，$F(z^{-1})=1$，即 $\Phi_e(z)=(1-z^{-1})^3$ 可使 $E(z)$ 有最简形式

$$E(z)=(1-z^{-1})^3\frac{T^2z^{-1}(1+z^{-1})}{2(1-z^{-1})^3}=\frac{1}{2}T^2z^{-1}+\frac{1}{2}T^2z^{-2}$$

则 $e(0)=0$，$e(T)=\frac{1}{2}T^2$，$e(2T)=\frac{1}{2}T^2$，$e(3T)=e(4T)=\cdots=0$，即经过 3 拍，系统的输出可以无静差地跟踪上输入，即系统调节时间 $t_s=3T$。

由上面讨论可以看出，在进行最小拍控制器设计时，误差脉冲传递函数 $\Phi_e(z)$ 的选取与输入信号的形式密切相关，对于不同的输入信号 $r(t)$，所要求的误差脉冲传递函数 $\Phi_e(z)$ 不同。所以这样设计出的控制器对各种典型输入信号的适应能力较差。若运行时的输入信号与设计时的输入信号形式不一致，将得不到期望的最佳性能。

三种典型输入信号下最小拍控制系统设计结果见表 6-2。

表 6-2 三种典型输入信号形式下的最小拍控制器设计结果

$r(t)$	$\Phi_e(z)$	$\Phi(z)$	$D(z)$	t_s
$1(t)$	$1-z^{-1}$	z^{-1}	$\frac{z^{-1}}{(1-z^{-1})G(z)}$	T
$t1(t)$	$(1-z^{-1})^2$	$2z^{-1}-z^{-2}$	$\frac{z^{-1}(2-z^{-1})}{(1-z^{-1})^2G(z)}$	$2T$

（续）

$r(t)$	$\Phi_e(z)$	$\Phi(z)$	$D(z)$	t_s
$\frac{1}{2}t^2 1(t)$	$(1-z^{-1})^3$	$3z^{-1}-3z^{-2}+z^{-3}$	$\frac{z^{-1}(3-3z^{-1}+z^{-2})}{(1-z^{-1})^3 G(z)}$	$3T$

6.2.2 复杂被控对象最小拍控制器设计

微课：复杂被控对象最小拍控制器设计

在前面的设计讨论中，对被控对象 $G(z)$ 的假定是稳定的且不包含纯滞后环节，即被控对象在 z 平面单位圆上和单位圆外没有极点。在这个前提条件下，根据快速性和准确性要求，为使误差项 $E(z)$ 中关于 z^{-1} 的项数最少，针对不同的典型输入信号，来选择合适的 $\Phi_e(z)$，这样设计得到的闭环系统才是稳定的。因此，对于任意（复杂）被控对象，上述设计方法要作相应的修改，此时的设计目的应包括稳定性、准确性和快速性三个方面。

由式（6-2）可以看出，在系统闭环脉冲传递函数 $\Phi(z)$ 中，$D(z)$ 和 $G(z)$ 总是成对出现的，但不允许 $D(z)$ 与 $G(z)$ 发生不稳定的零极点对消，否则将破坏闭环系统内稳定性。

设广义脉冲传递函数 $G(z)$ 为

$$G(z)=Z\left[\frac{1-\mathrm{e}^{-Ts}}{s}G_p(s)\right]=\frac{z^{-m}\prod_{i=1}^{u}(1-b_i z^{-1})}{\prod_{i=1}^{v}(1-a_i z^{-1})}G'(z)$$

式中，$b_1,b_2,\cdots,b_u$ 是 $G(z)$ 的 u 个单位圆上或圆外的零点；$a_1,a_2,\cdots,a_v$ 是 $G(z)$ 的 v 个单位圆上或圆外的极点；$G'(z)$ 是 $G(z)$ 中不包含单位圆上或单位圆外的零极点部分。通常，当对象 $G_p(s)$ 不包含延迟环节时，离散后，$m=1$；当对象 $G_p(s)$ 包含延迟环节时，$m>1$。

为避免发生 $D(z)$ 与 $G(z)$ 的不稳定零极点对消，选择系统的闭环脉冲传递函数 $\Phi(z)$ 时应满足如下稳定性条件：

1）由于 $\Phi_e(z)=1-\Phi(z)=\dfrac{1}{1+D(z)G(z)}$，所以 $\Phi_e(z)$ 的零点应包含 $G(z)$ 在 z 平面单位圆上或单位圆外的所有极点，即

$$\Phi_e(z)=1-\Phi(z)=\prod_{i=1}^{v}(1-a_i z^{-1})F_1(z^{-1}) \tag{6-13}$$

式中，$F_1(z^{-1})$ 是关于 z^{-1} 的多项式且不包含 $G(z)$ 中的不稳定极点 a_i。

2）由于 $\Phi_e(z)=1-\Phi(z)=\prod_{i=1}^{v}(1-a_i z^{-1})F_1(z^{-1})$，所以 $\Phi(z)$ 应保留 $G(z)$ 所有不稳定零点，即

$$\Phi(z)=\prod_{i=1}^{u}(1-b_i z^{-1})F_2(z^{-1}) \tag{6-14}$$

式中，$F_2(z^{-1})$ 为关于 z^{-1} 的多项式且不包含 $G(z)$ 中的不稳定零点 b_i。

因此，满足了上述稳定性条件后，有

$$D(z)=\frac{\Phi(z)}{(1-\Phi(z))G(z)}=\frac{\Phi(z)}{\Phi_e(z)G(z)}=\frac{F_2(z^{-1})}{F_1(z^{-1})G'(z)}$$

即 $D(z)$ 不再包含 $G(z)$ 的 z 平面单位圆上或单位圆外零极点。

根据前面的讨论结果，考虑到稳定性、准确性、快速性，$\Phi_e(z)$ 应选择如下：

$$\Phi_e(z)=(1-z^{-1})^p\prod_{i=1}^{v}(1-a_iz^{-1})F_1(z^{-1}) \tag{6-15}$$

其中，对应于单位阶跃、单位速度、单位加速度信号输入，p 应分别取为 1、2、3。

综合考虑闭环系统的稳定性、快速性、准确性，$\Phi(z)$ 必须选为

$$\Phi(z)=z^{-m}\prod_{i=1}^{u}(1-b_iz^{-1})(\varphi_0+\varphi_1z^{-1}+\cdots+\varphi_{q+v-1}z^{-q-v+1}) \tag{6-16}$$

式中，m 是广义对象 $G(z)$ 的延迟拍数；b_i 是 $G(z)$ 在 z 平面单位圆上或圆外的零点；u 是 $G(z)$ 在 z 平面单位圆上或圆外的零点数；v 是 $G(z)$ 在 z 平面单位圆上或圆外的极点数（$z=1$ 极点除外）。

φ_i 值的确定方法如下：

当典型输入信号分别为单位阶跃、单位速度、单位加速度信号时，q 分别取 1、2、3；$q+v$ 个待定系数 $\varphi_i(i=0,1,2,\cdots,q+v-1)$ 应满足下式：

$$\Phi_e(z)=1-\Phi(z) \tag{6-17}$$

具体地，有

$$\begin{cases}\Phi(1)=1\\ \dot{\Phi}(1)=\left.\dfrac{\mathrm{d}\Phi(z)}{\mathrm{d}z}\right|_{z=1}=0\\ \vdots\\ \Phi^{(q-1)}(1)=\left.\dfrac{\mathrm{d}^{q-1}\Phi(z)}{\mathrm{d}z^{q-1}}\right|_{z=1}=0\\ \Phi(a_j)=1\qquad(j=1,2,3,\cdots,v)\end{cases} \tag{6-18}$$

前 q 个方程是准确性条件，后 v 个方程是由 $a_j(j=1,2,\cdots,v)$ 是 $G(z)$ 的极点得到的。

［例 6-1］ 在如图 6-2 所示的系统中，设被控对象 $G_p(s)=\dfrac{10}{s(0.025s+1)}$，已知采样周期 $T=0.025\,\text{s}$，按前面所述的最小拍设计方法，针对单位速度输入信号设计最小拍控制系统，画出数字控制器和系统输出波形。

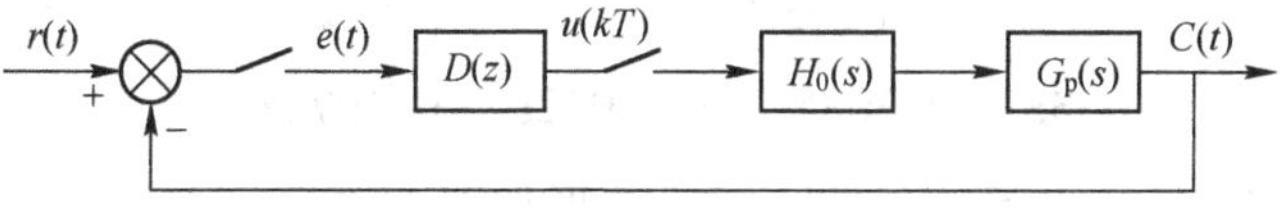

图 6-2　例 6-1 系统框图

解：

$$G(z)=Z\left[\frac{1-e^{-sT}}{s}\frac{10}{s(0.025s+1)}\right]$$

$$=\frac{0.092z^{-1}(1+0.718z^{-1})}{(1-z^{-1})(1-0.368z^{-1})}$$

可以看出，$G(z)$的零点为-0.718（单位圆内）、极点为1（单位圆上）、0.368（单位圆内），故$u=0$，$v=0$（$z=1$除外），$m=1$。根据稳定性要求，$G(z)$中$z=1$的极点应包含在$\Phi_e(z)$的零点中，由于系统针对单位速度输入信号进行设计，故$p=2$。

为满足准确性条件，另有$\Phi_e(z)=(1-z^{-1})^2F_1(z^{-1})$，显然准确性条件中已满足了稳定性要求，于是可设

$$\Phi(z)=z^{-1}(\varphi_0+\varphi_1z^{-1})$$

$$\Phi(1)=\varphi_0+\varphi_1=1$$

$$\Phi'(1)=\varphi+2\varphi_1=0$$

解得

$$\begin{cases}\varphi_0=2\\ \varphi_1=-1\end{cases}$$

则系统闭环脉冲传递函数、误差脉冲传递函数分别为

$$\Phi(z)=z^{-1}(2-z^{-1})=2z^{-1}-z^{-2}$$

$$\Phi_e(z)=1-\Phi(z)=(1-z^{-1})^2$$

数字控制器脉冲传递函数为

$$D(z)=\frac{\Phi(z)}{\Phi_e(z)G(z)}=\frac{21.8(1-0.5z^{-1})(1-0.368z^{-1})}{(1-z^{-1})(1+0.718z^{-1})}$$

另外

$$E(z)=R(z)\Phi_e(z)=\frac{Tz^{-1}}{(1-z^{-1})^2}(1-z^{-1})^2=Tz^{-1}=0.025z^{-1}$$

$$C(z)=R(z)\Phi(z)=\frac{Tz^{-1}}{(1-z^{-1})^2}(2z^{-1}-z^{-2})=T(2z^{-2}+3z^{-3}+4z^{-4}+\cdots)$$

因$C(z)=R(z)\Phi(z)=U(z)G(z)$，所以

$$U(z)=\frac{R(z)\Phi(z)}{G(z)}=\frac{Tz^{-1}}{(1-z^{-1})^2}(2z^{-1}-z^{-2})\frac{(1-z^{-1})(1-0.368z^{-1})}{0.092z^{-1}(1+0.718z^{-1})}$$

$$=0.543z^{-1}-0.3085z^{-2}+0.4032z^{-3}-0.1078z^{-4}$$

数字控制器输出$u(kT)$和系统输出$c(kT)$波形如图6-3所示。

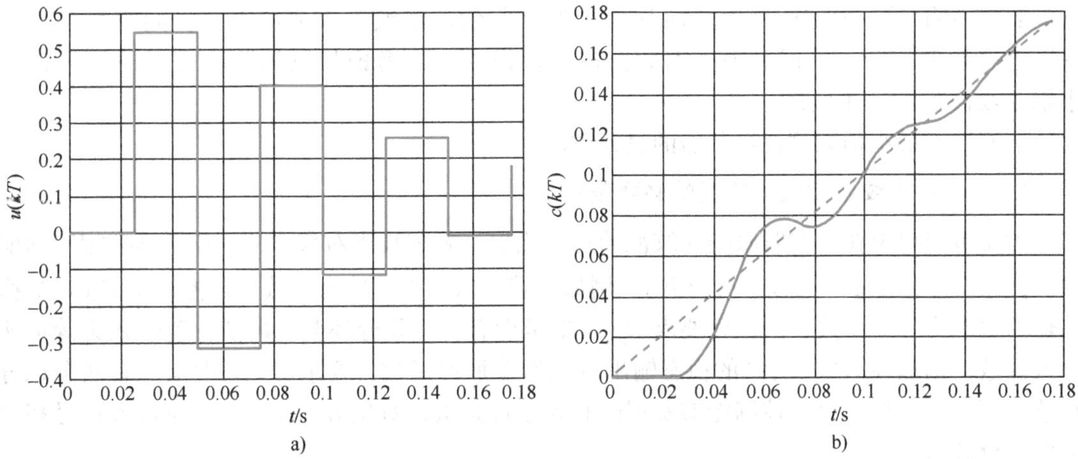

图 6-3　最小拍系统控制器输出和系统输出波形图

a）数字控制器输出波形　b）系统输出波形

对应的 MATLAB 仿真程序如下。

```
% MATLAB PROGRAM 6.1
    clc;clear;
    K = 10; Tm = 0.025; Gs = tf([K],[Tm 1 0]);
    [numGs,denGs] = tfdata(Gs,'v'); % 需装载 numGs,denGs 至对应 Simulink Block 中
    Gz =zpk(c2d(Gs,Tm,'zoh'));
    Phi = tf([2 -1],[1 0 0],Tm);Phi_e = 1-Phi;Dz = Phi/(Phi_e*Gz);
    [numDz,denDz] = tfdata(Dz,'v'); % 需装载 numDz,denDz 至对应 Simulink Block 中
    sim eg6_1.slx
    figure(1)
    stairs(u.time,u.signals.values(:),'k','Linewidth',2)
    xlabel('t/s');ylabel('u(kT)'); grid on
    figure(2)
    plot(y.time,y.signals.values(:),'k','Linewidth',2)
    hold on
    plot(r.time,r.signals.values(:),'k:','Linewidth',2)
    xlabel('t/s');ylabel('c(kT)'); grid on
```

由图 6-3b 可以看出，系统对于单位速度输入信号，经过两拍以后，系统输出在采样点上的值 $c(kT)$ 和输入信号 $r(kT)$ 值相等，但在采样点之间，系统输出与输入不一致，存在纹波。

系统输出在采样点之间存在纹波是前述最小拍控制器设计的主要缺点。最小拍设计仅保证了在采样点上稳态误差为零，而在采样点之间系统输出可能存在波动。接下来，我们具体讨论纹波的处理方法。

微课：采样点间纹波处理

6.2.3　采样点间纹波处理

从例 6-1 可以看出，经过两拍后，在采样时刻系统稳态误差为零，输出跟踪输入，但在采样点之间，系统输出有纹波存在，其原因在于数字控制器的输出

$u(k)$经过两拍后不为零或常值，而是处于振荡收敛。纹波不仅造成误差，同时也消耗功率、浪费能量、增加机械磨损，因此，在进行设计时应考虑加以消除，或者通过设计最小拍无纹波控制器来实现。

下面讨论最小拍无纹波控制器的设计方法。

1. 最小拍无纹波控制器实现的必要条件

为使被控对象在稳态时获得无纹波的平滑输出，要求被控对象 $G_p(s)$ 必须具有相应的能力，使系统输出 $y(t)$ 与输入 $r(t)$ 相同。例如，若输入为等速输入函数，被控对象 $G_p(s)$ 的稳态输出也应为等速函数。因此就要求 $G_p(s)$ 中至少有一个积分环节。再如，若输入为等加速输入函数，则被控对象 $G_p(s)$ 的稳态输出也应为等加速函数，要求 $G_p(s)$ 中至少有两个积分环节。所以最小拍无纹波控制能够实现的必要条件是被控对象 $G_p(s)$ 中含有与输入信号相对应的积分环节数。

2. 最小拍无纹波控制器设计方法

从例 6-1 中还可以看出，系统进入稳态后，若数字控制器输出 $u(t)$ 仍然有波动，则系统输出达到稳态时在采样点之间就会有纹波。因此，要使系统输出在稳态过程中无纹波，则要求 $u(t)$ 在稳态时或者为 0，或者为常值。

由于

$$Y(z)=\Phi(z)R(z)=U(z)G(z)$$

可得

$$\frac{U(z)}{R(z)}=\frac{\Phi(z)}{G(z)} \tag{6-19}$$

要使 $u(kT)$ 在稳态时为零或为常数，那么 $U(z)$ 与 $R(z)$ 之比应为 z^{-1} 的有限多项式。因此 $\Phi(z)$ 中应包含 $G(z)$ 的所有零点，即不仅包含 $G(z)$ 在 z 平面单位圆外或单位圆上的零点，而且还必须包含 $G(z)$ 在 z 平面单位圆内的零点，即

$$\Phi(z)=\prod_{i=1}^{w}(1-b_iz^{-1})F(z^{-1}) \tag{6-20}$$

式中，w 为广义对象 $G(z)$ 的所有零点个数；$b_i(i=1,2,\cdots,w)$ 为 $G(z)$ 的所有零点。与前面问题中所述一般系统的最小拍有纹波控制器设计方法相比，这种无纹波设计，要求 $\Phi(z)$ 不但要包含广义对象 $G(z)$ 在 z 平面单位圆上或圆外的所有零点，还要包含所有单位圆内零点。这样处理后，调整时间要增加若干拍，增加的拍数等于 $G(z)$ 在单位圆内的零点数。

因此，在确定无纹波系统闭环脉冲传递函数 $\Phi(z)$ 时，应该满足如下条件：

1）无纹波的必要条件是被控对象 $G_p(s)$ 中含有所需要的积分环节。

2）满足有纹波系统的性能要求。

3）满足无纹波系统对 $\Phi(z)$ 的要求：$\Phi(z)$ 中应包含 $G(z)$ 的所有零点。

根据上述条件，无纹波系统的闭环脉冲传递函数 $\Phi(z)$ 必须取为

$$\Phi(z)=z^{-m}\prod_{i=1}^{w}(1-b_iz^{-1})(\varphi_0+\varphi_1z^{-1}+\cdots+\varphi_{q+v-1}z^{-q-v+1}) \tag{6-21}$$

式中，m 是广义对象 $G(z)$ 的延迟拍数；b_i 是 $G(z)$ 在 z 平面的所有零点；w 是 $G(z)$ 在 z 平面的所有零点数；v 是 $G(z)$ 在 z 平面单位圆上或圆外的极点数（$z=1$ 极点除外）。

φ_i 值的确定方法如下：

当典型输入信号分别为阶跃、单位速度、单位加速度信号时，q 分别取 1、2、3；$q+v$ 个待定系数 $\varphi_i(i=0,1,2,\cdots,q+v-1)$ 由下式确定：

$$\begin{cases}\Phi(1)=1\\ \Phi'(1)=\left.\dfrac{\mathrm{d}\Phi(z)}{\mathrm{d}z}\right|_{z=1}=0\\ \vdots\\ \Phi^{(q-1)}(1)=\left.\dfrac{\mathrm{d}^{q-1}\Phi(z)}{\mathrm{d}z^{q-1}}\right|_{z=1}=0\\ \Phi(a_j)=1\qquad(j=1,2,3,\cdots,v)\end{cases}\tag{6-22}$$

［例 6-2］ 在例 6-1 中，试针对等速输入函数设计快速无纹波系统，画出数字控制器及系统的输出序列波形图。

解：已知被控对象含有一个积分环节，说明它有能力平滑地产生等速输出响应，满足无纹波系统的必要条件。

系统广义开环传递函数为

$$G(z)=\frac{0.092z^{-1}(1+0.718z^{-1})}{(1-z^{-1})(1-0.368z^{-1})}$$

可以看出，$G(z)$的零点为-0.718（单位圆内）、极点为 1（单位圆上）、0.368（单位圆内），故 $u=1$，$v=0$（单位圆上除外），$m=1$，$q=2$。与有纹波系统相同，统计 v 时，$z=1$ 的极点不包括在内。

根据快速无纹波系统对闭环脉冲传递函数 $\Phi(z)$ 的要求（式（6-17）），得到闭环脉冲传递函数为

$$\Phi(z)=z^{-1}(1+0.718z^{-1})(\varphi_0+\varphi_1z^{-1})$$

由式（6-18），求得上式中两个待定系数分别为 $\varphi_0=1.407$，$\varphi_1=-0.826$。快速无纹波系统的闭环脉冲传递函数为

$$\Phi(z)=z^{-1}(1+0.718z^{-1})(1.407-0.826z^{-1})$$

最后，求得数字控制器的脉冲传递函数为

$$D(z)=\frac{\Phi(z)}{1-\Phi(z)}\frac{1}{G(z)}=\frac{15.29(1-0.368z^{-1})(1-0.587z^{-1})}{(1-z^{-1})(1+0.592z^{-1})}$$

闭环系统的输出序列为

$$\begin{aligned}Y(z)&=\Phi(z)R(z)=z^{-1}(1+0.718z^{-1})(1.407-0.826z^{-1})\frac{Tz^{-1}}{(1-z^{-1})^2}\\&=1.41Tz^{-2}+3Tz^{-3}+4Tz^{-4}+\cdots\end{aligned}$$

数字控制器的输出序列为

$$U(z)=\frac{Y(z)}{G(z)}=0.38z^{-1}+0.02z^{-2}+0.09z^{-3}+0.09z^{-4}+\cdots$$

无纹波系统数字控制器和系统的输出波形如图 6-4 所示。

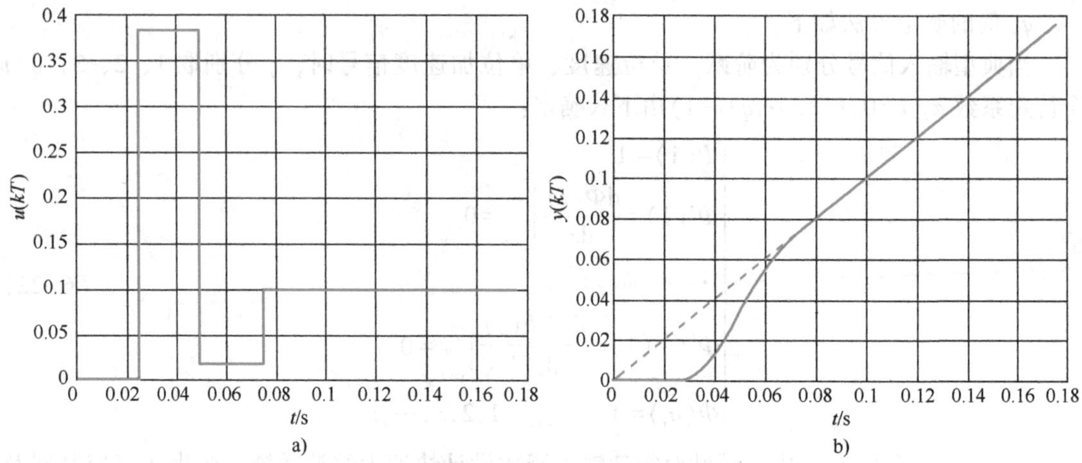

图 6-4　输出序列波形图

a）数字控制器输出波形　b）系统输出波形

对应的 MATLAB 仿真程序如下。

```
% MATLAB PROGRAM 6.2
    clc;clear;
    K = 10; Tm = 0.025; Gs = tf([K],[Tm 1 0]);
    [numGs,denGs] = tfdata (Gs,'v'); % 需装载 numGs,denGs 至对应 Simulink Block 中
    Gz=zpk(c2d(Gs,Tm,'zoh'));
    Phi=tf(conv([1 0.718],[1.407 -0.826]),[1 0 0 0],Tm);Phi_e = 1-Phi;Dz = Phi/
    (Phi_e*Gz);
    [numDz,denDz] = tfdata(Dz,'v'); % 需装载 numDz,denDz 至对应 Simulink Block 中
    sim eg6_2.slx
    figure(1)
    stairs(u.time,u.signals.values(:),'k','Linewidth',2)
    xlabel('t/s');ylabel('u(kT)'); grid on
    figure(2)
    plot(y.time,y.signals.values(:),'k','Linewidth',2)
    hold on
    plot(r.time,r.signals.values(:),'k:','Linewidth',2)
    xlabel('t/s');ylabel('y(kT)'); grid on
```

对比例 6-1 与例 6-2 的输出序列波形可以看出，有纹波系统调整时间为 $2T$，无纹波系统调整时间为 $3T$，无纹波系统调整时间增加了 1 拍（即 $1T$）；有纹波系统输出经 $2T$ 后在采样点间有纹波，是因为经过 $2T$ 后控制器输出 $u(t)$ 仍在波动，而无纹波系统经 $3T$ 后，$u(t)$ 为恒值，系统输出在采样点间不存在纹波。

6.3　具有滞后环节系统的数字控制器设计

前文中介绍的最小拍控制器设计方法并不适合于所有的计算机控制系统。在工业生产中，往往会遇到具有纯滞后特性的被控对象，其纯滞后特性使得系统的稳定性降低，进而容易引起超调甚至持续的振荡。对于此类过程的控制需要妥善处理其滞后特性，常用的处理方法有大林算法和史密斯预估器。

6.3.1 大林算法

微课：具有滞后环节系统的数字控制器设计

大林算法由 IBM 工程师 E. B. Dahlin 于 1968 年提出，是一种针对具有纯滞后的一阶和二阶惯性环节的直接设计法。在此方法的应用中，调节时间并不要求在最短时间内结束，对系统的主要要求是无超调量或超调量很小。采用大林算法对此类对象进行数字控制器设计能够取得良好的控制效果。

如图 6-5 所示的系统中，$H_0(s)=\dfrac{1-\mathrm{e}^{-Ts}}{s}$。

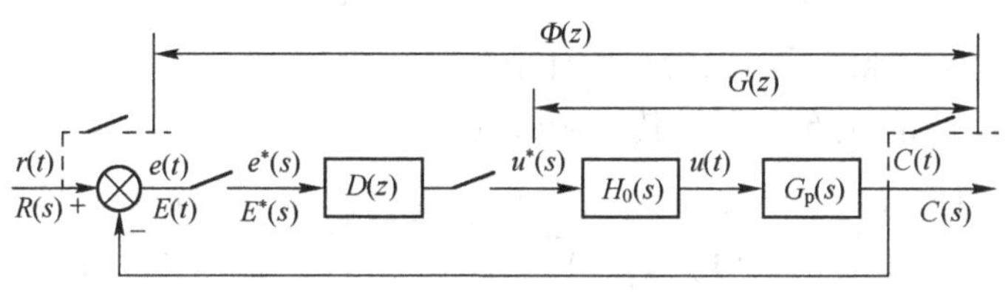

图 6-5 计算机控制系统框图

假设有滞后特性的被控对象可以用带纯滞后环节 $\mathrm{e}^{-\tau s}$ 的一阶或二阶惯性环节来近似，即

$$G_{\mathrm{p}}(s)=\frac{K_{\mathrm{p}}\mathrm{e}^{-\tau s}}{T_1 s+1},\quad \tau=NT \tag{6-23}$$

或

$$G_{\mathrm{p}}(s)=\frac{K_{\mathrm{p}}\mathrm{e}^{-\tau s}}{(T_1 s+1)(T_2 s+1)},\quad \tau=NT \tag{6-24}$$

式中，τ 为纯滞后时间；T_1、T_2 为时间常数；K_{p} 为放大系数。

1. 闭环传递函数 $\Phi(s)$ 的确定

不论是对一阶惯性对象还是对二阶惯性对象，大林算法的设计目标都是使闭环传递函数 $\Phi(s)$ 相当于一个纯滞后环节和一个惯性环节的串联，并且期望纯滞后环节的滞后时间 τ 与被控对象的纯滞后时间完全相同。这样就能保证使系统不产生超调，同时保证其稳定性。

因此取闭环传递函数为

$$\Phi(s)=\frac{1}{T_\tau s+1}\mathrm{e}^{-\tau s} \tag{6-25}$$

式中，T_τ 为理想闭环系统的一阶惯性时间常数。

对式（6-25）采用阶跃响应不变法离散化，得到

$$\Phi(z)=Z\left[\frac{1-\mathrm{e}^{-Ts}}{s}\ \frac{\mathrm{e}^{-\tau s}}{T_\tau s+1}\right]=z^{-(N+1)}\frac{1-\mathrm{e}^{-T/T_\tau}}{1-\mathrm{e}^{-T/T_\tau}z^{-1}} \tag{6-26}$$

2. 数字控制器 $D(z)$ 的形式

根据式（6-4）可得数字控制器

$$D(z)=\frac{\Phi(z)}{1-\Phi(z)}\frac{1}{G(z)}=\frac{z^{-(N+1)}(1-e^{-T/T_\tau})}{[1-e^{-T/T_\tau}z^{-1}-(1-e^{-T/T_\tau})z^{-(N+1)}]}\frac{1}{G(z)} \tag{6-27}$$

所以，如果已知广义开环传递函数 $G(z)$，就可以由上式确定数字控制器 $D(z)$。

（1）被控对象为带纯滞后的一阶惯性环节

带零阶保持器的一阶对象的脉冲传递函数为

$$G(z)=Z\left[\frac{1-e^{-Ts}}{s}\frac{K_p e^{-\tau s}}{T_1 s+1}\right]=K_p z^{-(N+1)}\frac{1-e^{-T/T_1}}{1-e^{-T/T_1}z^{-1}} \tag{6-28}$$

将式（6-26）、式（6-28）代入式（6-27），得到

$$D(z)=\frac{(1-e^{-T/T_\tau})(1-e^{-T/T_1}z^{-1})}{K_p(1-e^{-T/T_1})[1-e^{-T/T_\tau}z^{-1}-(1-e^{-T/T_\tau})z^{-(N+1)}]} \tag{6-29}$$

（2）被控对象为带纯滞后的二阶惯性环节

带零阶保持器的二阶对象的脉冲传递函数为

$$G(z)=Z\left[\frac{1-e^{-Ts}}{s}\frac{K_p e^{-\tau s}}{(T_1 s+1)(T_2 s+1)}\right]=K_p z^{-(N+1)}\frac{(c_1+c_2 z^{-1})}{(1-e^{-T/T_1}z^{-1})(1-e^{-T/T_2}z^{-1})} \tag{6-30}$$

式中，

$$\begin{cases} c_1=1+\dfrac{1}{T_2-T_1}(T_1 e^{-T/T_1}-T_2 e^{-T/T_2}) \\ c_2=e^{-T(1/T_1+1/T_2)}+\dfrac{1}{T_2-T_1}(T_1 e^{-T/T_2}-T_2 e^{-T/T_1}) \end{cases} \tag{6-31}$$

将式（6-26）、式（6-30）代入式（6-27），得到

$$D(z)=\frac{(1-e^{-T/T_\tau})(1-e^{T/T_1}z^{-1})(1-e^{T/T_2}z^{-1})}{K_p(c_1+c_2 z^{-1})[1-e^{-T/T_\tau}z^{-1}-(1-e^{-T/T_\tau})z^{-(N+1)}]} \tag{6-32}$$

[例 6-3] 计算机控制系统如图 6-5 所示，已知被控装置的传递函数为

$$G(s)=\frac{10}{(20s+1)(30s+1)}e^{-12s}$$

试采用大林算法，确定数字控制器 $D(z)$。

解：由传递函数可知，两个惯性环节的时间常数分别为 $T_1=20\,\mathrm{s}$，$T_2=30\,\mathrm{s}$，选择闭环传递函数为带有滞后的一阶惯性环节，其时间常数小于上述两个时间常数，因此时间常数为 $T_\tau=10\,\mathrm{s}$，期望闭环脉冲传递函数为

$$\Phi(s)=\frac{e^{-12s}}{10s+1}$$

选择采样周期 $T=4\,\mathrm{s}$，由式（6-26）得

$$\Phi(z)=\frac{0.3297z^{-4}}{1-0.6703z^{-1}}$$

根据式（6-30）、式（6-31）可得被控装置广义脉冲传递函数

$$G(z)=Z\left[\frac{1-e^{-Ts}}{s}\frac{10e^{-12s}}{(20s+1)(30s+1)}\right]=\frac{0.119z^{-4}(1+0.8948z^{-1})}{(1-0.8187z^{-1})(1-0.8752z^{-1})}$$

根据式（6-32）得

$$D(z)=\frac{(1-e^{-T/T_\tau})(1-e^{T/T_1}z^{-1})(1-e^{T/T_2}z^{-1})}{K(c_1+c_2z^{-1})[1-e^{-T/T_\tau}z^{-1}-(1-e^{-T/T_\tau})z^{-(N+1)}]}$$

$$=\frac{0.3297(1-0.8187z^{-1})(1-0.8752z^{-1})}{10(0.0119+0.0107z^{-1})(1-0.6703z^{-1}-0.3297z^{-4})}$$

$$=\frac{2.770(1-0.8187z^{-1})(1-0.8752z^{-1})}{(1+0.8992z^{-1})(1-0.6703z^{-1}-0.3297z^{-4})}$$

系统单位阶跃响应 $y(kT)$ 及控制器的输出信号 $u(kT)$ 如图 6-6 所示。从图中曲线可以看出，$u(kT)$ 有振荡周期为二倍采样周期的大幅值摆动。

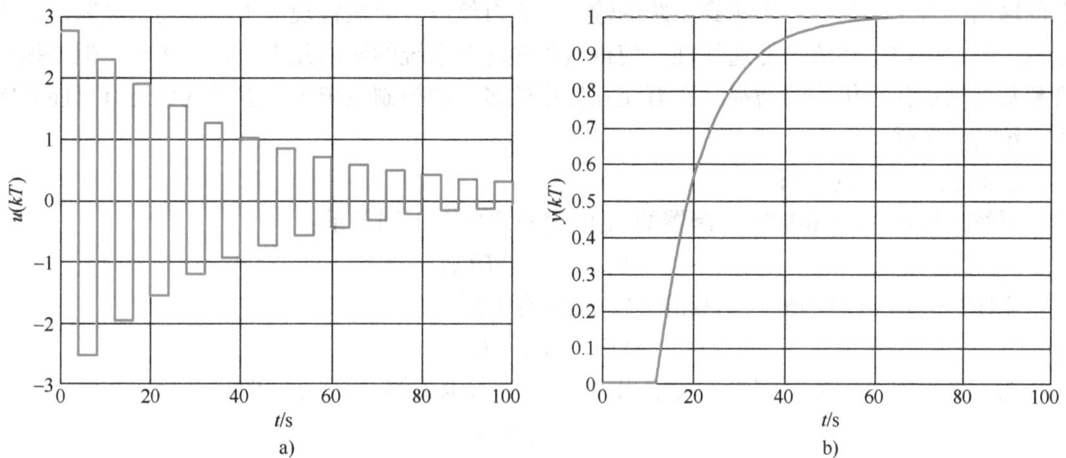

图 6-6　例 6-3 系统单位阶跃的输出响应和控制量曲线

a）数字控制器输出波形　b）系统输出波形

对应的 MATLAB 仿真程序如下。

```
% MATLAB PROGRAM 6.3
    clc;clear;
    T = 4; T1 = 20; T2 = 30; Tr = 10; tau = 12;
    Gs = tf(10,conv([20 1],[30 1]),'InputDelay',tau);
    [numGs,denGs] = tfdata(Gs,'v'); % 需装载 numGs,denGs 至对应 Simulink Block 中
    Gz = zpk(c2d(Gs,T)); N = tau/T; z = zpk('z',T);
    c1 = 1 + (T1 * exp(-T/T1)-T2 * exp(-T/T2))/(T2-T1);
    c2 = exp(-T * (1/T1+1/T2)) + (T1 * exp(-T/T2)-T2 * exp(-T/T1))/(T2-T1);
    numDz = (1-exp(-T/Tr)) * (1-exp(-T/T1) * z^(-1)) * (1-exp(-T/T2) * z^(-1));
    denDz =10 * (c1+c2 * z^(-1)) * (1-exp(-T/Tr) * z^(-1)-(1-exp(-T/Tr)) * z^(-(N+1)));
    Dz = numDz/denDz;
    [numDz,denDz] = tfdata(Dz,'v'); % 需装载 numDz,denDz 至对应 Simulink Block 中
    sim eg6_3.slx
    figure(1)
    stairs(u.time,u.signals.values(:),'k','Linewidth',2)
    xlabel('t/s');ylabel('u(kT)'); grid on
```

```
figure(2)
plot(y.time,y.signals.values(:),'k','Linewidth',2)
hold on
plot(r.time,r.signals.values(:),'k:','Linewidth',2)
xlabel('t/s');ylabel('y(kT)'); grid on
```

3. 振铃现象及其消除

所谓振铃现象，是指数字控制器的输出以二分之一采样频率大幅度衰减的振荡，如图 6-6a 所示。这与前面所介绍的最小拍有纹波系统中的纹波是不一样的。纹波是由于控制器的输出一直是振荡的，影响到系统的输出一直有纹波。而振铃现象中的振荡是衰减的。由于被控对象中惯性环节的低通特性，使得这种振荡对系统的输出几乎无任何影响。但是振铃现象却会增加执行机构的磨损，在有交互作用的多参数控制系统中，振铃现象还有可能影响到系统的稳定性。

（1）振铃现象的分析

系统的输出 $Y(z)$ 和数字控制器的输出 $U(z)$ 之间有下列关系：

$$Y(z)=G(z)U(z)$$

系统的输出 $Y(z)$ 和输入函数的 $R(z)$ 之间有下列关系：

$$Y(z)=\Phi(z)R(z)$$

由上面两式得到数字控制器的输出 $U(z)$ 与输入函数的 $R(z)$ 之间的关系为

$$\frac{U(z)}{R(z)}=\frac{\Phi(z)}{G(z)} \tag{6-33}$$

定义

$$K_u(z)=\frac{\Phi(z)}{G(z)} \tag{6-34}$$

显然，可由式（6-33）得到

$$U(z)=K_u(z)R(z)$$

$K_u(z)$ 表示数字控制器的输出与输入函数在闭环时的关系，是分析振铃现象的基础。

对于单位阶跃输入函数 $R(z)=1/(1-z^{-1})$，含有极点 $z=1$，如果 $K_u(z)$ 的极点在 z 平面的负实轴上，且与 $z=-1$ 点相近，那么数字控制器的输出序列 $u(k)$ 中将含有这两种幅值相近的瞬态项，而且瞬态项的符号在不同时刻是不同的。当两个瞬态项符号相同时，数字控制器的输出控制作用加强，符号相反时，控制作用减弱，从而造成数字控制器的输出序列大幅度波动。分析 $K_u(z)$ 在 z 平面实轴上的极点分布情况，就可得出振铃现象的有关结论。下面分析带纯滞后的一阶或二阶惯性环节系统中的振铃现象。

1）带纯滞后的一阶惯性环节。

被控对象为带纯滞后的一阶惯性环节。根据前面讨论可知脉冲传递函数 $G(z)$ 和闭环系统的期望脉冲传递函数 $\Phi(z)$，代入式（6-34）得

$$K_u(z)=\frac{\Phi(z)}{G(z)}=\frac{(1-e^{-T/T_\tau})(1-e^{-T/T_1}z^{-1})}{K_p(1-e^{-T/T_1})(1-e^{-T/T_\tau}z^{-1})} \tag{6-35}$$

求得极点 $z=e^{-T/T_\tau}$，显然，该极点永远是大于零的。故得出结论：在带纯滞后的一阶惯性环节组成的系统中，数字控制器输出对输入的脉冲传递函数不存在负实轴上的极点，这种

系统不存在振铃现象。

2）带纯滞后的二阶惯性环节。

被控对象为带纯滞后的二阶惯性环节。将脉冲传递函数 $G(z)$ 和闭环系统的期望脉冲传递函数 $\Phi(z)$ 代入，得

$$K_u(z)=\frac{\Phi(z)}{G(z)}=\frac{(1-e^{-T/T_\tau})(1-e^{-T/T_1}z^{-1})(1-e^{-T/T_2}z^{-1})}{K_p c_1(1-e^{-T/T_\tau}z^{-1})\left(1+\dfrac{c_2}{c_1}z^{-1}\right)} \tag{6-36}$$

上式有两个极点，第一个为 $z=e^{-T/T_\tau}$，不会引起振铃现象；第二个极点在 $z=-\dfrac{c_2}{c_1}$。

因

$$\lim_{T\to 0}\left(-\frac{c_2}{c_1}\right)=-1$$

说明可能出现负实轴上与 $z=-1$ 相近的极点，这一极点将引起振铃现象。

（2）振铃幅度 RA

振铃幅度 RA 用来衡量振铃强烈的程度。为描述振铃强烈的程度，应找出数字控制器输出量的最大值 u_{max}。由于这一最大值与系统参数的关系难以用解析的式子描述出来，所以常用单位阶跃作用下数字控制器第 0 次输出量与第 1 次输出量的差值来衡量振铃现象强弱的程度。

设 K_u 具有如下形式：

$$K_u(z)=\frac{1+b_1z^{-1}+b_2z^{-2}+\cdots}{1+a_1z^{-1}+a_2z^{-2}+\cdots} \tag{6-37}$$

在单位阶跃输入函数的作用下，数字控制器输出量的 Z 变换是

$$\begin{aligned}U(z)=K_u(z)R(z)&=\frac{1+b_1z^{-1}+b_2z^{-2}+\cdots}{1+a_1z^{-1}+a_2z^{-2}+\cdots}\,\frac{1}{1-z^{-1}}\\&=1+(b_1-a_1+1)z^{-1}+\cdots\end{aligned} \tag{6-38}$$

所以，$RA=1-(b_1-a_1+1)=a_1-b_1$。

对于带纯滞后的二阶惯性环节组成的系统，其振铃幅度为

$$\begin{cases}RA=\dfrac{c_2}{c_1}-e^{-T/T_\tau}+e^{-T/T_1}+e^{-T/T_2}\\ \lim\limits_{T\to 0}RA=2\end{cases} \tag{6-39}$$

（3）振铃现象的消除

有两种方法可用来消除振铃现象。

第一种方法是先找出 $D(z)$ 中引起振铃现象的因子（$z=-1$ 附近的极点），然后令其中的 $z=1$，根据终值定理，这样处理不影响输出量的稳态值。下面具体说明这种处理方法。前面已介绍在带纯滞后的二阶惯性环节系统中，数字控制器的 $D(z)$ 为

$$D(z)=\frac{(1-e^{-T/T_\tau})(1-e^{T/T_1}z^{-1})(1-e^{T/T_2}z^{-1})}{K_p(c_1+c_2z^{-1})[1-e^{-T/T_\tau}z^{-1}-(1-e^{-T/T_\tau})z^{-(N+1)}]}$$

其极点 $z=-\dfrac{c_2}{c_1}$ 将引起振铃现象。令极点因子 $(c_1+c_2z^{-1})$ 中的 z 为 1，就可消除这个振铃极点。此时

$$c_1+c_2=(1-\mathrm{e}^{-T/T_1})(1-\mathrm{e}^{-T/T_2})$$

消除振铃极点后，数字控制器的形式为

$$D(z)=\frac{(1-\mathrm{e}^{-T/T_\tau})(1-\mathrm{e}^{T/T_1}z^{-1})(1-\mathrm{e}^{T/T_2}z^{-1})}{K_\mathrm{p}(1-\mathrm{e}^{-T/T_1})(1-\mathrm{e}^{-T/T_2})[1-\mathrm{e}^{-T/T_\tau}z^{-1}-(1-\mathrm{e}^{-T/T_\tau})z^{-(N+1)}]} \tag{6-40}$$

这种消除振铃现象的方法虽然不影响输出稳态值，但却改变了数字控制器的动态特性，将影响闭环系统的瞬态性能。

[例 6-4] 接例 6-3，确定数字控制器，消除振铃现象。

解：在例 6-3 中，令 $D(z)$ 分母中因子 $(1+0.8992z^{-1})$ 的 z 为 1，则可得到经过大林算法消除了振铃现象的数字控制器

$$D(z)=\frac{1.4585(1-0.8187z^{-1})(1-0.8752z^{-1})}{(1+0.8992z^{-1})(1-0.6703z^{-1}-0.3297z^{-4})}$$

由新的数字控制器得到的系统单位阶跃响应 $y(kT)$ 及控制器的输出信号 $u(kT)$ 如图 6-7 所示。由图 6-7 可见，振铃现象得到了抑制，但是代价是出现了超调，并且调节时间增加。

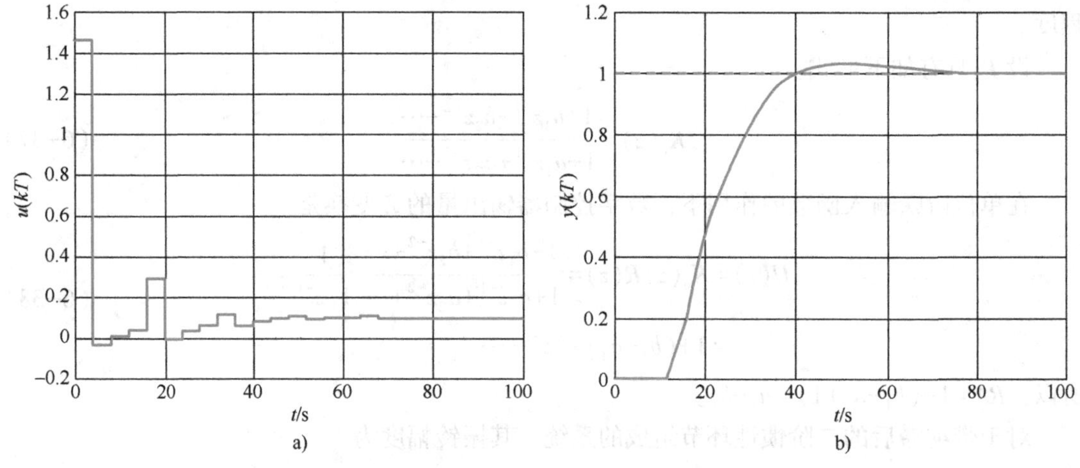

图 6-7 例 6-3 中消除了振铃现象的系统单位阶跃的输出响应和控制量曲线
a) 数字控制器输出波形 b) 系统输出波形

对应的 MATLAB 仿真程序如下。

```
% MATLAB PROGRAM 6.4
    clc;clear;
    T = 4; T1 = 20; T2 = 30; Tr = 10; tau = 12;
    Gs = tf(10,conv([20 1],[30 1]),'InputDelay',tau);
    [numGs,denGs] = tfdata(Gs,'v'); % 需装载 numGs,denGs 至对应 Simulink Block 中
    Gz = zpk(c2d(Gs,T)); N = tau/T; z = zpk('z',T);
    c1 = 1 + (T1 * exp(-T/T1)-T2 * exp(-T/T2))/(T2-T1);
```

```
c2 = exp(-T*(1/T1+1/T2)) + (T1*exp(-T/T2)-T2*exp(-T/T1))/(T2-T1);
numDz = (1-exp(-T/Tr))*(1-exp(-T/T1)*z^(-1))*(1-exp(-T/T2)*z^(-1));
denDz =10*(c1+c2)*(1-exp(-T/Tr)*z^(-1)-(1-exp(-T/Tr))*z^(-(N+1)));
Dz = numDz/denDz;
[numDz,denDz] = tfdata(Dz,'v'); % 需装载 numDz,denDz 至对应 Simulink Block 中
sim eg6_4.slx
figure(1)
stairs(u.time,u.signals.values(:),'k','Linewidth',2)
xlabel('t/s');ylabel('u(kT)'); grid on
figure(2)
plot(y.time,y.signals.values(:),'k','Linewidth',2)
hold on
plot(r.time,r.signals.values(:),'k:','Linewidth',2)
xlabel('t/s');ylabel('y(kT)'); grid on
```

第二种方法是从保证闭环系统的特性出发，选择合适的采样周期 T 及系统闭环时间常数 T_τ，使得数字控制器的输出避免产生强烈的振铃现象。在带纯滞后的二阶惯性环节组成的系统中，振铃幅度与被控对象的参数 T_1、T_2 有关，与闭环系统期望的时间常数 T_τ 以及采样周期 T 也有关。通过适当选择 T 及 T_τ，可以把振铃幅度限制在最低限度以内。有些情况下，系统闭环时间常数 T_τ 作为系统的性能指标被首先确定了，但仍可通过选择采样周期 T 来抑制振铃现象。

4. 具有纯滞后系统的数字控制器直接设计的步骤

具有纯滞后的系统中直接设计数字控制器考虑的主要性能是控制系统不允许产生超调并要求系统稳定。考虑振铃现象的影响时，设计数字控制器的一般步骤如下：

1）根据系统的性能，确定闭环系统的参数 T_τ，给出振铃幅度 RA 的指标。

2）根据振铃幅度 RA 与采样周期 T 的关系，解出给定振铃幅度下对应的采样周期 T，如果 T 有多解，则选择较大的采样周期。

3）确定纯滞后时间 τ 与采样周期 T 之比的最大整数 N。

4）求广义对象的脉冲传递函数 $G(z)$ 及闭环系统的脉冲传递函数 $\Phi(z)$。

5）求数字控制器的脉冲传递函数 $D(z)$。

6.3.2 史密斯预估器

在 6.3.1 节中针对被控对象的纯滞后性质引起的超调和持续振荡讨论了大林算法。几乎在同一时期，史密斯提出了一种纯滞后补偿模型，由于当时模拟仪表不能实现这种补偿，致使这种方法在工业实际应用中无法实现。随着计算机技术的发展，该方法可以利用计算机方便地实现。

1. 史密斯补偿原理

在如图 6-8 所示的单回路控制系统中，控制器的传递函数为 $D(s)$，被控对象传递函数为 $G_p(s)e^{-\tau s}$，被控对象中不包含纯滞后部分的传递函数为 $G_p(s)$，被控对象纯滞后部分的传递函数为 $e^{-\tau s}$。

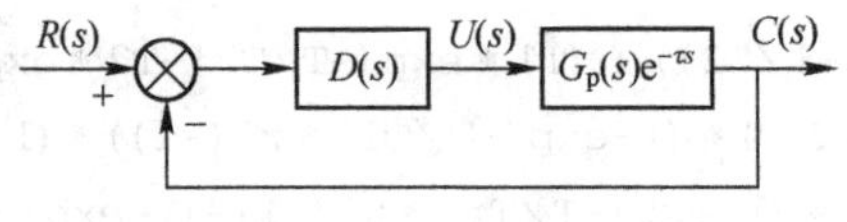

图 6-8 纯滞后对象控制系统

如图 6-8 所示系统的闭环传递函数为

$$\Phi(s)=\frac{D(s)G_{p}(s)e^{-\tau s}}{1+D(s)G_{p}(s)e^{-\tau s}} \tag{6-41}$$

由式（6-41）可以看出，系统特征方程中含有纯滞后环节，它会降低系统的稳定性。

史密斯补偿的原理：与控制器 $D(s)$ 并接一个补偿环节，用来补偿被控对象中的纯滞后部分，这个补偿环节传递函数为 $G_p(s)(1-e^{-\tau s})$，τ 为纯滞后时间，补偿后的系统如图 6-9 所示。

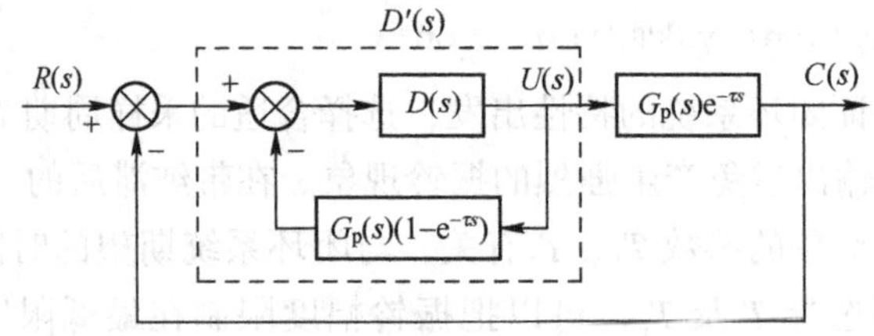

图 6-9 史密斯补偿后的控制系统

由控制器 $D(s)$ 和史密斯预估器组成的补偿回路称为纯滞后补偿器，其传递函数为

$$D'(s)=\frac{D(s)}{1+D(s)G_{p}(s)(1-e^{-\tau s})} \tag{6-42}$$

根据图 6-9 可得史密斯预估器补偿后系统的闭环传递函数为

$$\Phi'(s)=\frac{D(s)G_{p}(s)}{1+D(s)G_{p}(s)}e^{-\tau s} \tag{6-43}$$

由式（6-43）可以看出，经过补偿后，纯滞后环节在闭环回路外，这样就消除了纯滞后环节对系统稳定性的影响。拉普拉斯变换的位移定理说明 $e^{-\tau s}$ 仅仅将控制作用在时间坐标上推移了一个时间 τ，而控制系统的过渡过程及其他性能指标都与对象特性为 $G_p(s)$ 时完全相同。

2. 史密斯预估器的计算机实现

由图 6-9 可以得到带有史密斯预估器的计算机控制系统结构框图，如图 6-10 所示。

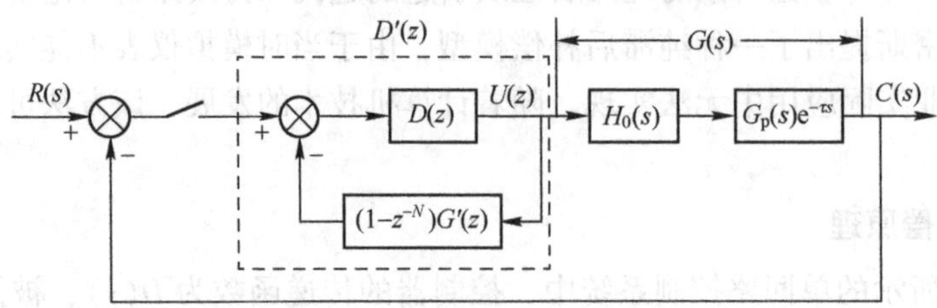

图 6-10 史密斯补偿计算机控制系统

图 6-10 中，$H_0(s)$ 为零阶保持器。带零阶保持器的广义对象脉冲传递函数为

$$G(z)=z^{-N}Z\left[\frac{1-\mathrm{e}^{-Ts}}{s}G_{\mathrm{p}}(s)\right]=z^{-N}G'(z)$$

式中，$G'(z)$ 为被控对象中不具有纯滞后部分的脉冲传递函数，$N=\tau/T$，τ 是被控对象纯滞后时间，T 是系统采样周期。

$D'(z)$ 就是要在计算机中实现的史密斯补偿器，其传递函数为

$$D'(z)=\frac{D(z)}{1+(1-z^{-N})D(z)G'(z)} \tag{6-44}$$

对于控制器 $D(z)$，可以采用如下方法确定：不考虑系统纯滞后部分，构造一个无时间滞后的理想闭环系统（见图 6-11），根据理想闭环系统特性要求确定的闭环传递函数为 $\Phi(z)$，则数字控制器 $D(z)$ 为

$$D(z)=\frac{\Phi(z)}{[1-\Phi(z)]G'(z)} \tag{6-45}$$

图 6-11　理想闭环系统

6.4 数字控制器的计算机实现

前文中得到的数字控制器 $D(z)$ 并非时域表达形式，无法直接在（数字）计算机上进行实现。因此，本节从应用的角度进一步介绍数字控制器 $D(z)$ 的计算机软件实现形式。

微课：数字控制器的计算机实现

6.4.1 直接实现法

考虑数字控制器的一般形式

$$D(z)=\frac{\sum_{i=0}^{m}a_iz^{-i}}{1+\sum_{j=1}^{n}b_jz^{-j}}=\frac{U(z)}{E(z)},\quad m\leqslant n \tag{6-46}$$

式中，$U(z)$ 和 $E(z)$ 的含义如图 6-1 所示。

对式（6-46）进行展开和 Z 反变换，可以得到数字控制器的差分方程

$$u(k)=\sum_{i=0}^{m}a_ie(k-i)-\sum_{j=1}^{n}b_ju(k-j) \tag{6-47}$$

直接按照式（6-47）编写程序即可。

［例 6-5］通过设计得到数字控制器

$$D(z)=\frac{1+4z^{-1}+4z^{-2}}{1+7z^{-1}+12z^{-2}}$$

请写出直接实现法下 $D(z)$ 的实现形式。

解：直接计算数字控制器的差分方程，得到

$$u(k)=e(k)+4e(k-1)+4e(k-2)-7u(k-1)-12u(k-2) \tag{6-48}$$

直接按照式（6-48）实现数字控制器即可。

6.4.2 串联实现法

数字控制器也可表示成含有零极点因式的乘积的形式

$$D(z)=K\prod_{i=1}^{n}D_i(z) \tag{6-49}$$

式中，

$$D_i(z)=\begin{cases}\dfrac{z+z_i}{z+p_i} & i\leqslant m\\[2ex] \dfrac{1}{z+p_i} & i>m\end{cases}$$

式中，m、n 分别为分子、分母阶次，$m\leqslant n$。

式（6-49）可视为多个动态系统的串联，前者的输出构成后者的输入。按如下流程分析：

$$D_1(z)=\frac{z+z_1}{z+p_1}=\frac{1+z_1z^{-1}}{1+p_1z^{-1}}=\frac{U_1(z)}{E(z)}$$

求取差分方程可得

$$u_1(k)=e(k)+z_1e(k-1)-p_1u_1(k-1)$$

对每一个串联环节重复该过程，最终得到差分方程组如下：

$$\begin{cases}u_1(k)=e(k)+z_1e(k-1)-p_1u_1(k-1)\\ u_2(k)=u_1(k)+z_2u_1(k-1)-p_2u_2(k-1)\\ \vdots\\ u_m(k)=u_{m-1}(k)+z_mu_{m-1}(k-1)-p_mu_m(k-1)\\ u_{m+1}(k)=u_m(k-1)-p_{m+1}u_{m+1}(k-1)\\ \vdots\\ u(k)=Ku_{n-1}(k-1)-p_nu(k-1)\end{cases} \tag{6-50}$$

式（6-50）给出了数字控制器实现的串联实现方法。

[例 6-6] 通过设计得到数字控制器

$$D(z)=\frac{1+4z^{-1}+4z^{-2}}{1+7z^{-1}+12z^{-2}}$$

请写出串联实现法下 $D(z)$ 的实现形式。

解：将 $D(z)$ 按式（6-49）展开，得到

$$D(z)=\frac{1+4z^{-1}+4z^{-2}}{1+7z^{-1}+12z^{-2}}=\frac{(1+2z^{-1})(1+2z^{-1})}{(1+3z^{-1})(1+4z^{-1})}$$

取

$$D_1(z)=\frac{1+2z^{-1}}{1+3z^{-1}},D_2(z)=\frac{1+2z^{-1}}{1+4z^{-1}}$$

按照式（6-50）列写差分方程，可得

$$\begin{cases}u_1(k)=e(k)+2e(k-1)-3u_1(k-1)\\u(k)=u_1(k)+2u_1(k-1)-4u(k-1)\end{cases}$$

6.4.3　并联实现法

若将数字控制器表示成部分分式之和的形式：

$$D(z)=\sum_{i=1}^{n}D_i(z)=\frac{U(z)}{E(z)} \tag{6-51}$$

式中，

$$D_i(z)=\frac{k_iz^{-1}}{1+p_iz^{-1}}=\frac{U_i(z)}{E(z)}$$

求取各并联环节的差分方程，最终得到差分方程组如下：

$$\begin{cases}u_1(k)=k_1e(k-1)-p_1u_1(k-1)\\u_2(k)=k_2e(k-1)-p_2u_2(k-1)\\\quad\vdots\\u_n(k)=k_ne(k-1)-p_nu_n(k-1)\end{cases} \tag{6-52}$$

最终的控制量由式（6-52）中各环节输出求和得到

$$u(k)=u_1(k)+u_2(k)+\cdots+u_n(k)$$

[例 6-7]　通过设计得到数字控制器

$$D(z)=\frac{1+4z^{-1}+4z^{-2}}{1+7z^{-1}+12z^{-2}}$$

请写出并联实现法下 $D(z)$ 的实现形式。

解：将 $D(z)$ 按式（6-51）展开，得到

$$D(z)=\frac{1+4z^{-1}+4z^{-2}}{1+7z^{-1}+12z^{-2}}=\frac{(1+7z^{-1}+12z^{-2})-3z^{-1}-8z^{-2}}{1+7z^{-1}+12z^{-2}}$$

$$=1-\frac{3z^{-1}+8z^{-2}}{1+7z^{-1}+12z^{-2}}=1+\frac{z^{-1}}{1+3z^{-1}}-\frac{4z^{-1}}{1+4z^{-1}}$$

按照式（6-52）列写差分方程，可得

$$\begin{cases}u_1(k)=e(k-1)-3u_1(k-1)\\u_2(k)=-4e(k-1)-4u(k-1)\\u_3(k)=e(k-1)\end{cases}$$

最终的控制量为　$u(k)=u_1(k)+u_2(k)+u_3(k)$

6.5　直接设计方法综合举例

本节所分析的案例仍采用第 5 章中的一个典型的伺服系统（定位系统）。在该系统中，电动机用于旋转自动跟踪飞机的雷达天线。误差信号与天线指向方向和飞机视线之间的差值成比例，被放大并在适当的方向驱动电动机，以减少该误差。

假设伺服系统的模型为一个三阶传递函数，即

$$G(s)=\frac{1}{s(s+1)(0.5s+1)}$$

（1）离散化处理

设采样周期 $T=0.05\,\mathrm{s}$，被控对象的传递函数为

$$G(z)=\frac{U(z)}{E(z)}=Z\left[\frac{1-\mathrm{e}^{-Ts}}{s}\frac{1}{s(s+1)(0.5s+1)}\right]=\frac{4.014\times10^{-5}z^{-1}(1+3.595z^{-1})(1+0.2580z^{-1})}{(1-z^{-1})(1-0.9512z^{-1})(1-0.9048z^{-1})}$$

（2）最小拍控制器设计

$G(z)$的零点为-3.595（单位圆外）、-0.2580（单位圆内），极点为1（单位圆上）、0.9512（单位圆内）、0.9048（单位圆内），$m=1$。因此，$G(z)$可以分解为

$$G(z)=\frac{z^{-1}(1+3.595z^{-1})}{1-z^{-1}}\frac{4.014\times10^{-5}(1+0.2580z^{-1})}{(1-0.9512z^{-1})(1-0.9048z^{-1})}$$

跟踪单位阶跃信号，因此选取

$$\Phi_{\mathrm{e}}(z)=(1-z^{-1})F_1(z^{-1})$$
$$\Phi(z)=z^{-1}(1+3.595z^{-1})\varphi_0$$

由于 $\Phi(1)=1-\Phi_{\mathrm{e}}(1)=1$，可知 $\varphi_0=0.2176$，进而得到

$$\Phi(z)=0.2176z^{-1}+0.7823z^{-2}$$
$$\Phi_{\mathrm{e}}(z)=1-0.2176z^{-1}-0.7823z^{-2}$$

最终得到控制器的传递函数

$$D(z)=\frac{\Phi(z)}{\Phi_{\mathrm{e}}(z)G(z)}=\frac{5421(1-0.9512z^{-1})(1-0.9048z^{-1})}{(1+0.7823z^{-1})(1+0.2580z^{-1})}$$

系统的阶跃响应如图 6-12 所示。

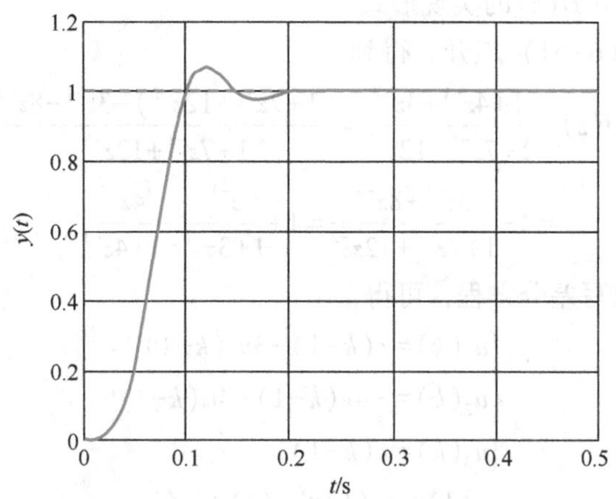

图 6-12　系统单位阶跃的输出响应

对应的 MATLAB 仿真程序如下。

```
% MATLAB PROGRAM 6.5
   clc;clear;
   Gs = tf(1,conv([1 0],conv([1 1],[0.5 1])));T = 0.05; z = zpk('z',T);
```

```
[numGs,denGs] = tfdata(Gs,'v');% 需装载 numGs,denGs 至对应 Simulink Block 中
Dz = 5412 * (1-0.9512 * z^(-1)) * (1-0.9048 * z^(-1))/(1+0.7823 * z^(-1))/(1+
0.2580 * z^(-1));
[numDz,denDz] = tfdata(Dz,'v'); % 需装载 numDz,denDz 至对应 Simulink Block 中
sim eg6_5.slx
figure(1)
plot(y.time,y.signals.values(:),'k','Linewidth',2)
hold on
plot (r.time,r.signals.values(:),'k:','Linewidth',2)
xlabel('t/s');ylabel('y(t)');grid on
```

(3) 无纹波控制器设计

为满足无纹波的要求，$\Phi(z)$应包含$G(z)$的所有零点，因此可选取

$$\Phi(z)=z^{-1}(1+3.595z^{-1})(1+0.2580z^{-1})\varphi_0$$

又由于$\Phi(1)=1$，得到$\varphi_0=0.1730$。

快速无纹波闭环系统的传递函数为

$$\Phi(z)=0.1730z^{-1}(1+3.595z^{-1})(1+0.2580z^{-1})$$

数字控制器传递函数为

$$D(z)=\frac{\Phi(z)}{\Phi_e(z)G(z)}=\frac{4309.9(1-0.9512z^{-1})(1-0.9048z^{-1})}{(1+0.5161z^{-1})(1+0.3109z^{-1})}$$

系统的阶跃响应如图 6-13 所示，采样点间纹波被消除。

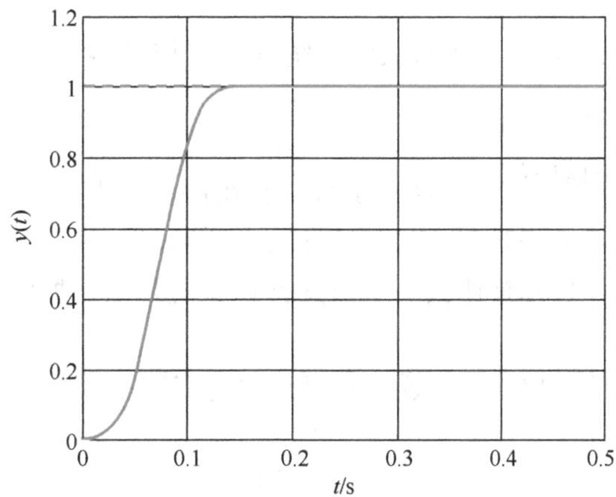

图 6-13　系统单位阶跃的输出响应

对应的 MATLAB 仿真程序如下。

```
% MATLAB PROGRAM 6.6
    clc;clear;
    Gs = tf(1,conv([1 0],conv([1 1],[0.5 1])));T = 0.05; z = zpk('z',T);
    [numGs,denGs] = tfdata(Gs,'v');% 需装载 numGs,denGs 至对应 Simulink Block 中
    Dz = 4309.9 * (1-0.9512 * z^(-1)) * (1-0.9048 * z^(-1))/(1+0.5161 * z^(-1))/(1+
    0.3109 * z^(-1));
    [numDz,denDz] = tfdata(Dz,'v'); % 需装载 numDz,denDz 至对应 Simulink Block 中
```

```
sim eg6_5.slx
figure(1)
plot(y.time,y.signals.values(:),'k','Linewidth',2)
hold on
plot (r.time,r.signals.values(:),'k:','Linewidth',2)
xlabel('t/s');ylabel('y(t)'); grid on
```

思考题与习题

6.1 什么是最小拍系统？最小拍系统有什么不足之处？

6.2 给定对象 $G(z)=\dfrac{0.265z^{-1}(1+2.78z^{-1})(1+0.2z^{-1})}{(1-z^{-1})^2(1-0.286z^{-1})}$，试对单位阶跃输入设计最小拍有纹波数字控制器。

6.3 控制系统如图6-14所示，已知被控对象的传递函数 $G_p(s)=\dfrac{1}{s^2}$，$H_0(s)$ 为零阶保持器，采样周期为1 s。

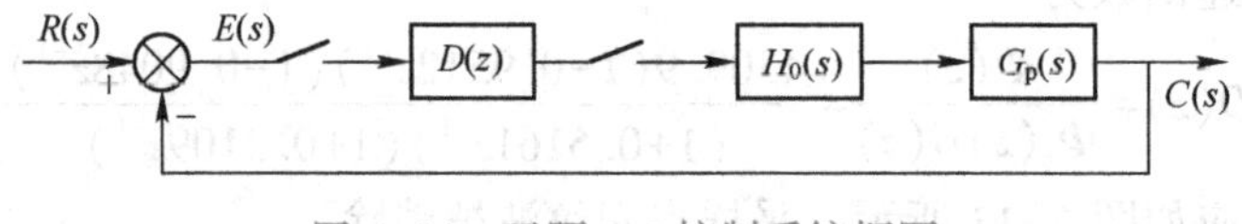

图6-14 习题6.3控制系统框图

试针对单位阶跃输入设计最小拍有纹波系统的数字控制器 $D(z)$，计算数字控制器和系统的输出响应并绘制图形。

6.4 设对象的传递函数 $G_p(s)=\dfrac{10}{s(1+0.1s)(1+0.05s)}$，采样零阶保持器，采样周期 $T=0.01$ s，试针对等速输入函数设计最小拍无纹波数字控制器。

6.5 大林算法的设计目标是什么？所谓振铃现象是什么？振铃幅度如何定义？如何消除振铃现象？

6.6 对于电阻炉被控对象，其传递函数可近似为带纯滞后的一阶惯性环节，即

$$G(s)=\frac{1.16}{1+680s}e^{-30s}$$

若采用零阶保持器，取采样周期 $T=5$ s，要求闭环系统的时间常数 $T_\tau=350$ s，用大林算法求取对电阻炉实现温度控制的数字控制器 $D(z)$。

第7章　计算机控制系统的离散状态空间设计方法

状态空间分析设计方法是现代控制理论中的一种重要方法，该方法用一组状态变量构成的微分方程组来描述系统，既能反映系统外部的行为，又能揭示系统内部的运动规律。计算机控制系统由离散状态方程进行系统描述、分析与设计，离散状态空间与连续状态空间本质上是一致的，但系统特性和设计方法等均有所不同。

本章重点讨论计算机控制系统的离散状态空间描述，分析了离散系统的能控能观性，介绍了离散系统的状态反馈控制器设计方法和观测器设计方法，给出了带状态观测器的状态反馈控制器的设计方法，给出了线性二次型最优控制器和线性二次型高斯最优控制器的设计方法，最后，基于典型案例综合设计实践对本章相关内容进行应用总结。

7.1　离散系统状态空间描述

传递函数定义的系统仅能描述输入—输出的关系，要求系统为线性、零初始状态。状态空间相对于传递函数的定义方式，可反映系统的内部状态之间的相互关系，揭示系统内部状态与外部输入和输出变量的联系，还可以定义描述拥有多个输入—输出通道的被控系统。

一般来说，线性定常离散时间系统的状态方程可以表示成如下形式：

$$\begin{cases}\boldsymbol{x}(k+1)=\boldsymbol{G}\boldsymbol{x}(k)+\boldsymbol{H}\boldsymbol{u}(k)\\ \boldsymbol{y}(k)=\boldsymbol{C}\boldsymbol{x}(k)+\boldsymbol{D}\boldsymbol{u}(k)\end{cases}\tag{7-1}$$

式中，状态 $\boldsymbol{x}$ 为 n 维向量，输入 $\boldsymbol{u}$ 为 r 维向量，输出 $\boldsymbol{y}$ 为 m 维向量；对应地，系统矩阵 $\boldsymbol{G}$ 为 $n\times n$ 矩阵，控制矩阵 $\boldsymbol{H}$ 为 $n\times r$ 矩阵，观测矩阵 $\boldsymbol{C}$ 为 $m\times n$ 矩阵，连接矩阵 $\boldsymbol{D}$ 为 $m\times r$ 矩阵。如无特殊说明，本章所研究的离散系统均是指线性定常离散时间系统。

离散系统的状态空间模型框图如图 7-1 所示。

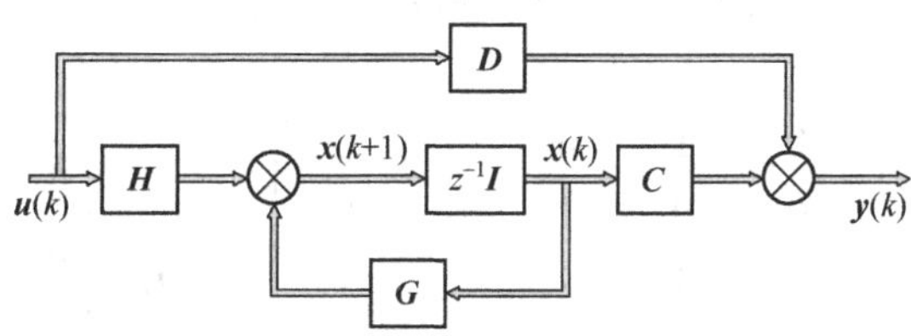

图 7-1　离散系统状态空间框图

离散系统还可以用差分方程或脉冲传递函数来描述，它们都是基于系统输入输出特性的描述。根据离散系统的差分方程或脉冲传递函数，可以得到系统基于“输入—状态—输出”的状态空间方程。

7.1.1 差分方程化为状态空间描述

微课：差分方程化为状态空间描述

差分方程用来描述计算机控制系统的动态性能。但是差分方程的形式不便于使用现代控制理论对系统进行分析与设计，所以需要将差分方程转化为状态空间描述形式。

对于单输入单输出离散系统，可用下面的 n 阶差分方程来描述：

$$\begin{aligned}&y(k+n)+a_{n-1}y(k+n-1)+\cdots+a_1y(k+1)+a_0y(k)\\&=b_mu(k+m)+b_{m-1}u(k+m-1)+\cdots+b_0u(k)\end{aligned}$$

令 $m=n$，则差分方程为

$$\begin{aligned}&y(k+n)+a_{n-1}y(k+n-1)+\cdots+a_1y(k+1)+a_0y(k)\\&=b_nu(k+n)+b_{n-1}u(k+n-1)+\cdots+b_0u(k)\end{aligned}\tag{7-2}$$

选择状态变量，

$$\begin{cases}x_1(k)=y(k)-h_0u(k)\\x_2(k)=x_1(k+1)-h_1u(k)\\\quad\vdots\\x_n(k)=x_{n-1}(k+1)-h_{n-1}u(k)\\x_n(k+1)=-a_0x_1(k)-a_1x_2(k)-\cdots-a_{n-1}x_n(k)+h_nu(k)\end{cases}\tag{7-3}$$

式中，

$$\begin{cases}h_0=b_0\\h_1=b_0-a_0h_0\\\quad\vdots\\h_n=b_0-a_{n-1}h_{n-1}-\cdots-a_1h_1-a_0h_0\end{cases}$$

由式（7-2）及式（7-3）可以推出

$$\begin{cases}x_1(k+1)=x_2(k)+h_1u(k)\\x_2(k+1)=x_3(k)+h_2u(k)\\\quad\vdots\\x_{n-1}(k+1)=x_n(k)+h_{n-1}u(k)\\x_n(k+1)=-a_0x_1(k)-a_1x_2(k)-\cdots-a_{n-1}x_n(k)+h_nu(k)\end{cases}\tag{7-4}$$

系统的状态空间方程可表示为式（7-1）所示的形式。

式中，

$$\boldsymbol{G}=\begin{bmatrix}0&1&0&\cdots&0\\0&0&1&\cdots&0\\\vdots&\vdots&\vdots&&\vdots\\0&0&0&\cdots&1\\-a_0&-a_1&-a_2&\cdots&-a_{n-1}\end{bmatrix},\quad\boldsymbol{H}=\begin{bmatrix}h_1\\h_2\\\vdots\\h_n\end{bmatrix}$$

$$C=[1\quad 0\quad \cdots\quad 0],\quad D=[h_0]$$

7.1.2 脉冲传递函数化为状态空间描述

一般来说，若将脉冲传递函数转化为状态空间描述，主要有以下两种情况：

1）设脉冲传递函数 $G_P(z)$ 的极点为单重极点，它可表示为

$$G_P(z)=\frac{Y(z)}{U(z)}=\frac{k_1}{z-z_1}+\frac{k_2}{z-z_2}+\cdots+\frac{k_n}{z-z_n}$$

式中，$k_i=\lim\limits_{z\to z_i}G_P(z)(z-z_i),(i=1,2,\cdots,n)$。

设状态变量 $x_i(z)=\dfrac{1}{z-z_i}u(z)$，对应的差分方程为 $x_i(k+1)=z_ix_i(k)+u(k)$，其相应的状态空间描述为

$$\begin{bmatrix}x_1(k+1)\\x_2(k+1)\\\vdots\\x_n(k+1)\end{bmatrix}=\begin{bmatrix}z_1 & & & 0\\ & z_2 & & \\ & & \ddots & \\0 & & & z_n\end{bmatrix}\begin{bmatrix}x_1(k)\\x_2(k)\\\vdots\\x_n(k)\end{bmatrix}+\begin{bmatrix}1\\1\\\vdots\\1\end{bmatrix}u(k)$$

$$y(k)=[k_1\quad k_2\quad \cdots\quad k_n]\begin{bmatrix}x_1(k)\\\vdots\\x_n(k)\end{bmatrix}$$

2）设脉冲传递函数 $G_P(z)$ 的极点为多重极点，它可表示为

$$G_P(z)=\frac{Y(z)}{U(z)}=\frac{k_1}{(z-z_1)^n}+\frac{k_2}{(z-z_1)^{n-1}}+\cdots+\frac{k_n}{(z-z_1)}$$

式中，$k_i=\lim\limits_{z\to z_1}\dfrac{1}{(i-1)!}\cdot\dfrac{d^{i-1}}{dz^{i-1}}[G_P(z)(z-z_1)^n],(i=1,2,\cdots,n)$。

设状态变量 $x_i(z)=\dfrac{1}{z-z_i}x_{i+1}(z)$，对应的差分方程为 $x_i(k+1)=z_ix_i(k)+x_{i+1}(k)$，其相应的状态空间描述如下：

$$\begin{bmatrix}x_1(k+1)\\x_2(k+1)\\\vdots\\x_n(k+1)\end{bmatrix}=\begin{bmatrix}z_1 & 1 & & & 0\\ & z_1 & 1 & & \\ & & \ddots & \ddots & \\ & & & \ddots & 1\\0 & & & & z_1\end{bmatrix}\begin{bmatrix}x_1(k)\\x_2(k)\\\vdots\\x_n(k)\end{bmatrix}+\begin{bmatrix}0\\0\\\vdots\\1\end{bmatrix}u(k)$$

$$y(k)=[k_1\quad k_2\quad \cdots\quad k_n]\begin{bmatrix}x_1(k)\\\vdots\\x_n(k)\end{bmatrix}$$

对于脉冲传递函数，还可以先将其转化为差分方程，再求出状态空间方程。设离散系统的脉冲传递函数为

$$G_P(z)=\frac{Y(z)}{U(z)}=\frac{b_mz^m+b_{m-1}z^{m-1}+\cdots+b_1z+b_0}{z^n+a_{n-1}z^{n-1}+\cdots+a_1z+a_0}=\frac{B(z)}{A(z)}$$

式中，$A(z)=z^n+a_{n-1}z^{n-1}+\cdots+a_1z+a_0$；$B(z)=b_mz^m+b_{m-1}z^{m-1}+\cdots+b_1z+b_0$。

引入中间变量 $x(z)$，使得

$$G_P(z)=\frac{Y(z)}{U(z)}=\frac{B(z)x(z)}{A(z)x(z)}$$

式中，$A(z)x(z)=U(z)$；$B(z)x(z)=Y(z)$。

根据Z变换的超前定理，可得差分方程如下：

$$x(k+n)+a_{n-1}x(k+n-1)+\cdots+a_1x(k+1)+a_0x(k)=u(k)$$

根据7.1.1小节的方法，可求得状态空间方程如下：

$$\boldsymbol{x}(k+1)=\begin{bmatrix}0 & 1 & 0 & \cdots & 0\\ 0 & 0 & 1 & \cdots & 0\\ \vdots & \vdots & \vdots & & \vdots\\ 0 & 0 & 0 & \cdots & 1\\ -a_0 & -a_1 & -a_2 & \cdots & -a_{n-1}\end{bmatrix}\boldsymbol{x}(k)+\begin{bmatrix}0\\0\\\vdots\\0\\1\end{bmatrix}\boldsymbol{u}(k)$$

$$\boldsymbol{y}(k)=[b_0 \quad b_1 \quad b_2 \quad \cdots \quad b_m \quad 0 \quad \cdots \quad 0]\boldsymbol{x}(k)$$

7.1.3 离散系统状态方程求解

微课：离散系统状态方程求解

对离散系统状态方程的求解主要有两种方法：迭代法和Z变换法。下面分别对这两种求解方法进行介绍。

1. 迭代法

离散系统状态方程的通式为

$$\boldsymbol{x}(k+1)=\boldsymbol{G}\boldsymbol{x}(k)+\boldsymbol{H}u(k) \tag{7-5}$$

若给定 $k=0$ 时的初始状态 $\boldsymbol{x}(0)$，以及 $k=0,1,2,\cdots$ 时的控制 $u(k)$，对于 $k>0$ 的任意时刻，式（7-5）的解可直接用迭代法求出，即

$$\begin{cases}\boldsymbol{x}(1)=\boldsymbol{G}\boldsymbol{x}(0)+\boldsymbol{H}u(0)\\ \boldsymbol{x}(2)=\boldsymbol{G}\boldsymbol{x}(1)+\boldsymbol{H}u(1)=\boldsymbol{G}^2\boldsymbol{x}(0)+\boldsymbol{G}\boldsymbol{H}u(0)+\boldsymbol{H}u(1)\\ \boldsymbol{x}(3)=\boldsymbol{G}\boldsymbol{x}(2)+\boldsymbol{H}u(2)=\boldsymbol{G}^3\boldsymbol{x}(0)+\boldsymbol{G}^2\boldsymbol{H}u(0)+\boldsymbol{G}\boldsymbol{H}u(1)+\boldsymbol{H}u(2)\\ \quad\vdots\end{cases}$$

则状态变量的通解为

$$\boldsymbol{x}(k)=\boldsymbol{G}^k\boldsymbol{x}(0)+\sum_{i=0}^{k-1}\boldsymbol{G}^{k-i-1}\boldsymbol{H}u(i) \tag{7-6}$$

对于离散系统状态方程的解应注意到以下几点：

1）状态解是状态空间中的一条离散轨线，只考虑采样点的值。

2）状态解由两部分组成，第一部分 $\boldsymbol{G}^k\boldsymbol{x}(0)$ 由内部初始状态引起，第二部分由外部控制作用产生。

3）在输入引起的响应中，第 k 个时刻的状态只取决于所有此前的输入采样值，与第 k 个时刻的输入采样值无关。

状态转移矩阵：与连续系统相类似，离散系统的状态转移矩阵为 $\boldsymbol{G}^k$，即

$$\boldsymbol{\phi}(k)=\boldsymbol{G}^k \tag{7-7}$$

由此可得

$$\boldsymbol{\phi}(k+1)=\boldsymbol{G}\boldsymbol{\phi}(k),\quad \boldsymbol{\phi}(0)=\boldsymbol{I} \tag{7-8}$$

于是，式（7-6）可以写成状态转移矩阵 $\boldsymbol{\phi}(k)$ 的表达形式

$$\boldsymbol{x}(k)=\boldsymbol{\phi}(k)\boldsymbol{x}(0)+\sum_{i=0}^{k-1}\boldsymbol{\phi}(k-i-1)\boldsymbol{H}u(i) \tag{7-9}$$

说明：并不是所有的计算都要求有解析解。在计算机控制系统中，计算机存储的 k 时刻的状态中，包含了在此之前的所有的控制引起的结果，当前的新控制量输入时，计算机只需转移一步，就可以得到新的状态。因此，迭代法特别适合计算机控制。

［例 7-1］已知线性定常离散系统的状态方程式（7-5）中：

$$\boldsymbol{G}=\begin{bmatrix}0 & 1\\ -0.16 & -1\end{bmatrix},\quad \boldsymbol{H}=\begin{bmatrix}1\\ 1\end{bmatrix}$$

给定初始状态 $\boldsymbol{x}(0)=\begin{bmatrix}1\\ -1\end{bmatrix}$，以及 $k=0,1,2,\cdots$时 $u(k)=1$，试用迭代法求解 $\boldsymbol{x}(k)$。

解：

$$\boldsymbol{x}(1)=\boldsymbol{Gx}(0)+\boldsymbol{H}u(0)=\begin{bmatrix}0 & 1\\ -0.16 & -1\end{bmatrix}\begin{bmatrix}1\\ -1\end{bmatrix}+\begin{bmatrix}1\\ 1\end{bmatrix}=\begin{bmatrix}0\\ 1.84\end{bmatrix}$$

$$\boldsymbol{x}(2)=\boldsymbol{Gx}(1)+\boldsymbol{H}u(1)=\begin{bmatrix}0 & 1\\ -0.16 & -1\end{bmatrix}\begin{bmatrix}0\\ 1.84\end{bmatrix}+\begin{bmatrix}1\\ 1\end{bmatrix}=\begin{bmatrix}2.84\\ -0.84\end{bmatrix}$$

$$\boldsymbol{x}(3)=\boldsymbol{Gx}(2)+\boldsymbol{H}u(2)=\begin{bmatrix}0 & 1\\ -0.16 & -1\end{bmatrix}\begin{bmatrix}2.84\\ -0.84\end{bmatrix}+\begin{bmatrix}1\\ 1\end{bmatrix}=\begin{bmatrix}0.16\\ 1.386\end{bmatrix}$$

```
% MATLAB PROGRAM 7.1 迭代法
    G=[0,1;-0.16,-1];H=[1;1];
    x(1:2,1)=[1;-1];
    u=1;
    for i=1:3
      x(:,i+1)=G*x(:,i)+H*u
    end
    %%输出
    x =
        1.0000         0    2.8400    0.1600
       -1.0000    1.8400   -0.8400    1.3856
```

可见，迭代法求解的过程简单，它得到的是一个序列解，而不是解析解。序列解适用于计算机控制。

2. Z 变换法

离散系统的状态方程可采用 Z 变换法求解。对状态方程式（7-5）两边进行 Z 变换，可得

$$z\boldsymbol{X}(z)-z\boldsymbol{x}(0)=\boldsymbol{GX}(z)+\boldsymbol{HU}(z) \tag{7-10}$$

对 $\boldsymbol{X}(z)$ 求解，可得

$$\boldsymbol{X}(z)=(z\boldsymbol{I}-\boldsymbol{G})^{-1}[z\boldsymbol{x}(0)+\boldsymbol{HU}(z)] \tag{7-11}$$

再对式（7-11）两边进行 Z 反变换，可得

$$\boldsymbol{x}(k)=Z^{-1}[(z\boldsymbol{I}-\boldsymbol{G})^{-1}z]\boldsymbol{x}(0)+Z^{-1}[(z\boldsymbol{I}-\boldsymbol{G})^{-1}\boldsymbol{HU}(z)] \tag{7-12}$$

比较式（7-6）与式（7-12）可得

$$\boldsymbol{\phi}(k)=\boldsymbol{G}^k=Z^{-1}[(z\boldsymbol{I}-\boldsymbol{G})^{-1}z] \tag{7-13}$$

$$\sum_{i=0}^{k-1}\boldsymbol{G}^{k-i-1}\boldsymbol{H}u(i)=Z^{-1}[(z\boldsymbol{I}-\boldsymbol{G})^{-1}\boldsymbol{H}U(z)] \tag{7-14}$$

[例 7-2] 用 Z 变换法求例 7-1 的状态方程转移矩阵和状态解。

解：由式（7-13）知

$$\boldsymbol{\phi}(k)=\boldsymbol{G}^k=Z^{-1}[(z\boldsymbol{I}-\boldsymbol{G})^{-1}z]$$

这里先计算$(z\boldsymbol{I}-\boldsymbol{G})^{-1}\boldsymbol{B}(z)=b_mz^m+b_{m-1}z^{m-1}+\cdots+b_1z+b_0$。

$$\det(z\boldsymbol{I}-\boldsymbol{G})=\begin{vmatrix} z & -1 \\ 0.16 & z+1 \end{vmatrix}=z^2+z+0.16=(z+0.2)(z+0.8)$$

$$(z\boldsymbol{I}-\boldsymbol{G})^{-1}=\frac{1}{(z+0.2)(z+0.8)}\begin{bmatrix} z+1 & 1 \\ -0.16 & z \end{bmatrix}$$

$$=\begin{bmatrix} \dfrac{z+1}{(z+0.2)(z+0.8)} & \dfrac{1}{(z+0.2)(z+0.8)} \\ \dfrac{-0.16}{(z+0.2)(z+0.8)} & \dfrac{z}{(z+0.2)(z+0.8)} \end{bmatrix}$$

$$=\begin{bmatrix} \dfrac{\frac{4}{3}}{z+0.2}-\dfrac{\frac{1}{3}}{z+0.8} & \dfrac{\frac{5}{3}}{z+0.2}-\dfrac{\frac{5}{3}}{z+0.8} \\ \dfrac{-\frac{0.8}{3}}{z+0.2}+\dfrac{\frac{0.8}{3}}{z+0.8} & \dfrac{-\frac{1}{3}}{z+0.2}+\dfrac{\frac{4}{3}}{z+0.8} \end{bmatrix}$$

考虑到 $Z^{-1}\left[\dfrac{z}{z+a}\right]=(-a)^k$，所以有

$$\boldsymbol{\phi}(k)=\boldsymbol{G}^k=Z^{-1}[(z\boldsymbol{I}-\boldsymbol{G})^{-1}z]$$

$$=Z^{-1}\begin{bmatrix} \frac{4}{3}\left(\frac{z}{z+0.2}\right)-\frac{1}{3}\left(\frac{z}{z+0.8}\right) & \frac{5}{3}\left(\frac{z}{z+0.2}\right)-\frac{5}{3}\left(\frac{z}{z+0.8}\right) \\ -\frac{0.8}{3}\left(\frac{z}{z+0.2}\right)+\frac{0.8}{3}\left(\frac{z}{z+0.8}\right) & -\frac{1}{3}\left(\frac{z}{z+0.2}\right)+\frac{4}{3}\left(\frac{z}{z+0.8}\right) \end{bmatrix}$$

$$=\begin{bmatrix} \frac{4}{3}(-0.2)^k-\frac{1}{3}(-0.8)^k & \frac{5}{3}(-0.2)^k-\frac{5}{3}(-0.8)^k \\ -\frac{0.8}{3}(-0.2)^k+\frac{0.8}{3}(-0.8)^k & -\frac{1}{3}(-0.2)^k+\frac{4}{3}(-0.8)^k \end{bmatrix}$$

然后计算 $\boldsymbol{x}(k)$。因为 $u(k)=1$，所以 $U(z)=\dfrac{z}{z-1}$，则有

$$z\boldsymbol{x}(0)+\boldsymbol{H}U(z)=\begin{bmatrix} z \\ -z \end{bmatrix}+\begin{bmatrix} \dfrac{z}{z-1} \\ \dfrac{z}{z-1} \end{bmatrix}=\begin{bmatrix} \dfrac{z^2}{z-1} \\ \dfrac{-z^2+2z}{z-1} \end{bmatrix}$$

根据式（7-11）可得

$$
\begin{aligned}
\boldsymbol{X}(z) &= (z\boldsymbol{I}-\boldsymbol{G})^{-1}[z\boldsymbol{x}(0)+\boldsymbol{H}U(z)] \\
&= \begin{bmatrix} \dfrac{(z^2+2)z}{(z+0.2)(z+0.8)(z-1)} \\ \dfrac{(-z^2+1.84z)z}{(z+0.2)(z+0.8)(z-1)} \end{bmatrix} \\
&= \begin{bmatrix} -\dfrac{17z}{6(z+0.2)}+\dfrac{22z}{9(z+0.8)}+\dfrac{25z}{18(z-1)} \\ \dfrac{3.4z}{6(z+0.2)}-\dfrac{17.6z}{9(z+0.8)}+\dfrac{7z}{18(z-1)} \end{bmatrix}
\end{aligned}
$$

因此

$$
\boldsymbol{x}(k)=\begin{bmatrix} -\dfrac{17}{6}(-0.2)^k+\dfrac{22}{9}(-0.8)^k+\dfrac{25}{18} \\ \dfrac{3.4}{6}(-0.2)^k-\dfrac{17.6}{9}(-0.8)^k+\dfrac{7}{18} \end{bmatrix}
$$

显然，Z 变换法求得的是封闭形式的解析解，将 $k=0,1,2,3,\cdots$ 代入 $\boldsymbol{x}(k)$，所得结果与前例一样。

7.1.4 连续系统的离散化

微课：连续系统的离散化

随着数字技术的发展，大量控制过程采用计算机来实施。当用数字计算机求解连续系统的状态方程，或直接在系统中采用数字计算机进行在线控制时，都需要将连续系统的数学模型离散化。离散化的任务就是导出能在采样时刻上与连续系统状态等价的离散状态方程和等价的测量方程。一般采样是等间隔的，即采样时刻为 $t=kT(k=1,2,3\cdots)$；而且是理想开关加零阶保持器，即认为控制作用只在采样时刻发生变化，在相邻的两个采样点 kT 和 $(k+1)T$ 之间，控制作用保持不变，$u(t)=u(kT),kT\leqslant t<(k+1)T$。

已知被控对象的状态方程为

$$
\begin{cases} \dot{\boldsymbol{x}}(t)=\boldsymbol{A}\boldsymbol{x}(t)+\boldsymbol{B}u(t) \\ y(t)=\boldsymbol{C}\boldsymbol{x}(t)+\boldsymbol{D}u(t) \end{cases} \tag{7-15}
$$

对式（7-15）求解，得

$$
\boldsymbol{x}(t)=\mathrm{e}^{\boldsymbol{A}(t-t_0)}\boldsymbol{x}(t_0)+\int_{t_0}^{t}\mathrm{e}^{\boldsymbol{A}(t-\tau)}\boldsymbol{B}u(\tau)\mathrm{d}\tau \tag{7-16}
$$

式中，t_0 是初始时刻。

设 $t_0=kT$，$t=(k+1)T$，代入式（7-16），得

$$
\boldsymbol{x}[(k+1)T]=\mathrm{e}^{\boldsymbol{A}T}\boldsymbol{x}(kT)+\left[\int_{kT}^{(k+1)T}\mathrm{e}^{\boldsymbol{A}[(k+1)T-\tau]}\boldsymbol{B}\mathrm{d}\tau\right]u(kT) \tag{7-17}
$$

令 $(k+1)T-\tau=t$，又因假定系统是时不变系统，$\boldsymbol{A}$、$\boldsymbol{B}$ 矩阵和时间无关，所以式（7-17）可改写成

$$
\begin{aligned}
\boldsymbol{x}[(k+1)T] &= \mathrm{e}^{\boldsymbol{A}T}\boldsymbol{x}(kT)+\left(\int_0^T\mathrm{e}^{\boldsymbol{A}t}\boldsymbol{B}\mathrm{d}t\right)u(kT) \\
&= \boldsymbol{G}(T)\boldsymbol{x}(kT)+\boldsymbol{H}(T)u(kT)
\end{aligned} \tag{7-18}
$$

式中，$\boldsymbol{G}(T)=\mathrm{e}^{\boldsymbol{A}T}$，$\boldsymbol{H}(T)=\int_0^T\mathrm{e}^{\boldsymbol{A}t}\boldsymbol{B}\mathrm{d}t$。输出为

$$y(kT)=\boldsymbol{C}\boldsymbol{x}(kT)+\boldsymbol{D}u(kT) \tag{7-19}$$

由拉普拉斯变换法可得

$$\boldsymbol{G}(T)=\mathrm{e}^{\boldsymbol{A}T}=\boldsymbol{G}(t)\mid_{t=T}=L^{-1}[(s\boldsymbol{I}-\boldsymbol{A})]^{-1}\mid_{t=T} \tag{7-20}$$

[例 7-3] 设线性定常连续系统为

$$\begin{bmatrix}\dot{x}_1\\ \dot{x}_2\end{bmatrix}=\begin{bmatrix}0 & 1\\ 0 & -2\end{bmatrix}\begin{bmatrix}x_1\\ x_2\end{bmatrix}+\begin{bmatrix}0\\ 1\end{bmatrix}u$$

系统离散化的计算过程如下：

$$|s\boldsymbol{I}-\boldsymbol{A}|=\begin{vmatrix}s & -1\\ 0 & s+2\end{vmatrix}=s(s+2)$$

$$(s\boldsymbol{I}-\boldsymbol{A})^{-1}=\frac{1}{s(s+2)}\begin{bmatrix}s+2 & 1\\ 0 & s\end{bmatrix}$$

$$\boldsymbol{G}=L^{-1}\begin{bmatrix}\dfrac{1}{s} & \dfrac{1}{s(s+2)}\\ 0 & \dfrac{1}{s+2}\end{bmatrix}_{t=T}=\begin{bmatrix}1 & \dfrac{1}{2}(1-\mathrm{e}^{2T})\\ 0 & \mathrm{e}^{-2T}\end{bmatrix}$$

$$\int_0^T \mathrm{e}^{\boldsymbol{A}t}\mathrm{d}t=\int_0^T\begin{bmatrix}1 & \dfrac{1}{2}(1-\mathrm{e}^{-2t})\\ 0 & \mathrm{e}^{-2t}\end{bmatrix}\mathrm{d}t=\begin{bmatrix}T & \dfrac{1}{2}T+\dfrac{1}{4}\mathrm{e}^{-2T}-\dfrac{1}{4}\\ 0 & -\dfrac{1}{2}\mathrm{e}^{-2T}+\dfrac{1}{2}\end{bmatrix}$$

$$\boldsymbol{H}=\begin{bmatrix}T & \dfrac{1}{2}T+\dfrac{1}{4}\mathrm{e}^{-2T}-\dfrac{1}{4}\\ 0 & -\dfrac{1}{2}\mathrm{e}^{-2T}+\dfrac{1}{2}\end{bmatrix}\begin{bmatrix}0\\ 1\end{bmatrix}=\begin{bmatrix}\dfrac{1}{2}T+\dfrac{1}{4}\mathrm{e}^{-2T}-\dfrac{1}{4}\\ -\dfrac{1}{2}\mathrm{e}^{-2T}+\dfrac{1}{2}\end{bmatrix}$$

故离散化状态方程为

$$\begin{bmatrix}x_1(k+1)\\ x_2(k+1)\end{bmatrix}=\begin{bmatrix}1 & \dfrac{1}{2}(1-\mathrm{e}^{-2T})\\ 0 & \mathrm{e}^{-2T}\end{bmatrix}\begin{bmatrix}x_1(k)\\ x_2(k)\end{bmatrix}+\begin{bmatrix}\dfrac{1}{2}\left(T+\dfrac{\mathrm{e}^{-2T}-1}{2}\right)\\ \dfrac{1}{2}(1-\mathrm{e}^{-2T})\end{bmatrix}u(k)$$

假使采样周期为 1 s，即 $T=1$，则上述状态方程可写为

$$\begin{bmatrix}x_1(k+1)\\ x_2(k+1)\end{bmatrix}=\begin{bmatrix}1 & 0.432\\ 0 & 0.135\end{bmatrix}\begin{bmatrix}x_1(k)\\ x_2(k)\end{bmatrix}+\begin{bmatrix}0.284\\ 0.432\end{bmatrix}u(k)$$

从连续状态空间方程求取离散系统状态空间方程可以用 MATLAB 中的如下命令：[G H]=c2d(A,B,T)，式中，T 是离散控制系统的采样周期，单位是秒。

具体命令如下。

```
% MATLAB PROGRAM 7.2 连续系统离散化
    A=[0 1;0 -2];B=[0;1];T=1;
    [G H]=c2d(A,B,T)
    G =
        1.0000    0.4323
             0    0.1353
```

```
H =
    0.2838
    0.4323
```

7.2 离散系统的能控性和能观性

7.2.1 离散系统的能控性

微课：离散系统的能控性和能观性

在经典控制理论中，只讨论输入对输出的控制，只要系统是稳定的，输出就能跟随输入变化。在现代控制理论中，把反映系统内部运动状况的状态变量作为被控量，它不一定是能够实际测量到的物理量。因此，就存在控制输入 $u(k)$ 能否支配系统状态变量 $\boldsymbol{x}(k)$，即能否用适当的 $u(k)$ 使得 $\boldsymbol{x}(k)$ 做任意转移的问题，这就是能控性问题。

定义 7-1：对式（7-1）所示系统，若可以找到控制序列 $u(k)$，在有限时间 NT 内，驱动系统状态变量 x_n 从任意初始状态 $x_n(0)$ 到达状态 $x_n(N)=0$，则称状态 x_n 是能控的。如果系统的所有状态都是能控的，则称系统是完全能控的。

说明 1：可以假设初始状态为 0，而终端状态为任意值，这种情况称为能达性。对于线性定常连续系统，能控性和能达性等价；对于线性定常离散系统，若系统矩阵满秩，则能控性和能达性等价。

说明 2：能控性是系统本身的特性，与输入的控制作用无关，使系统发生状态转移的控制作用不是唯一的。

考虑线性定常离散系统

$$\begin{cases}\boldsymbol{x}(k+1)=\boldsymbol{G}\boldsymbol{x}(k)+\boldsymbol{H}u(k)\\ y(k)=\boldsymbol{C}\boldsymbol{x}(k)\end{cases}\tag{7-21}$$

定理 7-1：线性定常离散系统式（7-21）完全能达的充要条件是其能控性矩阵 $\boldsymbol{Q}_{\mathrm{C}}$ 满秩，其中

$$\boldsymbol{Q}_{\mathrm{C}}=[\boldsymbol{H}\quad \boldsymbol{G}\boldsymbol{H}\quad \boldsymbol{G}^2\boldsymbol{H}\quad \cdots\quad \boldsymbol{G}^{n-1}\boldsymbol{H}]\tag{7-22}$$

定理 7-2：对于线性定常离散系统式（7-21），若系统矩阵 $\boldsymbol{G}$ 非奇异，则它完全能控的充要条件是其能控性矩阵 $\boldsymbol{Q}_{\mathrm{C}}$ 满秩。若系统矩阵 $\boldsymbol{G}$ 奇异，则能控性矩阵 $\boldsymbol{Q}_{\mathrm{C}}$ 满秩是系统完全能控的一个充分条件。

证明：对于 n 维系统，取 $k=n$，可以得到

$$\begin{aligned}\boldsymbol{x}(N)-\boldsymbol{G}^N\boldsymbol{x}(0)&=[\boldsymbol{G}^{n-1}\boldsymbol{H}u(0)+\cdots+\boldsymbol{G}\boldsymbol{H}u(n-2)+\boldsymbol{H}u(n-1)]\\&=[\boldsymbol{G}^{n-1}\boldsymbol{H}\quad \boldsymbol{G}^{n-2}\boldsymbol{H}\quad \cdots\quad \boldsymbol{H}]\begin{bmatrix}u(0)\\ \vdots\\ u(n-2)\\ u(n-1)\end{bmatrix}\end{aligned}\tag{7-23}$$

这是一组线性方程。根据线性代数理论，式（7-23）对任意的 $\boldsymbol{x}(0)$，$\boldsymbol{x}(N)$ 有解的充分必要条件是矩阵

$$\boldsymbol{Q}_{\mathrm{C}}=[\boldsymbol{H}\quad \boldsymbol{G}\boldsymbol{H}\quad \boldsymbol{G}^2\boldsymbol{H}\quad \cdots\quad \boldsymbol{G}^{n-1}\boldsymbol{H}]$$

的秩为 n。

对于由连续系统采样形成的离散系统，由于其系统转移矩阵 $\boldsymbol{G}=e^{\boldsymbol{A}T}$（$\boldsymbol{A}$ 是连续系统的系统矩阵）总是非奇异的，因此系统能控性与能达性是一致的。但对于由纯离散行为构成的纯数字系统，能控性与能达性是不同的。

7.2.2 离散系统的能观性

在现代控制理论中，大多采用反馈控制，但是并非所有的状态变量都是物理上可测量的，实际能测量到的输出量可能是某些状态变量的线性组合。那么，系统的测量输出能否包含状态变量的全部信息，是否具有完全反映状态变量变化情况的能力，就是系统的能观性问题。

系统的能观性表示的是输出反映状态的能力，与控制作用没有直接关系。

定义 7-2：对式（7-1）所示系统，如果可以利用系统输出 $y(k)$，在有限的时间内确定系统的初始状态 $x_i(0)$，则称状态 $x_i(0)$是能观的。若系统的每个状态都是能观的，则称系统是完全能观的。

因为系统的能观性只与系统结构及输出信息的特性有关，与控制矩阵 $\boldsymbol{H}$ 无关，所以本节只需研究系统的自由运动：

$$\begin{cases}\boldsymbol{x}(k+1)=\boldsymbol{G}\boldsymbol{x}(k)\\ y(k)=\boldsymbol{C}\boldsymbol{x}(k)\end{cases} \tag{7-24}$$

定理 7-3：线性定常离散系统（7-24）完全能观的充要条件是其能观性矩阵 $\boldsymbol{Q}_0$ 满秩，其中

$$\boldsymbol{Q}_0=\begin{bmatrix}\boldsymbol{C}\\ \boldsymbol{C}\boldsymbol{G}\\ \vdots\\ \boldsymbol{C}\boldsymbol{G}^{n-1}\end{bmatrix} \tag{7-25}$$

证明：根据式（7-24）递推可得

$$\begin{bmatrix}y(0)\\ y(1)\\ \vdots\\ y(k)\end{bmatrix}=\begin{bmatrix}\boldsymbol{C}\\ \boldsymbol{C}\boldsymbol{G}\\ \vdots\\ \boldsymbol{C}\boldsymbol{G}^{k}\end{bmatrix}\boldsymbol{x}(0)$$

若已知 $y(0),y(1),\cdots,y(k)$，为使 $\boldsymbol{x}(0)$有解，即

$$\boldsymbol{x}(0)=\begin{bmatrix}\boldsymbol{C}\\ \boldsymbol{C}\boldsymbol{G}\\ \vdots\\ \boldsymbol{C}\boldsymbol{G}^{k}\end{bmatrix}^{-1}\begin{bmatrix}y(0)\\ y(1)\\ \vdots\\ y(k)\end{bmatrix}$$

由能观性定义可得，此时有

$$\operatorname{rank}\boldsymbol{Q}_0=\operatorname{rank}[\boldsymbol{C}\quad \boldsymbol{C}\boldsymbol{G}\quad \cdots\quad \boldsymbol{C}\boldsymbol{G}^{n-1}]^{\mathrm{T}}=n$$

［例 7-4］判断下述系统的能控性与能观性：

$$\boldsymbol{x}(k+1)=\begin{bmatrix}a & 0\\ -1 & b\end{bmatrix}\boldsymbol{x}(k)+\begin{bmatrix}1\\ 1\end{bmatrix}u(k)$$

$$y(k)=[-1\quad 1]\boldsymbol{x}(k)+u(k)$$

解：能控性矩阵 $\boldsymbol{Q}_C$ 为

$$\boldsymbol{Q}_C=[\boldsymbol{H}\quad \boldsymbol{GH}]=\left[\begin{bmatrix}1\\1\end{bmatrix}\quad\begin{bmatrix}a & 0\\-1 & b\end{bmatrix}\begin{bmatrix}1\\1\end{bmatrix}\right]=\begin{bmatrix}1 & a\\1 & b-1\end{bmatrix}$$

如果系统是能控的，要求 $\text{rank}\boldsymbol{Q}_C=2$，即 $b-1-a\neq0$。若令 $a=-0.2$，$b=0.8$，则 $b-1-a=0$，此时系统是不能控的。

能观性矩阵 $\boldsymbol{Q}_O$ 为

$$\boldsymbol{Q}_O=[\boldsymbol{C}\quad \boldsymbol{CG}]^{\mathrm{T}}=\left[[-1\quad 1]\quad[-1\quad 1]\begin{bmatrix}a & 0\\-1 & b\end{bmatrix}\right]^{\mathrm{T}}=\begin{bmatrix}-1 & -a-1\\1 & b\end{bmatrix}^{\mathrm{T}}$$

如果系统是能观的，要求 $\text{rank}\boldsymbol{Q}_O=2$，即 $b-1-a\neq0$。

系统的传递函数为

$$G_P(z)=\frac{Y(z)}{U(z)}=\frac{1-(a+1)z^{-1}}{1-az^{-1}}\cdot\frac{1+(1-b)z^{-1}}{1-bz^{-1}}$$

若取 $a=-0.2$，$b=0.8$，则有 $b-1-a=0$，此时系统传递函数为

$$G_P(z)=\frac{Y(z)}{U(z)}=\frac{1-0.8z^{-1}}{1+0.2z^{-1}}\cdot\frac{1+0.2z^{-1}}{1-0.8z^{-1}}=1$$

可见，系统发生了全部零、极点对消现象。进一步还可求得

$$\frac{X_2(z)}{U(z)}=\frac{1-0.8z^{-1}}{1+0.2z^{-1}}\cdot\frac{z^{-1}}{1-0.8z^{-1}}=\frac{1}{z+0.2}$$

上式表明，$X_2(z)$ 作为输出，其中模态 $(0.8)^k$ 并不受 $u(k)$ 的控制，所以是不可控的。如求 $X_1(z)$ 与 $Y(z)$ 之间的传递函数，则得

$$\frac{X_1(z)}{Y(z)}=\frac{X_1(z)}{U(z)}\cdot\frac{U(z)}{Y(z)}=\frac{1}{z+0.8}$$

可见，模态 $(-0.2)^k$ 并不出现在输出 $Y(z)$ 中，所以是不能观的。

7.2.3　离散系统能控能观性与采样周期的关系

由连续系统采样得到的离散系统，其控制作用及输出均是连续系统控制及输出的子集，为了使采样后所得系统是能控能观的，原连续系统必须是能控能观的。但是，由于采样所得到离散系统的状态方程中的 $\boldsymbol{G}$ 及 $\boldsymbol{H}$ 均是采样周期 T 的函数，所以，采样周期会影响离散系统的能控性，即使连续系统是能控能观的，采样后的离散系统也可能变成不能控不能观的。对于这样的采样系统的能控性与能观性，在此给出下述结论。

1）若原连续系统是能控能观的，经过采样后，系统能控能观的充分条件是，对连续系统任意 2 个相异特征根 λ_p、λ_q，下式应成立：

$$\lambda_p-\lambda_q\neq \mathrm{j}\frac{2\pi k}{T}=\mathrm{j}k\omega_s,\qquad k=\pm1,\pm2,\cdots \tag{7-26}$$

如果系统是单输入单输出系统，上述条件也是必要的。从上述条件可以看到，当连续系统的特征多项式无复根时，采样系统必定仍是能控能观的。

2）若已知采样系统是能控能观的，原连续系统一定也是能控能观的。

由式（7-26）可知，采样系统能否保持能控能观性，除与系统本身特性有关外，还与采样周期密切相关。如果采样周期 T 选取不当，系统将失去能控性或能观性。所以，

在对连续系统实现计算机控制时，一旦给定采样周期 T，原则上应检查采样系统的能控性与能观性。

7.3 离散系统的状态反馈控制器设计

微课：离散系统的状态反馈控制器设计

状态反馈控制的实质是根据离散系统的状态变量综合出控制律，其结构形式为具有反馈的闭环形式，即控制律依赖于系统的实际响应。由于状态变量含有系统行为的全部信息，所以采用状态反馈控制可以得到较好的控制效果。

7.3.1 离散系统的状态反馈

给定离散系统状态方程为

$$\begin{cases}\boldsymbol{x}(k+1)=\boldsymbol{G}\boldsymbol{x}(k)+\boldsymbol{H}u(k)\\ \boldsymbol{y}(k)=\boldsymbol{C}\boldsymbol{x}(k)+\boldsymbol{D}u(k)\end{cases} \tag{7-27}$$

离散系统的状态空间模型框图如图 7-1 所示。若采用线性状态反馈控制，控制作用可表示为

$$u(k)=-\boldsymbol{K}\boldsymbol{x}(k)+\boldsymbol{L}r(k) \tag{7-28}$$

式中，$r(k)$表示参考输入。一般取 $\boldsymbol{L}=\boldsymbol{I}$，此时将式（7-28）代入式（7-27）中，构成如图 7-2 所示的闭环系统，可以表述为

$$\begin{cases}\boldsymbol{x}(k+1)=[\boldsymbol{G}-\boldsymbol{H}\boldsymbol{K}]\boldsymbol{x}(k)+\boldsymbol{H}r(k)\\ \boldsymbol{y}(k)=[\boldsymbol{C}-\boldsymbol{D}\boldsymbol{K}]\boldsymbol{x}(k)+\boldsymbol{D}r(k)\end{cases} \tag{7-29}$$

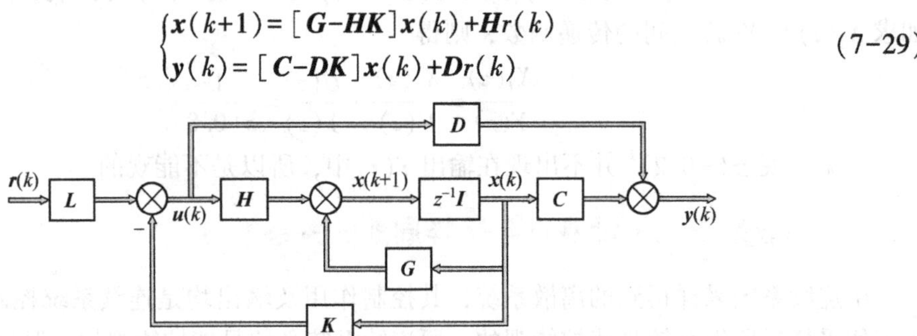

图 7-2 状态反馈闭环系统结构框图

由于引入了状态反馈，整个闭环系统特性发生了变化，由式（7-29）可知：

1）闭环系统的特征方程由 $\boldsymbol{G}-\boldsymbol{H}\boldsymbol{K}$ 决定，系统的阶次不改变。由于闭环系统稳定性取决于它的特征根，所以，通过选择状态反馈增益 $\boldsymbol{K}$，可以改变系统的稳定性。

2）闭环系统的能控性由$[\boldsymbol{G}-\boldsymbol{H}\boldsymbol{K}\quad \boldsymbol{H}]$决定，可以证明，如果开环系统是能控的，则闭环系统也是能控的，反之亦然。

3）闭环系统的能观性由 $\boldsymbol{G}-\boldsymbol{H}\boldsymbol{K}$ 及 $\boldsymbol{C}-\boldsymbol{D}\boldsymbol{K}$ 决定。如果开环系统是能控能观的，加入状态反馈控制后，由于 $\boldsymbol{K}$ 的选取不同，闭环系统可能不能观。

4）状态反馈时闭环系统特征方程为 $\Delta(z)=\det[z\boldsymbol{I}-\boldsymbol{G}+\boldsymbol{H}\boldsymbol{K}]=0$。可见，状态反馈增益矩阵 $\boldsymbol{K}$ 决定了闭环系统的特征根。可以证明，如果系统是完全能控的，通过选择 $\boldsymbol{K}$ 阵可以任意配置闭环系统的特征根。

5）状态反馈不能改变或配置系统的零点。

7.3.2 离散系统的极点配置

极点配置法的基本思想是，根据性能要求确定闭环系统的期望极点位置，然后根据期望的极点位置确定反馈增益矩阵 $\boldsymbol{K}$。对于式（7-27）所示系统，假设系统是 n 维的，控制输入矩阵是 m 维的，反馈增益矩阵 $\boldsymbol{K}$ 将是 $m\times n$ 维的。由于 n 阶系统共有 n 个极点，所以反馈增益阵 $\boldsymbol{K}$ 中的 $m\times n$ 个元素不能唯一地由 n 个极点确定，其中的 $m\times n-n$ 个元素可任意选定。若系统是单输入系统，则反馈增益矩阵 $\boldsymbol{K}$ 是一行向量，可由 n 个极点唯一确定。本节以系统匹配法为例，讨论单输入系统的极点配置方法。

若给定闭环系统期望特征根为

$$z_i=\beta_i,\quad i=1,2,\cdots,n \tag{7-30}$$

则它的期望特征方程为

$$\alpha_c(z)=(z-\beta_1)(z-\beta_2)\cdots(z-\beta_n)=0 \tag{7-31}$$

而状态反馈闭环系统的特征方程为

$$\det[z\boldsymbol{I}-\boldsymbol{G}+\boldsymbol{HK}]=0 \tag{7-32}$$

若令式（7-31）和式（7-32）中对应项的系数相等，可得到 n 个代数方程，从而可求得 n 个未知系数 K_i。

[例 7-5] 设一连续系统的状态方程为

$$\begin{bmatrix}\dot{x}_1(t)\\ \dot{x}_2(t)\end{bmatrix}=\begin{bmatrix}0 & 1\\ 0 & 0\end{bmatrix}\begin{bmatrix}x_1(t)\\ x_2(t)\end{bmatrix}+\begin{bmatrix}0\\ 1\end{bmatrix}u(t)$$

$$y(t)=[1\quad 0]\begin{bmatrix}x_1(t)\\ x_2(t)\end{bmatrix}$$

离散化后得到的状态方程为

$$\begin{bmatrix}x_1((k+1)T)\\ x_2((k+1)T)\end{bmatrix}=\begin{bmatrix}1 & T\\ 0 & 1\end{bmatrix}\begin{bmatrix}x_1(kT)\\ x_2(kT)\end{bmatrix}+\begin{bmatrix}T^2/2\\ T\end{bmatrix}u(kT)$$

式中，T 是采样周期。取状态变量的反馈控制为

$$u(kT)=-[K_1x_1(kT)+K_2x_2(kT)]$$

于是，得到闭环系统的状态方程为

$$\boldsymbol{x}[(k+1)T]=\begin{bmatrix}1-K_1T^2/2 & T-K_2T^2/2\\ -K_1T & 1-K_2T\end{bmatrix}\boldsymbol{x}(kT)$$

闭环系统特征方程为

$$|z\boldsymbol{I}-\boldsymbol{G}+\boldsymbol{HK}|=z^2+(K_1T^2/2+K_2T-2)z+K_1T^2/2-TK_2+1=0$$

而预期闭环系统特征方程为

$$\alpha_c(z)=z^2+\alpha_1z_1+\alpha_2=0$$

令闭环系统特征方程与预期闭环系统特征方程对应项的系数相等，得到两个方程：

$$TK_2+K_1T^2/2-2=\alpha_1$$

$$K_1T^2/2-TK_2+1=\alpha_2$$

进一步解得

$$K_1=\frac{1}{T^2}(1+\alpha_1+\alpha_2)$$

$$K_2=\frac{1}{2T}(3+\alpha_1-\alpha_2)$$

在 MATLAB 控制工具箱中，有极点配置子程序，可以用命令的形式，直接求取离散系统的状态反馈增益矩阵 K。该命令格式为 K=place(G,H,p)

将例 7-5 中的采样周期取为 1，系统期望的极点取为 $z=0.5\pm j0.5$。具体代码如下。

```
% MATLAB PROGRAM 7.3
    A=[0 1;0 0];B=[0;1];T=1;
    [G H]=c2d(A,B,T); % 将系统离散化
    M=[H G*H];
    rank(M)% 检验系统是否可以任意配置极点
    p=[0.5+0.5*j 0.5-0.5j];
    K=place(G,H,p) % 配置系统极点
    结果是:
    G =
          1     1
          0     1
    H =
         0.5000
         1.0000
    rank(M)=2 % 系统可以任意配置极点
    K =
         0.5000    0.7500
```

7.4 离散系统的状态观测器设计

在实际工程中，不论是单输入系统还是多输入系统，要实现全状态反馈都比较困难，原因在于要测量所有的状态比较困难，而且也不经济。为了实现状态反馈，除了可以利用部分状态反馈或输出反馈外，最常用的方法是利用状态观测器来观测和估计系统的状态。

7.4.1 系统状态的开环估计

给定系统的状态方程为

$$\begin{cases}\boldsymbol{x}(k+1)=\boldsymbol{G}\boldsymbol{x}(k)+\boldsymbol{H}u(k)\\ y(k)=\boldsymbol{C}\boldsymbol{x}(k)+\boldsymbol{D}u(k)\end{cases} \tag{7-33}$$

要观测系统的状态，最简单方法是构造系统的一个模型

$$\hat{\boldsymbol{x}}(k+1)=\boldsymbol{G}\hat{\boldsymbol{x}}(k)+\boldsymbol{H}u(k) \tag{7-34}$$

$\hat{\boldsymbol{x}}$是状态观测器估计的系统向量，为使估计的状态准确，模型的参数和初始条件应当与真实系统基本一致。开环估计器的结构框图如图 7-3 所示。

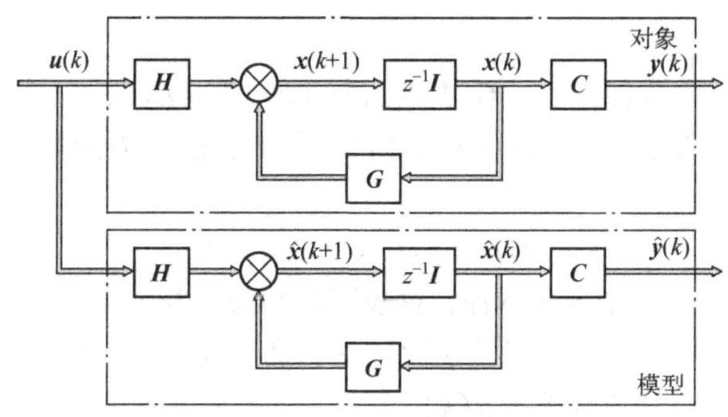

图 7-3　开环估计器结构框图

若令观测误差为

$$\tilde{\boldsymbol{x}}=\boldsymbol{x}-\hat{\boldsymbol{x}} \tag{7-35}$$

则观测误差的状态方程为

$$\tilde{\boldsymbol{x}}(k+1)=\boldsymbol{G}\tilde{\boldsymbol{x}}(k) \tag{7-36}$$

由该式可见，开环估计时，观测误差$\tilde{\boldsymbol{x}}$的转移矩阵是原系统的转移矩阵 $\boldsymbol{G}$，这是不希望的。因为在实际系统中，观测误差$\tilde{\boldsymbol{x}}$总是存在的。如果原系统是不稳定的，那么观测误差$\tilde{\boldsymbol{x}}$将随着时间的推移而发散；如果矩阵 $\boldsymbol{G}$ 的模态收敛很慢，观测值$\hat{\boldsymbol{x}}(k)$也不能很快收敛到 $\boldsymbol{x}(k)$的值，将影响观测效果。由于开环估计只利用了原系统的输入信号 $u(k)$，并没有利用原系统可测量的输出信号，就使人们去构造一种闭环估计器，以便利用原系统输出与估计器输出之间的误差修正模型的输入。

7.4.2　全维状态观测器设计

为了克服开环估计的缺点，可以利用输出误差来修正模型的输入，构成闭环估计。根据所利用输出值的不同，有两种方法可实现状态闭环估计：一种是利用 $y(k-1)$的值来估计状态 $\boldsymbol{x}(k)$的值，称为预测观测器；另一种是利用当前测量值 $y(k)$估计 $\boldsymbol{x}(k)$的值，称为当前值观测器。

1. 预测观测器

预测观测器的基本思想是根据测量的输出值 $y(k)$去预估下一时刻的状态$\hat{\boldsymbol{x}}(k+1)$，其闭环状态估计器结构框图如图 7-4 所示。

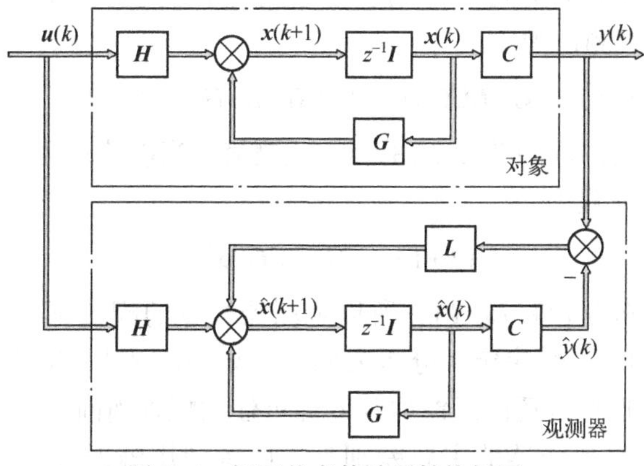

图 7-4　闭环状态估计器结构框图

该观测器的方程为

$$\hat{\boldsymbol{x}}(k+1)=[\boldsymbol{G}-\boldsymbol{LC}]\hat{\boldsymbol{x}}(k)+\boldsymbol{H}u(k)+\boldsymbol{L}y(k) \tag{7-37}$$

因为观测值$\hat{\boldsymbol{x}}(k+1)$是在测量值$y(k+1)$之前求得的，故称为预测观测器。

观测误差方程为

$$\tilde{\boldsymbol{x}}(k+1)=[\boldsymbol{G}-\boldsymbol{LC}]\tilde{\boldsymbol{x}}(k) \tag{7-38}$$

可见，式（7-38）是一个齐次方程，这表明观测误差与$u(k)$无关，而且观测误差的动态特性由$\boldsymbol{G}-\boldsymbol{LC}$决定。如果$\boldsymbol{G}-\boldsymbol{LC}$是快速收敛的，那么对任何初始误差$\tilde{\boldsymbol{x}}(0)$、$\tilde{\boldsymbol{x}}(k)$将快速收敛于零，即观测值$\hat{\boldsymbol{x}}(k)$快速收敛于$\boldsymbol{x}(k)$。

状态观测器里的观测误差主要由以下几个方面的原因造成：

1）模型参数与真实系统的参数不一致。

2）观测器的初始条件与对象的真实初始状态不一致。

3）对象经常受到各种干扰的影响，对象的输出中也经常包含各种测量噪声。

设计观测器的基本问题是要及时地求得状态的精确估计值，也就是要使观测误差能尽快地趋于零或最小值。从式（7-38）可见，合理地确定增益$\boldsymbol{L}$矩阵可以使观测器子系统的极点位于给定的位置，加快观测误差的收敛速度。

在给定了观测器期望极点后，确定增益$\boldsymbol{L}$的问题与配置极点设计反馈控制规律的问题相同，是对偶关系。如取$\boldsymbol{G}\to\boldsymbol{G}^{\mathrm{T}},\boldsymbol{H}\to\boldsymbol{C}^{\mathrm{T}},\boldsymbol{K}\to\boldsymbol{L}^{\mathrm{T}}$，在设计观测器时，根据Ackermann公式法，由转置方式和式（7-33）可直接得出：

$$\boldsymbol{L}=\alpha_{\mathrm{o}}(\boldsymbol{G})\boldsymbol{W}_{\mathrm{o}}^{-1}[0\quad 0\quad \cdots\quad 1]^{\mathrm{T}} \tag{7-39}$$

式中，α_{o}是观测器期望特征多项式，它由给定的期望极点确定；$\boldsymbol{W}_{\mathrm{o}}$为给定系统的能观性矩阵。

2. 当前值观测器

用预测观测器估计系统状态，将产生一步的延迟，也就是说，如果将估计的状态$\hat{\boldsymbol{x}}(k)$用于产生当前的控制$u(k)$，那么$u(k)$与当前的观测误差无关，因此精度较差。为此，可以构造当前值观测器，它的具体算法如下。

若已有了k时刻的观测值$\hat{\boldsymbol{x}}(k)$，根据系统模型可以预测下一时刻系统的状态为

$$\bar{\boldsymbol{x}}(k+1)=\boldsymbol{G}\hat{\boldsymbol{x}}(k)+\boldsymbol{H}u(k) \tag{7-40}$$

测量$(k+1)$时刻系统的输出值$y(k+1)$，并用观测误差$[y(k+1)-\boldsymbol{C}\bar{\boldsymbol{x}}(k+1)]$修正预测值，从而得到$(k+1)$时刻的观测值为

$$\hat{\boldsymbol{x}}(k+1)=[\boldsymbol{G}-\boldsymbol{LCG}]\hat{\boldsymbol{x}}(k)+[\boldsymbol{H}-\boldsymbol{LCH}]u(k)+\boldsymbol{L}y(k+1) \tag{7-41}$$

式中，$\boldsymbol{L}$仍为观测器增益；$\hat{\boldsymbol{x}}(k)$为$\boldsymbol{x}(k)$的当前观测值。当前值观测器的结构如图7-5所示。则当前值观测器的误差方程为

$$\tilde{\boldsymbol{x}}(k+1)=[\boldsymbol{G}-\boldsymbol{LCG}]\tilde{\boldsymbol{x}}(k) \tag{7-42}$$

由于上式的转移矩阵是$[\boldsymbol{G}-\boldsymbol{LCG}]$，所以观测器极点的配置不是由$[\boldsymbol{G}\quad\boldsymbol{C}]$的能观性决定，而是由$[\boldsymbol{G}\quad\boldsymbol{CG}]$的能观性决定。分析表明，如果$[\boldsymbol{G}\quad\boldsymbol{C}]$是能观的，那么$[\boldsymbol{G}\quad\boldsymbol{CG}]$也必定是能观的。因此，选择合适的反馈增益$\boldsymbol{L}$即可任意配置当前值观测器的极点。

当前值观测器与预测观测器的主要差别是，后者利用陈旧的测量值$y(k)$产生观测值$\hat{\boldsymbol{x}}(k+1)$，而前者利用当前测量值$y(k+1)$产生$\hat{\boldsymbol{x}}(k+1)$，并进而计算控制作用。

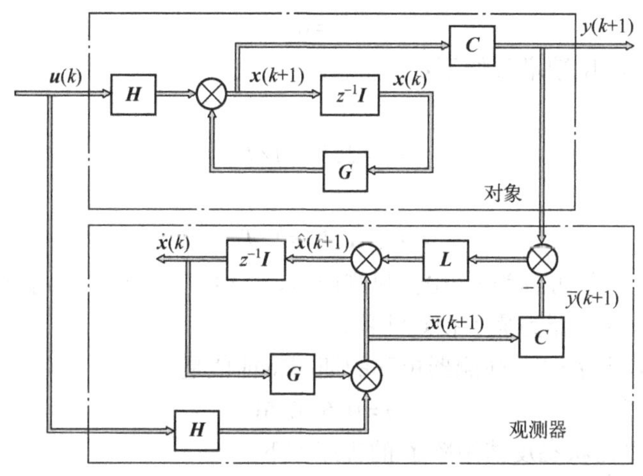

图 7-5 当前值观测器结构框图

现举例对当前值观测器与预测观测器进行比较说明。

[例 7-6] 设离散系统的状态方程如式（7-21）所示，且有

$$\boldsymbol{G}=\begin{bmatrix}1 & T\\0 & 1\end{bmatrix},\quad \boldsymbol{H}=\begin{bmatrix}T^2/2\\T\end{bmatrix},\quad \boldsymbol{C}=[1\quad 0]$$

先计算预测观测器，有

$$[\boldsymbol{G}-\boldsymbol{LC}]=\begin{bmatrix}1 & T\\0 & 1\end{bmatrix}-\begin{bmatrix}L_1\\L_2\end{bmatrix}[1\quad 0]=\begin{bmatrix}1-L_1 & T\\-L_2 & 1\end{bmatrix}$$

所以，预测观测器的特征方程为

$$z^2-(2-L_1)z+1-L_1+L_2T=0$$

若观测器期望的特征方程为

$$z^2+\alpha_1 z+\alpha_2=0$$

由上述两个方程对应项系数相等，可得

$$L_1=2+\alpha_1,\qquad L_2=(1+\alpha_1+\alpha_2)/T$$

再计算当前值观测器，由于

$$[\boldsymbol{G}-\boldsymbol{LCG}]=\begin{bmatrix}1 & T\\0 & 1\end{bmatrix}-\begin{bmatrix}L_1\\L_2\end{bmatrix}[1\quad 0]\begin{bmatrix}1 & T\\0 & 1\end{bmatrix}=\begin{bmatrix}1-L_1 & T-L_1T\\-L_2 & 1-L_2T\end{bmatrix}$$

所以，当前值观测器的特征方程为

$$z^2+(L_1+L_2T-2)z+(1-L_1)=0$$

若期望的特征方程仍为

$$z^2+\alpha_1 z+\alpha_2=0$$

由上述两个方程对应项系数相等，可得

$$L_1=1-\alpha_2,\ L_2=(1+\alpha_1+\alpha_2)/T$$

期望特征方程的系数应由给定的极点位置来确定。如果要求观测器的极点均位于 z 平面的原点，那么在上面的期望特征方程中有 $\alpha_1=0,\alpha_2=0$，期望特征方程为

$$z^2=0$$

由此可得观测器的反馈增益如下：

预测观测器：

$$L_1=2, L_2=1/T$$

当前值观测器：

$$L_1=1, L_2=1/T$$

由于观测误差的特征方程为 $z^2=0$，观测误差 $\tilde{\boldsymbol{x}}(k)$ 将在 2 个周期内衰减到零，过渡过程时间最短，故称这种观测器为最少拍观测器。

在例 7-6 中，若令 $T=1$，观测器矩阵的期望特征值是

$$z=0.5\pm0.5\mathrm{j}$$

则 MATLAB 求取观测器状态反馈矩阵 $\boldsymbol{L}$ 的程序如下：

```
% MATLAB PROGRAM 7.4 全维观测器
   预测观测器
   G=[1 1;0 1];H=[0.5;1];C=[1 0];
   p=[0.5+0.5j 0.5-0.5j];
   K=place(G',C',p);L=K'
   结果为:
   L =
      1.0000
      0.5000
   % 当前观测器
   G=[1 1;0 1];H=[0.5;1];C=[1 0];
   p=[0.5+0.5j 0.5-0.5j];M=C*G;
   K=place(G',M',p);L=K';
   结果为:
   L =
      0.5000
      0.5000
```

7.4.3 降维状态观测器设计

全维状态观测器利用输出测量值观测系统全部状态，但实际上，测量值本身就包含了系统的某些状态，为什么不直接利用这些状态而要观测全部状态呢？主要原因是测量值常常受到比较严重的噪声污染，而采用观测器可以起到滤波作用。如果噪声干扰不严重，当然可以直接利用测量值，此时只需观测部分状态变量，使观测器简化，这种观测器称为降维状态观测器。

假设系统有 p 个状态可直接测量，那么仅有 $q=n-p$ 个状态需要观测。现将状态变量分成两部分，一部分是可以直接测量的，用 $\boldsymbol{x}_1$ 表示，另一部分是需要观测的，用 $\boldsymbol{x}_2$ 表示。此时状态 $\boldsymbol{x}(k)$ 可表示为

$$\boldsymbol{x}(k)=\begin{bmatrix}\boldsymbol{x}_1(k)\\ \boldsymbol{x}_2(k)\end{bmatrix}\begin{matrix}\}\ p\\ \}\ q=n-p\end{matrix} \tag{7-43}$$

整个系统状态方程可表示为

$$\begin{cases}\begin{bmatrix}\boldsymbol{x}_1(k+1)\\\boldsymbol{x}_2(k+1)\end{bmatrix}=\begin{bmatrix}\boldsymbol{G}_{11}&\boldsymbol{G}_{12}\\\boldsymbol{G}_{21}&\boldsymbol{G}_{22}\end{bmatrix}\begin{bmatrix}\boldsymbol{x}_1(k)\\\boldsymbol{x}_2(k)\end{bmatrix}+\begin{bmatrix}\boldsymbol{H}_1\\\boldsymbol{H}_2\end{bmatrix}u(k)\\ y(k)=[\boldsymbol{I}\quad 0]\begin{bmatrix}\boldsymbol{x}_1(k)\\\boldsymbol{x}_2(k)\end{bmatrix}\end{cases}\tag{7-44}$$

由式（7-44）可得

$$\boldsymbol{x}_2(k+1)=\boldsymbol{G}_{22}\boldsymbol{x}_2(k)+\boldsymbol{G}_{21}\boldsymbol{x}_1(k)+\boldsymbol{H}_2u(k)\tag{7-45}$$

其中，后两项 $\boldsymbol{G}_{21}\boldsymbol{x}_1(k)+\boldsymbol{H}_2(k)u(k)$ 能直接测得，可以看作是输入作用。由式（7-44）又可得到

$$\boldsymbol{x}_1(k+1)-\boldsymbol{G}_{11}\boldsymbol{x}_1(k)-\boldsymbol{H}_1u(k)=\boldsymbol{G}_{12}\boldsymbol{x}_2(k)\tag{7-46}$$

该式左端各项均已知，可以看作是输出量。由此可见，式（7-45）和式（7-46）组成了一个降维系统，前者是系统的动态方程，后者是输出方程。因此，可以利用全维状态观测器的设计方法。该系统与全维状态预测观测器中各变量及矩阵的对应关系见表 7-1。

表 7-1　全维状态预测观测器与降维状态观测器对比

全维状态预测观测器	降维状态观测器
$\boldsymbol{x}(k)$	$\boldsymbol{x}_2(k)$
$\boldsymbol{G}$	$\boldsymbol{G}_{22}$
$\boldsymbol{H}u(k)$	$\boldsymbol{G}_{21}\boldsymbol{x}_1(k)+\boldsymbol{H}_2u(k)$
$y(k)$	$\boldsymbol{x}_1(k+1)-\boldsymbol{G}_{11}\boldsymbol{x}_1(k)-\boldsymbol{H}_1u(k)$
$\boldsymbol{C}$	$\boldsymbol{G}_{12}$

由上述对应关系可得降维状态观测器方程

$$\begin{aligned}\hat{\boldsymbol{x}}_2(k+1)=&[\boldsymbol{G}_{22}-\boldsymbol{L}\boldsymbol{G}_{12}]\hat{\boldsymbol{x}}_2(k)+[\boldsymbol{G}_{21}-\boldsymbol{L}\boldsymbol{G}_{11}]y(k)\\&+[\boldsymbol{H}_2-\boldsymbol{L}\boldsymbol{H}_1]u(k)+\boldsymbol{L}y(k+1)\end{aligned}\tag{7-47}$$

在表 7-1 中，$\boldsymbol{x}_1(k+1)$是作为测量值使用的，所以，虽然用的是预测观测器方程，但推得的结果已是当前值观测器。

还可求得观测误差方程为

$$\tilde{\boldsymbol{x}}_2(k+1)=\boldsymbol{x}_2(k+1)-\hat{\boldsymbol{x}}_2(k+1)=[\boldsymbol{G}_{22}-\boldsymbol{L}\boldsymbol{G}_{12}]\tilde{\boldsymbol{x}}_2(k)\tag{7-48}$$

式中，$\boldsymbol{L}$ 仍为观测器增益。对单输入离散系统，根据表 7-1，其 Ackermann 公式法的解为

$$\boldsymbol{L}=\alpha_0(\boldsymbol{G}_{22})\begin{bmatrix}\boldsymbol{G}_{12}\\\boldsymbol{G}_{12}\boldsymbol{G}_{22}\\\vdots\\\boldsymbol{G}_{12}\boldsymbol{G}_{22}^{q-2}\\\boldsymbol{G}_{12}\boldsymbol{G}_{22}^{q-1}\end{bmatrix}^{-1}\begin{bmatrix}0\\0\\\vdots\\0\\1\end{bmatrix}\tag{7-49}$$

如果系统全维状态观测器存在，那么降维状态观测器必定存在。

7.5 带状态观测器的离散系统状态反馈控制器设计

当无法由系统的输出直接获取系统状态时，可通过建立状态观测器计算系统的实时状态。通过观测器计算的系统状态向量替换全状态反馈控制中系统实际的状态向量。全状态反馈控制律与状态观测器组合起来构成了一个完整的控制系统，如图 7-6 所示。

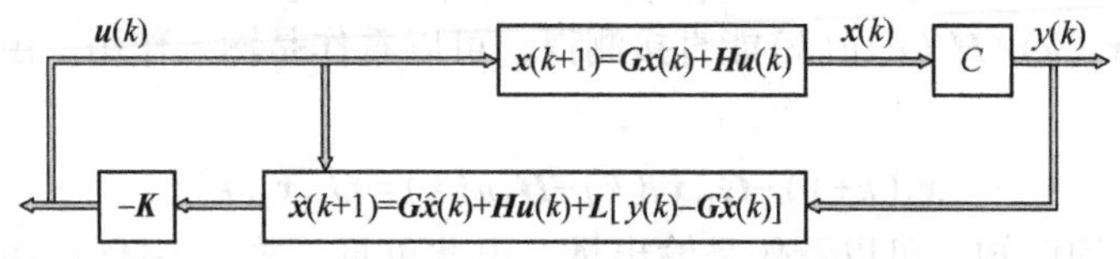

图 7-6　带状态观测器的闭环控制系统结构框图

被控对象方程为

$$\begin{cases}\boldsymbol{x}(k+1)=\boldsymbol{G}\boldsymbol{x}(k)+\boldsymbol{H}u(k)\\ y(k)=\boldsymbol{C}\boldsymbol{x}(k)\\ u(k)=-\boldsymbol{K}\hat{\boldsymbol{x}}(k)\end{cases}\tag{7-50}$$

其中反馈状态$\hat{\boldsymbol{x}}(k)$由观测器产生，它可表示为

$$\hat{\boldsymbol{x}}(k)=\boldsymbol{x}(k)-\widetilde{\boldsymbol{x}}(k)\tag{7-51}$$

若采用预测观测器，观测误差的状态方程为

$$\widetilde{\boldsymbol{x}}(k+1)=[\boldsymbol{G}-\boldsymbol{L}\boldsymbol{C}]\widetilde{\boldsymbol{x}}(k)\tag{7-52}$$

联立上述各方程，可得组合系统状态方程为

$$\begin{cases}\begin{bmatrix}\widetilde{\boldsymbol{x}}(k+1)\\ \boldsymbol{x}(k+1)\end{bmatrix}=\begin{bmatrix}\boldsymbol{G}-\boldsymbol{L}\boldsymbol{C} & 0\\ \boldsymbol{H}\boldsymbol{K} & \boldsymbol{G}-\boldsymbol{H}\boldsymbol{K}\end{bmatrix}\begin{bmatrix}\widetilde{\boldsymbol{x}}(k)\\ \boldsymbol{x}(k)\end{bmatrix}\\ y(k)=[0\quad \boldsymbol{C}]\begin{bmatrix}\widetilde{\boldsymbol{x}}(k)\\ \boldsymbol{x}(k)\end{bmatrix}\end{cases}\tag{7-53}$$

该系统的特征方程为

$$\det\begin{bmatrix}z\boldsymbol{I}-\boldsymbol{G}+\boldsymbol{L}\boldsymbol{C} & 0\\ -\boldsymbol{H}\boldsymbol{K} & z\boldsymbol{I}-\boldsymbol{G}+\boldsymbol{H}\boldsymbol{K}\end{bmatrix}=0\tag{7-54}$$

由于上式行列式中右上角为零，所以有

$$\det[z\boldsymbol{I}-\boldsymbol{G}+\boldsymbol{L}\boldsymbol{C}]\det[z\boldsymbol{I}-\boldsymbol{G}+\boldsymbol{H}\boldsymbol{K}]=\alpha_c(z)\alpha_o(z)=0\tag{7-55}$$

式（7-55）表明，组合系统的阶次为 $2n$，它的特征方程由观测器及闭环系统的特征方程组成，反馈增益 $\boldsymbol{K}$ 只影响反馈控制系统的特征根，观测器反馈增益 $\boldsymbol{L}$ 只影响观测器系统特征根。这说明控制器与观测器可以分开设计，组合后各自极点不变，这就是通常所说的分离原理。

把观测器系统与控制规律组合起来，构成控制器。闭环系统的状态方程可表示为

$$\begin{cases}\hat{\boldsymbol{x}}(k+1)=[\boldsymbol{G}-\boldsymbol{H}\boldsymbol{K}-\boldsymbol{L}\boldsymbol{C}]\hat{\boldsymbol{x}}(k)+\boldsymbol{L}y(k)\\ u(k)=-\boldsymbol{K}\hat{\boldsymbol{x}}(k)\end{cases}\tag{7-56}$$

闭环系统的特征方程可表示为

$$\det[z\boldsymbol{I}-\boldsymbol{G}+\boldsymbol{HK}+\boldsymbol{LC}]=0 \tag{7-57}$$

对单输入单输出系统，控制器可以看作是一个数字滤波器。

[例 7-7] 对例 7-6 所示系统，试设计降维状态观测器，并设 $x_1(k)$ 是实际可以测量的状态，令 $T=0.1\,\mathrm{s}$，系统期望闭环极点为 $z_{1,2}=0.8\pm\mathrm{j}0.25$。

解：已知系统期望的闭环极点为

$$z_{1,2}=0.8\pm\mathrm{j}0.25$$

可求得反馈增益为 $\boldsymbol{K}=[1\quad 3.5]$。

因为该系统为二阶系统，降维状态观测器是一阶环节。考虑到闭环系统的极点要求，可以选择观测器极点比控制器极点快 4 倍，从而得到观测器期望极点为 $z_0=0.5$，期望特征方程为

$$\alpha_o(z)=z-0.5$$

由降维状态观测器方程可得

$$\hat{x}_2(k+1)=\hat{x}_2(k)+0.1u(k)+L[y(k+1)-y(k)-0.005u(k)-0.1\hat{x}_2(k)]$$

观测器增益 L 可利用系数匹配法确定，即

$$\det[z-G_{22}+LG_{12}]=z-1+0.1L=z-0.5$$

由此可求得 $L=5$。又因为

$$u(k)=-10x_1(k)-3.5\hat{x}_2(k)=-10y(k)-3.5\hat{x}_2(k)$$

所以，可得下述降维状态观测器方程：

$$\hat{x}_2(k+1)=0.238\hat{x}_2(k)+5y(k+1)-5.75y(k)$$

对上面两式做 z 变换，可得

$$U(z)=-10Y(z)-3.5\hat{X}_2(z)$$

$$z\hat{X}_2(z)=0.238\hat{X}_2(z)+5zY(z)-5.75Y(z)$$

于是有

$$\hat{X}_2(z)=\frac{5z-5.75}{z-0.238}Y(z)$$

进一步可以得到

$$U(z)=-10Y(z)-3.5\,\frac{5z-5.75}{z-0.238}Y(z)$$

那么

$$D(z)=\frac{U(z)}{Y(z)}=-27.5\,\frac{z-0.814}{z-0.238}$$

具体代码如下。

```
% MATLAB PROGRAM 7.5 降维状态观测器
    G=[1 1;0.1 1];H=[0.005;1];
    C=[1 0];G11=1;
    G12=0.1;G21=0;G22=1;
    P=0.5
    L=place(G22,G12,p);
    结果为:L=5
```

7.6 线性二次型最优控制器设计

线性二次型控制（Linear Quadratic Regular，LQR）取被控对象的状态空间表达式系统变量和控制变量的二次函数的积分作为性能指标函数，以此性能指标评价线性系统性能的最优控制问题。线性二次型问题的最优控制是一个简单的线性状态反馈控制，其最优反馈增益矩阵的解可以化为 Riccati 方程求解，且以 LQR 作为控制器的系统拥有 60°的相角裕度与 $\left(\frac{1}{2},\infty\right)$ 的幅值裕度，因此线性二次型最优控制理论在实际工程中得到了广泛的应用。

7.6.1 有限时间状态调节器

根据 7.1 节推导，线性时不变离散系统的状态空间最小实现可写为

$$\begin{cases}\boldsymbol{x}(k+1)=\boldsymbol{G}x(k)+\boldsymbol{H}u(k)\\ y(k)=\boldsymbol{C}x(k)\end{cases} \tag{7-58}$$

在二次型最优控制中，将零状态取为平衡状态，优化目标是系统以输出功率尽量小且在最优的控制序列 $u^*(k)$ 下使被控对象的状态变量 x 保持在平衡状态。为了实现控制系统的优化目标，引入二次型最优性能指标

$$J=\frac{1}{2}\boldsymbol{x}^{\mathrm{T}}(N)\boldsymbol{S}\boldsymbol{x}(N)+\frac{1}{2}\sum_{k=0}^{N-1}\left[\boldsymbol{x}^{\mathrm{T}}(k)\boldsymbol{Q}\boldsymbol{x}(k)+\boldsymbol{u}^{\mathrm{T}}(k)\boldsymbol{R}u(k)\right] \tag{7-59}$$

式中，$\boldsymbol{Q}$、$\boldsymbol{S}$ 为 $n\times n$ 维度正定或半正定实对称矩阵，$\boldsymbol{R}$ 为 $r\times r$ 维度正定实对称矩阵。$\boldsymbol{Q}$、$\boldsymbol{S}$、$\boldsymbol{R}$ 为加权矩阵，反映了系统状态向量 $\boldsymbol{x}(k)$，控制量 $u(k)$、终端状态向量 $\boldsymbol{x}(N)$ 在二次型最优性能指标中的权重。若为无限时间状态调节器，即 $N\to\infty$，终端状态向量 $\boldsymbol{x}(N)$ 收敛至平衡点，则 $\boldsymbol{x}^{\mathrm{T}}(N)\boldsymbol{S}\boldsymbol{x}(N)$ 可从式（7-59）中去掉。若为有限时间状态调节器，终端状态向量 $\boldsymbol{x}(N)$ 在式（7-59）中表达了对终端状态的加权，希望 $\boldsymbol{x}(N)$ 尽可能地接近平衡点。

有限时间状态调节器的二次型最优控制可写为

$$\min J=\frac{1}{2}\sum_{k=0}^{N-1}\left[\boldsymbol{x}^{\mathrm{T}}(k)\boldsymbol{Q}\boldsymbol{x}(k)+\boldsymbol{u}^{\mathrm{T}}(k)\boldsymbol{R}u(k)\right],\quad \text{s.t. } \boldsymbol{x}(k+1)=\boldsymbol{G}\boldsymbol{x}(k)+\boldsymbol{H}u(k) \tag{7-60}$$

引入拉格朗日乘子 $\lambda(k)$，基于式（7-60），定义哈密尔顿函数

$$H_{\mathrm{Lqr}}(x,u,\lambda)=\frac{1}{2}\left[\boldsymbol{x}^{\mathrm{T}}(k)\boldsymbol{Q}\boldsymbol{x}(k)+\boldsymbol{u}^{\mathrm{T}}(k)\boldsymbol{R}u(k)\right]+\boldsymbol{\lambda}^{\mathrm{T}}(k+1)\left[\boldsymbol{G}\boldsymbol{x}(k)+\boldsymbol{H}u(k)-\boldsymbol{x}(k+1)\right] \tag{7-61}$$

若要最优性能指标 J 取得最小值，需要满足如下必要条件。

控制方程为

$$\frac{\partial H_{\mathrm{Lqr}}}{\partial u(k)}=0\Rightarrow u(k)=-\boldsymbol{R}\boldsymbol{H}^{\mathrm{T}}\lambda(k+1) \tag{7-62}$$

协态方程为

$$\lambda(k)=\frac{\partial H_{\mathrm{Lqr}}}{\partial \boldsymbol{x}(k)}=\boldsymbol{Q}\boldsymbol{x}(k)+\boldsymbol{G}^{\mathrm{T}}\lambda(k+1) \tag{7-63}$$

横截条件为

$$\frac{\partial\left[\frac{1}{2}\boldsymbol{x}^{\mathrm{T}}(N)\boldsymbol{S}x(N)\right]}{\partial x(N)}=\lambda(N)=\boldsymbol{S}x(N) \tag{7-64}$$

设存在实对称矩阵 $\boldsymbol{P}(k)$ 使得

$$\lambda(k)=\boldsymbol{P}(k)\boldsymbol{x}(k) \tag{7-65}$$

将式（7-65）代入协态方程（7-63）中得

$$\boldsymbol{P}(k)\boldsymbol{x}(k)=\boldsymbol{Q}\boldsymbol{x}(k)+\boldsymbol{G}^{\mathrm{T}}\boldsymbol{P}(k+1)\boldsymbol{x}(k+1) \tag{7-66}$$

结合式（7-60）与式（7-62），$\boldsymbol{x}(k+1)$ 可写为

$$\begin{aligned}\boldsymbol{x}(k+1)&=\boldsymbol{G}\boldsymbol{x}(k)-\boldsymbol{H}\boldsymbol{R}^{-1}\boldsymbol{H}^{\mathrm{T}}\boldsymbol{P}(k+1)\boldsymbol{x}(k+1)\\&=[\boldsymbol{I}+\boldsymbol{H}\boldsymbol{R}^{-1}\boldsymbol{H}^{\mathrm{T}}\boldsymbol{P}(k+1)]^{-1}\boldsymbol{G}\boldsymbol{x}(k)\end{aligned} \tag{7-67}$$

将式（7-67）代入式（7-66）可得到代数黎卡提的一个形式：

$$\boldsymbol{P}(k)=\boldsymbol{Q}+\boldsymbol{G}^{\mathrm{T}}\boldsymbol{P}(k+1)[\boldsymbol{I}+\boldsymbol{H}^{\mathrm{T}}\boldsymbol{R}^{-1}\boldsymbol{H}\boldsymbol{P}(k+1)]^{-1}\boldsymbol{G} \tag{7-68}$$

黎卡提方程终端条件满足 $\boldsymbol{P}(N)=S$。基于矩阵求逆引理可得到代数黎卡提的另一个形式：

$$\boldsymbol{P}(k)=\boldsymbol{Q}+\boldsymbol{G}^{\mathrm{T}}\boldsymbol{P}(k+1)\boldsymbol{G}-\boldsymbol{G}^{\mathrm{T}}\boldsymbol{P}(k+1)\boldsymbol{H}[\boldsymbol{R}+\boldsymbol{H}^{\mathrm{T}}\boldsymbol{P}(k+1)\boldsymbol{H}]^{-1}\boldsymbol{H}^{\mathrm{T}}\boldsymbol{P}(k+1)\boldsymbol{G} \tag{7-69}$$

根据式（7-63）、式（7-64）、式（7-69）最优状态反馈控制律 $u^*(k)=\boldsymbol{K}(k)\boldsymbol{x}(k)$ 可写为

$$\boldsymbol{K}(k)=-[\boldsymbol{R}+\boldsymbol{H}^{\mathrm{T}}\boldsymbol{P}(k+1)\boldsymbol{H}]^{-1}\boldsymbol{H}^{\mathrm{T}}\boldsymbol{P}(k+1)\boldsymbol{G} \tag{7-70}$$

［例 7-8］基于离散系统的状态空间最小实现式（7-58），求解有限时间状态调节器 $\boldsymbol{K}(k)$，其矩阵 $\boldsymbol{G},\boldsymbol{H}$ 为

$$\boldsymbol{G}=\begin{bmatrix}0.4588 & -0.2115\\ 1 & 0\end{bmatrix},\ \boldsymbol{H}=\begin{bmatrix}0.0352\\ 0.008\end{bmatrix}$$

$$\boldsymbol{x}(0)=[5\quad 5]$$

解：定义性能评价函数中的 $\boldsymbol{Q}$，$\boldsymbol{R}$，$\boldsymbol{S}$ 如下：

$$\boldsymbol{Q}=\begin{bmatrix}10 & 0\\ 0 & 10\end{bmatrix},\quad \boldsymbol{R}=1,\boldsymbol{S}=\begin{bmatrix}1 & 0\\ 0 & 1\end{bmatrix}$$

设 $N=21$，终端条件满足 $\boldsymbol{P}(N)=\boldsymbol{S}$，则黎卡提方程（7-69）的计算方法为

$$\begin{gathered}\boldsymbol{P}(N-1)=\boldsymbol{Q}+\boldsymbol{G}^{\mathrm{T}}\boldsymbol{P}(N)\boldsymbol{G}-\boldsymbol{G}^{\mathrm{T}}\boldsymbol{P}(N)\boldsymbol{H}[\boldsymbol{R}+\boldsymbol{H}^{\mathrm{T}}\boldsymbol{P}(N)\boldsymbol{H}]^{-1}\boldsymbol{H}^{\mathrm{T}}\boldsymbol{P}(N)\boldsymbol{G}\\ \vdots\\ \boldsymbol{P}(2)=\boldsymbol{Q}+\boldsymbol{G}^{\mathrm{T}}\boldsymbol{P}(3)\boldsymbol{G}-\boldsymbol{G}^{\mathrm{T}}\boldsymbol{P}(3)\boldsymbol{H}[\boldsymbol{R}+\boldsymbol{H}^{\mathrm{T}}\boldsymbol{P}(3)\boldsymbol{H}]^{-1}\boldsymbol{H}^{\mathrm{T}}\boldsymbol{P}(3)\boldsymbol{G}\\ \boldsymbol{P}(1)=\boldsymbol{Q}+\boldsymbol{G}^{\mathrm{T}}\boldsymbol{P}(2)\boldsymbol{G}-\boldsymbol{G}^{\mathrm{T}}\boldsymbol{P}(2)\boldsymbol{H}[\boldsymbol{R}+\boldsymbol{H}^{\mathrm{T}}\boldsymbol{P}(2)\boldsymbol{H}]^{-1}\boldsymbol{H}^{\mathrm{T}}\boldsymbol{P}(2)\boldsymbol{G}\end{gathered}$$

根据式（7-70）得到最优状态反馈控制律 $u^*(k)=\boldsymbol{K}(k)\boldsymbol{x}(k)$ 计算方法为

$$\begin{gathered}\boldsymbol{K}(1)=-[\boldsymbol{R}+\boldsymbol{H}^{\mathrm{T}}\boldsymbol{P}(2)\boldsymbol{H}]^{-1}\boldsymbol{H}^{\mathrm{T}}\boldsymbol{P}(2)\boldsymbol{G}\\ \boldsymbol{K}(2)=-[\boldsymbol{R}+\boldsymbol{H}^{\mathrm{T}}\boldsymbol{P}(3)\boldsymbol{H}]^{-1}\boldsymbol{H}^{\mathrm{T}}\boldsymbol{P}(3)\boldsymbol{G}\\ \vdots\\ \boldsymbol{K}(N)=-[\boldsymbol{R}+\boldsymbol{H}^{\mathrm{T}}\boldsymbol{P}(N+1)\boldsymbol{H}]^{-1}\boldsymbol{H}^{\mathrm{T}}\boldsymbol{P}(N+1)\boldsymbol{G}\end{gathered}$$

其中，矩阵 $\boldsymbol{P}(1)$ 与矩阵 $\boldsymbol{K}(N)$ 为

$$\boldsymbol{P}(1)=\begin{bmatrix}21.71 & 15.45\\ 15.45 & 45.51\end{bmatrix},\ \boldsymbol{K}(1)=\begin{bmatrix}-0.64\\ -0.65\end{bmatrix}$$

对应的 MATLAB 仿真程序如下。

```
% MATLAB PROGRAM 7.6 有限时间状态调节器
   A=[0.45,-0.21;0.28,0.95]; B=[0.035;0.008];
   N=21; Q=10*eye(2);S=1*eye(2);R=1;
   x(2,N)=0;x(:,1)=[5;5]; u(N-1)=0;
   P(2,2,N)=0;P(:,:,N)=S; K(N-1,2)=0;
   for i=N-1:-1:1
     P(:,:,i)=Q+A'*P(:,:,i+1)*A-A'*P(:,:,i+1)*B*inv(R+B'*P(:,:,i+1)*B)*B'*
   P(:,:,i+1)*A;
     K(i,:)=-inv(R+B'*P(:,:,i+1)*B)*B'*P(:,:,i+1)*A;
   end
   for i=1:N-1
     u(i)=K(i,:)*x(:,i);
     x(:,i+1)=A*x(:,i)+B*u(i);
   end
```

有限时间状态调节器状态向量响应曲线如图 7-7 所示。

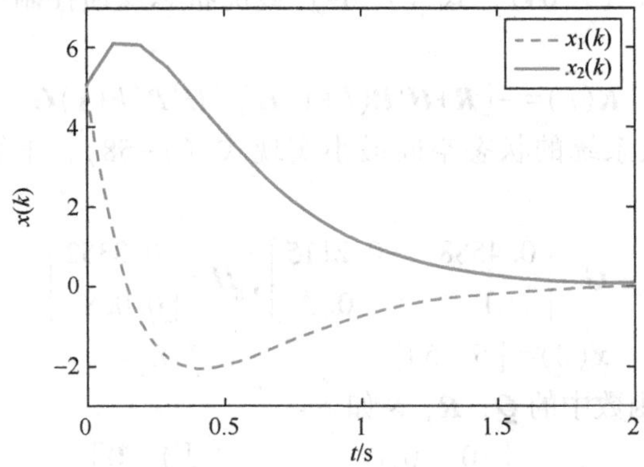

图 7-7　有限时间状态调节器状态向量响应曲线

7.6.2　无限时间状态调节器

无限时间状态调节器是指当 $N\to\infty$ 时的二次型优化控制问题。有限时间状态调节器关注在有限时间段内系统运行过程中的最优轨迹问题，无限时间状态调节器更关注在无限时间段内系统向平衡状态渐进收敛行为的最优轨迹。在工程实践中，无限时间状态调节器更有意义且更为实用。设被控系统为线性时不变系统，且系统平衡点为零点，则二次型最优性能指标式（7-59）可改写为

$$J=\frac{1}{2}\sum_{k=0}^{\infty}[\boldsymbol{x}^{\mathrm{T}}(k)\boldsymbol{Q}\boldsymbol{x}(k)+\boldsymbol{u}^{\mathrm{T}}(k)\boldsymbol{R}\boldsymbol{u}(k)]$$

对于无限时间状态调节器实对称矩阵 $\boldsymbol{P}$ 将收敛至常数矩阵，则式（7-61）~式（7-63）可改写为

$$H_{\mathrm{Lqr}}(x,u,\lambda)=\frac{1}{2}[\boldsymbol{x}^{\mathrm{T}}(k)\boldsymbol{Q}\boldsymbol{x}(k)+\boldsymbol{u}^{\mathrm{T}}(k)\boldsymbol{Q}\boldsymbol{u}(k)]+\boldsymbol{\lambda}^{\mathrm{T}}[\boldsymbol{G}\boldsymbol{x}(k)+\boldsymbol{H}\boldsymbol{u}(k)-\boldsymbol{x}(k+1)]$$

控制方程为

$$\frac{\partial H_{\mathrm{Lqr}}}{\partial u(k)}=0 \Rightarrow u(k)=-\boldsymbol{R}^{-1}\boldsymbol{H}^{\mathrm{T}}\boldsymbol{\lambda}$$

协态方程为

$$\boldsymbol{\lambda}=\frac{\partial H_{\mathrm{Lqr}}}{\partial x(k)}=\boldsymbol{Q}\boldsymbol{x}(k)+\boldsymbol{G}^{\mathrm{T}}\boldsymbol{\lambda}$$

代数黎卡提方程可写为

$$\boldsymbol{P}=\boldsymbol{Q}+\boldsymbol{G}^{\mathrm{T}}\boldsymbol{P}\boldsymbol{G}-\boldsymbol{G}^{\mathrm{T}}\boldsymbol{P}\boldsymbol{H}[\boldsymbol{R}+\boldsymbol{H}^{\mathrm{T}}\boldsymbol{P}\boldsymbol{H}]^{-1}\boldsymbol{H}^{\mathrm{T}}\boldsymbol{P}\boldsymbol{G} \tag{7-71}$$

最优状态反馈控制律 $u^*(k)=\boldsymbol{K}\boldsymbol{x}(k)$ 可写为

$$\boldsymbol{K}=-[\boldsymbol{R}+\boldsymbol{H}^{\mathrm{T}}\boldsymbol{P}\boldsymbol{H}]^{-1}\boldsymbol{H}^{\mathrm{T}}\boldsymbol{P}\boldsymbol{G} \tag{7-72}$$

[例 7-9] 无限时间状态调节器设计：使用例 7-8 的被控系统，其矩阵 $\boldsymbol{G}$，$\boldsymbol{H}$ 分别为

$$\boldsymbol{G}=\begin{bmatrix}0.4588 & -0.2115\\ 1 & 0\end{bmatrix},\ \boldsymbol{H}=\begin{bmatrix}0.0352\\ 0.008\end{bmatrix}$$

$$\boldsymbol{x}(0)=[5\quad 5]$$

解：根据式（7-71），式（7-72）计算得到稳态的正定矩阵 $\boldsymbol{P}$ 和状态反馈增益矩阵 $\boldsymbol{K}$ 分别为

$$\boldsymbol{P}(1)=\begin{bmatrix}21.83 & 15.6\\ 15.6 & 45.66\end{bmatrix},\ \boldsymbol{K}(1)=[0.64\quad 0.65]$$

对应的 MATLAB 仿真程序如下。

```
% MATLAB PROGRAM 7.7 无限时间状态调节器
    A=[0.45,-0.21;0.28,0.95];B=[0.03;0.008];
    num=20;Q=10*eye(2);R=1;
    x(2,num)=0;x(:,1)=[5;5];u(num)=0;
    [K,P]=dlqr(A,B,Q,R);
    for i=1:num
      u(i)=-K*x(:,i);
      x(:,i+1)=A*x(:,i)+B*u(i);
    end
```

无限时间状态调节器状态向量响应曲线如图 7-8 所示。

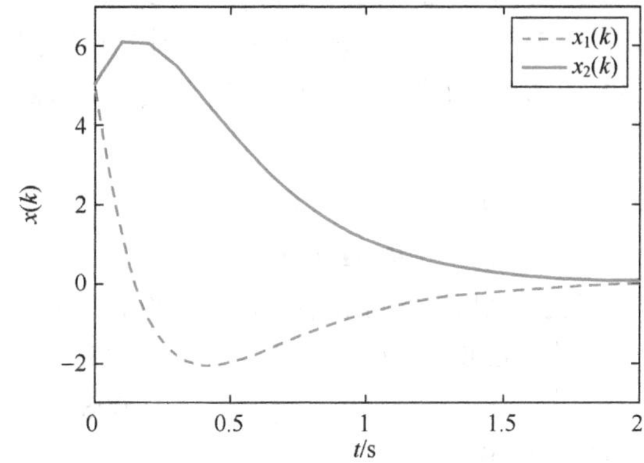

图 7-8　无限时间状态调节器状态向量响应曲线

7.6.3 线性二次型高斯最优控制

状态调节器要求全部状态向量必须都是可测的，若系统状态不可通过系统输出直接测量，并且考虑系统的量测噪声和输入噪声对系统的影响，则线性二次型调节器问题将变为线性二次型高斯问题。

若考虑被控系统的量测噪声和输入噪声，则其离散状态空间最小实现（7-59）可改写为

$$\begin{cases}\boldsymbol{x}(k+1)=\boldsymbol{G}\boldsymbol{x}(k)+\boldsymbol{H}\boldsymbol{u}(k)+w(k)\\ y(k)=\boldsymbol{C}\boldsymbol{x}(k)+v(k)\end{cases} \tag{7-73}$$

式中，$w(k)$为输入噪声，$v(k)$为量测噪声，均为独立同分布的高斯信号。相较于线性二次型调节器，线性二次型高斯需要建立观测器来估计系统准确的状态向量，观测器可写为

$$\begin{cases}\hat{\boldsymbol{x}}(k+1)=\boldsymbol{G}\hat{\boldsymbol{x}}(k)+\boldsymbol{H}\boldsymbol{u}(k)+\boldsymbol{L}(y(k)-\hat{y}(k))\\ \hat{y}(k)=\boldsymbol{C}\hat{\boldsymbol{x}}(k)\end{cases} \tag{7-74}$$

线性二次型高斯最优控制指标可写为

$$E[J]=\frac{1}{2}E\left[\sum_{k=0}^{\infty}[\boldsymbol{x}^{\mathrm{T}}(k)\boldsymbol{Q}\boldsymbol{x}(k)+\boldsymbol{u}^{\mathrm{T}}(k)\boldsymbol{R}\boldsymbol{u}(k)]\right] \tag{7-75}$$

线性二次型高斯所建立的观测器要估计出准确的系统状态向量，即观测器估计状态$\hat{\boldsymbol{x}}$与系统实际状态$\boldsymbol{x}$误差的协方差矩阵的迹最小，可写为

$$\min \operatorname{trace}(E[(\boldsymbol{x}(k)-\hat{\boldsymbol{x}}(k))(\boldsymbol{x}(k)-\hat{\boldsymbol{x}}(k))^{\mathrm{T}}]) \tag{7-76}$$

为实现式（7-76）的目标，引入均方误差值最小的卡尔曼滤波作为线性二次型高斯控制中的观测器来估计系统准确的状态向量。

卡尔曼观测器的先验状态向量可写为

$$\hat{\boldsymbol{x}}^{-}(k)=\boldsymbol{G}\hat{\boldsymbol{x}}(k-1)+\boldsymbol{H}\boldsymbol{u}(k-1) \tag{7-77}$$

卡尔曼增益为

$$\boldsymbol{L}_{\mathrm{Kal}}(k)=\boldsymbol{P}_{\mathrm{Kal}}(k)\boldsymbol{C}^{\mathrm{T}}(\boldsymbol{C}\boldsymbol{P}_{\mathrm{Kal}}(k)\boldsymbol{C}^{\mathrm{T}}+\boldsymbol{R}_{\mathrm{Kal}})^{-1} \tag{7-78}$$

状态向量的后验可写为

$$\hat{\boldsymbol{x}}(k)=\hat{\boldsymbol{x}}(k-1)+\boldsymbol{L}_{\mathrm{Kal}}(y(k)-\boldsymbol{C}\hat{\boldsymbol{x}}^{-}(k)) \tag{7-79}$$

计算下一时刻的协方差矩阵$\boldsymbol{P}_{\mathrm{Kal}}(k+1)$：

$$\boldsymbol{P}_{\mathrm{Kal}}(k+1)=\boldsymbol{G}(\boldsymbol{I}-\boldsymbol{L}_{\mathrm{Kal}}\boldsymbol{C})\boldsymbol{P}_{\mathrm{Kal}}(k)\boldsymbol{G}^{\mathrm{T}}+\boldsymbol{Q}_{\mathrm{Kal}} \tag{7-80}$$

式中，$\boldsymbol{L}_{\mathrm{Kal}}$为卡尔曼增益矩阵；$\boldsymbol{P}_{\mathrm{Kal}}$为状态向量估计误差的协方差矩阵；$\boldsymbol{R}_{\mathrm{Kal}}$为系统量测噪声的协方差矩阵；$\boldsymbol{Q}_{\mathrm{Kal}}$为系统输入噪声的协方差矩阵。基于式（7-72），则线性二次型高斯最优控制律可写为

$$\begin{cases}\boldsymbol{u}^{*}(k)=\boldsymbol{K}\hat{\boldsymbol{x}}(k)\\ \boldsymbol{K}=-[\boldsymbol{R}+\boldsymbol{H}^{\mathrm{T}}\boldsymbol{P}\boldsymbol{H}]^{-1}\boldsymbol{H}^{\mathrm{T}}\boldsymbol{P}\boldsymbol{G}\end{cases} \tag{7-81}$$

［例 7-10］基于如下离散系统状态空间最小实现设计线性二次型高斯控制器。

$$\boldsymbol{G}=\begin{bmatrix}0.4588 & -0.2115\\ 1 & 0\end{bmatrix},\ \boldsymbol{H}=\begin{bmatrix}0.0352\\ 0.008\end{bmatrix}$$

$$\boldsymbol{C}=[0\quad 0.5]$$

解：依据式（7-77）~式（7-80）计算可得卡尔曼滤波观测器的增益矩阵$\boldsymbol{L}_{\mathrm{Kal}}$和估计误

差的协方差矩阵 $\boldsymbol{P}_{\mathrm{Kal}}$ 分别为

$$\boldsymbol{L}_{\mathrm{Kal}}=\begin{bmatrix}-0.006\\0.0244\end{bmatrix},\ \boldsymbol{P}_{\mathrm{Kal}}=\begin{bmatrix}0.18 & -0.12\\-0.12 & 0.49\end{bmatrix}$$

状态反馈增益矩阵 $\boldsymbol{K}$ 为

$$\boldsymbol{K}=[-0.0059\quad 0.0244]$$

对应的 MATLAB 仿真程序如下。

```
% MATLAB PROGRAM 7.8 二次型高斯控制
    A=[0.45,-0.21;0.28,0.95];B=[0.03;0.008];C=[0,0.5];
    num=300;Q=10*eye(2);R=1;
    x(2,num)=0;x(:,1)=[0;0];u(num)=0;
    xo(2,num)=0;yo(num)=0;
    F=-dlqr(A,B,Q,R);
    Qk=0.1*eye(2);Rk=10;K(2,1)=0;P(2,2)=0;
    for i=1:num+1
        xw(:,i)=normrnd(0,sqrt(0.0001),[2,1]);
        yw(i)=normrnd(0,sqrt(0.0005),[1,1]);
    end
    for i=1:num+1
      x(:,i+1)=A*x(:,i)+B*u(i)+xw(:,i);
      y(i)=C*x(:,i)+yw(i);
      if i>1
        xo(:,i)=A*xo(:,i-1)+B*u(:,i-1);
        K=P*C'*inv(C*P*C'+Rk);
        xo(:,i)=xo(:,i)+K*(y(:,i)-C*xo(:,i));
        P=A*(eye(2)-K*C)*P*A'+Qk;
    yo(i)=C*xo(:,i);
      end
       u(i+1)=F*xo(:,i)+1*13.333;
    end
```

系统在线性二次型高斯控制下的闭环单位阶跃响应如图 7-9 所示。

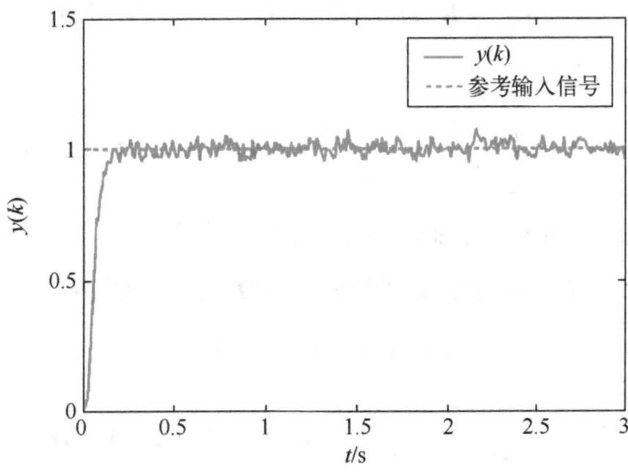

图 7-9　系统在线性二次型高斯控制下的闭环单位阶跃响应

7.7 状态空间法综合设计举例

本节以某伺服跟踪系统为设计案例。首先给出伺服电机系统传递函数，并将其以采样时间 T 离散化。接着将离散传递函数转化为状态空间形式，判断其能控性与能观性，最后基于离散状态空间形式设计线性二次型最优控制器。

伺服电机系统可视为标准的二阶惯性环节，其开环传递函数可写为

$$G_p(s)=\frac{36}{s(s+3.6)}$$

基于 7.1.4 节，将 $G_p(s)$ 以采样时间 $T=0.01\text{s}$ 离散化，得到 $G_p(z)$：

$$G_p(z)=\frac{0.000049z+0.000048}{z^2-1.965z+0.9646}$$

基于 7.1.2 节，将 $G_p(z)$ 转化为状态空间的形式：

$$\boldsymbol{x}(k+1)=\begin{bmatrix}1.964 & -0.964\\ 1 & 0\end{bmatrix}\boldsymbol{x}(k)+\begin{bmatrix}0.0078\\ 0\end{bmatrix}u(k)+w(k)$$

$$y(k)=[0.0063\quad 0.0062]\boldsymbol{x}(k)+v(k)$$

假设系统存在输入噪声与量测噪声：$w(k)\sim N(0,0.001)$，$v(k)\sim N(0,0.005)$。

根据式（7-22）能控性判别为

$$\text{rank}\{[\boldsymbol{H}\quad \boldsymbol{GH}]\}=\text{rank}\left\{\begin{bmatrix}0.0078 & 0.0153\\ 0 & 0.0078\end{bmatrix}\right\}=2$$

根据式（7-25）能观性判别

$$\text{rank}\left\{\begin{bmatrix}\boldsymbol{C}\\ \boldsymbol{CG}\end{bmatrix}\right\}=\text{rank}\left\{\begin{bmatrix}0.0063 & 0.0062\\ 0.0187 & -0.0061\end{bmatrix}\right\}=2$$

基于 7.6.1 节设计的有限时间状态调节器相关公式为

$$\boldsymbol{P}(k)=\boldsymbol{Q}+\boldsymbol{G}^{\mathrm{T}}\boldsymbol{P}(k+1)\boldsymbol{G}-\boldsymbol{G}^{\mathrm{T}}\boldsymbol{P}(k+1)\boldsymbol{H}[\boldsymbol{R}+\boldsymbol{H}^{\mathrm{T}}\boldsymbol{P}(k+1)\boldsymbol{H}]^{-1}\boldsymbol{H}^{\mathrm{T}}\boldsymbol{P}(k+1)\boldsymbol{G}$$

$$\boldsymbol{K}(k)=-[\boldsymbol{R}+\boldsymbol{H}^{\mathrm{T}}\boldsymbol{P}(k+1)\boldsymbol{H}]^{-1}\boldsymbol{H}^{\mathrm{T}}\boldsymbol{P}(k+1)\boldsymbol{G}$$

矩阵 $\boldsymbol{P}(1)$ 与矩阵 $\boldsymbol{K}(N)$ 为

$$\boldsymbol{P}(1)=\begin{bmatrix}3903 & -3720\\ -3720 & 3548\end{bmatrix},\ \boldsymbol{K}(1)=[-3\quad 2.8]$$

基于 7.6.2 节设计的无限时间状态调节器相关公式为

$$\boldsymbol{P}=\boldsymbol{Q}+\boldsymbol{G}^{\mathrm{T}}\boldsymbol{P}\boldsymbol{G}-\boldsymbol{G}^{\mathrm{T}}\boldsymbol{P}\boldsymbol{H}[\boldsymbol{R}+\boldsymbol{H}^{\mathrm{T}}\boldsymbol{P}\boldsymbol{H}]^{-1}\boldsymbol{H}^{\mathrm{T}}\boldsymbol{P}\boldsymbol{G}$$

$$\boldsymbol{K}=-[\boldsymbol{R}+\boldsymbol{H}^{\mathrm{T}}\boldsymbol{P}\boldsymbol{H}]^{-1}\boldsymbol{H}^{\mathrm{T}}\boldsymbol{P}\boldsymbol{G}$$

$$\boldsymbol{P}=\begin{bmatrix}2058 & -1866\\ -1866 & 1702\end{bmatrix},\ \boldsymbol{K}=[-15.11\quad 13.78]$$

对应的 MATLAB 仿真程序如下。

```
% MATLAB PROGRAM 7.9 伺服电机二次型最优控制
   num=[1];den=[1  3.6  0];
   Gp=tf(num,den);
   %% 离散化
   Gz=c2d(Gp,0.01);
   SYS=ss(Cz);A=SYS.A;B=SYS.B;C=SYS.C;
   %% 能控,能观
   CONT=ctrb(A,B);
   rank(CONT)
   OBSER=obsv(A,C);
   rank(OBSER)
   num=1000;
   x(2,num)=0;x(:,1)=[0;0];u(1,num)=0;
   y(1,num)=0;yo(1,num)=0;xo(2,num)=0;
   K(2,1)=0;P(2,2)=0;Q=0.1*eye(2);R=10;
   %% 无限时间状态调节器
   Q=0.1*eye(2);R=10;
   [F,P]=dlqr(A,B,1,1);% LQR 控制器
   for i=1:num+1
      xw(:,i)=normrnd(0,sqrt(0.0001),[2,1]);
      yw(i)=normrnd(0,sqrt(0.0005),[1,1]);
   end
   for i=1:num
     u(i)=-F*x(:,i)+105;
     x(:,i+1)=A*x(:,i)+B*u(i)+ xw(:,i);
     y(i)=C*x(:,i)+yw(i);
   end
```

闭环状态下，伺服跟踪系统的单位阶跃信号闭环跟踪响应如图 7-10 所示。

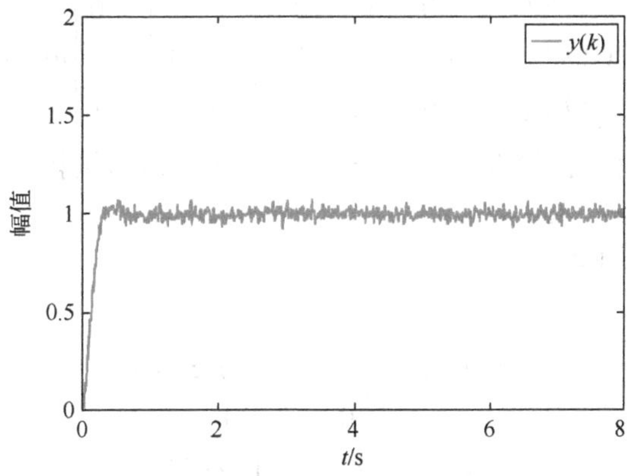

图 7-10　伺服跟踪系统的单位阶跃信号闭环跟踪响应

综上所述，系统为能控能观的二阶系统，所设计的线性二次型最优控制系统可准确跟踪参考输入信号并具有优秀的动态响应性能。

思考题与习题

7.1 已知下列脉冲函数，写出系统的状态方程。

（1）$G_{\mathrm{P}}(z)=\dfrac{1}{(z+2)^2(z+1)}$ （2）$G_{\mathrm{P}}(z)=\dfrac{1}{(z+2)(z+3)}$

（3）$G_{\mathrm{P}}(z)=\dfrac{2z^{-1}+3z^{-2}}{1+3z^{-1}+2z^{-2}}$ （4）$G_{\mathrm{P}}(z)=\dfrac{10-20z^{-1}-30z^{-2}}{1+4z^{-1}+3z^{-2}}$

7.2 已知线性定常离散系统的齐次状态方程为

$$\boldsymbol{x}(k+1)=\begin{bmatrix}1 & -1 & 0\\ 0 & 1 & 0\\ 0 & 0 & 1\end{bmatrix}\boldsymbol{x}(k),\ \boldsymbol{x}(0)=\begin{bmatrix}1\\ 1\\ 1\end{bmatrix}$$

分别用迭代法和Z变换法求此离散状态方程的解。

7.3 （1）试判别如下系统的能控性和能观性。

$$\boldsymbol{x}(k+1)=\begin{bmatrix}1 & -1\\ 0 & 0.5\end{bmatrix}\boldsymbol{x}(k)+\begin{bmatrix}3\\ 2\end{bmatrix}u(k)$$

$$y(k)=\begin{bmatrix}1 & 2\end{bmatrix}\boldsymbol{x}(k)$$

（2）当输出方程为 $y(k)=[1\quad -2]\boldsymbol{x}(k)$ 时，试判断该系统的能观性。

7.4 给定线性定常离散系统为

$$\begin{bmatrix}x_1(k+1)\\ x_2(k+1)\end{bmatrix}=\begin{bmatrix}a & b\\ c & d\end{bmatrix}\begin{bmatrix}x_1(k)\\ x_2(k)\end{bmatrix}+\begin{bmatrix}1\\ 1\end{bmatrix}u(k)$$

$$y(k)=\begin{bmatrix}1 & 0\end{bmatrix}\begin{bmatrix}x_1(k)\\ x_2(k)\end{bmatrix}$$

确定 a、b、c、d 在什么条件下，系统状态是完全能控和完全能观的。

7.5 给定被控对象为

$$\begin{bmatrix}x_1(k+1)\\ x_2(k+1)\\ x_3(k+1)\end{bmatrix}=\begin{bmatrix}0 & 1 & 0\\ 0 & 0 & 1\\ 0 & -2 & -3\end{bmatrix}\begin{bmatrix}x_1(k)\\ x_2(k)\\ x_3(k)\end{bmatrix}+\begin{bmatrix}0\\ 0\\ 1\end{bmatrix}u(k)$$

试确定状态反馈系数矩阵 $\boldsymbol{K}$，使得由 $u(k)=-\boldsymbol{K}x(k)+v(k)$ 与被控对象构成的闭环控制系统的极点为 $z_1=-2$，$z_2=-1+\mathrm{j}$，$z_3=-1-\mathrm{j}$。

7.6 已知下述被控对象：

$$\boldsymbol{x}(k+1)=\begin{bmatrix}3 & 0 & 1\\ 2 & -1 & 0\\ 0 & 1 & 1\end{bmatrix}\boldsymbol{x}(k)$$

$$y(k)=\begin{bmatrix}0 & 1 & 1\end{bmatrix}\boldsymbol{x}(k)$$

试设计一降维观测器，使观测器的闭环极点为

$$p_1=+\mathrm{j}0.25,\quad p_2=-\mathrm{j}0.25$$

7.7 设存在离散系统

$$\boldsymbol{x}(k+1)=\boldsymbol{G}\boldsymbol{x}(k)+\boldsymbol{H}\boldsymbol{u}(k)$$

性能评价函数为

$$J=\frac{1}{2}\sum_{k=0}^{N}[\boldsymbol{x}^{\mathrm{T}}(k)\boldsymbol{Q}\boldsymbol{x}(k)+\boldsymbol{u}^{\mathrm{T}}(k)\boldsymbol{R}\boldsymbol{u}(k)]$$

试证明当 $\boldsymbol{Q}$、$\boldsymbol{R}$ 均乘以标量 β 时，根据 J 求得的最优状态反馈增益不变。

7.8　设存在离散系统

$$x(k+1)=0.6x(k)+0.5u(k)$$

性能评价函数为

$$J=\frac{1}{2}\sum_{k=0}^{3}[2x^2(k)+7u^2(k)]$$

计算求得使性能评价函数 J 最小的控制律 $u(k)$。

7.9　设存在离散系统

$$\boldsymbol{x}(k+1)=\boldsymbol{G}\boldsymbol{x}(k)+\boldsymbol{H}\boldsymbol{u}(k)$$

性能评价函数为

$$J=\frac{1}{2}\sum_{k=0}^{N}[x^2(k)]$$

设 $u(k)$ 为 $x(k)$ 的函数，确定使性能评价函数 J 最小的控制策略。

7.10　设存在离散系统

$$\boldsymbol{x}(k+1)=\begin{bmatrix}1&1\\0&1\end{bmatrix}\boldsymbol{x}(k)+\begin{bmatrix}0\\1\end{bmatrix}u(k)$$

$$y(k)=[0\quad 1]\boldsymbol{x}(k)$$

（1）设计全维状态观测器将观测器极点配置为

$$p_1=0.5+\mathrm{j}0.25,\quad p_2=0.5-\mathrm{j}0.25$$

（2）基于（1）中设计的全维状态观测器，设计状态控制器，将闭环系统极点配置为

$$p_1=0.1+\mathrm{j}0.5,\quad p_2=0.1-\mathrm{j}0.5$$

7.11　某卫星控制系统的状态方程为

$$\boldsymbol{x}(k+1)=\begin{bmatrix}1&1\\0&1\end{bmatrix}\boldsymbol{x}(k)+\begin{bmatrix}0.125\\0.25\end{bmatrix}u(k)$$

$$y(k)=[0\quad 1]x(k)$$

其中 $x_1(k)$ 为角度，$x_2(k)$ 为角速度，性能评价函数为

$$J=\frac{1}{2}\sum_{k=0}^{N}\left[\boldsymbol{x}^{\mathrm{T}}(k)\begin{bmatrix}1&0\\0&1\end{bmatrix}\boldsymbol{x}(k)+2u^2(k)\right]$$

（1）当 $N=1$ 时计算最优状态反馈增益。

（2）当 $N=10$ 时计算最优状态反馈增益。

7.12　改写习题 7.11 的状态方程为

$$\boldsymbol{x}(k+1)=\begin{bmatrix}1&1\\0&1\end{bmatrix}\boldsymbol{x}(k)+\begin{bmatrix}0.125\\0.25\end{bmatrix}u(k)+\boldsymbol{w}(k)$$

$$y(k)=[1\quad 0]\boldsymbol{x}(k)+v(k)$$

式中，$w(k)\sim N(0,0.0001)$，$v(k)\sim N(0,0.0005)$。设计当 $N\to\infty$ 时的线性二次型高斯控制系统。

第 8 章　典型计算机控制系统的结构与组成

为适应不同控制对象的需求，工业界研制出了多类独立于被控对象的计算机控制系统，归纳起来包括直接数字控制系统、可编程序控制器系统、集散控制系统与网络化控制系统等。本章在分析总结上述系统定义、基本结构和技术特点基础上，重点介绍了其硬件和软件平台，给出了设计原则与步骤，为计算机控制系统设计、集成与应用打下基础。

8.1 直接数字控制系统

直接数字控制（DDC）是用一台计算机对被控参数进行检测，再根据设定值和控制算法进行运算，然后输出到执行机构对生产进行控制，使被控参数稳定在给定值上。利用计算机强大的处理功能直接对多个控制回路实现数字控制。

8.1.1 DDC 系统的基本架构与特点

1. DDC 系统基本架构

直接数字控制系统多用于计算机直接对生产过程或运动体进行控制，其系统架构如图 8-1 所示。直接数字控制系统首先需要通过测量单元对控制对象的被控参数和过程状态进行采集，并经过 A/D 转换装置转换为相应的数字量。计算机根据一定的控制算法进行计算，将控制作用经 D/A 转换装置转换为相应的模拟量，通过功率放大后输入给执行机构去控制生产过程，以达到预期的目的。在这个过程中可根据需要将信息显示或打印出来，同时也可以接入操作台进行人机交互。

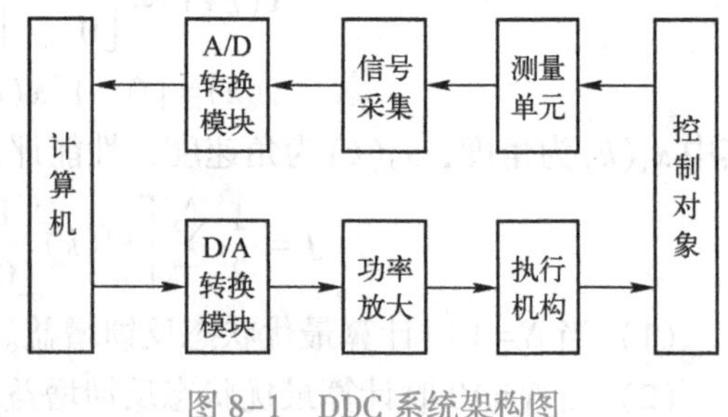

图 8-1　DDC 系统架构图

2. 典型 DDC 系统的技术特点

1）以工业控制机作为直接数字控制系统的核心，该系统主要由主机、过程输入输出设备、人机接口设备和外部设备组成，其中主机一般选用 Windows 操作系统，另外再配置相应的应用软件；过程输入输出设备包括 AI、DI、AO 和 DO 板卡等，AI、DI 板卡把来自传感器（测量单元）的参数和状态的信号转换成数字信号送往主机，AO、DO 板卡把主机输出的数字控制信号转换为适应各种执行器的信号；人机接口设备供操作人员对生产过程进行监视和操作，包括显示器、键盘和鼠标、报警和显示设备、打印机等；外部设备主要包括执行设备，将操作员的指令转换为执行机构的相关动作完成不同的操作任务。

DDC 系统的硬件结构包含模板式以及模块式两类，安装方式包含有盒式、台式、柜式等，故而其能够适应不同的工业生产需求，适用性极强。

以工业控制计算机为平台的 DDC 系统具有在线实时控制、分时控制、灵活和多功能等特性，能够直接通过软件编写和修改控制方案，甚至能够实现自适应、自学习、最优控制、智能控制等，控制精度高且实时性、可靠性好。随着计算机技术的迅速发展，计算机配备的中央处理器、内存储器等性能大幅提升，使得 DDC 系统能够通过一台计算机稳定控制多达数十个回路，故而应用范围极为广泛，诸如材料热加工、化工、机械、冶金等工业领域均会大量应用该系统。

2）以单片机为核心的 DDC 系统主要由 CPU、输入输出接口、人机交互接口组成，虽然其组成与工业控制机类似，但这类控制系统的结构更加紧凑、轻便灵活、功耗低、便于维护，有较高的抗干扰能力和控制精度，操作方便，被大量应用于控制仪器仪表类领域中，如控制温度、流量，测量电压、功率、频率、速度、厚度等物理量，这种微机控制仪表的功能已大大超过以模拟电子元件为基础的测量仪表，而且有了处理工艺参数的功能，但它们需要与中间继电器、交流接触器、晶闸管、电磁阀、比例阀等执行机构形成完善的控制系统。多数 DDC 系统采用 PID 和模糊控制算法，但自身调整和在线优化能力仍较弱。最新推出的 DDC 系统均配有通信接口，可方便地进行联机。

8.1.2　DDC 系统的硬件平台

DDC 系统的硬件平台主要包括各类型的工业控制计算机和不同型号功能的单片机。

1. 基于工业计算机的 DDC 系统

一般将用于工业生产过程的测量、控制和管理的计算机统称为工业控制计算机，简称“工控机”，包括计算机和输入、输出通道等。但今天的工控机的内涵已经远不止这些，其应用范围已经远远超出工业控制。因此，工控机又被定义为应用在国民经济和国防建设的各个领域、具有恶劣环境适应能力、能长期稳定工作的加固计算机。可以说，工控机为工业自动化产业、信息产业和国防建设的发展提供了一种低成本的自动化方案，同时，工控机技术也在自动化实践中得到了迅速发展。

（1）工业控制计算机的发展历程

中国工控机技术的发展在经历了 20 世纪 80 年代的第一代 STD 总线（Standard Data Bus）工控机，20 世纪 90 年代的第二代工业 PC（Industrial Personal Computer，IPC）之后，现在已进入了第三代 CompactPCI（简称 CPCI）总线工控机时期。每个时期大约要持续 15 年的时间。STD 总线工控机解决了当时工控机的有或无问题；IPC 工控机解决了低成本与 PC 兼容的问题；CPCI 总线工控机解决的则是可靠性和可维护性问题。

① 第一代工控机——STD 总线工控机开创了低成本工控机的先河。

第一代工控机技术起源于 20 世纪 80 年代初期，盛行于 20 世纪 80 年代末和 20 世纪 90 年代初期，到 20 世纪 90 年代末期逐渐淡出工控机市场，其标志性产品是 STD 总线工控机。STD 总线最早是由美国 Pro-Log 公司和 Mostek 公司作为工业标准而制定的 8 位工业 I/O 总线，随后发展成16位总线，成为IEEE 961标准。国际上主要的STD总线工控机制造商有Pro-Log、Winsystems、Ziatech等。

20世纪80年代初，我国在引进、消化吸收的基础上，经过技术创新，成功研制了STD总线工业计算机。STD工控机因具有灵活的组合方式、成本低、小板结构及广泛的兼容性等优点，被广泛应用于钢铁冶金、石油化工、机电成套设备、医药食品以及武器装备等领域。STD总线工控机型号众多，包括Intel 8088/80188、80286、80386、80486和NEC公司的V20、V40、V50等CPU类型的机型，其中以采用NEC公司V40芯片设计的V40系统最具代表性。

② 第二代工控机——IPC解决了PC兼容的问题。

借助商业PC规模化的硬件资源，IPC于20世纪80年代末开始进入工控机市场。美国著名杂志*CONTROL ENGINERRING*在当时就预测20世纪90年代是IPC的时代，全世界近65%的工业计算机将使用IPC，历史的发展已经证明了这个论断的正确性。IPC在中国的发展大致可以分为三个阶段：第一阶段是从20世纪80年代末到90年代初，这时市场上主要是国外品牌的昂贵产品。第二阶段是从1991年到1996年，我国台湾地区生产的价位适中的IPC工控机开始大量进入大陆市场，这在很大程度上加速了IPC市场的发展，IPC的应用也从传统工业控制向数据通信、电信、电力等对可靠性要求较高的行业延伸。第三阶段是从1997年开始，大陆的IPC厂商开始进入市场，促使IPC的价格不断降低，也使工控机的应用水平和应用行业发生极大变化，应用范围不断扩大，IPC也随之发展成了中国第二代主流工控机。

③ 迅速发展和普及的第三代工控机技术。

PCI总线技术的发展、市场的需求以及IPC工控机的局限性，促进了新技术的诞生。作为新一代主流工控机技术，CPCI工控机标准于1997年发布之初就倍受业界瞩目。CPCI相当于PCI总线的电气规范和标准针孔连接器加上欧洲卡规范，它具有开放性、良好的散热性、高稳定性、高可靠性及可热插拔等特点，非常适合于工业现场和信息产业基础设备的应用，被众多业内人士认为是继STD和IPC之后的第三代工控机。采用模块化的CPCI总线工控机技术开发产品，可以缩短开发时间、降低设计费用、降低维护费用、提升系统整体性能。

以CPCI总线工控机技术为核心，以PXI和Advanced TCA等技术为补充的第三代工控机技术，将有力地推动工业过程自动化、制造业信息化、公共交通系统的智能化、武器装备的信息化以及下一代控制网络技术基础设备的标准化等方面的发展。

作为新一代工控机技术，CPCI总线工控机将主要用于生产过程的自动化层，IPC工控机逐渐由生产过程自动化层向信息管理层移动，而STD总线工控机则会逐渐退出，这是工控机技术发展的必然结果。

（2）IPC工控机的结构与特点

IPC是一种加固的增强型个人计算机，它可以作为一个工业控制机在工业环境中可靠运行。早在20世纪80年代初期，美国AD公司就推出了类似IPC的MAC-150工控机，随后美国IBM公司正式推出工业个人计算机IBM 7532。IPC由于性能可靠、软件丰富、价格低廉而在工控机中异军突起，后来居上，应用日趋广泛。当前，IPC已被广泛应用于通信、工业控制现场、路桥收费、医疗、环保及生活的方方面面。

IPC 的主要结构如下。

① 全钢机箱：IPC 的全钢机箱是按标准设计的，抗冲击、抗振动、抗电磁干扰，内部可安装同 PC-bus 兼容的无源底板。

② 无源底板：无源底板的插槽由 ISA 和 PCI 总线的多个插槽组成，ISA 或 PCI 插槽的数量和位置根据需要选择，该板为四层结构，中间两层分别为地层和电源层，这种结构方式可以减弱板上逻辑信号的相互干扰和降低电源阻抗。底板可插接各种板卡，包括 CPU 卡、显示卡、控制卡、I/O 卡等。

③ 工业电源：为 AT 开关电源，平均无故障运行时间达到 250000 小时。

④ CPU 卡：IPC 的 CPU 卡有多种，根据尺寸可分为长卡和半长卡，根据处理器可分为 386、486、586、PII、PIII 主板，用户可视自己的需要任意选配。CPU 卡的工作温度为 0～60℃，装有“看门狗”计时器，低功耗（最大时为 5 V/2.5 A）。

⑤ 其他配件：IPC 的其他配件基本上都与 PC 兼容，主要有 CPU、内存、显卡、硬盘、软驱、键盘、鼠标、光驱、显示器等。

IPC 有以下技术特点。

① 采用符合“EIA”标准的全钢化工业机箱，增强了抗电磁干扰能力。

② 采用总线结构和模块化设计技术。CPU 及各功能模块皆使用插板式结构，并带有压杆锁定，提高了抗冲击、抗振动能力。

③ 机箱内装有双风扇，正压对流排风，并装有滤尘网用以防尘。

④ 配有高度可靠的工业电源，并有过电压、过电流保护。

⑤ 电源及键盘均带有电子锁开关，可防止非法开/关和非法键盘输入。

⑥ 具有自诊断功能。

⑦ 可视需要选配 I/O 模板。

⑧ 设有“看门狗”定时器，在因故障死机时，无须人的干预就可以自动复位。

⑨ 开放性好，兼容性好，吸收了 PC 的全部功能，可直接运行 PC 的各种应用软件。

⑩ 可配置实时操作系统，便于多任务的调度和运行，可采用无源母板（底板），方便系统升级。

（3）CPCI 工控机的结构与特点

CPCI 又称紧凑型 PCI，是国际 PICMG 协会于 1994 年提出来的一种总线接口标准。它的出现解决了多年来电信系统工程师与设备制造商面临的棘手问题，将 VME 密集坚固的封装和大型设备的极佳冷却效果以及 PC 廉价、易采用最新处理能力的芯片结合在一起，保证了高可靠度，极大降低了硬件和软件开发成本。目前 PCI 总线已成为了实际应用中的计算机标准总线。

CPCI 工控机的 PCI 总线具有抗振性能好、可用性高等优点，而且可以支持热插拔和后走线。在 CPCI 基础上加入同步时钟、触发等测量专用总线，就成为 PXI 总线，它在测量、控制领域正得到越来越多的应用。

CPCI 技术是在 PCI 技术基础之上改造而成的，在结构上具体有以下三个方面特点：

① 采用 PCI 局部总线技术。

② 抛弃 IPC 传统机械结构，改用高可靠欧洲卡结构，改善了散热条件、提高了抗振动、抗冲击能力、符合电磁兼容性要求。

③ 抛弃 IPC 的金手指式互连方式，改用 2 mm 密度的针孔连接器，具有气密性、防腐性，进一步提高了可靠性，并增加了负载能力。

CPCI 工控机除了可广泛应用在通信、网络领域外，也适合于工业实时控制、实时数据采集、武器装备、航空航天、智能交通、医疗器械、水利等要求模块化及高可靠度、可长期使用的应用领域。

经过改造的 CPCI 工控机非常适合工业现场应用，由于具有热插拔和冗余设计能力，可以构建高可用性系统，满足电信、数字通信、军事装备以及其他高可靠领域的要求。

2. 基于 PC/104 总线工控机的 DDC 系统

PC/104 是一种专为嵌入式控制而推出的工业计算机总线标准，实质上就是 ISA 工业总线标准IEEE-996的延伸。1992 年被 IEEE 协会定义为IEEE-P996.1标准。PC/104（PC104）作为一种紧凑型的 IEEE-P996，其信号定义和 PC/AT 基本一致，但电气和机械规范却完全不同，是一种优化的、堆栈式结构的小型嵌入式控制系统总线标准，其小型化的尺寸（90 mm×96 mm）、极低的功耗（典型模块为 1～2 W）和堆栈的总线形式（决定了其高可靠性），受到了众多嵌入式产品生产厂商的欢迎，在嵌入式系统领域逐渐流行开来。

工业界早在 PC/104(PC104）规范诞生之前，在 1987 年就产生了世界上第一块 PC/104（PC104）板卡，在国际上制定统一的规范之前，一直有许多厂商在生产类似的嵌入式板卡。直到 1992 年，由业界著名的 RTD 公司、AMPRO 公司等从事嵌入式系统开发的厂商发起，组建了国际 PC/104(PC104）协会，从此，PC/104(PC104）技术受到更广泛的重视并取得了迅速的发展。1992 年，Intel 公司提出了 PCI 总线，将总线频率提高到了 33 MHz。1997 年 2 月，PC/104(PC104）协会根据 PC 技术的发展形势，由其技术委员会牵头，主持制定了 PC/104(PC104) Plus 总线，2003 年 11 月又进一步制定了 PCI-104 总线。

PC/104 有 8 位和 16 位两个版本，分别与 PC 和 PC/AT 相对应。PC/104Plus 则与 PCI 总线相对应。8 位 PC104 采用单列双排插针和插孔，共定义了 104 个总线信号，这也正是它得名的由来。当 8 位模块和 16 位模块连接时，16 位模块必须在 8 位模块的下面。PC104 系统与普通 PC 总线控制系统的不同主要有以下三点。

① 小尺寸结构：标准模块的机械尺寸是 90 mm×96 mm。

② 堆栈式连接：去掉总线背板和插板滑道，总线以“针”和“孔”形式层叠连接，即 PC104 总线模块间总线的连接是通过上层的针和下层的孔相互咬合相连，这种层叠封装有极好的抗振性。

③ 能耗低：由于减少了元件数量和电源消耗，4 mA 总线驱动即可使模块正常工作，每个模块仅需 1～2 W 能耗。

PC104Plus 是专为 PCI 总线设计的，可以连接高速外围设备。为了向上兼容，PC104Plus 保持了 PC104 的所有特性，但与 PC104 相比，又有以下几个特点。

① 增加了第三个连结接口，支持 PCI 总线。

② 改变了组件高度的需求，以增加模块的柔韧性。

③ 加入了控制逻辑单元，以满足高速总线的需求。

3. 基于单片机的 DDC 系统

（1）基于单片机的控制平台

从单片机的处理位宽来划分，主要可以分为普通的 8 位单片机如 STC12C5A60S22，HT56R62；16 位的单片机如 51 系列和 AVR 系列；32 位单片机如 stm32f103，stm32f407，DSP28335。

单片机是将 CPU、RAM、ROM、定时/计数器、中断控制逻辑和多种 I/O 接口集成在一片芯片上的芯片级计算机，又称单片微控制器。单片机因其性能价格比优异、体积小、可靠性高、控制功能强并且低电压、低功耗，而在智能化仪器仪表、机电一体化系统和各种测控系统中得到了广泛的应用。

一个单片机应用系统的硬件电路设计通常包含两部分内容：一是系统扩展，即单片机内部的功能单元，如 ROM、RAM、I/O、定时器/计数器、中断系统等，当不能满足应用系统的要求时，必须在片外进行扩展，包括选择适当的芯片，设计相应的接口电路。二是系统的配置，即按照系统功能要求配置外围设备，如键盘、显示器、打印机、A/D、D/A 转换器等，要设计合适的接口电路。

系统的扩展和配置一般应遵循以下原则。

① 详细分析应用系统需求，在此基础上进行单片机系统扩展与外围设备配置，扩展和配置水平应充分满足或适当超过应用系统的功能要求，以便进行二次开发和必要时扩展应用系统的功能。

② 硬件设计应结合软件方案。硬件结构与软件方案会相互影响，软件能实现的功能尽可能由软件实现，以简化硬件结构。但是由软件实现的硬件功能，一般响应时间比硬件实现长，且占用单片机 CPU 时间。

③ 系统中采用的器件要尽可能做到性能上的匹配。例如，选用 CMOS 芯片单片机构成低功耗系统时，系统中所有芯片都应尽可能选择低功耗产品。

④ 硬件设计必须考虑可靠性及抗干扰性，包括芯片选型、PCB 设计、电源设计、去耦滤波等。

⑤ 如果单片机外围电路较多，则必须考虑端口的驱动能力。驱动能力不足会影响系统可靠性，驱动能力可通过增设驱动器来增强。

⑥ 充分利用单片机资源，尽量朝“单片”方向设计硬件系统。采用器件越多，器件之间相互干扰越强，功耗越大，必将导致系统可靠性、稳定性的降低。目前单片机片内集成的资源越来越丰富，功能越来越强，如一些单片机可以集成 CPU 核、大容量 FLASH 存储器、SRAM、A/D、I/O、多个串口、SPI、看门狗、上电复位电路等，设计时要力求最大限度地利用片上资源。

（2）单片机在单回路数字调节器中的应用

单回路数字调节器是用微处理器实现一个回路调节功能的仪表，它只有一个可送到执行器去完成闭环控制的输出。单回路数字调节器有两种主要用途：一是用于系统的重要回路，以提高系统的可靠性和安全性；二是取代模拟调节器，以减少仪表的数量或提高原有回路的功能，如实现单回路的高级控制、顺序控制、批量控制等。

单回路数字调节器有成熟的产品可以应用，如 DK 系列的 KMM 调节器、YS-80 系列的 SLPC 调节器、FC 系列的 PMK 调节器和 VI 系列的 VI87MA-E 调节器等。需要单回路调节器的场合，可以直接选用成熟的产品。但是，实际中也常采用单片机来实现一个单回路调节器。一个典型的、基于单片机的单回路调节器示例如图 8-2 所示。

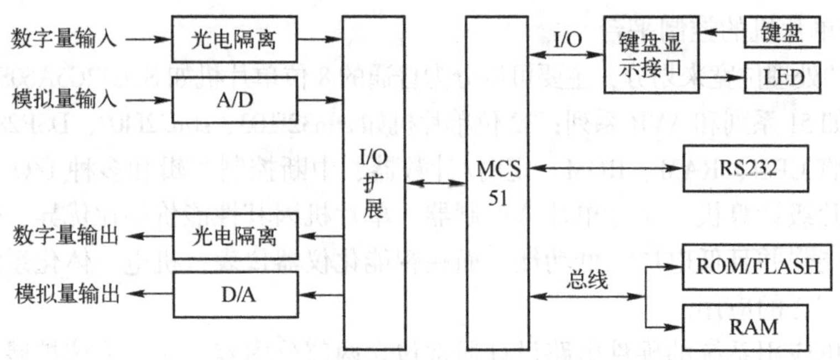

图 8-2 单片机构成的单回路数字调节器示例

在该示例中，采用 MCS51 系列单片机构成一个单回路数字调节器，这一调节器通过总线扩展了 ROM/FLASH，通过 I/O 接口扩展了键盘和显示接口，通过 RS232 接口和上位机通信，数字量和模拟量的输入输出部分也通过 I/O 扩展完成。单片机为调节器核心部分单片机，由于其接口丰富，逻辑操作和运算功能强，使用灵活，故可完成对模拟量、数字量的采集、运算、分析处理、输出等任务和各种控制功能。

8.1.3 DDC 系统的设计

DDC 系统的设计涉及计算机的硬件和软件、现场传感器和执行机构、控制理论和设计规范等方面知识，是一项复杂的工作，既有理论问题，也有工程问题，这就要求设计者不仅要有专业知识，而且要有实践经验，并且熟悉被控对象或生产过程。本节将介绍 DDC 系统的设计原则和设计步骤。

1. DDC 系统的设计原则

尽管计算机控制的生产过程种类多样，设计方法和技术指标也千变万化，但在设计过程中应该遵守共同的设计原则，主要体现在安全可靠性、实时性、操作性、通用性、灵活性、开放性和经济性。

(1) 安全可靠性

工业控制计算机的工作环境比较恶劣，周围的各种干扰随时影响着它的正常运行。当系统出现故障时，轻者影响生产，重者造成事故，产生不良后果。因此，在设计过程中要把安全可靠放在首位。

可靠性指标一般用系统的平均故障间隔时间（Mean Time Between Failure，MTBF）来表示。对于可修复的产品，平均无故障时间是无故障工作时间的平均值；对于不可修复产品（如芯片），平均无故障时间就是其寿命平均值。系统的可靠性则通过规范化设计来达到，如选用高性能工控机、设计可靠控制方案、采取各种安全保护措施等。对于一些重要的场合，为了防止计算机故障通常采用双机控制系统，一般的方式有备份工作方式、主从工作方式、双工工作方式和分布式控制方式。

(2) 实时性

工业控制计算机的实时性表现在对内部事件和外部事件能及时地响应，并做出处理，不丢失信息，不延误操作。计算机处理的事件一般分为定时事件和随机事件。对于随机事件，根据事件的轻重等级依次处理，保证不丢失事件，不延误事件。

（3）操作性

操作性包括操作方便和维修方便两个方面。操作方便体现在操作简单，图文并茂，便于掌握，并不强求操作员具有较多的计算机知识。维修方便体现在易于查找故障，易于排除故障，并在功能模板上安装工作状态指示灯和监测点，便于维修人员检查。

（4）通用性

尽管计算机控制的对象千变万化，但适用于某个领域或行业的控制计算机应具有通用性。系统设计时应考虑能适应不同的设备和不同的控制对象。通常采用积木式结构，按照控制要求灵活构成所需系统，并能根据需要，在原有基础上进行扩充。另一方面，系统设计时在输入输出通道、内存容量、电源功率等要事先留出余量。

（5）开放性

开放性体现在硬件和软件两个方面。硬件提供各类标准通信接口，如 RS-232、CAN 总线、RS-485 和以太网接口等。软件支持各类数据交换技术，如动态数据交换（Dynamic Data Exchange，DDE）、对象连接嵌入（Object Link Embedding，OLE）、用于过程控制的 OLE（OLE for Process Control，OPC）和开放的数据库连接（Open Data Base Connectivity，ODBC）等。这样构成的开放式系统，既可以从外部获取信息，也可以向外部提供信息，实现信息共享和集成。

（6）经济性

计算机控制应该带来高的经济效益，系统设计时要考虑性价比，要有市场竞争意识。经济效益表现为两个方面：一是系统设计的性价比要高，设计周期尽可能短；二是投入产出比要尽可能低。另外还需要从提高产品质量与产量、降低能耗、消除环境污染、改善劳动条件等方面进行综合评估。

2. DDC 系统的设计步骤

DDC 系统的设计一般按照确定系统整体方案、数学模型与控制策略设计、硬件设备的选择、软件设计和系统调试与运行这五个步骤进行。

（1）确定系统整体方案

系统设计之前首先应详细了解控制对象的工作过程和控制要求，对于用于工业生产的系统还需要详细了解各生产环节对工艺参数的要求，充分考虑用户的操作规律。这样才能根据实际应用中的问题提出具体合理的控制要求，确定系统所要完成的任务，最后制定整个 DDC 系统控制方案。系统的总体方案应包括如下内容。

1）系统的主要功能和技术指标。

2）控制策略和控制算法。

3）系统的硬件结构及配置，主要的软件功能。

4）保证性能指标的要求的技术措施。

5）抗干扰性和可靠性设计。

6）其他需要考虑的特殊要求。

（2）数学模型与控制策略设计

数学模型是系统动态特性的数学表达式，反映了系统输入、内部状态变量和输出之间的关系。数学模型的建立能够为计算机控制提供依据。在数学模型的基础上进行控制策略的设计能够更好地保证系统的性能指标。

控制策略是整个系统对执行机构进行控制的核心部分。随着控制理论与计算机技术的不断发展，控制策略也越来越多，如PID控制、最优控制、随机控制、自适应控制、智能控制等方法。在设计时，需要根据被控对象和不同的控制性能指标进行控制策略的选择。

（3）硬件设备的选择

硬件设备的选择一般需要注意以下几点。

1）计算机机型的选择。机型选择准则是字长适宜、速度较快、指令丰富和中断功能强。计算机的运行速度主要根据实时控制的要求，选择时钟频率较高的计算机或者微处理器。系统指令和寻址方式的种类越多，完成相同功能所需的指令条数就会减少，程序就会简化，执行速度也会提高。

2）传感器的选择。传感器是把控制对象的原始状态的非电参数转化成电量参数的重要设备，其转换精度和速度影响到整个控制系统的精度和性能。传感器的选取需要从系统的性能需求和经济性两个方面进行考虑，同时选择传感器时应尽可能地采用数字化传感器。

3）外围接口。计算机控制系统除了工业控制机的主机外，还需要有各种输入输出接口板，其中包括数字量I/O（DI/DO）、模拟量I/O（AI/AO）等接口板。

4）执行机构的选择。执行机构的作用是将控制系统中的计算机指令转换为调整机构的动作，使生产过程按照预先规定的要求进行，可分为气动、电动、液压三种。在选取过程中需要考虑系统的精度、响应速度、噪声要求、载荷等。对于高精度系统一般采用电动执行机构，对于载荷大的系统常使用液压执行机构。

（4）软件设计

一般在进行计算机控制系统设计时都需要用到实时操作系统和实时监测程序，以使系统设计者在最短周期开发出目标系统软件。一般控制软件供应商都把需要的各种功能以模块的形式提供给开发者。系统设计者根据控制要求选择所需要的模块，就能生成应用软件系统。

如果从单片机入手来研制控制系统，需要自行开发实时控制软件。在开发时应先画出程序总体流程图和各个功能模块流程图，再进行程序设计。程序编写应先模块后整体，具体设计时需要处理的内容如下。

1）数据采集和数据处理程序。

2）控制算法程序。

3）控制量输出程序。

4）时钟和中断处理程序。

5）数据管理程序。

6）数据通信程序。

（5）系统调试与运行

系统调试与运行分为离线仿真调试阶段和在线调试运行阶段。离线仿真调试一般在实验室或非工业现场进行，主要是对系统各个模块的硬件性能和系统的软件功能进行检测，为现场运行做准备。在线调试阶段是在生产过程和工业现场进行，是对全系统的实际考验和检查。系统调试内容丰富，遇到的问题也千变万化，解决方法多种多样，并没有统一模式。

8.2 可编程序控制器系统

可编程序控制器系统是以可编程序控制器或可编程序逻辑控制器（Programmable Logic Controller，PLC）为核心的控制系统，而 PLC 是以微处理器为基础的数字控制设备，既可以单独工作，也可以用通信的方式将多台设备连接起来构成网络化控制系统，PLC 具有输入、控制、输出和通信功能，其中输入和输出以开关逻辑信号为主，模拟信号为辅，控制以逻辑或者顺序控制为主，连续控制为辅。

8.2.1 PLC 的基本架构与特点

1. PLC 的定义

可编程序控制器是为工业控制应用而设计制造的，早期的可编程序控制器称为可编程序逻辑控制器，简称 PLC，它主要代替继电器实现逻辑控制。随着科技发展，其功能已大大扩展，PLC 广泛应用在工业自动化生产中，被誉为生产自动化三大支柱之一（工业机器人、CAD/CAM 和 PLC）。

国际电工委员会（IEC）先后颁布了 PLC 标准的草案第一稿、第二稿，并在 1987 年 2 月通过了对它的定义："可编程序控制器是一种数字运算操作的电子系统，专为在工业环境下应用而设计。它采用一类可编程的存储器，用于其内部存储程序，执行逻辑运算、顺序控制、定时、计数与算术操作等面向用户的指令，并通过数字或模拟式输入/输出控制各种类型的机械或生产过程。可编程序控制器及其有关外部设备，都按易于与工业控制系统联成一个整体，易于扩充其功能的原则设计。"

总之，可编程序控制器是专为工业环境应用而设计制造的计算机，它具有丰富的输入/输出接口，并且具有较强的驱动能力。但可编程序控制器产品并不针对某一具体工业应用，在实际应用时，其硬件需根据实际需要进行选用配置，其软件则需根据控制要求进行设计编制。

PLC 的发展可分为三个阶段。

早期的 PLC（20 世纪 60 年代末至 70 年代中期），主要由中小规模集成电路组成，在硬件上以准计算机的形式出现，存储器采用磁心存储器，编程语言采用梯形图，还没有采用微处理器。

中期的 PLC（20 世纪 70 年代中期至 80 年代中后期），开始采用微处理器作为其 CPU，处理器及其他大规模集成电路开始成为其核心部分，这样使 PLC 的功能大大增强；在软件方面，除了保持原来的逻辑运算、计时、计数等功能外，还增加了算术运算、数据处理和传送、通信、自诊断等功能；硬件上增加了模拟量的 I/O、远程 I/O、PID、定位、通信模块等。为了适应不同的控制要求，PLC 逐步形成了小、中、大的系列产品。

近期的 PLC（20 世纪 80 年代中后期以来），发展更为迅速。由于超大规模集成电路技术的迅速发展，CPU 档次提高，执行速度加快，价格降低，网络功能增强，使大型 PLC 不断向着高速、大容量、高性能的方向发展，简易、经济型的超小型 PLC 则以单机控制及小型设备自动化为目标。

2. PLC 的基本架构

PLC 是一种以微处理器为核心的具有特定控制功能的计算机，其硬件结构与一般的控制计算机相同，也是由中央处理器（CPU）、存储器、输入接口、输出接口、电源、通信单元等部分组成。如图 8-3 所示，在整个系统中，中央处理器是 PLC 系统的心脏，它按系统程序赋予的功能接收并存储用户数据，用扫描的方式采集由现场输入装置传输的状态或数据，并存入规定的寄存器中；存储器用于存储用户数据和系统程序；外部设备与中央处理器通过输入输出接口进行连接；编程器则通过通信单元与上位机进行连接。

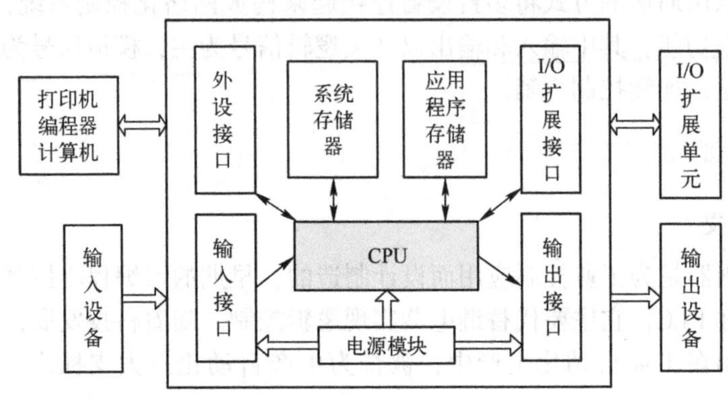

图 8-3 PLC 系统组成框图

3. PLC 的主要特点

PLC 的主要特点如下。

（1）高可靠性

高可靠性是 PLC 最突出的特点之一。由于工业生产过程是昼夜连续的，一般的生产装置要几个月甚至几年才大修一次。因此，对用于工业生产过程的控制器提出了可靠性尽可能高的要求。而工业现场的各种环境多半恶劣，电磁干扰、元器件的老化、触点的抖动以及触点电弧等一系列的问题将严重影响系统的可靠性。针对这一情况，PLC 采取了一系列措施，其中主要包括：

1）所有的输入/输出（以下均简称 I/O）接口电路均采用光电隔离，使工业现场的外电路与 PLC 内部电路之间电气隔离。

2）各输入端均采用 RC 滤波器，其滤波时间常数一般为 10~20 ms，对于一些高速输入端则采用数字滤波，其滤波时间常数可以用指令设定。

3）各模块均采用屏蔽措施，以防止辐射干扰。

4）采用性能优良的开关电源。

5）对采用的器件进行严格的老化试验和筛选。

6）良好的自诊断功能，一旦电源或其他软、硬件发生异常情况，CPU 立即采取有效措施，以防止故障的扩大。

7）双 CPU 冗余（大型的 PLC）。

通过综合采用上述可靠性措施，可使 PLC 的平均故障间隔时间（Mean Time Between Failures，MTBF）高达几十万小时（30 年以上）。

（2）功能强，具有很好的可扩展性

PLC 可以实现大规模的开关量逻辑控制，能够方便地实现 A/D、D/A 转换，实现过程控制、数字控制等。另外，PLC 还具有通信联网功能，既可进行现场控制，又可进行远程监控。

(3) 采用模块化结构

系统采用模块化结构，且各种模块上均设有运行和故障指示，使 PLC 安装性、可扩展性、可维护性好。一旦某模块发生故障，可马上更换模块，且可带电拔插。

(4) 编程简单易学

PLC 编程大多采用类似于继电器控制线路的梯形图。在最初的梯形图中，主要由人们熟悉的常开触点、常用触点和线图、计时、计算等符号组成，对使用者来说，无须具备计算机专门知识，因此很容易被电气工程师理解或掌握。随着 PLC 的功能增强，还出现了一些特殊的指令，如运算、传送、通信等，使编程更加简单方便。

(5) 控制系统采用模块配置

控制系统采用模块配置、系统集成，使系统设计调试周期短。

基于上述 PLC 的诸多优点，PLC 可以应用到很多领域。如在顺序控制中，PLC 用于单机控制、多机群控、生产自动化控制等；在运动控制中，PLC 提供了步进电机或多轴位置控制模块；在闭环控制系统中，PLC 能控制大量的物理参数；在工厂自动化系统中，PLC 提供各个 PLC 以及与上级控制器之间的通信功能，能够实现高速率数据传送的实时控制。

8.2.2 PLC 的硬件和软件平台

1. PLC 的硬件组成和功能

(1) 中央处理单元

每套 PLC 至少有一个 CPU，进入运行后，CPU 从用户程序存储器中逐条读取指令，分析后再按指令规定的任务产生相应的控制信号，去指挥有关的控制电路。PLC 中常用的 CPU 主要有通用微处理器、单片机和双极型位片式微处理器三种类型。

(2) 存储器

PLC 通常配有 ROM（只读存储器）和 RAM（随机存储器）两种存储器，ROM 用来存储系统程序，RAM 用来存储用户程序和程序运行时产生的数据。用户程序一般存放于静态 RAM、可擦除 EPROM 或者可电改写 EPPROM 中。在实际应用中，为了保证在断电和加电的瞬间 RAM 中的数据不丢失或者被随机改写，应该采取掉电抗干扰保护措施，控制端应有效禁止外电路对存储器的读写，避免电源波动或者电源切换时对存储器产生误写。

(3) 输入输出接口电路

输入/输出接口又称 I/O 接口或 I/O 模块，是 PLC 与外部设备之间的连接部件。PLC 通过输入接口检测来接收和采集被控对象或者被控生产过程中 I/O 设备的各种参数，PLC 以这些输入数据作为控制依据。同时，PLC 通过输出接口把处理结果或控制量传给被控对象或者生产过程。

PLC 的输出有三种形式，即继电器输出、晶体管输出、晶闸管输出。接入 PLC 的输入器件有各种开关、按钮、传感器等。各种 PLC 的输入电路大都相同，PLC 输入电路中有光电耦合器隔离，并设有 RC 滤波器，用于消除输入触点的抖动和外部噪声干扰。PLC 输入电路通常有三种类型：直流输入、交流输入和交直流输入。

(4) 扩展接口

为了提升 PLC 的性能、增强 PLC 控制功能，可以通过扩展接口给 PLC 增加一些专用功能模块，如高速计数模块、闭环控制模块、运动控制模块、中断控制模块等。

(5) 电源

PLC 一般采用开关电源供电，与普通电源相比，PLC 电源的稳定性好、抗干扰能力强。PLC 的电源对电网提供的电源稳定度要求不高，一般允许电源电压在其额定值 15%的范围内波动。有些 PLC 还可以通过端子向外提供直流 24 V 稳压电源。

(6) 通信接口

PLC 配有通信接口，PLC 可通过通信接口与监视器、打印机、其他 PLC、计算机等设备实现通信。PLC 与编程器或写入器连接，可以接收编程器或写入器输入的程序；PLC 与打印机连接，可将过程信息、系统参数等打印出来。

(7) 编程器

利用编程器可将用户程序输入 PLC 的存储器，还可以用编程器检查程序、修改程序。利用编程器还可以监视 PLC 的工作状态。

2. PLC 的软件结构

PLC 的系统软件分为两部分，一部分是固化于主机模块的存储器（ROM、PROM 或 EPROM）中的内核软件，执行输入、输出、运算、控制、通信和诊断等功能，并对 PLC 的运行进行管理；另一部分安装在编程器、操作监视器。工程师站和操作员站的组态编程软件及人机界面软件，供工程师对 PLC 进行组态编程，供操作员对被控设备进行操作监视。

PLC 的工程师站和操作员站一般采用个人计算机，在 Windows 操作系统软件的平台上，再安装 PLC 的组态编程软件和操作监视软件。

(1) PLC 的编程软件

根据 IEC 61131-3 标准，PLC 支持 5 种编程软件或编程语言：指令表、梯形图、功能块图、顺序功能图和结构化文本，可以支持其中一种或几种编程语言，视其功能或性能而定。

手持式或便携式编程器支持指令表（IL）编程，这是一种基本的编程语言，将用户编写的应用程序首先编译成主机模块中 CPU 可执行的机器指令，再下载到主机模块的存储器中，然后启动 PLC 运行。

工程师站和操作员站选用个人计算机，PLC 的编程软件运行于 Windows 操作系统上。

(2) PLC 的应用软件

用户根据生产过程的控制要求，首先设计控制方案或控制策略，再编写控制程序，并编译成可执行文件，然后下载到可编程控制器中运行，实现控制策略，达到设计目的。

为了对生产过程进行操作监视，用户还需要在组态软件的支持下绘制操作监视画面，这些应用画面在操作员站上运行，为操作员提供了图文并茂的动态操作环境。这些操作监视画面也属于应用软件，但它不在可编程控制器中运行，而是在操作员站上运行。

3. PLC 的网络结构

PLC 从下至上依次分为数据采集层、直接控制层和操作管理层，因此采用层次化网络结构，针对各层的通信要求采用相应的网络通信方式。

(1) PLC 的网络拓扑结构

PLC 采用层次化网络结构，从下至上依次分为输入输出总线（IOBUS）、控制网络（CNET）、管理网络（MNET），一般为总线型拓扑结构，如图 8-4 所示。

最底层为输入输出总线（IOBUS），负责与现场设备通信，采集信号，传送命令，对实时性要求较高，采用周期 I/O 通信方式，传输速率为几十到几百 kbit/s。

中间层为控制网（CNET），负责与控制器通信，传送监控信息，对实时性要求比较高，采用主从通信方式，传输速率为 1 Mbit/s~10 Mbit/s。

最上层为管理网络（MNET），传送操作监视和生产管理信息，对实时性要求一般，采用竞争通信方式，传输速率为 10~100 Mbit/s。

例如，SIEMENS 公司的 S7 系列，最底层为 AS-I（执行器传感器接口）总线，中间层为 PROFIBUS-DP 总线，最高层为工业以太网（Ethernet）。

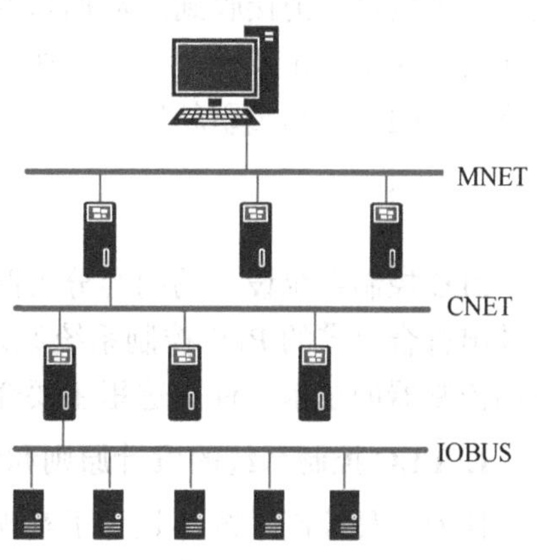

图 8-4　PLC 的网络结构

(2) PLC 的网络通信方式

PLC 采用层次化网络结构，为了适应各层的通信要求采用不同的通信方式。例如，最底层的输入输出总线（IOBUS）采用周期 I/O 通信方式，中间层的控制网络（CNET）采用主从通信方式，最顶层的管理网络（MNET）采用竞争通信方式。

1）周期 I/O 通信方式。

最底层的输入输出总线（IOBUS）上的 I/O 单元有主从之分，I/O 主单元内有 I/O 缓冲区，采用周期扫描工作方式，每个周期有一段时间集中进行 I/O 处理。

I/O 主单元有输入输出缓冲区，在每个周期按顺序与各个 I/O 从单元交换数据，把输出缓冲区中的数据发送到从单元，再将从单元读取的数据放到输入缓冲区中。这种通信方式既涉及周期又涉及 I/O，因而被称为周期 I/O 通信方式。

2）主从通信方式。

中间层的控制网络（CNET）上有 N 个站，其中只有一个主站，其余皆为从站。主站对从站采用轮询表法分配总线使用权，主站通过按顺序询问从站是否要使用总线，从而达到分配总线使用权的目的。在一个轮询周期中每个从站至少有一次机会取得总线使用权，从而保证了每个站的实时性。对于实时性要求较高的从站，可以在轮询表中出现多次，通过静态方式赋予该站较高的通信优先权。在有的主从通信方式中把轮询表法与中断法相结合，让有紧急任务中断的从站打断正常的轮询顺序而插入，获得优先通信服务，这就是用动态方式赋予从站较高的通信优先权。

3）竞争通信方式。

最高层的管理网络（MNET）采用竞争通信方式，这是一种随机通信方式，总线上各站地位平等，没有主从之分。一般采用有冲突检测的载体监听多重访问存取控制方式，该方式可以描述成“先听后讲，边讲边听”。

所谓“先听后讲”是各站使用总线之前，先监听一下总线是否空闲，如果空闲，则向总线上发送数据。但是，这样做仍然有发生冲突的可能。因为从组织数据到数据在总线上传输有段延时，在这段时间内，另一个站通过监听可能认为总线空闲，也发送数据到总线上。这样就出现两个站同时发送而发生冲突。为此再采用“边讲边听”的方式来避免冲突，即边发送边接收，把接收到的数据与发送的数据比较，若相同，则继续发送；若不相同，则发生冲突，立刻停止发送，并发送冲突标志，通知所有的站发生了冲突。发送冲突标志之后，等待一段随机时间再重新发送。

8.2.3 PLC 控制系统设计

PLC 控制系统设计的内容分为两大部分，包括原理设计和施工设计。原理设计的目的是设计出符合要求的 PLC 控制系统原理图，施工设计的目的是设计完成从控制系统原理图到实用控制器的技术文件。这里主要介绍 PLC 系统的设计原则、设计步骤和设计内容。

1. PLC 控制系统的设计原则和设计步骤

任何一种控制系统都是为了实现被控对象的工艺要求，以提高生产效率和产品质量。因此，在设计 PLC 控制系统时，应遵循以下四点基本原则：

1）最大限度地满足被控对象的控制要求。

2）保证 PLC 控制系统的安全可靠。

3）简单、经济、使用及维修方便。

4）适应发展的需要。

在上述原则下 PLC 控制系统的具体设计步骤如下：

1）分析被控对象，规划控制系统的控制要求，比如需要完成的动作，包括动作条件、动作顺序以及控制系统的操作方式（手动、自动）等。

2）根据对系统控制要求的分析，确定 PLC 控制系统的输入、输出设备。

3）选择 PLC 控制器。

4）分配 PLC 控制器的 I/O 资源，设计 I/O 连接图。

5）根据控制目标，设计 PLC 控制程序。

在整个设计过程中，PLC 控制程序设计是最重要的部分，它主要包括以下工作：

① 分析控制程序的整体结构、所要完成的功能、需要的 I/O 资源、各个功能模块的功能等。

② 设计梯形图，根据梯形图编写控制程序。

③ 使用编程器将程序下载到 PLC 控制器的存储器中，对程序进行调试和修改，直到满足设计要求。

④ 绘制技术文件。

2. PLC 控制系统的主要设计内容

PLC 控制系统的主要设计内容如图 8-5 所示。

（1）被控对象和控制范围的选取

在实际生产中，被控对象是一个复杂系统。在控制系统设计之前，首先要分析控制对象、控制过

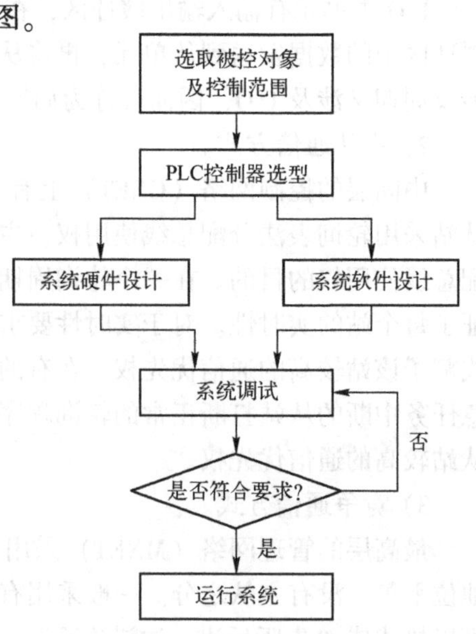

图 8-5 PLC 控制系统的主要设计内容

程、控制系统所要实现的功能以及各个功能的指标。对被控对象的运行环境、安全性、可靠性、系统的复杂度以及各部分功能的实现方式做出选择，找到适合于被控对象的最佳实现技术方案。

（2）PLC 控制器的选择

随着技术的进步和应用需求的增加，市场上的 PLC 控制器品种越来越丰富，因而针对实际控制对象选择合适的控制器非常重要。PLC 控制器的选择可以从以下几个方面考虑。首先是在满足功能要求的基础上，保证 PLC 控制器的结构合理、功能合理，具有好的性价比；其次，考虑 PLC 控制器的输入输出能力，根据控制系统所需要的 I/O 资源以及不同的输入输出模块的实现状况，选择合理的 PLC 控制器，以满足系统对输入输出的需要；最后，根据被控对象系统的复杂度以及系统实时性的要求，考虑所选 PLC 控制器的内存大小、响应时间等因素。

（3）系统软硬件设计及调试

选定 PLC 控制器之后，根据系统要实现的功能，进行系统流程设计，进一步明确系统各部分之间的关系。然后配置系统资源，划分软硬件界面，设计控制系统软件和硬件，实现相应的功能。系统的调试是控制系统设计的最后一项，主要是对 PLC 控制器电路外部连接线的检查、程序的模拟运行等。对系统的硬件、软件进行反复的修改调整，直到整个控制系统能够正常工作，PLC 控制系统设计才算完成了。

8.3 集散控制系统

集散控制系统（DCS）是集中管理、分散控制系统的简称，国内一般习惯称为集散控制系统。它是一个由过程控制级和过程监控级组成的以通信网络为纽带的多级计算机系统，综合了计算机、通信、显示和控制等 4C 技术，其基本思想是分散控制、集中操作、分级管理、配置灵活、组态方便。

集散控制系统是由操作指导控制系统、直接数字控制系统、监督控制系统结合而成的，其控制功能比较分散，但是管理相对集中。在分散控制系统中，即使其中一部分出现故障，也不会对系统的正常工作造成影响。在整个计算机系统出现问题时，各子系统还可以独立进行控制，所以集散控制系统具有较高的可靠性。因为各子系统是相对分散的，而且可以进行独立控制，因此系统在正常工作的时候，对计算机管理要求并不高，这就使得计算机管理的压力有所下降，从而直接简化了计算机控制系统编程，减少了信息量，使得系统操作更加灵活、简易。

8.3.1 DCS 的基本架构与特点

1. DCS 的定义

20 世纪 70 年代，美国霍尼韦尔（Honeywell）公司首次研制出了 TDC2000 集散型控制系统，这是一个具有多微处理器的分级控制系统，以分散的控制设备来适应分散的过程对象。在此期间，各国也相继推出了第一代集散型控制系统。20 世纪 80 年代，随着微处理器运算能力的增强，超大规模集成电路集成度的提高和成本的降低，给过程控制的发展带来了新的面貌，使得过去难以想象的功能付诸了实施，推动着以微处理器为基础的集散型控制系统的同步发展。在这一时期，出现了第二代、第三代 DCS 产品。20 世纪 90 年代，出现了生产过程控制系统与信息管理系统紧密结合的管控一体化的新一代 DCS。

目前 DCS 尚无确切的定义，其实质是利用计算机技术对生产过程进行集中监视、操作、管理和分散控制的一种新型控制技术。它是由计算机技术、信号处理技术、控制技术、通信网络技术和人机接口技术相互渗透发展而产生的，既不同于分散的仪表控制系统，又不同于集中式计算机控制系统，它是吸收了两者的优点，在它们的基础上发展起来的一门系统工程技术，具有很强的生命力和显著的优越性。

2. DCS 的基本架构

DCS 概括起来由生产管理、过程管理、现场控制和网络通信四部分组成，如图 8-6 所示。

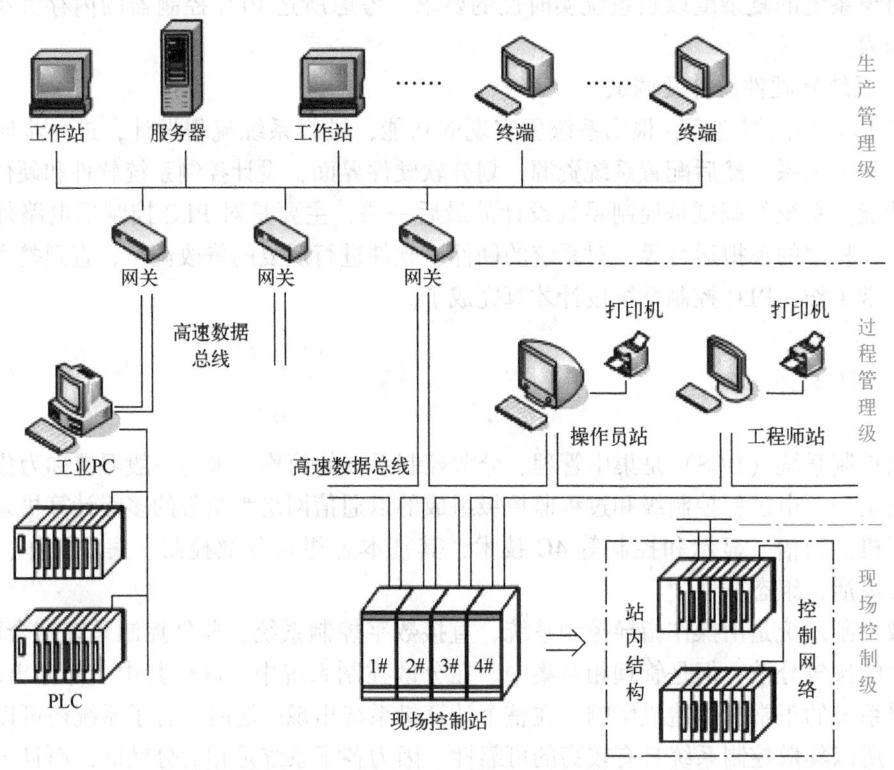

图 8-6 DCS 的结构示意图

1）生产管理部分：生产管理级位于最高级，与办公自动化连接起来，负责总体协调管理，包括各类经营决策活动、人事管理等。

2）过程管理部分：通常可分为工程师站、操作员站和过程管理计算机。在中小型 DCS 中，过程管理计算机常和工程师站或操作员站合并。

工程师站主要用于组态和维护，可以给控制器组态，也可以给操作站组态。工程师站的另外一个功能是读控制器的组态，用于查找故障。

操作员站安装有操作系统、监控软件和控制器的驱动软件，用于显示系统的状态、动态流程图和报警信息，实现人机操作等。

过程管理计算机综合监视各站的所有信息，进行控制回路组态和参数修改，优化控制过程。

3）现场控制部分：按功能分为控制站和监测站，用于控制和监测现场装置。现场控制站的控制计算机直接与现场各类装置（如变送器、执行器、记录仪表等）相连，对所连接的装置实时监测、控制，同时它还向上与过程管理的计算机相接，一方面接收上层的管理信息，另一方面向上传递装置的特性数据和采集到的实时数据。

4）网络通信部分：作为连接集散型控制系统各部分的纽带，通过它完成相互间的数据、指令及其他信息的传递，包括网关、高速数据总线等。

3. DCS 的主要特点

1）系统上各工作站是通过网络接口连接起来的，具有自治能力，可独立地完成分配给自己的任务，如数据采集、处理、计算、监视、操作和控制等。

2）各操作站和控制站之间通过控制网络传送各种信息协调地工作，以完成控制系统的总体功能和优化处理。

3）硬件和软件采用开放式、标准化和模块化设计，系统采用积木式结构，具有灵活的配置，可适应不同用户的需要。在工厂改变生产工艺、生产流程时，只需改变某些配置和控制方案，即可满足新的生产要求。

4）可靠性和可用性强。

① 系统的所有硬件包括操作站、控制站、通信链路甚至重要的 I/O 通道都采用双重冗余。

② 为提高软件的可靠性，采用程序分段与模块化设计、积木式结构，采用程序或指令重复执行的容错设计。

③ 采用硬件自诊断和故障部件的自动隔离、自动恢复与热插拔技术，实现在线快速排除故障的功能。如果系统发生异常，通过硬件自诊断功能和测试系统检出后，汇总到操作站，然后通过显示或声响报警，将故障信息通知操作人员；监测站、控制站的各插件上都有状态信号灯，指示故障插件。

8.3.2　DCS 的网络结构和软件平台

集散型控制系统管理的集中性和控制的分散性，决定了其物理上是一种分布式结构，而整体逻辑上则是一种分层结构。DCS 系统按逻辑分层结构，从底层往上可分为现场控制级、过程管理级和生产管理级，各级既相互独立又相互联系。

1. DCS 的网络结构

通常 DCS 的网络架构由四部分组成，从下到上依次为输入输出总线（IOBUS）、控制网络（CNET）、生产管理网络（MNET）和决策管理网络（DNET），其中生产管理网络和控制网络都是冗余配置，决策管理网络为可选网络。

（1）输入输出总线

过程控制站的输入输出单元（IOU）有各种类型的信号输入输出板卡，每块板卡除了进行信号转换（A/D，D/A）和数据处理外，还通过 IOBUS 与过程控制单元交换信息。由于采用 IOBUS，输入输出单元可以远离 PCU，直接安装在现场，这样既能节省信号线，又便于安装调试。

（2）控制网络

控制网络是 DCS 的中枢，具有良好的实时性、快速响应性、安全性、恶劣环境的适应性、网络互连性和网络开放性等特点。控制网络选用国际流行的局域网协议，如以太网（Ethernet）、制造自动化协议（MAP）和TCP/IP等。采用冗余现场总线与各个I/O模块及智能设备连接。

（3）生产管理网络

生产管理网络处于工业级，覆盖一个厂区的各个网络节点，一般由以太网构成，传输距离为5~10 km，传输速率为5~10 Mbit/s，输出介质为同轴电缆或光缆，用于工程师站、操作站、现场控制站、通信控制站的连接，完成现场控制站的数据下装。

（4）决策管理网络

决策管理网络处于公司级，覆盖全公司的各个网络节点。一般选用局域网或区域网，采用Ethernet或TCP/IP网络协议，传输距离为10~50 km，传输速率为10~100 Mbit/s，用于控制系统服务器与厂级信息管理系统（Real MIS或者ERP）、Internet、第三方管理软件等进行通信，实现数据的高级管理和共享。

2. DCS的软件平台

DCS的软件和其他计算机控制系统的软件一样，也分为两大部分：系统软件和应用软件。

（1）DCS的系统软件

系统软件一般指通用的、面向计算机的软件。系统软件是一组支持开发、生成、测试、运行和程序维护的工具软件，它一般与应用对象无关。DCS的系统软件一般由以下几个主要部分组成：实时多任务操作系统、面向过程的编程语言、工具软件。

（2）DCS的应用软件

DCS的应用软件主要包括过程控制软件包和组态生成软件两大类。过程控制软件包通常包括数据输入/输出、数字控制算法、顺序控制、历史数据存储、过程画面显示和管理、报警信息的管理、生产记录报表管理打印、参数列表显示、人机接口等模块，这些功能模块通常都以子程序的形式存在，合起来构成一个功能函数库，供用户组态时调用。

组态生成软件用于根据具体控制任务，组态生成满足要求的过程控制软件。几乎所有的DCS都在不同程度上支持组态功能。但是，不同的DCS的组态方法均不相同。利用组态软件，用户在不需要编写代码的情况下便可生成自己需要的应用程序。

8.3.3 DCS的系统设计

1. DCS系统设计的原则

DCS应用于生产过程的目标或应用设计的标准有三条：一是采用常规控制策略，达到基本控制要求，保证安全平稳地生产；二是采用先进控制策略，实现生产过程的局部优化控制；三是实现控制和管理一体化，建立全厂管理信息系统（Management Information System，MIS），最终达到全局优化控制和管理。这三条标准分别代表DCS应用的低、中、高档水平。针对不同的应用水平，分别制定总体设计原则，主要体现在控制水平、操作方式、系统结构、硬件部分四个方面。

（1）控制水平

DCS控制水平可以分为三类，第一类是采用常规控制策略，以PID控制算法为主，构成单回路、串级、前馈、比值、选择、分程、纯迟延补偿和解耦控制系统等，并以逻辑控制和顺序控制为辅，构成安全连锁保护系统和批处理系统；第二类是采用先进控制策略，实现自适应控制、预测控制、推理控制和神经网络控制等，实现装置级的优化控制和协调控制；第三类是采用控制和管理一体化策略，实现专家智能控制，建立全局优化控制和管理协调系统，进而实现计算机集成制造系统（CIMS）或计算机集成过程系统（CIPS）。

（2）操作方式

操作员站应提供具有良好交互性的人机界面，用于信息显示、分配系统信息，还可以接收到发往任何生产过程的操作指令。所有操作员站均具有同样的显示工艺流程或控制操作能力，也可对各操作员站进行操作任务的分配，使得操作任务共同承担。操作方式可以分为三种，第一种是设备级独立操作方式，操作员自主操作一台或几台设备，维持设备正常运行；第二种是装置级协调操作方式，操作员接收车间级调度指令，进行装置级协调操作；第三种是厂级综合操作方式，操作员接收厂级调度指令，进行厂级优化操作。

（3）系统结构

DCS 采用通信网络式的层次结构，其系统结构可以分为三档，第一档为直接控制层和操作监控层，用控制网络（CNET）连接各台控制和管理设备，构成车间级系统；第二档增加了生产管理层，用管理网络（MNET）连接各台生产管理设备，构成厂级系统；第三档又增加了决策管理层，用决策网络（DNET）连接各台决策管理设备，构成公司级系统。数据通信系统通过交换机将数据库、控制器、输入/输出模块、人机接口和第三方控制系统连接起来。为保证可靠和高效的系统通信，通信网络一般采用冗余配置，采用千兆工业级交换机，冗余通信系统保证连接到数据网络上的任一系统或设备发生故障都不会导致通信系统瘫痪或影响其他联网系统和设备的工作。

（4）硬件部分

DCS 硬件应能满足任何工况下的监控要求（包括紧急故障处理），CPU 负荷率应控制在设计指标之内并留有裕度；所有站的 CPU 负荷率在恶劣工况下不得超过 60%，所有计算站、数据管理站、操作员站、历史站等的 CPU 负荷率在恶劣工况下不得超过 40%。在操作员监视器上应设有醒目的报警功能，或在控制室内设有独立于 DCS 之外的声光报警。DCS 应易于组态、使用和扩展。主要控制器和重要 I/O 点应采用冗余配置。分配控制回路和 I/O 信号时应使一个控制器或一块 I/O 板件损坏时对机组的安全运行的影响尽可能小。I/O 板件及其电源故障时应使 I/O 处于对系统安全的状态不出现误动。

2. DCS 的系统设计步骤

（1）熟悉工艺流程

由于不同工厂的设备生产能力、精度以及工人熟练程度等大不相同，所以生产工艺流程具有不确定性和不唯一性。进行系统设计之前，设计人员要根据项目委托书与生产工艺要求，邀请熟悉生产工艺的技术人员配合，对测控对象的工作过程进行深入调查和分析，熟悉其工艺过程，并对控制要求和各参数控制精度进行分析，确定测控任务。

（2）确定输入点和输出点

设计人员在熟悉工艺流程后，需要确定工艺流程需要检测哪些信息点，控制哪些信息点，输入信息点如何检测，输出信息点如何控制，各信息点检测或控制需要注意什么问题，生成输入点和输出点一览表，同时粗略绘制相关流程图，并在流程图中标注相应的信息点，为 DCS 总体规划做好准备。

(3) DCS 总体规划

对 DCS 进行总体规划需要从三个方面着手：首先确定采用哪个厂商的哪种 DCS 架构产品以满足整个系统的控制需求，主要考虑功能、性价比、系统可靠性、系统扩展性等方面内容；然后查阅参考资料确定使用什么样的传感器来实现被控参量的高精度检测，采用何种执行机构及其输出通道来实现对被控参量的精确控制，同时也需要考虑系统的特殊控制需求；最后分配硬件和软件的功能，由于硬件和软件的实现功能具有一定的互换性，因此需要反复权衡硬件和软件的任务比例。

(4) DCS 架构确定及软、硬件选型

主要工作如下。

1）系统的拓扑结构图设计：根据总体规划、测控系统的特点与实际需求设计系统的拓扑结构，主要考虑系统的规模、造价成本和可靠性等。

2）节点计算机的选择：根据系统的拓扑结构，从节点所处位置、人机接口功能、可靠性、可扩展性等方面选择工控机、PLC、智能仪表作为现场控制站，选择工控机和人机接口设备作为系统操作站。

3）输入/输出通道选择：根据测量点的分布和技术要求确定模拟量和数字量输入通道（传感器、数据采集板和变送器），根据控制点数量的分布和技术要求确定模拟量和数字量输出通道（数据输出、功放单元、执行器等）。

4）支撑软件的选择：支撑软件主要包括操作系统、数据库管理系统和组态软件，其中组态软件作为开发工具必须重点加以考虑。

(5) DCS 软件组态

不同的系统有不同的组态软件，组态就是将软件库中提供的工具、模板、方法进行特定组合，实现特定控制目标。每套系统都有专门的通信模块，每个控制站都有默认地址。DCS 软件组态主要包括硬件逻辑组网和应用软件组态。DCS 组态的主要步骤如下。

1）前期准备工作：进入系统组态前，应首先确定测控点清单、控制运算方案、系统硬件配置，包括系统的规模、各站 I/O 单元的配置及测控点的分配等，还要提出对流程图、报表、历史数据库等的设计要求。

2）建立目标工程：在正式进行应用工程的组态前，必须对该应用工程定义一个工程名。目标工程建立后，便建立起了该工程的数据目录。

3）系统设备组态：应用系统的硬件配置通过系统配置组态软件完成。在数据库总控中创建相应的工程项目。

4）数据库组态：数据库组态就是定义和编辑系统各站的点信息，这是形成整个应用系统的基础。

5）控制算法组态：在完成数据库组态后就可以进行控制算法组态了。DCS 提供了多种组态工具，如梯形图、功能块、标准模块库（STL）语言等。

6）图形、报表组态：图形组态包括背景图定义和动态点定义，其中动态点动态显示实时值或历史变化情况，因而要求必须和已定义点相对应。通过把图形文件连入系统，就可实现图形的显示和切换。

7）编译生成：系统连编功能连接形成系统库，成为操作员站、现场控制站在线运行软件的基础。

8）系统下载：应用系统生成完毕后，应用系统的系统库、图形和报表文件通过网络下载在服务器和操作员站。

组态软件是开放式 DCS 不可缺少的部分，是 DCS 通用性的体现，组态生成不同的数据实体（包括图形文件、报表文件、控制回路文件等），能使系统满足应用设计要求。

8.4 网络化控制系统

网络化控制系统（NCS）有狭义和广义之分。狭义的网络化控制系统是指在某个区域内，把一些现场监测、控制及操作设备通过网络集成起来，构成闭环控制系统，这类控制系统称为一种狭义上的网络化控制系统。广义的网络化控制系统除了狭义的网络化控制系统之外，还包括通过企业信息网络以及 Internet/Intranet 实现的对工厂车间、生产线甚至现场设备的监控调度、优化等。本章仅讨论狭义的 NCS。

8.4.1 NCS 的基本架构与特点

1. 网络化控制系统的基本架构

网络化控制系统是指通过一个实时网络构成闭环的控制系统，主要特征是将控制系统的各个部分（如传感器、控制器、执行器等）之间通过网络进行交换。因此，网络化控制系统的系统结构从根本上有别于传统控制系统结构。在通用网络化控制系统中，网络的参考输入、控制器参数调整、传感器输出、执行器的输入等数据全部通过网络进行传输，实现了控制系统的网络化、数字化、综合化，其系统结构如图 8-7 所示。

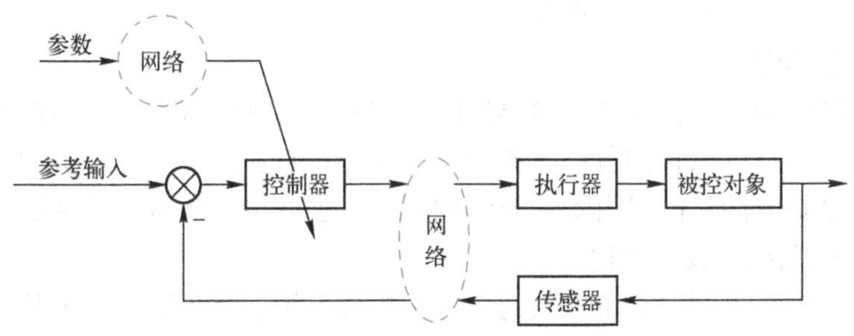

图 8-7　通用网络化控制系统结构

2. 网络化控制系统的特点

（1）系统的开放性

开放系统是指通信协议公开，不同厂家的设备之间可进行互连并实现信息交换。这里的开放性是指相关标准的一致性、公开性，强调对标准的共识与遵从。一个开放系统，可以与任何遵守相同标准的其他设备或系统相连，开放系统把系统集成的权利交给了用户。用户可按自己的需要和对象把来自不同供应商的产品组成任意大小的系统。

（2）系统的互操作性

这里的互操作性，是指实现互连设备间、系统间的信息传送与沟通，可实行点对点、一点对多点的数字通信，并且不同厂家生产的性能类似的设备可互换使用。

(3) 系统的智能化与功能自治性

它将传感测量、补偿计算、工程量处理与控制等功能分散到现场设备中完成，仅靠现场设备即可完成自动控制的基本功能，并可随时诊断设备的运行状态。

(4) 系统的分散性

由于现场设备本身已可完成自动控制的基本功能，从根本上改变了现有 DCS 集中与分散相结合的集散控制系统体系，简化了系统结构，提高了可靠性。

(5) 环境的适应性

工作在现场设备前端，作为工厂网络底层的现场总线，是专为在现场环境工作而设计的，它可支持双绞线、同轴电缆、光缆、射频、红外线、电力线等传输介质，具有较强的抗干扰能力，能采用两线制实现供电与通信，并可满足本征安全防爆要求等。

3. 网络化控制系统的优点

由于现场总线等控制网络的以上特点，使网络化控制系统在设计、安装、投运、生产运行及其检修维护等各方面，都体现出优越性。

(1) 节省硬件数量与投资

由于现场总线系统中分散在前端的智能设备能直接执行传感、控制、报警和计算等多种功能，因而可减少变送器的数量，不再需要单独的控制器、计算单元等，也不再需要 DCS 的信号调理、转换、隔离等功能单元及其复杂接线，从而节省了一大笔硬件投资。

(2) 节省安装费用

现场总线控制网络系统的接线十分简单，由于一对双绞线或一条电缆上可挂接多个设备，因而电缆、端子、槽盒、桥架的用量大大减少，连线设计与接头校对的工作量也大大减少。当需要增加现场控制设备时，无须增设新的电缆，可就近连接在原有的电缆上，既节省了投资，也减少了设计、安装的工作量。

(3) 节省维护开销

由于现场控制设备具有自诊断与简单故障处理能力，并通过数字通信将相关的诊断维护信息送往控制室，用户可以查询所有设备的运行状态信息，以便早期分析故障原因并快速排除，从而缩短了维护时间，同时由于系统结构简化、连线简单而减少了维护工作量。

(4) 用户掌握系统集成主动权

用户可以自由选择不同厂商所提供的设备来集成系统，避免因选择了某一品牌的产品被“框死”了设备的选择范围，使系统集成过程中的主动权完全掌握在用户手中。

(5) 提高了系统准确性与可靠性

由于现场总线设备的智能化、数字化，与模拟信号相比，它从根本上提高了测量与控制的准确度，减少了传送误差。同时，由于系统的结构简化，设备与连线减少，现场仪表内部功能加强，减少了信号的往返传输，提高了系统的工作可靠性。此外，由于它的设备标准化和功能模块化，因而还具有设计简单、易于重构等优点。

8.4.2 典型的控制网络

网络化控制系统的硬件核心在于控制网络技术，控制网络技术起源于欧洲，目前以欧美地区最为发达。由于这是一项带有革命性的、引领今后各领域自动化潮流的技术，各国、各公司都投入了大量的人力、财力在市场上展开了激烈的竞争。据不完全统计，世界上已出现过的控制网络与现场总线种类近 200 种，经过多年的竞争和完善，目前较有生命力的有 10 多种，并仍处于激烈的市场竞争之中。

IEC/TC65 负责测量和控制系统数据通信国际标准化工作的 SC65C/WG6 工作组于 1984 年就开始着手制定现场总线标准。也就是说，从现场总线技术出现之初就开始了总线标准的制定，而推出单一现场总线标准正是 IEC 这一举措的初衷。

单纯从技术需要与方便应用的角度来说，作为数据通信与控制网络的技术标准，理应是实行单一标准。但由于种种经济、社会与技术原因，在历经 10 多年的争斗与调解努力之后，最终，经 IEC 的现场总线标准化组织投票，在 1999 年底通过以下这 8 种现场总线成为 IEC 61158 现场总线标准：FF H1、ControlNet、Profibus、InterBus、P-NET、WorldFIP、SwiftNet、FF 之高速 Ethernet 即 HSE。其中，P-NET 和 SwiftNet 是专用总线；ControlNet、Profibus、WorldFIP 和 InterBus 是从 PLC 发展而来的；而 FF 和 HSE 是从传统 DCS 发展而来的。

另外，CAN 总线是德国 Bosch 公司于 1983 年为汽车应用而开发的一种能有效支持分布式控制和实时控制的串行通信网络，属于现场总线（Fieldbus）的范畴。1993 年 11 月，ISO 正式颁布了控制器局域网 CAN 国际标准（ISO 11898）。有关 CAN 总线的介绍见第 9 章。

8.4.3　控制网络的标准化与发展趋势

1. 控制网络的标准化

在控制网络与现场总线的发展和标准制定中有一些值得注意的现象。

1）每种总线都有其产生的背景和应用领域。总线是为了满足自动化发展的需求而产生的，由于不同领域的自动化需求各有其特点，因此在某个领域中产生的总线技术一般对这一特定的领域的满足度高、应用多、适用性好，如 FF 总线主要适用于过程自动化，Profibus 更适用于制造业自动化，CAN 适用于汽车工业，Lon 适用于楼宇自动化等。

2）每种总线都力图拓展其应用领域，以扩张其势力范围。在一定应用领域中已取得良好业绩的总线，往往会进一步根据需要向其他领域发展，如 Profibus 在 DP 的基础上又开发出 PA，以适用于过程工业。

3）大多数总线都成立了相应的国际组织，力图在制造商和用户中创造影响，以取得更多方面的支持，同时也显示出其技术是开放的，如 WorldFIP 国际用户组织、FF 基金会、Profibus 国际用户组织、P-NET 国际用户组织，ControlNet 国际用户组织等。

4）每种总线都以一个或几个公司且多是大型跨国公司为背景，公司的利益与总线的发展息息相关，如 Profibus 以 Siemens 公司为主要支持，ControlNet 以 Rockwell 公司为主要背景，WorldFIP 以 ALSTOM 公司为主要后台。

5）大多数设备制造商都积极参加不止一个总线组织，有些公司甚至参加 2~4 个总线组织。

6）每种总线大多将自己作为国家或地区标准，以加强竞争地位，如 P-NET 已成为丹麦标准，Profibus 已成为德国标准，WorldFIP 已成为法国标准。上述 3 种总线于 1994 年成为并列的欧洲标准 EN50170，其他总线也都形成了各组织的技术规范。

7）在激烈的竞争中出现了协调共存的前景。这种现象在欧洲标准制订时就出现过，欧洲标准 EN50170 在制订时，将德、法、丹麦 3 个标准并列于一卷之中，形成了欧洲多总线的标准体系，后又将 ControlNet 和 FF 加入其中。

8）尽管单一现场总线标准未能实现，但作为开放系统的数据通信与控制网络的技术，仍然应该坚持一致通信的原则。因此遵循国际标准，采用主流技术，顺应世界技术发展趋势的大潮流，应该成为设立总线标准的基本出发点。已成为 IEC 现场总线标准子集的上述 8 种总线，成为 IEC TC178 国际标准的 DeviceNet、ASI、SDS（Smart Distributed System），以及成为 ISO 11898 标准的 CAN，都是在不同应用领域显示了各自技术优势的总线品种。

2. 控制网络的发展趋势

（1）多种总线标准共存的发展现状

控制网络势必向着趋于开放统一的方向发展，成为大家都遵守的标准规范，但由于这一技术所涉及的应用领域十分广泛，几乎覆盖了所有连续、离散工业领域，如过程自动化、制造业自动化、楼宇自动化、家庭自动化等等。而众多领域的需求各异，一个现场总线体系下可能不只接纳单一的标准。另外，几大技术均具有自己的特点，已在不同应用领域形成了自己的优势，加上商业利益的驱使，它们都试图在十分激烈的市场竞争中求得发展。从目前发展来看，在未来 10 多年内，甚至可能出现在一个现场总线系统内，几种总线标准的设备通过路由网关互连实现信息共享的局面。

在连续过程自动化领域内，FF 基金会现场总线成为主流发展趋势，LonWorks 将成为其有力的竞争对手，HART 作为过渡性产品也能有一定的市场。这 3 种技术是从这一领域的工业需求出发，其用户层的各种功能是专为连续过程设计的，而且充分考虑到连续工业的使用环境，如支持总线供电，可满足本征安全防爆要求等。另外，FF 基金会几乎集中了世界上主要自动化仪表制造商，LonWorks 形成了全面的分工合作体系。由于国内厂商的规模相对较小，研发能力较差，更多的是依赖技术供应商的支持，比较容易受现场总线技术供应商（芯片制造商等）对国内的支持和市场推广力度的影响。目前国内 LonWorks 技术有较多实质性的市场活动，所以大部分国内厂商将首先接受 LonWorks 技术。

在离散制造加工领域，由于行业应用的特点和历史原因，其主流技术会有一些差别。Profibus 和 CAN 在这一领域具有较强的竞争力，已经形成了各自的优势。

在楼宇自动化、家庭自动化、智能通信产品等方面，LonWorks 则具有独特的优势。由于 LonWorks 技术的特点，在多样化控制系统的应用上将会有较大的发展。

但是市场迫切需要统一标准的现场总线控制系统。只有通过制定新标准才能实现，为了加快新一代系统的现场总线控制网络的发展进程，人们开始寻求新的出路。

1）各种现场总线统一到 1~2 种。IEC 61158 的产生本身就说明这种可能性很小。

2）开发所有现场总线通用的接口，成本较高且难度较大。

3）各国不理睬 IEC 61158，采用自主知识产权的协议，这不符合经济全球化发展趋势。

4）采用已经是通用的国际标准 Ethernet、TCP/IP 等协议，并使其在控制中成熟应用，这是易于被各国用户、集成商、OEM 及制造商接受的一条出路。

（2）以太网进军控制领域的问题和解决方案

以太网能够迅速进军工业自动化的主要原因如下。

1）低成本的刺激

以太网适配器的价格大幅度下跌以及各产品和标准对以太网的支持是其成功的重要因素。10 Mbit/s 的网卡在 20 世纪 80 年代的售价将近 1000 美元，而现在低于 10 美元，很多

PC 带有以太网接口而不需要单独的接口板；HUB（集线器）的价格从 20 世纪 90 年代初的 1000 美元也已降到今天的 60 美元左右。

2）速度的提高

以太网从最初的 10 Mbit/s 发展到 100 Mbit/s，目前已有超过 1000 Mbit/s 的产品了。FF 的高速以太网（HSE）定义为 100 Mbit/s，因此，其根本上的因碰撞而产生的传输信息时间的随机性问题就大大淡化了（针对 HSE 的时钟同步问题正在制定对策）；网络传输线也已经从昂贵且难以安装的同轴电缆变化到廉价的非屏蔽的双绞线。这些进步不仅大大减少了安装费用，而且还提供了工业环境所需要的抗噪声和隔离技术。

在以太网、互联网技术正逐步渗透到控制领域的今天，工业以太网技术正成为现场总线技术发展的新亮点。以太网应用到工业现场还必须解决以下问题。

1）网络实时性

实时性就是信号传输足够快加上确定性。以太网采用 CSMA/CD 冲突检测方式，网络负荷较大时，网络传输的不确定性不能满足工业控制的实时要求。

以太网发展的现实：交换式 100 兆以太网已广泛应用，能提供足够的带宽和减少冲突。全双工网络和具有优先权的传送机制能保证确定性。典型的工业应用，峰值负载为 10 兆以太网的 5%，在 100 兆以太网网络负载为 0.5%，而以太网只有当负载达 40%以上时才会有明显的延迟现象。

2）以太网如何满足现场环境

以太网所用的接插件、集线器、交换机和电缆等是为办公室应用而设计的，不符合工业现场恶劣环境的要求。在工厂环境中，以太网抗干扰性能较差。若用于危险场合，它不具备本征安全特性，也不具备通过信号线向现场仪表供电的性能。

随着网络技术的发展，上述问题正在迅速得到解决。为了解决在不间断的工业应用领域，在极端条件下网络也能稳定工作的问题，美国 Synergetic 微系统公司和德国 Hirschman 公司专门开发和生产了导轨式收发器、集线器和交换机等系列产品，安装在标准 DIN 导轨上，并有冗余电源供电，接插件采用牢固的 DB-9 结构。

3）在工业控制中使用以太网如何获得技术支持

由于采用与商用以太网相同的技术，因此具有最广大的支持网络和资源。为了促进以太网在工业领域的应用，国际上成立了工业以太网协会和 IAONA 组织，并与美国 ARC Advisory Group、AMR 和 Gartner Group 公司等机构合作，开展工业以太网关键技术的研究。美国电气工程师协会（IEEE）正着手制定现场装置与以太网通信的新标准。该标准旨在让网络直接看到对象（Object）。这些工作为以太网进入工业自动化的现场打下了基础。

思考题与习题

8.1　我国工控机技术的发展经历了哪几个阶段？简述各阶段的影响和代表技术。

8.2　简述 DDC 系统的基本结构和运行过程。

8.3　简述 DDC 系统的设计原则和设计步骤。

8.4　简述 PC104 系统与普通 PC 总线控制系统的主要不同。

8.5 简述 PLC 的硬件组成及功能。

8.6 简述 PLC 的网络结构。

8.7 简述 PLC 控制系统的设计步骤和主要设计内容。

8.8 简述 DCS 的组成与结构。

8.9 简述什么是 DCS 系统组态和组态主要步骤。

8.10 简述以太网进军控制领域可能存在的问题和解决方案。

8.11 网络化控制的优点有哪些？

第 9 章 控制器局域网通信技术

现场总线作为工厂设备级基础通信网络，不仅要求具有协议简单、容错能力强、安全性好、成本低的特点，同时要求具有一定的时间确定性和较高的实时性。基于现场总线构成的网络化控制系统应用广泛。当前现场总线种类繁多，且各有特点，因此，本书在内容选择上，考虑以一种应用相对广泛的控制器局域网（Controller Area Network，CAN）为主要研究对象，通过对一种典型的现场总线全面介绍，为读者学习其他种类的现场总线提供帮助。

本章在简述 CAN 的通信模式和技术特点的基础上，介绍了 CAN 的通信协议以及 CAN 控制器和驱动器的原理及应用，最后给出了基于单片机的 CAN 智能节点的硬件结构和程序。探讨了 CAN 总线的实时性问题，分析了 CAN 总线延时及延时变化的原因，给出了实时性提升的策略。

9.1 概述

CAN 主要用于各种过程（设备）监测及控制。CAN 最初是由德国的 Bosch 公司为汽车的监测与控制设计的，但由于 CAN 本身的突出特点，其应用领域目前已不再局限于汽车行业，而是向过程工业、机械工业、机器人、数控机床、医疗器械和武器装备等领域发展。CAN 已成为工业数据通信的主流技术之一，并形成了国际标准（ISO 11898）。

微课：概述

9.1.1 CAN 总线的发展历程

从 1980 年开始，德国 Bosch 公司的工程师就开始论证将串行总线用于客车系统的可行性。因为没有一种现成的总线方案能够完全满足汽车工程师们的要求，于是，在 1983 年年初，Uwe Kiencke 开始研究一种新的串行总线，新总线的主要方向是增加新功能、减少电气连接线，来自 Mercedes-Benz 的工程师较早制定了总线的状态说明。当时聘请的顾问之一是来自于德国 Braunschweig-Wolfenbüttel 的 Applied Science 大学教授 Wolfhard Lawrenz 博士，他给出了新网络方案的名字“Controller Area Network”，简称 CAN。来自 Karlsruhe 大学的教授 Horst Wettstein 博士也提供了理论支持。

1986 年 2 月，德国 Bosch 公司在 SAE 汽车工程协会大会上介绍了一种新型的串行总线 CAN，标志着 CAN 总线的诞生。在该大会上，由 Bosch 公司研究的新总线系统被称为“汽车串行控制器局域网”。Uwe Kiencke、Siegfried Dais 和 Martin Litschel 分别介绍了这种多主网络方案。此方案基于非破坏性的仲裁机制，能够确保高优先级报文的无延迟传输。并且，不需要在总线上设置主控制器。此外，上述几位教授和 Bosch 公司的 Wolfgang Borst、Wolfgang Botzenhard、Otto Karl、Helmut Schelling、Jan Unruh 已经实现了多种在 CAN 中的错误检测机制，该错误检测也包括自动断开故障节点功能，以确保能继续进行剩余节点之间的通信。传输的报文并非根据报文发送器/接收器的节点地址识别（几乎其他的总线都是如此），而是根据报文的内容识别。同时，用于识别报文的标识符也规定了该报文在系统中的优先级。

当这种革新的通信方案的大部分文字内容制定之后，于 1987 年中期，Intel 公司提前计划 2 个月交付了首个 CAN 控制器 82526，这是 CAN 方案首次通过硬件实现，仅仅用了四年的时间，设想就变成了现实。不久之后，Philips 半导体公司推出了 82C200。

1990 年，Bosch 公司的 CAN 规范（CAN 2.0 版）被提交给国际标准化组织。在数次行政讨论之后，应一些主要的法国汽车厂商要求，增加了“Vehicle Area Network（VAN）”内容，并于 1993 年 11 月出版了 CAN 的国际标准 ISO11898。除了 CAN 协议外，它也规定了最高至 1 Mbit/s 波特率时的物理层。同时，在国际标准 ISO 11519-2 中也规定了 CAN 数据传输中的容错方法。1995 年，对国际标准 ISO 11898 进行了扩展，以附录的形式说明了 29 位 CAN 标识符。

今天在欧洲几乎每一辆新客车均装配有 CAN 局域网。同样 CAN 也用于其他类型的交通工具，从火车到轮船或者用于工业控制。CAN 已经成为全球范围内最重要的总线之一。在 1999 年接近 6000 万个 CAN 控制器投入应用，2000 年市场销售超过 1 亿个 CAN 器件。

CAN 总线由于其具有高可靠性、实时性等优点，现已被广泛应用于工业自动化、控制设备、交通工具、医疗仪器以及建筑、环境控制等众多领域，并且在我国迅速普及推广。

9.1.2 CAN 总线的通信方式

1. “载波监测，多主掌控/冲突检测”(CSMA/CD) 的通信技术

CAN 采用一种“载波监测，多主掌控/冲突检测”(CSMA/CD) 的通信方式，允许在总线上的任一设备有同等的机会取得总线控制权来向外发送信息。如果在同一时刻有两个以上的设备欲发送信息，就会发生数据冲突，CAN 总线能够实时地检测这些冲突情况，并做出相应的仲裁而不会破坏待传的信息。

“载波监测”是指在总线上的每个节点在发送信息报文前都必须监测到总线上有一段时间的空闲状态。一旦空闲状态被监测到，那么每个节点都有均等的机会来发送报文，这被称作“多主掌控”。

“多主掌控/冲突检测”是指每个节点都可以主动发送数据，但是如果两个以上节点同时发送信息，节点本身首先会检测到出现冲突，然后采取相应的措施来解决这一冲突情况。此时优先级高的报文先发送，优先级低的报文发送会暂停。CAN 总线协议中通过一种非破坏性的位仲裁方式来实现冲突检测，这也就意味着当总线出现发送冲突时，通过仲裁后原发送信息不会受到任何影响。所有的仲裁都不会破坏优先级高的报文信息内容，也不会对其发送产生任何延时。

2. 基于报文的通信技术

CAN 总线采用的是一种基于报文而不是基于节点地址的通信方式，也就是说报文不是按照地址从一个节点传送到另一个节点。这就允许不同的信息以“广播”的形式发送到所有节点，并且可以在不改变信息格式的前提下对报文进行不同配置。CAN 总线上的报文所包含的内容只有优先级标志区和欲传送的数据内容。所有节点都会接收到在总线上传送的报文，并在正确接收后发出应答确认。至于该报文是否要做进一步的处理或被丢弃，将完全取决于接收节点本身。同一个报文可以发送给特定的节点或许多节点，设计者可以根据要求来设计相应的网络系统。

CAN 总线协议另外一个有用的特性是一个站点可以主动要求其他站点发送信息。这种特性叫作“远程终端发送请求”(RTR)。站点并不等待信息的到来，而是主动去索取。

例如，汽车的中央控制系统会频繁地更新一些像安全气囊等关键传感器的信息，但是有些信息如油压传感器或电池电压传感器可能不会经常收到。为了确保了解这些设备是否工作正常，系统必须定期地要求此类设备发送相关信息以便检查整个系统的工作情况。设计人员就可以利用这种“远端发送请求”特性来减少网络的数据通信量，同时维持整个系统的完整性。基于报文的这种协议的另外一个好处是新的站点可以随时方便地加入到现有的系统中，而无须对所有站点进行重新编程以便它们能识别这一新站点。一旦新站点加入到网络中，它就开始接收信息，判别信息标识，然后决定是否做处理或直接丢弃。

CAN 总线定义了四种报文用于总线通信。第一种称为“数据帧”；第二种叫“远程帧”，用于一个站点主动要求其他站点发送信息；另外两种用于差错处理，分别叫作“出错帧”和“超载帧”。如果站点在接收过程中检测到任意在 CAN 总线协议中定义了的错误信息，它就会发送一个出错帧；当一个站点正忙于处理接收的信息，需要额外的等待时间接收下一报文时，可以发送超载帧，通知其他站点暂缓发送新报文。

3. 高速且具备复杂的错误检测和恢复能力的高可靠通信技术

CAN 总线协议有一套完整的差错定义，能够自动地检测出错误信息，由此保证了被传信息的正确性和完整性。CAN 总线上的每个节点具有检测多种通信差错信息的能力并采取相关的应对措施：可通过“CRC 出错”检测到发送错误；可通过“应答出错”检测到普通接收错误；可通过“格式出错”检测到 CAN 报文格式错误；可通过“位出错”检测到 CAN 总线信号错误；可通过“阻塞出错”检测到同步和定时错误。每个 CAN 总线上的节点都有一个出错计数器用以记录各种错误发生的次数。通过这些计数器可以判别出错的严重性，确认这些节点是否应工作在降级模式；总线上的节点可以从正常工作模式（正常收发数据和出错信息）降级到消极工作模式（只有在总线空闲时才能取得控制权），或者到关断模式（或总线隔离）。CAN 总线上的各节点还有能力监测是短期的干扰还是永久性的故障，并采取相关的应对措施，这种特性被称为“故障界定隔离”。采取了这种故障界定隔离措施后，故障节点将会被及时关断，不会永久占用总线。这一点对关键信息能在总线上畅通无阻地传送是非常重要的。

9.1.3 CAN 总线的技术特点

CAN 属于总线式串行通信网络，由于其采用了许多新技术及独特的设计，与一般的通信总线相比，CAN 总线的数据通信具有可靠性高、实时性和灵活性强等优点，具体概括如下：

1）CAN 为多主工作方式，网络上任意节点均可在任意时刻主动向网络上其他节点发送信息，而不分主从，通信方式灵活，且无须节点地址等节点信息。利用这一特点可方便构成多机备份系统。

2）CAN 的节点信息分为不同的优先级，可满足不同的实时要求，高优先级的数据最多可在 134 μs 内得到传输。

3）CAN 采用非破坏性的总线仲裁技术，当多个节点同时向总线发送信息时，优先级较低的节点会主动退出发送，而高优先级的节点可不受影响地继续传输数据，从而大大节省了总线冲突仲裁的时间。

4）CAN 通过报文滤波即可实现点对点、一点对多点及全局广播等几种方式传送和接收数据，无须专门的“调度”。

5）CAN 的一个节点可以主动要求其他节点发送信息，这种特性被称为“远程终端发送请求”(RTR)。

6）CAN 的直线通信距离最长可达 10 km（速率 5 kbit/s 以下），通信速率最高可达 1 Mbit/s（此时通信距离最长为 40 m）。

7）CAN 上的节点数主要取决于总线驱动电路，目前可达 110 个；报文标识符可达 2032 种（CAN 2.0 A），而扩展标准（CAN 2.0 B）的报文标识符几乎不受限制。

8）采用短帧结构，传输时间短，受干扰概率低，具有良好的检错效果。

9）CAN 的每帧信息都有 CRC 校验及其他检错措施，保证了极低的数据出错率。

10）CAN 的通信介质可为双绞线、同轴电缆或光纤，选择灵活。

11）CAN 的节点在错误严重的情况下具有自动关闭输出的功能，以使总线上其他节点的操作不受影响。

9.2 CAN 的系统组成

CAN 总线是一种串行多主站控制器局域网总线，也是一种有效支持分布式控制或实时控制的串行通信网络。CAN 总线的通信介质可以是双绞线、同轴电缆或光导纤维，通信速率可达 1 Mbit/s（对应的通信距离为 40 m），通信距离可达 10 km（对应的通信速率是 5 kbit/s）。

9.2.1 CAN 总线的系统组成

微课：CAN 的系统组成

CAN 在硬件成本上很具优势，从硬件芯片上来说，智能节点收发信息需要一个 CAN 控制器和一个 CAN 收发器。经过 40 多年的发展，CAN 已经获得了国际上各大半导体制造商的大力支持，据 CAN 最主要的推广组织 CIA（自动化 CAN）统计，目前已经有 20 余种 CAN 控制器和收发器可供选择，片内集成 CAN 控制器的单片机更多达 100 余种。CAN 在开发成本上的优势也很明显。目前，从广泛应用的 8 位/16 位单片机，到 DSP 和 32 位的 PowerPC、ARM 等嵌入式处理器，均在芯片内部含有 CAN 总线硬件接口单元。因此，从硬件角度看，CAN 具备其他现场总线无法比拟的高集成化优势和广泛的市场支持基础。CAN 总线的开发平台也比较简单，用户如果选择普通单片机加上 CAN 控制器进行开发，CAN 的开发平台和普通单片机的开发平台完全相同。如果选择带有片内 CAN 控制器的单片机进行开发，则只要换用支持该单片机的仿真器就可以了，其他开发设备完全相同。开发 CAN 也需要相应的驱动程序，用户可以自行根据选择的 CAN 控制器开发驱动程序。

典型的 CAN 总线系统构成如图 9-1 所示，其中使用微处理器负责 CAN 总线数据处理，完成收发启动等特定功能。CAN 控制器（如 SJA1000）扮演实现网络协议的角色，它提供了微处理器的物理线路的接口，进行数据的发送和接收。CAN 总线驱动器（PCA82C250）提供了 CAN 控制器与物理总线之间的接口，实现对 CAN 总线的差动发送和接收功能，是影响系统网络性能的关键器件之一。

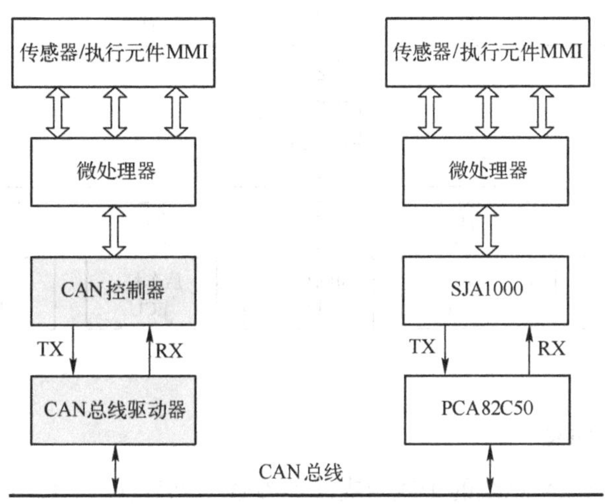

图 9-1　CAN 总线系统构成示意图

9.2.2　CAN 总线的拓扑结构

CAN 总线是一种分布式的控制总线，一般来说总线上的每一个节点都比较简单，通过 CAN 总线只需要较少的线缆即可将各节点连接起来，可靠性也较高。

1. 总线结构拓扑

ISO 11898 定义了一个总线结构的拓扑，采用干线和支线的连接方式：干线的两个终端都端接一个 120 Ω 终端电阻；节点通过没有端接电阻的支线连接到总线，CAN_H 为高位数据线，CAN_L 为低位数据线，CAN 总线网络结构如图 9-2 所示。

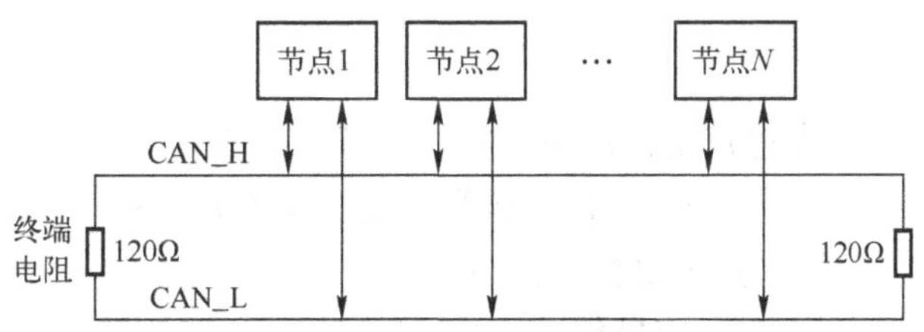

图 9-2　CAN 总线网络结构示意图

在实际应用中，可通过 CAN 中继器（网关）将分支网络连接到干线网络上，每条分支网络都符合 ISO 11898 标准，这样可以扩大 CAN 总线的通信距离，增加 CAN 总线工作节点的数量，如汽车的 CAN 总线扩展网络等，如图 9-3 所示。

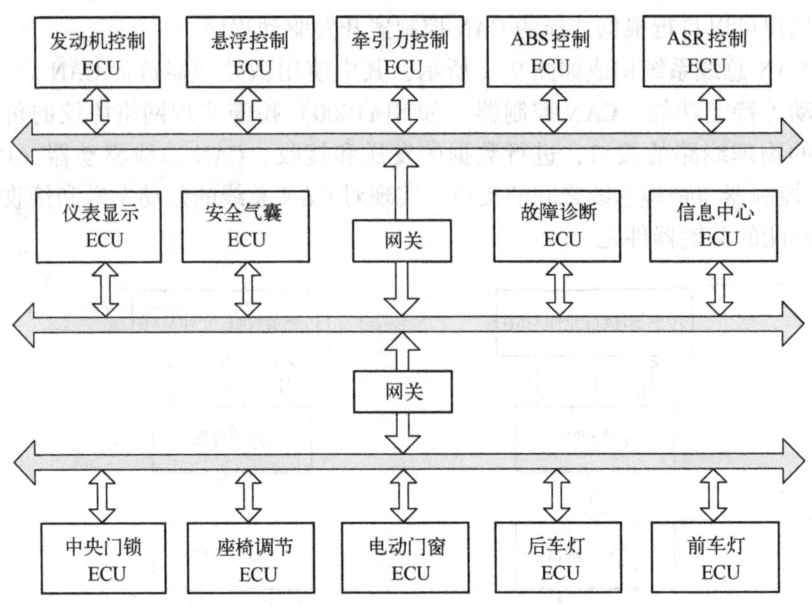

图 9-3　在汽车中的 CAN 总线扩展网络示意图

2. CAN 总线通信距离

ISO 11898 规定了 CAN 总线的干线与支线的参数，见表 9-1。CAN 总线的最大通信距离与其位速率有关，具体见表 9-2。

表 9-1　CAN 总线的干线与支线的参数

CAN 总线位速率	总线长度	支线长度	节点距离
1 Mbit/s	最大 40 m	最大 0.3 m	最大 40 m
5 kbit/s	最大 10 km	最小 6 m	最小 10 km

表 9-2　CAN 总线的最大通信距离与其位速率的关系

位速率/(kbit/s)	5	10	20	50	100	125	250	500	1000
最大有效距离/m	10000	6700	3300	1300	620	530	270	130	40

9.2.3　CAN 总线的传输介质

CAN 总线可使用多种传输介质，常用的如双绞线、同轴电缆、光纤等，同一段 CAN 总线网络要采用相同的传输介质。ISO 11898 推荐电缆及参数见表 9-3。基于双绞线的 CAN 总线分布系统已得到广泛应用，其主要特点如下：

1）双绞线采用抗干扰的差分信号传输方式。

2）技术上易实现、造价低。

3）对环境电磁辐射有一定的抑制能力。

4）使用非屏蔽双绞线时，只需要两根线缆作为差分信号线传输。

5）使用屏蔽双绞线时，除需要两根差分信号线的连接以外，还要注意在同一网络段中的屏蔽层单点接地问题。

表 9-3　ISO 11898 推荐电缆及参数

总线长度/m	电缆		终端电阻（精度 1%）	最大位速率/(Mbit/s)
	直流电阻/(mΩ/m)	导线截面积		
0~40	70	0.25~0.34 mm^2 AWG23，AWG22	124	1（40m）
40~300	<60	0.34~0.60 mm^2 AWG20，AWG22	127	1（100m）
300~600	<40	0.50~0.60 mm^2 AWG20	127	1（500m）
600~1000	<26	0.75~0.80 mm^2 AWG18	127	1（1000m）

在使用双绞线搭建 CAN 总线网络时，应注意以下问题：

1）干线两端必须各有一个约 120 Ω 的终端电阻。

2）支线必须尽可能地短，必要时可以采用“手拉手”的连接方案，即干线尽可能地接近每个节点。

3）CAN 总线网络线不要布置在干扰源附近。

4）在外界干扰较大的场所，CAN 总线可采用带屏蔽层的双绞线。

5）使用的电缆的电阻必须足够小，以避免线路电压降过大。

6）波特率的选择取决于传输线的时延，CAN 总线的通信距离随着波特率减小而增加。

9.3 CAN 的通信技术协议

由于 CAN 被越来越多的领域采用，因此要求不同领域的通信报文标准化。为此，Philips Semiconductors 于 1991 年制定并发布了 CAN 技术规范（Version2.0），分为两部分：2.0A 给出了曾在 1.2 版规范中定义的 CAN 报文格式，即标准格式；2.0B 给出了标准和扩展的两种报文格式。1993 年 11 月，ISO 正式颁布了道路交通运载工具-数字信息交换-高速通信 CAN 国际标准（ISO 11898），为 CAN 的标准化、规范化推广奠定了基础。

微课：CAN 的通信技术协议

目前各个公司生产的 CAN 控制器都支持 CAN 2.0B 版本，而且具有向上兼容性。本节主要介绍 CAN 2.0B 规范。CAN 总线技术规范的目的是在任何两个 CAN 节点之间建立兼容性。

9.3.1 CAN 的通信参考模型

根据 ISO/OSI 参考模型，CAN 被分为物理层（PL）和数据链路层（DLL），DLL 又包括媒体访问控制（MAC）子层和逻辑链路控制（LLC）子层。CAN 的 ISO/OSI 参考模型的层结构如图 9-4 所示，具体说明如下。

1）物理层定义信号的实际传输方式，涉及位编码/解码、位定时和位同步等，在同一网络内，要实现不同节点间的数据通信，所有节点的物理层必须一致，CAN 2.0 技术规范没有定义物理层的驱动器/接收器特性，以便允许根据它们的应用，对发送媒体和信号电平进行优化。

2）数据链路层，包含媒体访问（MAC）和逻辑链路控制（LLC）两个子层：

① MAC 子层是 CAN 协议的核心。它把接收到的报文提供给 LLC 子层，并接收来自 LLC 子层的报文。MAC 子层主要规定了传输规则，即负责控制帧的结构、执行仲裁、应答、错误检测、错误标定以及故障界定等。总线何时发送新报文以及何时开始接收报文，均由 MAC 子层确定，另外位定时也是由 MAC 子层的一部分。

② LLC 子层涉及报文滤波、过载通知以及恢复管理。

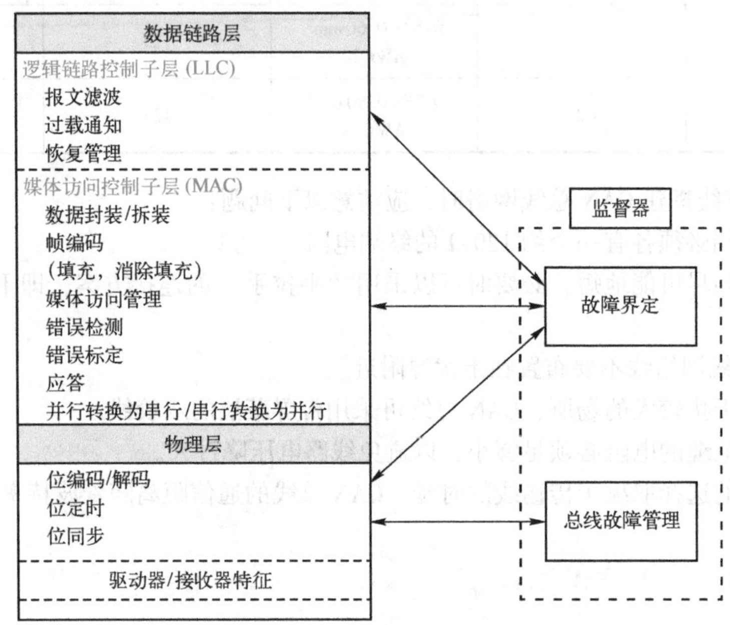

图 9-4 CAN 的 ISO/OSI 参考模型的层结构

9.3.2 CAN 报文的传送和帧结构

在进行数据传送时，发出报文的节点为该报文的发送器。该节点在总线空闲或丢失仲裁前恒为发送器，如果一个节点不是报文发送器，并且总线不处于空闲状态，则该节点为接收器。对于报文接收器和发送器，报文的实际有效时刻是不同的。对于发送器而言，如果直到发送的帧结束未出错，则对于发送器报文有效。如果报文受损，将允许按照优先权顺序自动重发，为了能同其他总线访问竞争，总线一旦空闲，重发送立即开始。对于报文接收器而言，如果一直到接收的帧结束未出错，则对于接收器报文有效。

构成一帧的帧起始、仲裁场、控制场、数据场和 CRC 序列均借助位填充规则进行编码。当发送器在发送的位流中检测到 5 位连续的相同数值时，将自动在实际发送的位流中插入一个补码位。而数据帧和远程帧的其余位场则采用固定格式，不进行填充，出错帧和超载帧同样是固定格式。报文中的位流是按照非归零码方法编码的，这意味着一个完整的位电平要么是显性，要么是隐性。在隐性状态下，CAN 总线的输出 U_{CANH} 和 U_{CANL} 被固定于平均电压电平，U_{diff} 近似为零。而在显性状态下，U_{diff} 为大于最小阈值的差分电压，如图 9-5 所示。在显性位期间，显性状态改写隐性状态并发送。

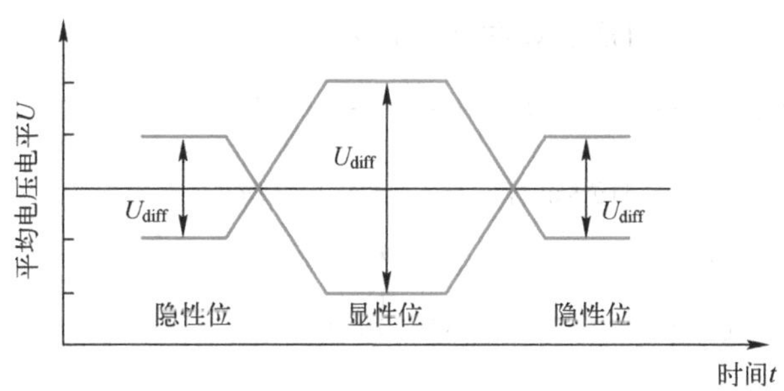

图 9-5　总线上的位电平表示

CAN 总线报文有以下 4 种帧类型。

1）数据帧：数据帧将数据从发送器传输到接收器。

2）远程帧：总线节点发出远程帧，请求发送具有同一识别符的数据帧。

3）错误帧：任何节点检测到总线错误就发出错误帧。

4）过载帧：过载帧用以在先行的和后续的数据帧（或远程帧）之间提供一附加的延时。

数据帧和远程帧可以使用标准帧和扩展帧两种格式。

1. 数据帧

数据帧由 7 个不同的位场组成：帧起始（Start of Frame）、仲裁场（Arbitration Frame）、控制场（Control）、数据场（Data Frame）、CRC 场（CRC Frame）、应答场（ACK Frame）、帧结束（End of Frame）。数据场的长度可以为 0。报文的数据帧结构如图 9-6 所示。

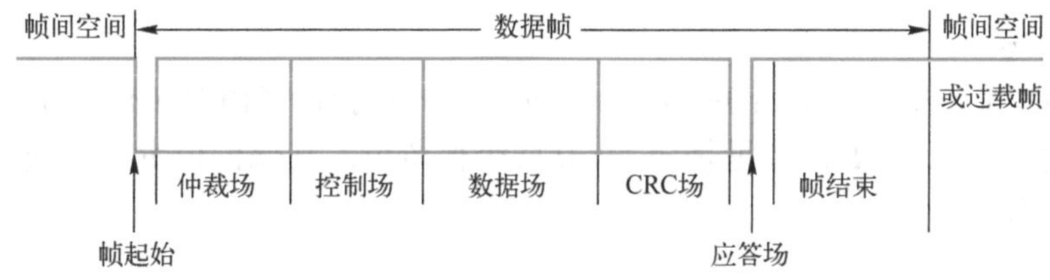

图 9-6　报文的数据帧结构

（1）帧起始

帧起始标志数据帧和远程帧的起始，仅由一个“显性”位组成。只有在总线空闲时才允许节点开始发送（信号）。所有节点必须同步于首先开始发送报文的节点的帧起始前沿，如图 9-7 所示。

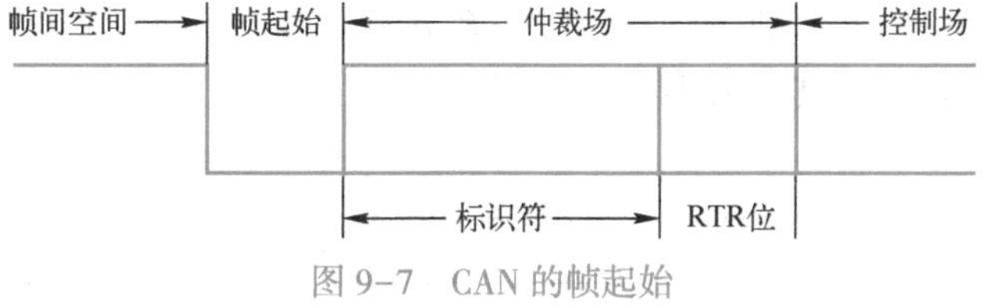

图 9-7　CAN 的帧起始

（2）仲裁场

标准帧的仲裁场由 11 位 ID（标识符）和 RTR 位（远程发送请求位）组成，如图 9-8 所示。11 位标识符按 ID. 10 到 ID. 0 的顺序发送，RTR 位在数据帧中为显性，在远程帧中为隐性。

扩展帧的仲裁场由 11 位基本 ID、SRR 位（替代远程请求位）、IDE 位（标识符扩展位)、18 位扩展 ID 和 RTR 位组成，如图 9-9 所示。

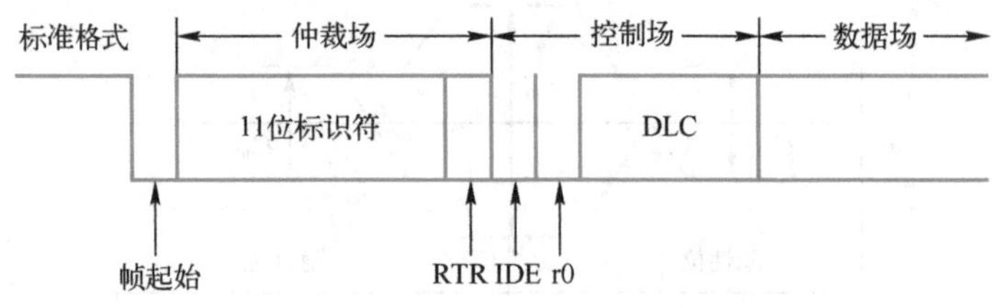

图 9-8 标准格式的仲裁场与控制场

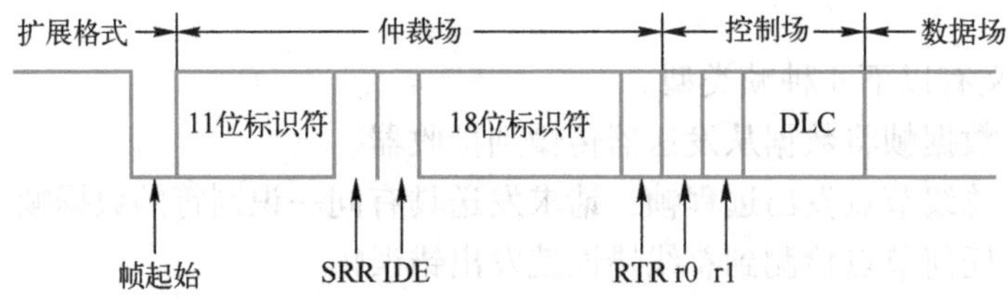

图 9-9 扩展格式的仲裁场与控制场

扩展帧的基本 ID 如同标准帧的标识符。

SRR 是隐性位，它在相当于标准帧的 RTR 位上被发送，并代替标准帧的 RTR 位。标准帧与扩展帧的冲突通过标准帧优先于扩展帧这一途径得以解决。

对于 IDE，在扩展格式中它属于仲裁场，为隐性；在标准格式中它属于控制场，为显性。

(3) 控制场

控制场由 6 个位组成，如图 9-10 所示。标准格式的控制场由 IDE 位、保留位 r0 和 DLC (数据长度码) 组成，扩展格式里是 r1 和 r0 两个保留位。其保留位发送必须为显性，但接收器对显性和隐性都认可。

图 9-10 控制场的结构

DLC 指示数据场里的字节数量，其对应关系见表 9-4，其中，d 表示显性，r 表示隐性，数据字节数的范围为 0~8，其他值不允许使用。

表 9-4 数据长度码 DLC 与数据字节数的关系

数据字节的数目	数据长度代码			
	DLC3	DLC2	DLC1	DLC0
0	d	d	d	d
1	d	d	d	r
2	d	d	r	d
3	d	d	r	r

（续）

数据字节的数目	数据长度代码			
	DLC3	DLC2	DLC1	DLC0
4	d	r	d	d
5	d	r	d	r
6	d	r	r	d
7	d	r	r	r
8	r	d	d	d

（4）数据场

数据场由数据帧里的发送数据组成。它可以为 0~8 个字节，每个字节包含了 8 个位，首先发送最高有效位。

（5）CRC 场

CRC 场包括 CRC 序列和 CRC 界定符，如图 9-11 所示。CRC 序列就是循环冗余码检查序列。在进行 CRC 计算时，被除的多项式由无填充的位流给定，组成这些位流的成分包括帧起始场、仲裁场、控制场和数据场，除数多项式为 $x^{15}+x^{14}+x^{10}+x^{8}+x^{7}+x^{4}+x^{3}+1$

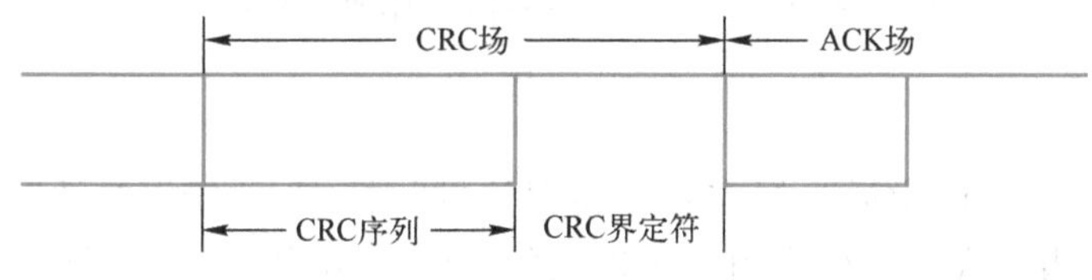

图 9-11　CRC 场的结构

CRC 界定符是一个单独的隐性位。

（6）应答场

应答场的长度为 2 个位，由 ACK 间隙和 ACK 界定符组成，如图 9-12 所示。在应答场里，发送站发送两个隐性位。所有接收到匹配 CRC 序列的站，在 ACK 间隙期间，用一显性位写入发送器的隐性位来做出回答。

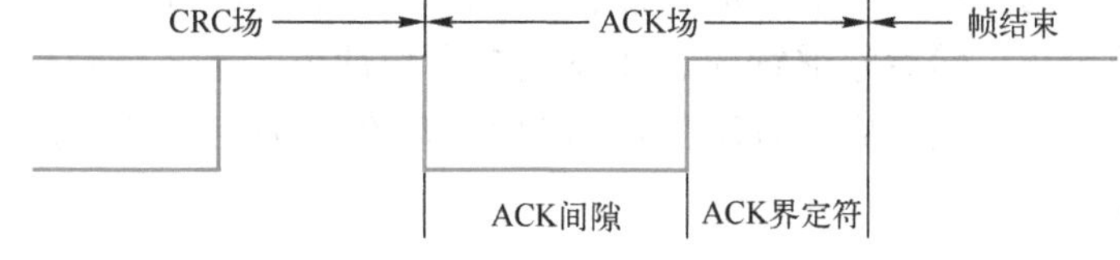

图 9-12　应答场的结构

ACK 界定符是一个隐性位。ACK 间隙被 CRC 界定符和 ACK 界定符两个隐性位所包围。

（7）帧结束

每一个数据帧和远程帧均由一标志序列界定，该标志序列由 7 个隐性位组成。

2. 远程帧

作为接收器的站点，可以通过向相应的数据源站点发送远程帧激活该源站点，让该源站点把数据发送给接收器。远程帧由 6 个位场组成：帧起始、仲裁场、控制场、CRC 场、应答场、帧结束，如图 9-13 所示。

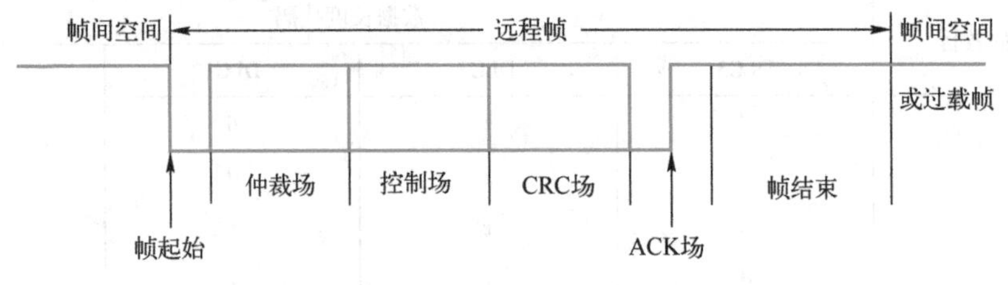

图 9-13　远程帧的结构

与数据帧不同之处在于，远程帧的 RTR 位是隐性位，没有数据场，数据长度码的值可以是请求的数据的长度值。

3. 错误帧

错误帧由错误标志叠加场和出错帧界定符组成，如图 9-14 所示。

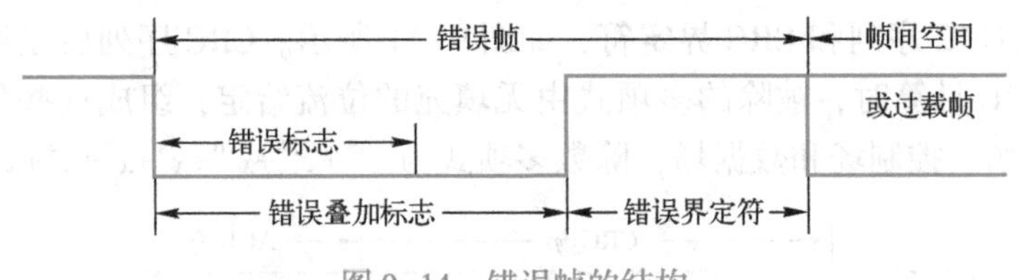

图 9-14　错误帧的结构

错误标志分为“错误激活”标志和“错误认可”标志。“错误激活”标志由 6 个连续的显性位组成，“错误认可”标志由 6 个连续的隐性位组成。“错误激活”标志由“错误激活”站点（出错较少的站点）发出，“错误认可”标志由“错误认可”站点（出错较多的站点）发出。检测到出错条件的“错误激活”站点发送“错误激活”标志来指示错误，该标志的格式破坏了从帧起始场到 CRC 界定符的位填充规则，或者破坏了应答场或帧结尾场的固定格式，因此，其他站点将检测到错误条件并发送错误标志。这样，在总线上被监视到的显性位序列是由各个站点单独发送的出错标志叠加而形成的，该序列的长度在 6~12 位之间。

检测到错误条件的站点，在发送完错误标志以后，就向总线发送隐位并监测总线，直到检测到 1 个隐性位为止。然后它继续向总线发送 7 个隐性位。这 8 个隐性位称为出错界定符。检测到出错条件的站点，从检测到第 1 个隐性位开始，检测到连续的 6 个隐性位时，就对本次出错进行了认可。

4. 过载帧

有两种过载条件会引发过载帧的发送，其一是接收器内部对于下一数据帧或远程帧需要一定延时，其二是在间歇场中检测到显性位。前者引发的过载帧将在下一预期间歇场的第 1 个位上发送，而后者引发的过载帧在检测到显性位之后立即发送。

过载帧包括过载标志场和过载界定符，如图 9-15 所示。

过载帧与错误帧的形式相同。过载标志由 6 个显性位组成，其格式破坏了间歇场的固定格式，因此，所有其他站点都检测到过载条件并发出过载标志。发完过载标志后，站点就一直发送隐性位并监视总线，直到检测到 1 个隐性位，然后它继续向总线发送 7 个隐性位。这

8 个隐性位称为过载界定符。

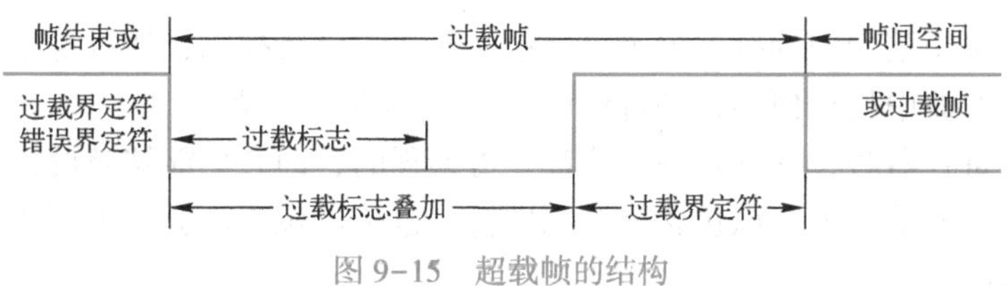

图 9-15　超载帧的结构

5. 帧间空间

数据帧或远程帧与先行帧通过帧间空间来分开，无论先行帧是何种类型。过载帧与错误帧之前没有帧间空间，多个过载帧之间也可没有帧间空间。

普通的帧间空间由间歇场和总线空闲场组成，如图 9-16 所示。间歇场为 3 个隐性位。其实现方法是，数据帧或远程帧在检测到帧结尾场后，在发送数据之前，要等待 3 个位时间。在间歇场，所有站点均不允许传送数据帧或远程帧，如果谁传送了，就会被别的站点指出。总线空闲场的时间是任意的，在此期间，所有等待发送报文的站就会访问总线，在总线空闲场上检测到的显性位被解释为帧起始场。

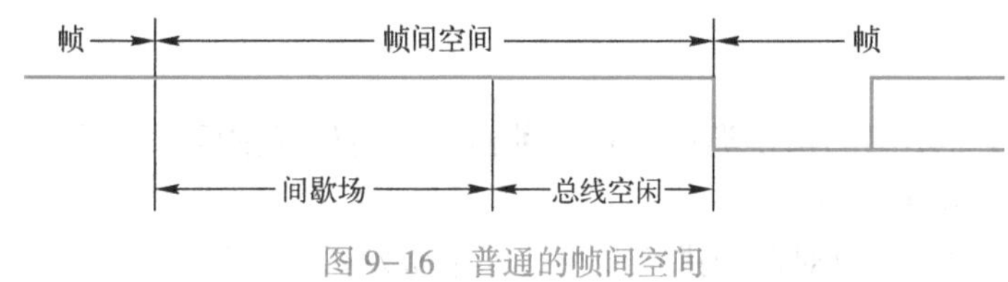

图 9-16　普通的帧间空间

如果某发送器为“错误认可”站点，则其帧空间在间歇场和总线空闲场之间还要插入一个暂停发送场，如图 9-17 所示。暂停发送场是 8 个隐性位。

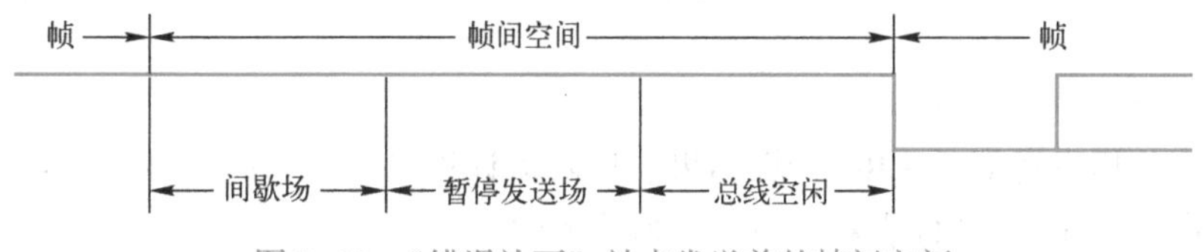

图 9-17　“错误认可”站点发送前的帧间空间

9.3.3　CAN 报文的编码、滤波和校验

1. 报文编码

编码即位流编码（Bit Stream Coding），规定如下。

1）一帧数据的帧起始、仲裁场、控制场、数据场以及 CRC 序列，均通过位填充的方法进行编码。无论何时，发送器只要检测到位流里有 5 个连续相同值的位，便自动在位流里插入一个补充位。

2）数据帧或远程帧（CRC 界定符、应答场和帧结尾）的剩余位场形式固定，不填充。错误帧和过载帧的形式也固定，但并不通过位填充的方法进行编码。

3）报文里的位流根据“不归零”(NRZ）的方法来编码，即在整个位时间里，位的电平要么为“显性”，要么为“隐性”。

2. 报文滤波

报文滤波取决于整个识别符。为了实现报文滤波的灵活控制，通过初始化验收屏蔽寄存器，允许在报文滤波中将任何的识别符位设置为“不考虑”位。

在使用屏蔽寄存器时，它的每一个位都是可编程的，即它们能够被设置成允许或禁止报文滤波。屏蔽寄存器的长度可以包含整个识别符，也可以包含部分的识别符。

3. 报文校验

校验报文有效的时间点，对发送器与接收器来说各不相同。

(1) 发送器 (Transmitter)

如果直到帧的末尾位均没有错误，则报文对于发送器有效。如果报文出错，则报文根据优先权自动重发。为了能够和其他报文竞争总线，重新传输必须在总线空闲时启动。

(2) 接收器 (Receiver)

如果直到最后的位（除了帧末尾）均没有错误，则报文对于接收器有效。帧末尾最后的位被置于“不重要”状态，如果是一个“显性”电平也不会引起格式错误。

9.3.4 CAN 错误类型和界定

1. 错误类型

CAN 有以下 5 种不同的错误类型（这 5 种错误不会相互排斥）。

(1) 位错误 (Bit Error)

节点在发送位的同时也对总线进行监视。如果所发送的位值与所监视的位值不相符，则在此位时间里检测到一个位错误。

(2) 填充错误 (Stuff Error)

如果在使用位填充法进行编码的信息中，出现了 6 个连续相同的位电平，将检测到一个填充错误。

(3) CRC 错误 (CRC Error)

CRC 序列包括发送器的 CRC 计算结果。接收器计算 CRC 的方法与发送器相同。如果计算结果与接收到 CRC 序列的结果不相符，则检测到一个 CRC 错误。

(4) 格式错误 (Form Error)

当一个固定形式的位场含有 1 个或多个非法位，则检测到一个格式错误（接收器的帧末尾最后一位期间的显性位不被当作帧错误）。

(5) 应答错误 (Acknowledgment Error)

只要在应答间隙期间所监视的位不为“显性”，发送器就会检测到一个应答错误。

2. 错误信号的发出

检测到错误条件的节点通过发送错误标志指示错误。对于“错误激活”的节点，错误信息为“激活错误”标志；对于“错误认可”的节点，错误信息为“认可错误”标志。无论是检测到位错误、填充错误、形式错误，还是应答错误，这个节点会在下一位发出错误标志信息。

只要检测到的错误的条件是 CRC 错误，错误标志的发送开始于 ACK 界定符之后的位（除非其他错误条件引起的错误标志已经开始）。

9.3.5 CAN 的位定时与同步技术

1. 标称位速率

标称位速率为一理想的发送器在没有重新同步的情况下每秒发送的位数量。

2. 标称位时间

标称位时间=1/标称位速率

可以把标称位时间划分成几个不重叠时间的片段，它们是同步段（SYNC-SEG）、传播段（PROP-SEG）、相位缓冲段 1（PHASE-SEG1）、相位缓冲段 2（PHASE-SEG2），如图 9-18 所示。

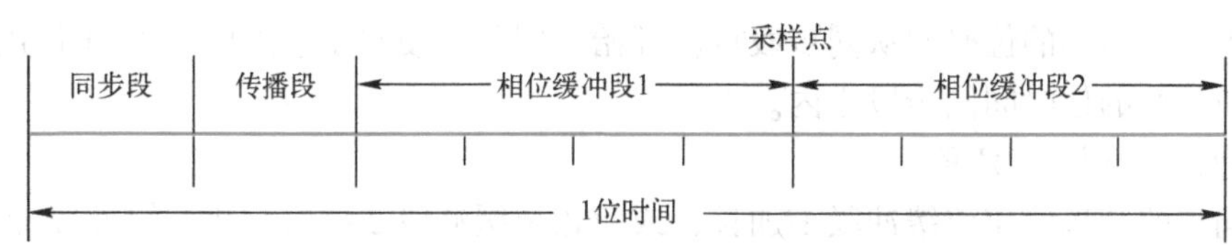

图 9-18　标称位时间的划分

（1）同步段（SYNC-SEG）

位时间的同步段用于同步总线上不同的节点。这一段内要有一个跳变沿。

（2）传播段（PROP-SEG）

传播段用于补偿网络内的物理延时时间。它是信号在总线上传播的时间、输入比较器延时和输出驱动器延时总和的两倍。

（3）相位缓冲段 1、相位缓冲段 2（PHASE-SEG1、PHASE-SEG2）

相位缓冲段用于补偿边沿阶段的误差。这两个段可以重新同步加长或缩短。

（4）采样点（Sample Point）

采样点是读总线电平并解释各位的值的一个时间点。采样点位于相位缓冲段 1（PHASE-SEG1）的结尾。

3. 信息处理时间

信息处理时间是一个以采样点作为起始的时间段。采样点用于计算后续位的位电平。

4. 时间份额

时间份额是派生于振荡器周期的固定时间单元。存在一个可编程的预比例因子，其数值范围为 1~32 的整数。以最小时间份额为起点，时间份额的长度为

$$时间份额（Time Quantum）= m\times 最小时间份额（Minimum Time Quantum）$$

其中，m 为预比例因子。

5. 时间段的长度

同步段为 1 个时间份额；传播段的长度可设置为 1，2，…，8 个时间份额；相位缓冲段 1 的长度可设置为 1，2，…，8 个时间份额；相位缓冲段 2 的长度为相位缓冲段 1 和信息处理时间（Information Processing Time）之间的最大值；信息处理时间少于或等于 2 个时间份额。

一个位时间的总时间份额值可以设置在 8~25 的范围。位时间的各组成部分如图 9-19 所示。

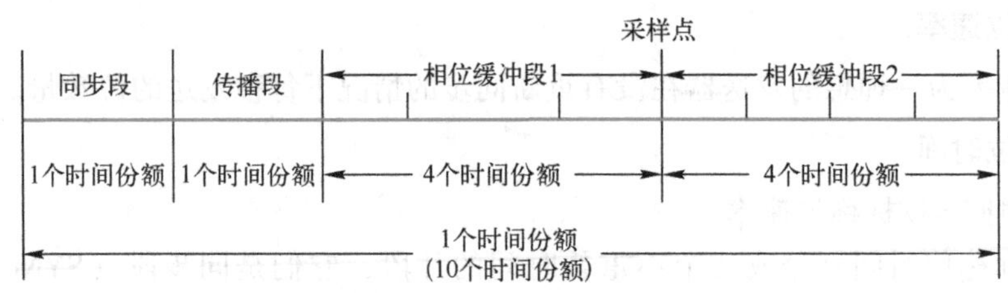

图 9-19　位时间各组成部分

（1）硬同步

硬同步后，内部的位时间从同步段重新开始。因此，硬同步强迫由于硬同步引起的跳变沿处于重新开始的位时间同步段之内。

（2）重新同步跳转宽度

重新同步的结果使相位缓冲段 1 加长，或使相位缓冲段 2 缩短。相位缓冲段加长或缩短的数量有一个上限，此上限由重新同步跳转宽度给定。重新同步跳转宽度应设置于 1 和最小值之间（此最小值为 4，PHASE-SEG1）。

可以从一位值转换到另一位值的过渡过程得到时钟信息。这里有一个属性，即只有后续位的一固定最大数值才具有相同的数值。这个属性使总线单元在帧期间重新同步于位流成为可能。可用于重新同步的两个过渡过程之间的最大长度为 29 个位时间。

（3）边沿的相位误差

一个边沿的相位误差由相关于同步段的沿的位置给出，以时间额度量度。相位误差 e 定义如下：

1）$e=0$，如果沿处于同步段里。

2）$e>0$，如果沿位于采集点之前。

3）$e<0$，如果沿处于前一个位的采集点之后。

（4）重新同步

当引起重新同步沿的相位误差的幅值小于或等于重新同步跳转宽度的设定值时，重新同步和硬件同步的作用相同。当相位错误的量级大于重新同步跳转宽度时，如果相位误差为正，则相位缓冲段 1 被增长，增长的范围为与重新同步跳转宽度相等的值；如果相位误差为负，则相位缓冲段 2 被缩短，缩短的范围为与重新同步跳转宽度相等的值。

（5）同步的原则

硬同步和重新同步是同步的两种形式，遵循以下规则：

1）在一个位时间里只允许一个同步。

2）仅当采集点之前探测到的值与紧跟沿之后的总线值不相符时，才把沿用作同步。

3）总线空闲期间，无论何时，只要有从“隐性”转变到“显性”的沿，硬同步都会被执行。

4）符合规则 1）和规则 2）的所有从“隐性”转化为“显性”的沿可以用作重新同步。有一例外情况：当发送一个显性位的节点不执行重新同步而导致一个“隐性”转化为“显性”沿时，此沿具有正的相位误差，不能用作重新同步。

9.4 CAN 的总线控制器 SJA1000

CAN 的通信协议主要由 CAN 控制器完成，CAN 控制器主要由实现 CAN 总线协议和与微处理器接口的两部分电路组成。

微课：CAN 的总线控制器 SJA1000

CAN 总线的突出优点使其在各个领域的应用得到迅速发展，这使得许多器件厂商竞相推出各种 CAN 总线器件产品，其中较典型的有 Philips 公司的产品：支持 CAN 2.0A 协议的 PCA82C200 和支持 CAN 2.0B 协议的 SJA1000。本节以 SJA1000 为对象，介绍 CAN 控制器的结构、功能及其应用。

9.4.1 SJA1000 概述

1. SJA1000 特性

SJA1000 是 Philips 公司的一种新型独立式控制器，它是 PCA82C200 CAN 控制器（只支持 BasicCAN）的替代产品，在原来基础上增加了一种支持 CAN2.0B 协议的新的操作模式——PeliCAN。

它主要有以下特点：

1）引脚和电气参数与 CAN 独立控制器 PCA82C200 兼容。

2）支持 CAN 2.0A 和 CAN 2.0B 协议。

3）支持 11 位和 29 位标识符，支持标准帧和扩展帧的报文的收发。

4）扩展了接收缓存器（采用 64 字节的 FIFO 队列），减少了数据超载的可能性。

5）位速率最高可达 1 Mbit/s。

6）缺省模式为与 PCA82C200 兼容的 BasicCAN 模式，同时可选支持 CAN 2.0B 协议的 PeliCAN 模式。

7）24 MHz 时钟频率。

8）可与不同的微处理器接口。

9）可编程的 CAN 输出驱动器配置。

10）温度适应范围大（-40~125℃）。

2. SJA1000 引脚排列

SJA1000 的引脚定义见表 9-5，芯片引脚配置如图 9-20 所示。

表 9-5　SJA1000 的引脚定义

符　号	引　脚	说　明
AD7~AD0	2,1,28~23	多路地址/数据总线
ALE/AS	3	ALE 输入信号（Intel 模式），AS 输入信号（Motorola 模式）
$\overline{\text{CS}}$	4	片选信号输入，低电平允许访问 SJA1000
$\overline{\text{RD}}$/E	5	微控制器的$\overline{\text{RD}}$信号（Intel 模式）或 E 使能信号（Motorola 模式）
$\overline{\text{WR}}$	6	微控制器的$\overline{\text{WR}}$信号（Intel 模式）或 RD（$\overline{\text{WR}}$）信号（Motorola 模式）
CLKOUT	7	SJA1000 产生的提供给微控制器时钟输出信号；时钟信号来源于内部振荡器且通过编程驱动；时钟控制寄存器的时钟关闭位可禁止该引脚输出

（续）

符　号	引　脚	说　明
V_{SS1}	8	接地
XTAL1	9	输入到振荡器放大电路；外部振荡信号由此输入①
XTAL2	10	振荡放大电路输出；使用外部振荡信号时作开路输出①
MODE	11	模式选择输入：1=Intel 模式；0=Motorola 模式
V_{DD3}	12	输出驱动的 5 V 电压源
TX0	13	从 CAN 输出驱动器 0 输出到物理线路上
TX1	14	从 CAN 输出驱动器 1 输出到物理线路上
V_{SS3}	15	输出驱动器接地
$\overline{INT}$	16	中断输出，用于中断微控制器；$\overline{INT}$内部中断寄存器任一位置 1 时，$\overline{INT}$被激活，低电平有效；$\overline{INT}$是漏极开漏输出，且与系统中的其他$\overline{INT}$是线或的；此引脚上的低电平可以把 IC 从睡眠模式中激活
$\overline{RST}$	17	复位输入，用于复位 CAN 接口（低电平有效）；把$\overline{RST}$引脚通过电容连到 V_{SS}，通过电阻连到 V_{DD} 可自动上电复位（例如，$C=1\ \mu F$；$R=50\ k\Omega$）
V_{DD2}	18	输入比较器的 5 V 电压源
RX0，RX1	19,20	物理 CAN 总线到 SJA1000 的输入比较器的输入；显性电平将会唤醒 SJA1000 的睡眠模式；如果 RX1 比 RX0 的电平高，就读显性（控制）电平，反之读隐性电平；如果时钟分频寄存器的 CBP 位被置位，CAN 输入比较器被忽略以减少内部延时（此时连有外部收发电路）；这种情况下只有 RX0 是激活的
V_{SS2}	21	输入比较器的接地端
V_{DD1}	22	逻辑电路的 5 V 电压源

① XTAL1 和 XTAL2 引脚必须通过 15 pF 的电容连到 V_{SS1}。

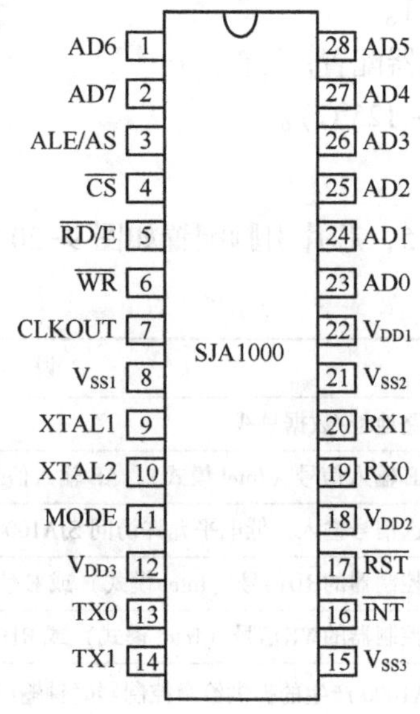

图 9-20　SJA1000 的芯片引脚配置（DIP28）

SJA1000 在上电复位后自动进入基本模式（Basic Mode），该模式向上兼容 PCA82C200，在复位方式下可对 SJA1000 编程，使其进入扩展模式（Peli Mode）。为了有利于读者学习和了解 SJA1000，下面按基本模式和扩展模式下的控制寄存器、数据寄存器和两种模式的公共寄存器分别进行介绍。

9.4.2　SJA1000 的基本模式

1. 基本模式下的寄存器地址分配

微处理器以存储器映象方式访问 SJA1000 的内部寄存器，以设置 SJA1000 的工作方式和参数。SJA1000 的内部寄存器由控制段和数据段（发送缓冲区和接收缓冲区）组成。在系统初始化时对控制段进行编程，以配置通信参数，微处理器也可通过控制段来控制总线通信。在报文被发送前，微处理器将报文写入发送缓冲区，在成功接收一个报文后，微处理器读接收缓冲区并释放缓冲区。具体的地址分配见表 9-6。

2. SJA1000 的工作状态

SJA1000 有两种工作状态——复位状态和运行状态：

1）复位状态用于 SJA1000 的初始化和总线传输参数的设置。

2）运行状态下，实现对总线数据传输的控制。

（1）复位状态

在三种情况下，SJA1000 进入复位状态。

1）软件复位：通过设置控制寄存器 CR 的 RR 位为 1。

2）硬件复位：在复位引脚上出现一个低电平脉冲。

3）BUS_OFF 状态（总线脱离状态）：当发送错误计数器等于或超过 255 时，总线状态位（BS）置 1，SJA1000 进入 BUS_OFF 状态，控制器自动脱离总线，其间控制器不接收也不发送总线信息。

（2）运行状态

在 CR 的 RR 位上出现“1-0”的下跳沿时，SJA1000 返回运行状态。可以通过检测 RR 来判断 SJA1000 的工作状态。

运行模式与复位模式下，各寄存器的读写状态如表 9-6 所示。

表 9-6　BasicCAN 寄存器地址分配

寄存器地址	寄　存　器	运行模式		复位模式	
		读	写	读	写
0	控制寄存器（CR）	√	√	√	√
1	命令寄存器（CMR）	FFH	√	FFH	√
2	状态寄存器（SR）	√	×	√	×
3	中断寄存器（IR）	√	×	√	×
4	屏蔽码寄存器（ACR）	FFH	×	√	√

（续）

寄存器地址	寄 存 器	运行模式		复位模式	
		读	写	读	写
5	接收屏蔽寄存器（AMR）	FFH	×	√	√
6	总线定时寄存器 0（BTR0）	FFH	×	√	√
7	总线定时寄存器 1（BTR1）	FFH	×	√	√
8	输出控制寄存器（OCR）	FFH	×	√	√
9		仅用于测试			
10~19	输出缓冲寄存器（TXB）	√	√	FFH	×
20~29	输入缓冲寄存器（RXB）	√	√	√	√
30	未用	FFH	×	FFH	×
31	时钟分频寄存器（OCR）	√	部分√	√	√

注：“√”代表可读或可写；“×”代表不可读或不可写；“FFH”代表读取结果。

9.4.3 基本模式下的控制寄存器

下面对基本模式下的控制寄存器进行详细描述。

1. 控制寄存器（CR）

控制寄存器（CR）用于控制 CAN 控制器 SJA1000 的行为，微控制器将它当作可读写存储器使用。控制寄存器的各位定义见表 9-7。

表 9-7 控制寄存器的各位定义（CAN 地址为 0）

CR. 7	CR. 6	CR. 5	CR. 4	CR. 3	CR. 2	CR. 1	CR. 0
保留未用			OIE	EIE	TIE	RIE	RR

1）OIE：超载中断允许位，置位时超载将会产生中断，复位时不产生超载中断。

2）EIE：错误中断允许位，置位时发生错误或总线状态改变都将产生中断，复位时无错误中断产生。

3）TIE：发送中断允许位，若置位，当一个报文成功发送或发送缓冲区再次可访问时（如在中止的发送命令后），将会产生中断，复位时无发送中断产生。

4）RIE：接收中断允许位，若置位，当一个报文被无误地接收时将会产生接收中断，复位时无接收中断产生。

5）RR：复位请求位，该位置位后，SJA1000 将会终止当前报文的接收或发送而进入复位工作状态。在硬件复位期间或总线状态为 BUS-OFF 时，复位请求位将被置 1。如果这位可通过软件访问，其值的改变将被反映出来，并在内部时钟的下一个上升沿有效（内部时钟频是外部晶振频的 1/2）。在硬件复位期间（外部复位引脚为低电平），微控制器不能将复位请求位 RR 清零。因此当微控制器发出 RR 清零命令之后，必须检测此位，以确保 SJA1000 进入了运行模式。复位请求位的改变与内部分频时钟同步，复位请求位的读取反映了同步状态。

2. 命令寄存器（CMR）

一个命令位在 SJA1000 的传输层内启动一个动作。命令寄存器（CMR）对微控制器而言是只写寄存器，对它进行读取时返回 0FFH。在发送两个命令之间，至少要等待一个内部时钟周期。命令寄存器的各位定义见表 9-8。

表 9-8　命令寄存器的各位定义（CAN 地址为 1）

CMR. 7	CMR. 6	CMR. 5	CMR. 4	CMR. 3	CMR. 2	CMR. 1	CMR. 0
保留未用			GTS	CDO	RRB	AT	TR

1）GTS：睡眠命令位，若没有未决中断和总线活动，置“1”将使 SJA1000 进入睡眠状态。进入睡眠状态后，SJA1000 的 CLKOUT 端的输出将持续 15 位时间，以使主控器通过此信号进入待命状态。下列三种情况下，SJA1000 将被唤醒而进入运行状态：①GTS 位被复位；②出现总线活动；③有未决中断使$\overline{INT}$端为低。由于总线活动而被唤醒的 SJA1000 在检测到 11 个连续隐性位（总线空闲标志）前将不能接收总线信息。在复位状态下，该位不可置位。

2）CDO：清除数据超载命令位，置位时有效。

3）RRB：释放接收缓存器命令位，置位时有效。在 MCU 读取数据后，应该释放接收缓存器以使 MCU 接收下一批数据。该位和 CDO 可同时有效。

4）AT：中止发送命令位，该命令用于 MCU 请求挂起当前数据发送，例如有更紧急的数据要发送时。但已经在进行的数据发送不会被中止。

5）TR：发送请求位，置位时有效，复位时可取消当前发送。

3. 状态寄存器（SR）

状态寄存器的内容反映 SJA1000 的状态。它对于 MCU 来说为只读寄存器。状态寄存器的各位定义见表 9-9。

表 9-9　状态寄存器的各位定义（CAN 地址为 2）

SR. 7	SR. 6	SR. 5	SR. 4	SR. 3	SR. 2	SR. 1	SR. 0
BS	ES	TS	RS	TCS	TBS	DOS	RBS

1）BS：总线状态标志，“1”表示处于总线脱离状态。当发送错误计数器超过 255 的极限时，SJA1000 自动将 BS 置“1”并产生一个错误中断（若允许），同时控制器进入复位工作方式，直到 MCU 清除 BS。

2）ES：错误状态标志，当至少有一个错误计数器达到或超过警告极限时该位被置“1”，若允许错误中断还将产生中断。

3）TS：发送状态标志，“1”表示 SJA1000 正在发送数据。

4）RS：接收状态标志，“1”表示 SJA1000 正在接收数据。若 TS 和 RS 同时为“0”，则表明总线空闲。

5）TCS：发送完成标志，“1”表示上次的发送已成功完成。

6）TBS：发送缓冲区状态标志，“1”表示发送缓冲区可写。若该位为“0”，表示发送缓冲区不可写入数据。

7）DOS：数据超载标志，“1”表示由于 RXFIFO 没有足够的空间，收到的报文丢失。

8）RBS：接收缓冲区状态标志，“1”表示 RXFIFO 中至少有一个报文。当 MCU 读取报文后，应给出释放接收缓冲区的命令，该标志才会清零。若 RXFIFO 中还有未读报文，该位又将被置位。

4. 中断寄存器（IR）

中断寄存器的内容反映 SJA1000 中断源的状态，它也是只读寄存器。当一个或多个中断源发出中断请求信号，中断寄存器的相应位被置 1（如允许），中断引脚$\overline{\text{INT}}$被触发（低电平有效）。只要微控制器读中断寄存器，中断寄存器被复位，中断引脚$\overline{\text{INT}}$将悬空。由于 SJA1000 只有一个中断输出引脚$\overline{\text{INT}}$，所以 MCU 应在中断程序中查询该寄存器，以确定是何种中断。中断寄存器的各位定义见表 9-10。

表 9-10　中断寄存器的各位定义（CAN 地址为 3）

IR. 7	IR. 6	IR. 5	IR. 4	IR. 3	IR. 2	IR. 1	IR. 0
保留未用			WUI	DOI	EI	TI	RI

1）WUI：唤醒中断，当 SJA1000 离开睡眠状态时，该位将被置位。当 MCU 试图在 SJA1000 有未决中断或仍有总线活动时使其进入睡眠状态时，也会产生唤醒中断。

2）DOI：数据超载中断，DOS 位的“0-1”变化时该位即被置位，即 DOS 与 DOI 的置位是同步的。

3）EI：错误中断，任何错误状态标志位或总线状态标志位的变化都会使该位置位。

4）TI：发送中断，与 TBS 同步被置位。

5）RI：接收中断，当接收缓冲区非空时该位被置位。

5. 接收码寄存器（ACR）

接收码寄存器用于决定是否接收滤波。当接收码（AC7～AC0）与报文高 8 位（ID10～ID3）相等时，报文通过接收滤波。如果一条报文通过了接收滤波，而且接收缓冲区有可用空间，那么，对应的描述符和数据场就依次进入 RXFIFO。报文正确接收之后，接收状态位置 1，如果接收中断允许（RIE=1），那么接收中断位置 1。

6. 屏蔽码寄存器（AMR）

屏蔽码寄存器影响接收滤波。在屏蔽码（AMC7～AMC0）为 0 的相应位置上，接收码（AC7～AC0）与报文标识符的高 8 位（ID10～ID3）必须相等时，报文才可通过接收滤波。如[（AC7～AC0）=（ID10～ID3）]或（AMC7～AMC0）=[11111111B]。满足下述条件，报文通过滤波：

$$[(\text{ID10}\sim\text{ID3})\odot(\text{AC.7 to AC.0})]\vee(\text{AM.7 to AM.0})=11111111\text{B}$$

即（ID10～ID3）与（AC.7 to AC.0）按位同或后再与（AM.7 to AM.0）按位或，若得到 11111111B 则接收。

9.4.4　基本模式下的数据段寄存器

数据段寄存器由发送缓冲区和接收缓冲区组成。它们分别由描述符和数据域组成，发送缓冲区在运行状态下可读写，其组成结构见表 9-11。

表 9-11 发送缓冲区的各位定义

地址	名称	位名称							
10	标识符	ID10	ID9	ID8	ID7	ID6	ID5	ID4	ID3
11		ID. 2	ID. 1	ID. 0	RTR	DLC3	DLC2	DLC1	DL0
12~19	数据域	发送数据字节 1~8							

1. 发送缓冲区

(1) 标识符

标识符由 11 位组成（ID. 10~ID. 0），ID. 10 为最高位，在仲裁过程中，它首先被送至总线。标识符作为报文的名称，在接收器的滤波和仲裁过程中确定总线访问优先权时都要用到，标识符的二进制数值越低，其优先级越高，这是由于仲裁期间有大量的前导显性位所致。

(2) 远程发送请求位

当该数据位置位时，SJA1000 将发送远程帧，该帧不包括数据字节，但应给出标识符所指定的数据帧正确的数据长度码。当该位复位时，SJA1000 将发送数据帧。

(3) 数据长度码（DLC）

报文数据场中，字节的数目由数据场长度码编码。在远程帧开始发送时，由于 RTR 位为高，数据长度码不被考虑，这迫使发送/接收数据字节数为 0。若有两个 CAN 控制器同时开始发送相同标识符的远程帧时，数据长度码必须被正确指定，以避免总线出错（由于仲裁）。

$$\text{数据字节数}=8\times DLC.3+4\times DLC.2+2\times DLC.1+DLC.0$$

出于兼容性的考虑，不允许使用 0~8 以外的数据字节数。

(4) 数据域

发送数据字节的数目由数据长度码决定，地址单元为 12 的数据字节的最高位首先被发送。

2. 接收缓冲区和接收滤波

接收缓冲区的结构与发送缓冲区的结构相同，只是起始地址单元为 20。在 SJA1000 中，接收缓冲区被设计为 64 字节的先进先出队列（FIFO），同一时刻 RXFIFO 中可存储报文的数目取决于报文的长度，如果没有足够的空间存储新接收的报文，将产生一个超载中断，此时 RXFIFO 中的不完整的报文将被删除。

只有通过接收滤波的报文才会被写入 RXFIFO。接收滤波由 ACR 和 AMR 共同决定。

9.4.5 两种模式下的公共寄存器及其说明

1. 总线定时寄存器 0（BTR0）

额定（标称）的位定时由 3 个互不重叠的同步段（SYNC_SEG）、相位缓冲段 1（PHASE-SEG1）、相位缓冲段 2（PHSAE-SEG2）组成，这 3 个时间段是 t_{SYNC_SEC}、t_{TSEG1} 和 t_{TSEG2}（见图 9-21），由总线定时寄存器 0 和总线定时寄存器 1 定义。算术上额定位周期 t_{bit} 是 3 个时间段的和，即

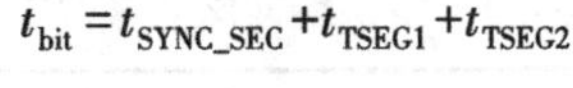

$$t_{bit}=t_{SYNC\_SEC}+t_{TSEG1}+t_{TSEG2}$$

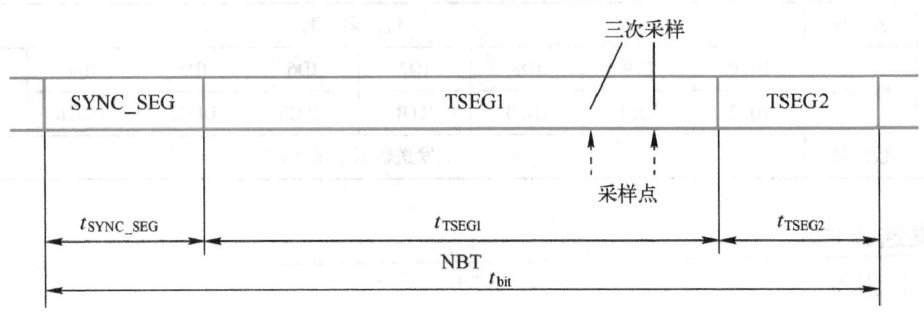

图 9-21　CAN 位定时段

总线定时寄存器 0 定义了波特率预设值（BRP）和同步跳转宽度（SJW）的值。复位模式有效时这个寄存器是可以被访问（读/写）的。如果选择的是 PeliCAN 模式，此寄存器在工作模式中是只读的；在 BasicCAN 模式中总是“FFH”。总线定时寄存器 0 的各位功能说明见表 9-12。

表 9-12　总线定时寄存器 0 的各位功能说明（CAN 地址为 6）

BIT7	BIT6	BIT5	BIT4	BIT3	BIT2	BIT1	BIT0
SJW. 1	SJW. 0	BRP. 5	BRP. 4	BRP. 3	BRP. 2	BRP. 1	BRP. 0

2. 波特率预设值（BRP）

CAN 系统时钟 t_{SCL} 的周期是可编程的，而且决定了相应的位时序。CAN 系统时钟计算如下：

$$t_{SCL}=2\times t_{CLK}\times(32\times BRP.5+16\times BRP.4+8\times BRP.3+4\times BRP.2+2\times BRP.1+BRP.0+1)$$

这里 t_{CLK} = XTAL 的频率周期 = $1/f_{XTAL}$。

3. 同步跳转宽度（SJW）

为了补偿在不同总线控制器的时钟振荡器之间的相位偏移，任何总线控制器必须在当前传送的相关信号边沿重新同步。同步跳转宽度定义了每一位周期可以被重新同步缩短或延长的时钟周期的最大数目，同步跳转宽度计算公式如下：

$$t_{SJW}=t_{SCL}\times(2\times SJW.1+SJW.0+1)$$

SJW 段并不是位周期间的一段，只是定义重新同步事件中被增长或缩短的位周期的最大 TQ 数。

4. 总线定时寄存器 1（BTR1）

总线定时寄存器 1 定义了每个位周期的长度、采样点的位置和每个采样点的采样数目。在复位模式中，这个寄存器可以被读/写访问。在 PeliCAN 模式的工作模式中，这个寄存器是只读的。在 BasicCAN 模式中总是“FFH”。总线定时寄存器 1 的各位功能说明见表 9-13。

表 9-13　总线定时寄存器 1 的各位功能说明（CAN 地址为 7）

BIT7	BIT6	BIT5	BIT4	BIT3	BIT2	BIT1	BIT0
SAM	TSEG2. 2	TSEG2. 1	TSEG2. 0	TSEG1. 3	TSEG1. 2	TSEG1. 1	TSEG1. 0

（1）采样模式（SAM）

CAN 协议允许用户指定位采样模式（SAM），分别是单次采样和三次采样模式（在 3 个采样结果中选出 1 个）。在单次采样模式中，采样点是在 TESG1 段的末端。而三次采样模式比单次采样多取两个采样点，它们在 TESG1 段的末端的前面，相邻之间相差一个 TQ。采样模式寄存器的各位功能说明见表 9-14。

表 9-14　采样模式寄存器的各位功能说明

位	值	功　能
SAM	1	三倍；总线采样三次；建议在低/中速总线（A 和 B 级）上使用，这对过滤总线上的毛刺波是有益的
	0	单倍；总线采样一次；建议使用在高速总线上

（2）时间段 1（TSEG1）和时间段 2（TSEG2）

TSEG1 和 TSEG2 决定了每一位的时钟周期数目和采样点的位置：

$$t_{SYN\_SEG}=1\times t_{SCL}$$

$$t_{TSEG1}=t_{SCL}\times(8\times TSEG1.3+4\times TSEG1.2+2\times TSEG1.1+TSEG1.0+1)$$

$$t_{TSEG2}=t_{SCL}\times(4\times TSEG2.2+2\times TSEG2.1+TSEG2.0+1)$$

$$t_{bit}=t_{SYN\_SEG}+t_{TSEG1}+t_{TSEG2}$$

每个时间段都用整个基本时间单位来表示，这个时间单位就叫时间份额（TQ）。时间份额的持续时间是 CAN 系统时钟的一个周期 t_{SCL}，是从振荡器时钟周期（t_{CLK}）取得的，如图 9-22 所示。

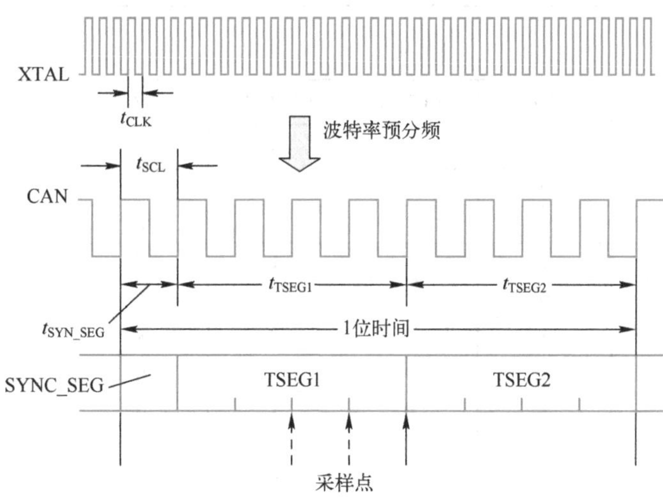

图 9-22　Philips CAN 控制器使用的位周期的原理

注意：TSEG2 必须选择大于或等于 2（单次采样模式），和大于或等于 3（3 次采样模式）。

规定的段值和额定位定时（NBT）之间的关系如下：

NBT 的额定位定时范围是 3~25。

$$NBT=\frac{t_{bit}}{t_{SCL}}=SYNC\_SEG+TSEG1+TSEG2$$

尽管 NBT 的可变范围在 3~25 个 TQ 之间，但在单次采样模式中可以使用的最小值是

4TQ，在 3 次采样模式中最小值是 5TQ。

5. 输出控制寄存器（OCR）

输出控制寄存器实现了由软件控制不同输出驱动配置的建立。在复位模式中此寄存器可被读/写访问。在 PeliCAN 模式中，这个寄存器是只读的。在 BasicCAN 模式中，其值总是“FFH”。输出控制寄存器的各位功能说明见表 9-15。

表 9-15 输出控制寄存器的各位功能说明（CAN 地址为 8）

BIT7	BIT6	BIT5	BIT4	BIT3	BIT2	BIT1	BIT0
OCTP1	OCTN1	OCPOL1	OCTP0	OCTN0	OCPOL0	OCMODE1	OCMODE0

当 SJA1000 在睡眠模式中时，TX0 和 TX1 引脚根据输出控制寄存器的内容输出隐性电平。在复位状态（复位请求 = 1）或外部复位引脚被拉低时，输出 TX0 和 TX1 引脚悬空。

发送的输出阶段可以有不同的模式。输出控制寄存器的设置见表 9-16。输出控制寄存器的位和输出脚 TX0 和 TX1 的关系见表 9-17。

表 9-16 OCMODE 位的说明

OCMODE1	OCMODE0	说　明
0	0	双相输出模式
0	1	测试输出模式
1	0	正常输出模式
1	1	时钟输出模式

表 9-17 输出引脚配置

驱动	TXD	OCTPX	OCTNX	OCPOLX	TPX②	TNX③	TXX④
悬空	X①	0	0	X	关	关	悬空
上拉	0	0	1	0	关	开	低
	1	0	1	0	关	关	悬空
	0	0	1	1	关	关	悬空
	1	0	1	1	关	开	低
下拉	0	1	0	0	关	关	悬空
	1	1	0	0	开	关	高
	0	1	0	1	开	关	高
	1	1	0	1	关	关	悬空
推挽	0	1	1	0	关	开	低
	1	1	1	0	开	关	高
	0	1	1	1	开	关	高
	1	1	1	1	关	开	低

① X = 不影响。

② TPX 是片内输出发送器 X，连接 V_{DD}。

③ TNX 是片内输出发送器 X，连接 V_{SS}。

④ TXX 是在引脚下 TX0 或 TX1 上的串行输出电平。它要求当 TXD = 0 时，CAN 总线上输出显性电平；TXD = 1 时，CAN 总线上输出隐性电平。位序列（TXD）通过 TX0 和 TX1 发送。输出驱动引脚上的电平取决于被 $OCTP_X$、$OCTN_X$（悬空、上拉、下拉、推挽）编程的驱动器的特性和被 $OCPOL_X$ 编程的输出端极性。

(1) 正常输出模式

正常模式中位序列（TXD）通过 TX0 和 TX1 送出。输出驱动引脚 TX0 和 TX1 的电平取决于被 OCTPx、OCTNx（悬空、上拉、下拉、推挽）编程的驱动器的特性和被 OCPOLx 编程的输出端极性。

(2) 时钟输出模式

TX0 引脚在这个模式中和正常模式中是相同的。但是，TX1 上的数据流被发送时钟（TX-CLK）代替了。发送时钟（非翻转）的上升沿标志着一位的开始。时钟脉冲宽度是$1\times t_{SCL}$。

(3) 双相输出模式

相对于正常输出模式，这里的位代表时间的变化和转换。在隐性位期间，所有的输出是无效的，显性位轮流使用 TX0 或 TX1 电平发送，例如，第一位在 TX0 上发送，第二位在 TX1 上发送，第三位在 TX0 上发送等，以此类推。

(4) 测试输出模式

在测试输出模式中 RX 上的电平在下一个系统时钟的上升沿映射到 TXn 上，系统时钟（$f_{OSC}/2$）与输出控制寄存器中定义的极性一致。

6. 时钟分频寄存器（CDR）

时钟分频寄存器控制输出给微控制器的 CLKOUT 频率，它也可以使 CLKOUT 引脚失效。而且它还控制着 TX1 上的专用接收中断脉冲、接收比较通道和 BasicCAN 模式与 PeliCAN 模式的选择。硬件复位后寄存器的默认状态是 Motorola 模式（0000 0101，12 分频）和 Intel 模式（0000 0000，2 分频）。时钟分频寄存器的各位功能说明见表 9-18。

软件复位（复位请求/复位模式）或总线关闭时，此寄存器不受影响。

表 9-18　时钟分频寄存器的各位功能说明（CAN 地址为 31）

BIT7	BIT6	BIT5	BIT4	BIT3	BIT2	BIT1	BIT0
CAN 模式	CBP	RXINTEN	0①	关闭时钟	CD. 2	CD. 1	CD. 0

① 保留位（CDR. 4）总是 0。应用软件总是向此位写 0 以与将来可能使用此位的特性兼容。

9. 4. 6　SJA1000 的扩展模式

SJA1000 上电复位后自动进入基本模式，可通过对 SJA1000 编程，使它进入扩展模式。在扩展模式下，SJA1000 对内部寄存器资源进行了重新配置，从基本模式下的 32 个寄存器扩展到了 112 个。下面简要归纳介绍扩展模式下 SJA1000 的寄存器结构。

扩展模式下，CAN 控制器的内部寄存器配置大致可以分为四类：第一类是 SJA1000 在基本模式和扩展模式下共有的，包括总线定时寄存器 0(BTR0)、总线定时寄存器 1(BTR1)、输出控制寄存器（OCR）和时钟分频寄存器（CDR），它们完成 CAN 总线节点的基础参数设置；第二类是与错误处理密切相关的，包括仲裁丢失捕获寄存器（ALC）、错误捕获寄存器（ECC）、错误警告极限寄存器（EWLC）、接收错误计数寄存器（RXERR）和发送错误计数寄存器（TXERR）；第三类是与报文收发密切相关的，包括命令寄存器（CMR）、状态寄存器（SR）、接收寄存器（RXB）、发送寄存器（TXB）、中断寄存器（IR）和中断允许寄存器（IER）；第四类是从地址 32 起始的共有 80 字节的 SJA1000 内部 RAM 及与之相关的接收报文计数器（RMC）、接收缓存起始地址寄存器（RBSA）。

有关扩展模式具体内容，读者可以参考 SJA1000 的芯片说明书。

9.5 CAN 总线驱动器 PCA82C250

微课：CAN 总线驱动器 PCA82C250

CAN 控制器的信息必须经过总线才能进行传输。由于 CAN 总线支持的节点数量多，而且每个节点的电气特性有差异，如果直接将 CAN 控制器挂接到总线上，将造成不可预测的后果。另外，由于 CAN 控制器给出的是固定的数字信号，为了灵活应用，一般在 CAN 控制器与 CAN 物理总线之间加一个 CAN 总线驱动器。本节以常用的 CAN 总线驱动器 PCA82C250 为例进行介绍。

9.5.1 PCA82C250 概述

CAN 总线驱动器主要提供 CAN 控制器与物理总线之间的接口。它最初是为汽车中的高速应用（达 1 Mbit/s）而设计的，可提供对总线的差动发送和接收功能。

1. PCA82C250 主要特性

CAN 总线驱动器 PCA82C250 的主要特性如下：

1）与 ISO 11898 标准完全兼容。

2）高速率（最高可达 1 Mbit/s），总线至少可连接 110 个节点。

3）具有抗汽车环境下的瞬间干扰，保护总线能力。

4）采用斜率控制（Slope Control），降低射频干扰（RFI）。

5）具有过热保护，总线与电源及地之间的短路保护。

6）低电流待机模式，且未上电节点不会干扰总线。

2. PCA82C250 基本性能

驱动器输出的额定总线电平如图 9-23 所示，PCA82C250 的功能框图如图 9-24 所示，引脚功能见表 9-19。

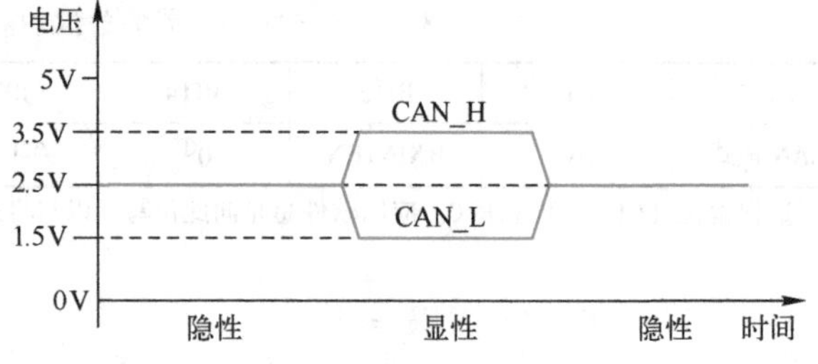

图 9-23 驱动器输出的额定总线电平

表 9-19 PCA82C250 的引脚功能

标 记	引 脚	功能描述
TXD	1	发送数据输入
GND	2	接地
V_{CC}	3	电源
RXD	4	接收数据输出
V_{ref}	5	参考电压输出
CAN_L	6	低电平 CAN 电压输入/输出
CAN_H	7	高电平 CAN 电压输入/输出
R_s	8	斜率电阻输入

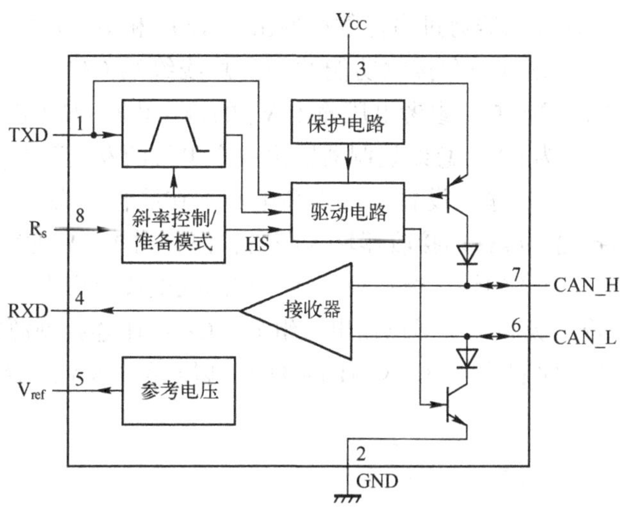

图 9-24 PCA82C250 的功能图

PCA82C250 有三种不同的工作模式，分别是高速模式、斜率模式和准备模式。模式控制通过 R_s 控制引脚完成，如图 9-25 所示。PCA82C250 的 R_s 引脚决定运行模式见表 9-20。

1）$P_{x,y}$ 为高时，PCA82C250 切换到准备模式。

2）$P_{x,y}$ 为低时，PCA82C250 切换到普通工作模式。普通工作模式可以是高速模式或斜率模式，具体由连接到 R_s 的电阻 R_{ext} 决定：$0\,\Omega<R_{ext}<1.8\,k\Omega$ 时为高速模式；$16.5\,k\Omega<R_{ext}<140\,k\Omega$ 时为斜率模式。

表 9-20 PCA82C250 的 R_s 引脚决定运行模式

加给 R_s 上的条件	模　式	R_s 上产生的电压或电流
$V_{R_s}>0.75V_{CC}$	准备模式	$I_{R_s}<\|10\,\mu A\|$
$-10\,\mu A<I_{R_s}<-200\,\mu A$	斜率模式	$0.4V_{CC}<V_{R_s}<0.6V_{CC}$
$V_{R_s}<0.3V_{CC}$	高速模式	$I_{R_s}<-500\,\mu A$

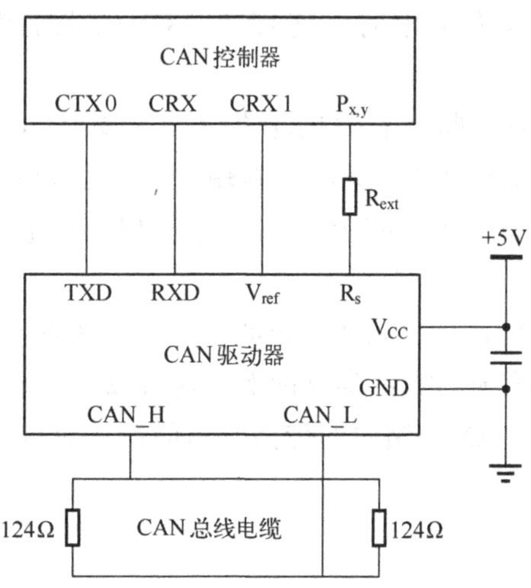

图 9-25 PCA82C250 驱动器的功能接线

在图 9-25 中，CAN 控制器通过串行数据输出线 TXD 和串行数据输入线 RXD 连接到驱动器，驱动器通过有差动发送和接收功能的两个总线终端 CAN_H 和 CAN_L 连接到总线电缆，输入 R_s 用于模式控制，参考电压输出 V_{ref} 的输出电压是额定电源电压 V_{CC} 的 0.5 倍，而额定电源电压 V_{CC} 为 5 V。总线控制器输出一个串行的发送数据流到驱动器的 TXD，引脚内部的上拉功能将 TXD 输入设置成逻辑高电平。在隐性状态中，CAN_H 和 CAN_L 输入通过典型内部阻抗是 17 kΩ 的接收器输入网络，偏置到 2.5 V 的额定电压。另外，如果 TXD 是逻辑低电平，总线的输出级将被激活，在总线电缆上产生一个显性的信号电平，输出驱动器由一个源输出级和一个下拉输出级组成，CAN_H 连接到源输出级，CAN_L 连接到下拉输出级，在显性状态中 CAN_H 的额定电压是 3.5 V，CAN_L 是 1.5 V，如图 9-23 所示。

9.5.2 PCA82C250 典型应用

图 9-26 是 PCA82C250 的应用中有光电隔离的实例。注意在实际应用中，如果位速率很高，例如高于 500 kbit/s，则应考虑使用延迟小于 40 ns 的高速光耦。

如果没有一个总线节点传输一个显性位，则总线处于隐性状态，即网络中所有 TXD 输入是逻辑高电平。另外，如果一个或更多的总线节点传输一个显性位，即至少一个 TXD 输入是逻辑低电平，则总线从隐性状态进入显性状态，即具有逻辑线与功能。

接收器的比较器将差动的总线信号转换成逻辑信号电平，并在 RXD 输出，接收到的串行数据流传送到总线协议控制器译码。接收器的比较器总是活动的，也就是说当总线节点传输一个报文时，它同时也监控总线，这就要求有诸如安全性和支持非破坏性逐位竞争等 CAN 策略。一些控制器提供一个模拟的接收接口（RX0，RX1），RX0 一般需要连接到 RXD 输出，RX1 需要偏置到一个相应的电压电平，这可以通过 V_{ref} 输出（见图 9-25）或一个电阻电压分配器（见图 9-26）实现。图 9-26 中，驱动器直接连接到协议控制器及其应用电路。如果需要电流隔离，光耦可以如图 9-26 一样，放置在驱动器和协议控制器之间。使用光耦时要注意选择正确的默认状态，特别是在隔开的协议控制器电路一边没有上电时，连接到 TXD 的光耦应该是“暗”的，即 LED 关断。

当光耦是断开（暗）时，驱动器的 TXD 输入是逻辑高电平，可以达到自动防故障的目的。使用光耦还要考虑到将 R_s 模式控制输入连接到高电平，以有效地复位信号。例如当本地驱动器电源电压（在斜率上升和下降过程中）没有准备好的情况下，禁止驱动器。

然而，在总线控制器和驱动器之间使用光耦，通常会增加总线节点的循环延迟。信号在每个节点要从发送和接收路径通过这些器件两次，这将减少在给定位速率条件下可使用的最大的总线长度。这在计算因 CAN 网络中的传播延迟而造成对可使用最大总线长度的影响时要考虑。

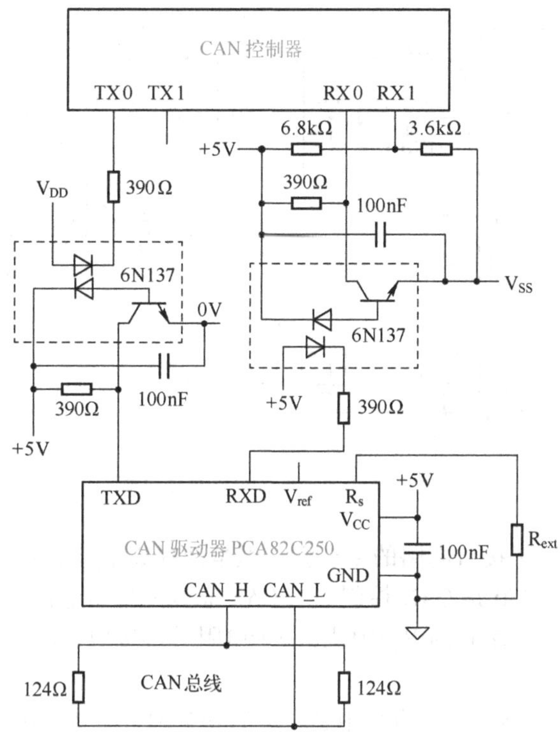

图 9-26　带光电隔离的驱动器应用

9.6 基于单片机的 CAN 智能节点设计

CAN 智能节点是由微处理器和可编程 CAN 控制芯片组成的，可以完成发送和接受任务的网络节点，本节所介绍的 CAN 总线系统智能节点，采用以 89C51 作为节点的微处理器，在 CAN 总线通信接口中，CAN 通信控制器采用 SJA1000，CAN 总线驱动器采用 82C250。

9.6.1 硬件设计

CAN 智能通信节点硬件电路原理如图 9-27 所示。从图 9-27 中可以看出，电路主要由四部分构成：微处理器 89C51、独立 CAN 控制器 SJA1000、CAN 总线驱动器 82C250 和高速光电耦合器 6N137。

SJA1000 的 AD0～AD7 连接到 89C51 的 P0 口，CS 连接到 89C51 的 P2.7 口。P2.7 为 0 时，CPU 片外存储器地址可选中 SJA1000，CPU 通过这些地址可对 SJA1000 执行相应的读/写操作。SJA1000 的 RD、WR、ALE 分别与 89C51 的对应引脚相连，SJA1000 的 INT 接 89C51 的 INT0，89C51 可以通过中断的方式访问 SJA1000。微处理器 89C51 负责 SJA1000 的初始化，通过控制 SJA1000 实现数据的接收和发送等通信任务。

为了增强 CAN 总线节点的抗干扰能力，SJA1000 的 TX0 和 RX0 并不是直接与 82C250 的 TXD 和 RXD 相连，而是通过高速光电耦合器 6N137 与 82C250 相连，这样就很好地实现了总线上各 CAN 节点间的电气隔离，用于保护 CAN 控制器。6N137 是高速光隔离器，最高速度 10 Mbit/s。光耦部分电路所采用的两个电源 V_{CC} 和 V_{DD} 必须完全隔离，否则采用光耦就

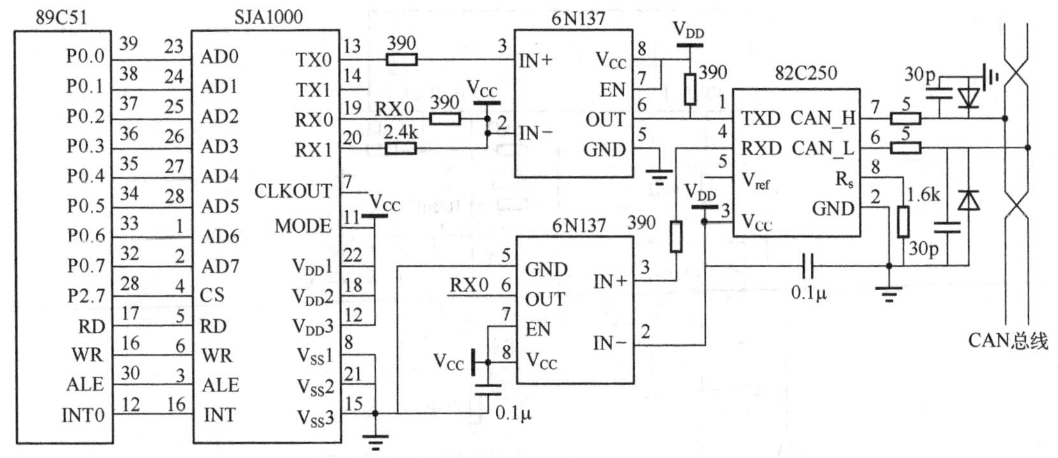

图 9-27 单片机与 CAN 总线接口电路

失去了意义。这虽然增加了接口电路的复杂性，但是却提高了节点的稳定性和安全性。

CAN 总线驱动器 82C250 是 CAN 控制器与 CAN 总线的接口器件，其工作状态通过 R_s 引脚控制。在图 9-27 中，82C250 的 R_s 引脚接一个电阻后再接地，用于控制上升和下降斜率，从而减小射频干扰。

82C250 与 CAN 总线的接口部分也采用了一定的安全和抗干扰措施。82C250 的 CAN_H 和 CAN_L 引脚各自通过一个 5 Ω 的电阻与 CAN 总线相连，电阻可起到一定的限流作用，保护 82C250 免受过电流的冲击。CAN_H 和 CAN_L 与地之间并联了两个 30 pF 的小电容，可以起到滤除总线上高频干扰的作用。另外，在两根 CAN 总线的输入端与地之间分别接了一个瞬态抑制二极管，当两个输入端与地之间出现瞬变干扰时，通过瞬态抑制二极管起到一定的保护作用。

9.6.2 软件设计

CAN 总线智能节点的软件主要包括单片机和 SJA1000 的初始化、CAN 报文发送、CAN 报文接收等三部分，本节只介绍基于 BasicCAN 模式的软件设计。为便于读者阅读，在 51 系列单片机的 C 语言编程环境下编写程序。

1. SJA1000 初始化

SJA1000 初始化在复位模式下进行，主要包括工作方式设置、接收滤波方式设置、接收屏蔽寄存器设置和接收代码寄存器设置、波特率设置和中断允许寄存器设置等，具体代码如下。

```
#define CR_CANXBYTE[0x7f00]
#define CMR_CANXBYTE[0x7f01]
#define SR_CANXBYTE[0x7f02]
#define IR_CANXBYTE[0x7f03]
#define ACR_CANXBYTE[0x7f04]
#define AMR_CANXBYTE[0x7f05]
#define BTR0_CANXBYTE[0x7f06]
#define BTR1_CANXBYTE[0x7f07]
#define OCR_CANXBYTE[0x7f08]
#define CDR_CANXBYTE[0x7f1e]
```

```
void initial_can(){
      CR_CAN=0X01;              //SJA1000 进入复位模式,进行初始化;
      While(!CR_CAN&0x01)
      {CR_CAN=CR_CAN |0x01;}    //确保复位成功
      CDR_CAN=0X00;             //时钟分频寄存器选择 SJA1000 为 BasicCAN 模式;
      ACR_CAN=ACR_ID;           //验收代码寄存器设置;
      AMR_CAN=0xff;             //验收屏蔽寄存器设置;
      BTR0_CAN=0x47;
      BTR1_CAN=0x2f;            //总线定时寄存器 0 和寄存器设置波特率为 10 kbit/s;
      OCR_CAN=0xDA;             //输出模式设为推挽模式;
      CMR_CAN=0x0C;             //命令寄存器清除数据溢出状态位和释放接收缓冲器;
      CR_CAN=0x72;              //控制寄存器使 SJA1000 回到操作模式;
}
```

2. CAN 报文发送

CAN 报文发送子程序主要完成 CAN 节点报文的发送。发送前，先做一些必要的判断。发送时，将待发送的数据按照特定格式组合成报文，然后送入 SJA1000 发送缓存，最后启动 SJA1000 的发送。具体代码如下。

```
void  send(void){
    uchari;
    ucharxdata *sendbufpt;
    if((SR_CAN&0X04)==0x04){            //判断发送缓冲器状态位是否置位,是则发送;
        sendbufpt=0x7f0a;               //SJA1000 发送缓冲区首址;
        *sendbufpt++=D_ID;              //将目标的标识符送入发送缓冲区;
        *sendbufpt++=0x08;              //报文的长度为 8 个字节;
        for(i=0;i<8;i++)  {
        *sendbufpt++=senddata[i]        //逐个将报文发送到发送缓冲区;
    }
     CMR_CAN=0x01;                      //启动 SJA1000 开始发送;
    }
}
```

3. CAN 报文接收

CAN 报文接收子程序主要完成 CAN 节点报文的接收。接收子程序在接收报文的同时，还要处理总线关闭、错误报警、接收溢出等情况。SJA1000 的接收方法包括查询和中断两种方式，这里采用中断接收方式。具体代码如下。

```
void receiveint(void) interrupt 0  {
    ucharxdata *recbufpt;
    uchari;
    EA=0;                               //89C51 关闭一切中断;
    IR_CAN=0x7f03;                      //SJA1000 接收缓冲区首址;
    if(IR_CAN&0x01==0x01){              //判断接收缓冲器是否有数据,有则开始读取数据;
```

```
    recbufpt=0x7f16;                              //指针指向接收的第一个数据字节位置
    for(i=0;i<8;i++)recdata[i]=*recbufpt; //逐个将数据存入接收缓冲区
  }
  else{
    CMR_CAN=0x08;                              //接收缓冲器无数据则清除数据溢出状态位;
  }
  CMR_CAN=0x04;                                //释放接收缓冲区;
  EA=1;                                        //89C51 开放所有中断;
}
```

9.7 CAN 的实时性能问题

网络化控制系统和传统控制系统相比，要求在串行实时总线上建立闭环控制回路，由此可见，NCS 对网络实时性的要求更高。为了满足系统的实时性要求，针对具体的应用情况，系统设计者一方面要选择合适的底层网络，另一方面，也要选择合适的高层应用协议。此外，还可以考虑网络结构的规划设计与优化，以保证较好的控制性能。对于每一个备选底层网络，要根据其协议规范和网络特点分析其实时性能，也就是分析其网络时延的来源、特性以及在不同网络环境下的表现等。

本节以 CAN 总线为例，分析 CAN 总线的实时性能。CAN 采用基于“非破坏性位仲裁”的总线访问控制方式，虽然 CSMA/CA 方式可提高整个网络信息的传输效率，但该协议仅仅保证总线网络中最高优先级报文信息的实时传送，而低优先级的报文在发生总线访问冲突时均有一定的延时。一般来讲，不要求实时性的网络是不适宜作为控制网络的，所以当需要构建如图 9-28 所示的典型网络控制系统时，CAN 能否满足控制系统对实时性能的苛刻要求，成为首要问题。

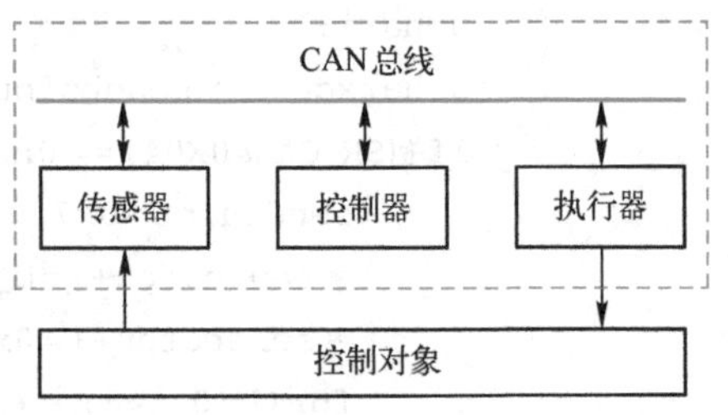

图 9-28　典型基于 CAN 总线的控制系统

本节将主要从网络延时和网络延时变化两个方面对 CAN 总线的实时性能进行分析。在此基础上，研究 CAN 的实时性能提升策略。

9.7.1 CAN 总线延时分析

微课：CAN 总线延时分析

CAN 总线的网络延时包括：从待发送数据在总线节点 A 变化开始，直到其在另外一个节点 B 中得到确认，这期间的总时间延迟。根据 CAN 总线数据流的方向可以看出，CAN 的报文信息延时由帧延时、软件延时与 CAN 控制器延时、媒体访问延时等部分组成。

1）帧延时是信息串行化导致的延时，为最重要的延时因素。

2）软件延时是应用进程中，主 CPU 将数据从 CAN 控制器中读出/写入并做初步处理所耗费的时间。CAN 控制器延时主要是 CAN 控制器为实现接收/发送缓存器中的信息和串行化的信息的相互转化所开销的时间，另外还有收发器的延时。

3）媒体访问延时则是不同优先级报文抢夺总线资源时的总线冲突延时。

下面将对上述三种延时分别加以论述。

（1）帧延时分析

帧延时即报文信息的传输延时，由帧长度和总线的传输速率决定。

根据 CAN 总线规范 2.0B，CAN 总线的报文信息共有以下四种帧类型：数据帧、远程帧、错误帧和过载帧，其中最重要的是数据帧和远程帧，二者区别在于数据场的有无。而 CAN 的数据帧和远程帧又分为两种帧格式：标准帧和扩展帧，二者区别在于识别符的长短。所以帧类型和帧格式均会影响帧长度。

此外，CAN 总线为了实现总线空闲的确定以及同步与传输错误的检测，其控制协议规定，从帧起始到 CRC 序列结束（不包括 CRC 界定符），当出现连续的五个相同位信号时，CAN 控制器将自动在其后添加一反相填充位，故填充位也可以影响帧长度。

所以帧长度由数据场、识别符以及填充位的个数联合决定。

CAN 总线中报文信息的传输速率是影响帧延时的另一重要因素。由于信息是串行发送的，故传输速率由波特率来度量。当 CAN 总线应用于工业现场中传感器和执行器的连接时，其连接的长度在 40~10000 m 之间变化，相应传输速率在 1 Mbit/s~5 kbit/s 之间变化。

当 CAN 总线应用于工业控制现场时，应先综合控制网络的总体要求，计算最佳总线传输速率参数并进行预置，一般不能更改，从而构成帧延时中相对固定的因素。

综合上述帧长度、波特率和填充位的影响，针对扩展数据帧，得到其在最大传输速率条件下对应不同数据字节长度时的延时，见表 9-21。这里波特率为 1 Mbit/s，延时单位为 μs。

表 9-21　扩展数据帧帧延时参数

数据字节长度		0	1	2	3	4	5	6	7	8
扩展帧的帧延时	不含填充位	64	72	80	88	96	104	111	120	128
	含最大填充位	74	84	94	103	113	122	132	142	151

表 9-22 给出了标准帧和扩展帧之间的延时差。由于 CAN 总线的报文信息大部分是短帧信息，其传输的数据字节数较少，则识别符的差异导致的延时差异将达到 30%~40%，所以帧格式对延时信息的影响是巨大的。

表 9-22　标准帧和扩展帧延时差别

数据字节长度		0	1	2	3	4	5	6	7	8
延时差别（%）	不含填充位	45.5	38.5	33.3	29.4	26.3	23.8	21.7	20	18.5
	含最大填充位	46.2	38.7	33.3	29.6	26.4	24	21.8	20	18.5

（2）软件及 CAN 控制器延时分析

软件和 CAN 控制器导致的延时与具体采用的主控 CPU、CAN 控制器和接口芯片有关。在本节所讨论的实际应用中，采用的主控器是 Intel 333 MHz 的 CPU，CAN 控制器是 SJA1000，收发器是 PCA82C250。为测量方便，采用的是一双 CAN 的 ISA 控制通信卡，一个 CAN 控制器作为发送节点，一个作为接收节点，排除了总线媒体访问的冲突延时。故只要测量总延时，并计算帧延时，就可进一步得到软件延时和控制器延时的值。

总延时包括从发送进程往 CAN 控制器的发送缓存器中写第一个数据开始，一直到接收进程中将接收缓存器中的有关数据全部读出的整个时间段。时间的测量可通过主控器控制主板上的 8254 计数芯片的计数通道 2 来获取，精度为 1 μs，测量过程考虑填充位的影响，测量样本容量是 10000 次，延时参数取均值。

由表 9-23 可知，在固定发送速率条件下，随着发送字节数的递增，非帧延时也相应递增，这源于主控器与 CAN 控制器之间的数据交换量的增加，且 CAN 控制器实现信息串行化编码和解码的开销时间也相应增加。

表 9-23　固定发送速率时对应不同发送字节数报文的延时

字节数		0	1	2	3	4	5	6	7	8
500k	总延时/μs	113.1	138.7	160.0	181.6	206.9	225.9	248.7	271.5	295.5
	非帧延时/μs	23.1	32.7	40.0	45.6	52.9	55.9	64.7	71.5	79.5
50k	总延时/μs	944.2	1107	1264	1424	1607	1727	1902	2064	2247
	非帧延时/μs	44.2	46.9	44.2	44.2	67.4	27.4	62.2	64.0	87.3

从表 9-24 可以看到，对于发送同样的数据字节的报文，在发送位速率增加的情况下，从非帧延时数据的相对稳定性可以看出，发送速率对非帧延时的影响有限。

表 9-24　固定的报文在不同发送波特率条件下的延时

位速率/(kbit/s)		5	20	50	100	125	250	500	1000
非帧延时/μs	1 字节数据报文	200.3	55.3	46.9	37.7	34.4	33.5	32.7	32.1
	4 字节数据报文	200.5	57.4	53.4	57.9	57.0	53.1	52.9	52.3
	8 字节数据报文	201.0	105.2	87.3	87.0	80.3	80.2	79.5	79.2

综合表 9-23 和表 9-24 可以得知，CAN 总线在高速通信时，发送数据字节数是影响非帧延时的主要因素。CAN 总线用于过程控制中时，因为对实时性要求比较高，则其通信速率一般大于或等于 50 kbit/s，从而 CAN 网络的软件延时及控制器延时将在 30 μs~100 μs 之间变化。

(3) 媒体访问延时分析

据上面分析可知，如果 CAN 总线中的网络节点数量很少且网络负载很小，那么网络信息延时基本上由帧长度、位速率、应用进程和控制器决定。

但是随着工业控制系统自动化程度的提高，网络复杂性也随之提高，这样系统中的控制节点将越来越多，而控制网络中信息流也将急剧增加。在这样的一个多节点、高负载的网络控制系统中，由报文抢占总线资源而引起的媒体访问延时将凸显其重要性。因此对媒体访问延时的分析对于设计工业控制系统来说，具有非常重要的现实意义。

9.7.2　CAN 总线延时变化分析

微课：CAN 总线延时变化分析

CAN 总线延时变化有诸多方面的原因：首先是由于媒体访问冲突导致的延时变化；其次是由于填充位的变化导致的延时变化；另外还有诸如器件引起的延时变化等。

1. 媒体访问冲突导致的延时变化

前面已经分析，网络平均负载对平均等待延时影响巨大。但是即使在同一平均网络负载条件下，由于微观网络负载的差异，将导致完全相同的两个报文的延时有巨大差异。一个极端的情况是某一时间段网络微观负载为零，报文信息立即得到发送；但是在另外一个时间段，网络的微观负载为满负荷运行，如果该报文优先级不高，将导致极大的延时。

2. 填充位导致的网络延时变化

在实际应用中，填充位可导致 0~15%的帧延时波动。由于其影响是随机的，所以只能从统计特性上对填充位的影响加以分析。

在实际仿真中，针对使用较多的标准数据帧进行仿真试验，设定采样样本容量为 100 万，同时在仿真过程中，应注意报文中控制信息、数据信息与 CRC 场的耦合关系，以及一些特殊的位约束。

从表 9-25 填充位的分布数据列表可以看到，填充位个数主要集中在 1~5 之内，具有较好的集中特性。实际应用当中，报文的优先级和发送字节相对固定，报文的数据场变化限定在某些具体范围内，这样也使得填充位的变化相对较小。

表 9-25　典型数据帧的填充位分布

填充位个数		0	1	2	3	4	5	6	7	8	9	10
填充位	1 字节数据	0.0	30.2	41.4	21.8	5.75	0.76	0.11	0.01	0.00	0.00	0.00
	4 字节数据	5.78	20.7	30.6	25.0	12.5	4.27	0.93	0.14	0.01	0.00	0.00
	8 字节数据	2.0	10.1	21.1	25.5	20.7	12.5	5.58	1.87	0.51	0.10	0.01

从表 9-26 的统计特性上看，对于发送不同数据字节的数据帧来说，其等效填充位的变化相对平缓。

表 9-26　不同报文的平均填充位数

网络数据长度/bit	0	1	2	3	4	5	6	7	8
平均填充位数	2.30	2.05	2.28	2.54	2.35	2.54	2.80	3.25	3.25

综合表 9-25 和表 9-26 可知，由填充位导致的延时变化是次要因素。

3. 其他延时变化

在实际测量应用中发现，即使在完全相同的测试条件下，同一对节点之间报文发送方向的差异也将导致较为明显的延时变化。该延时变化主要由控制器以及外接晶振差异所致。另外还发现即使发送方向相同，所得到的报文延时仍呈一定的离散分布。此两种延时变化原理上不可避免，但其不受网络负载的影响，且影响较小。

9.7.3 实时性能提升策略

对于一个典型的控制网络来说，其信息响应时间要求为 0.01~0.05 s。而通过上述对 CAN 总线的实时性能分析可知，网络带宽和网络负载对控制网络实时性能有着巨大的影响。如果一个 CAN 总线的传输速率≥100 kbit/s，其网络负载≤50%，且网络运行状况平稳，则完全能够保证控制信息在 1~10 ms 内得到准确传送。如果进一步提高网络传输速率，使其≥500 kbit/s，降低网络负载，使其≤10%，则控制报文甚至可在 1 ms 之内得到实时传送。这样，对于一般的过程控制，CAN 总线网络完全能够满足其实时性要求，从而使得在其基础之上构建一个具备高实时性的控制网络系统成为可能。当然这在实现器件、网络负载、网络传输的平稳性能以及控制网络系统容量方面均提出了自己的要求。

通过上述对 CAN 实时性能的分析，为设计控制网络系统提供了如下参考：

1）当标准帧能满足系统对控制容量、传输可靠性等性能需求时，尽量避免使用扩展帧。

2）在满足控制系统稳定性的前提下，尽量提高控制网络的传输速率，增加带宽。

3）尽量减小控制网络中不必要的节点及报文信息，降低网络负载，以预留较大的网络带宽裕量。

4）尽量选取性能稳定、均一的器件构建网络硬件，以提高网络的整体性能。

5）可适当增大控制采样周期，尽可能采用同步传输方式，并避免网络的微观拥塞情况。

总之，CAN 总线网络作为一种优良的现场总线控制网络，凭借其在实时性和可靠性等方面的优异性能，将在工业现场控制等领域得到更为广泛的应用。

思考题与习题

9.1　CAN 总线有哪几种不同类型的帧？

9.2　在 CAN 技术规范 2.0B 中存在两种不同的数据帧格式，其主要区别在于标识符的长度，说明其中的不同格式的数据帧由哪些位场组成，每个场各占多少位？

9.3　对于不同格式的数据帧，计算最长数据帧各由多少位组成。

9.4　CAN 总线中存在哪些不同类型的错误？

9.5　任何一个 CAN 节点都有可能是哪 3 种节点状态？

9.6　请简要说明为什么在 CAN 总线的终端并联 120 Ω 的终端电阻。

9.7　结合 CAN 总线技术协议，详细说明 CAN 总线的三大特点。

9.8　假设 SJA1000 的晶振为 16 MHz，总线定时寄存器 0 和 1 参数分别为 0x1f 和 0xff，计算 CAN 通信的位速率。

9.9　设计 MCS-51 单片机、SJA1000 和 82C250 的接口电路，82C250 工作在高速模式。

9.10　对于上述设计的基于单片机的 CAN 总线通信节点，有 A、B 两个节点要求通过 CAN 总线进行数据通信。假定 SJA1000 的晶振为 16 MHz，数据通信的位速率为 100 kbit/s，采用单滤波方式，请分别写出 A、B 两个单片机在扩展模式下对应的初始化程序。

9.11　分析 CAN 通信网络传输延时的产生有哪些原因？它对系统的控制效果会有何影响？

第 10 章　网络化控制系统时延分析

随着计算机技术、通信技术与控制技术的不断发展和融合，控制系统逐渐向网络化、集成化、分布化和节点智能化的方向发展。网络化控制系统在各个领域得到了广泛的应用。本章对网络化控制系统的基本概念、时延分析，以及考虑时延的网络化控制系统模型做了简要介绍。

10.1 概述

10.1.1　基本概念

微课：基本概念

网络化控制系统也称为网络控制系统（Networked Control System，NCS），是指在网络环境下实现的控制系统。

在网络化控制系统中，分布在不同区域的各系统部件，如监视计算机、控制器、智能传感器和执行器之间通过共用的通信网络，进行信息交换和控制信号的传递，从而实现闭环控制。例如，基于总线技术（如设备网、控制网和以太网等）架构的控制系统即为一种典型的网络化控制系统。由于网络化控制系统中的特定信息（如传感器输出、执行器输出和控制输入）通过通信网络进行交换，因此，网络化控制系统有别于传统的控制系统。

10.1.2　常见的网络化控制系统结构

微课：常见的网络化控制系统结构

根据网络传输在控制系统中的位置和作用，可以把网络化控制系统分为如下几种。

1. 网络化遥控系统

在系统中，控制器、执行器、被控对象和传感器等位于控制现场，参考输入通过网络传输到控制系统中，从而实现系统的远程控制。网络化遥控系统结构图如图 10-1 所示。

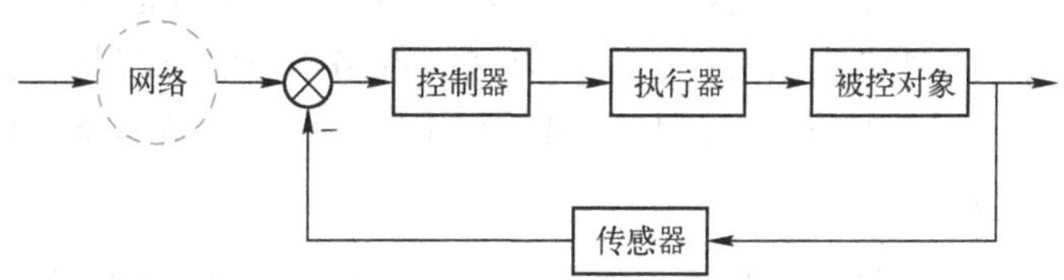

图 10-1　网络化遥控系统结构图

2. 网络化参数调整系统

在该系统中，通过网络实现对控制器参数的远程修改，可以方便地改变控制器的控制特性，实现系统性能的迅速调节。网络化参数调整系统结构如图 10-2 所示。

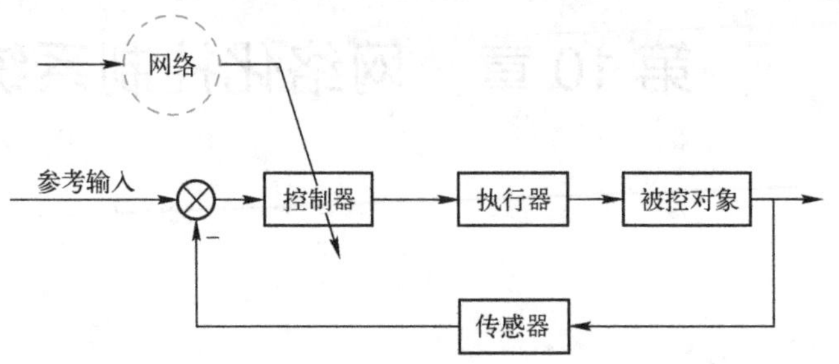

图 10-2　网络化参数调整系统结构图

3. 网络化传感系统

在系统中，传感器的数据通过网络传输到控制器中。网络化传感系统结构如图 10-3 所示。

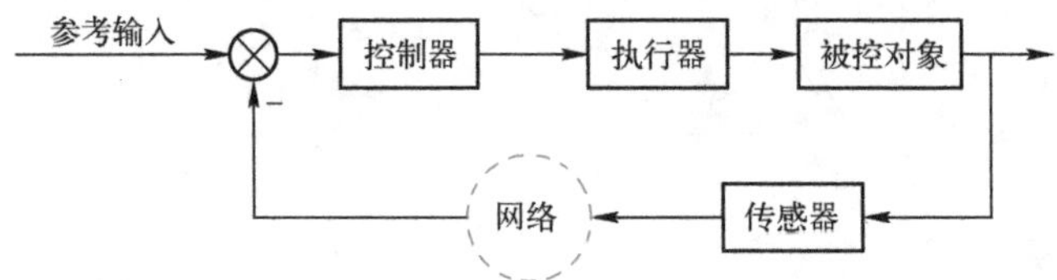

图 10-3　网络化传感系统结构图

4. 网络化执行系统

在系统中，控制器的输出通过网络传输到执行器中。网络化执行系统结构如图 10-4 所示。

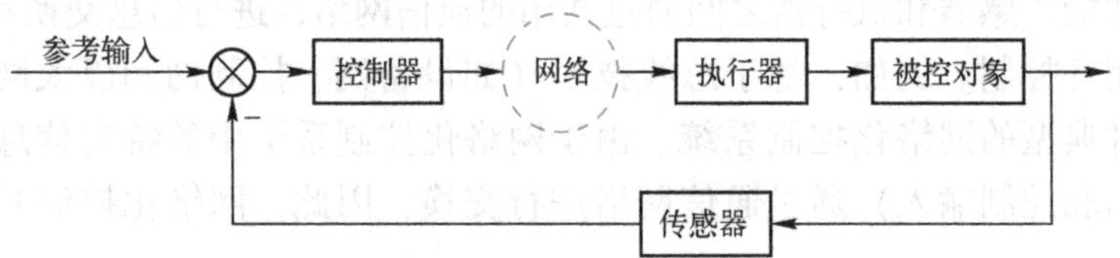

图 10-4　网络化执行系统结构图

10.1.3　影响网络化控制系统性能的主要因素

微课：影响网络化控制系统性能的主要因素

如前所述，通信网络的引入使得网络化控制系统的结构有别于传统的控制系统，其分析与设计中需要处理的问题也有所不同，主要体现在以下三个方面。

1. 网络时延

系统通过网络交换数据时，会由于诸多节点的网络通信，使得在传感器、控制器和执行器之间存在传感器-控制器时延和控制器-执行器时延。网络时延受网络协议、路由算法、网络当时的负载状况、网络的传输速率和信息包的大小等诸多因素的影响，而呈现出或固定或随机或有界或无界的特征。

2. 单包和多包传输

如果传感器或执行器的数据集中在一个数据包中传输，称为单包传输；如果传感器或执行器的数据分为若干个数据包传输，则称为多包传输。采用多包传输时，难以确保传感器或执行器数据同时到达控制器或者被控对象。采用多包传输一方面是由于数据包的大小受限，因此大量的数据必须分成多个数据包传输；另一方面是由于网络化控制系统中的传感器或执行器很分散时，很难把它们产生的数据集中在一个数据包中传输。两种传输模式和网络类型相关，例如，以太网（Ethernet）能够在一个单包中容纳 1500 字节的数据，所以可以把传感器数据集中于一个数据包中传输。设备网（DeviceNet）以传输小规模控制数据为特征，每个数据包中的数据最大容量为 8 字节，因此其传感器数据通常采用多包传输。

3. 数据包的丢失

在网络中传送的数据分为实时数据和非实时数据两类，其中前者占绝大多数。非实时数据强调数据的准确性，而实时数据则强调数据传送的及时性。当网络化控制系统中存在节点故障时，通常会发生网络包丢失的情况。虽然多数网络协议都有重发机制，但是重发具有时间限制，超时后将丢失数据包。此外为了维护系统性能采用特定的协议也会发生数据包的丢失。

本章仅针对应用中网络化控制系统的时延进行具体介绍。

10.2 网络时延

当网络时延相对于采样周期而言不能忽略时，控制系统的分析和设计须考虑时延的影响。在后文中，将主要介绍网络化控制系统的时延分析与建模。

微课：网络节点间的端到端时延

10.2.1 网络节点间的端到端时延

在介绍网络化控制系统的时延之前，先对网络化控制系统中两个节点（本节中以节点 A 和节点 B 表示）之间的传输时延做基本介绍。以图 10-5 为例，假设网络节点 A 向节点 B 发送一条信息，并得到响应，该过程所产生的时延可分为四个组成部分。

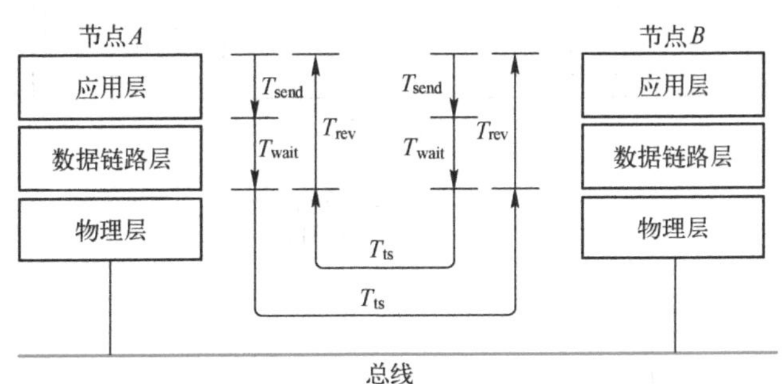

图 10-5　网络化控制系统的端到端时延示意图

1）发送处理时延 T_{send}：包括源节点的应用程序产生应用层信息包的时间和将其转换为合适的网络传输格式所需要的时间，它依赖于源节点设备软、硬件的性能，是可预测的。

2）等待时延 T_{wait}：数据链路层的数据帧在发送缓存中等待 MAC 协议发送的时间，包括在缓存队列中的排队时间和进行信道竞争等待信道空闲的时间，其大小由源节点中待发送的数据量和此刻网络流量决定。影响它的重要因素有 MAC 层协议、信息连接方式和网络负载。

3）传输时延 T_{ts}：包括物理层信号发送到信道上的发送时间和信号在物理信道上的传输时间。传输时延是控制网络中最具确定性的参数，因为它只依赖于网络带宽和两节点之间的距离。

4）接收处理时延 T_{rev}：将数据帧解析还原为应用层信息并传递给任务的时间，与目标节点设备的软、硬件性能有关。

通过以上分析可知，网络化控制系统中端到端时延是由网络和设备共同决定的。T_{send} 和 T_{rev} 取决于设备的性能，当系统给定时，它们是可以预测的。传输时间在一般情况下相对总时延较小，可以忽略不计，因此传输时延 T_{ts} 主要是网络带宽决定的信息发送时间，是确定的时延。等待时延 T_{wait} 随网络节点数和数据量的增加而增大，即使在正常工作状态下，对于采用不同协议的系统，等待时延也将随介质访问控制机制的不同而有很大差异，它是网络化控制系统时延最主要的一个不确定因素。

10.2.2 网络化控制系统时延分析

微课：网络化控制系统时延分析

在网络化控制系统中，传感器、执行器、控制器构成了 10.2.1 节所述的节点，如图 10-6 所示。将传感器-控制器（两节点）时延整体用 τ_{sc} 表示，不再细分其内部构成；同样地，控制器-执行器（两节点）时延整体用 τ_{ca} 表示。由于控制器本身的计算时延并非网络化控制系统特有，因此暂不考虑控制器本身的计算时延。事实上，控制器本身的计算时延可归入 τ_{ca} 或 τ_{sc}。对于给定的线性时不变控制器，可将 τ_{ca} 和 τ_{sc} 整体作为系统总时延 $\tau=\tau_{sc}+\tau_{ca}$ 进行时延分析。

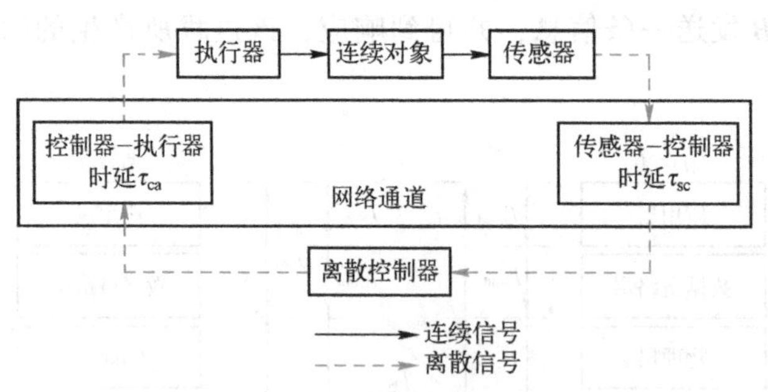

图 10-6　网络化控制系统的时延

假设连续对象可以表示为

$$\dot{x}(t)=Ax(t)+Bu(t) \tag{10-1}$$

下面将分析在上述时延存在的情况下，离散化后的系统具有怎样的表达形式和特性。需要指出的是，离散化后的系统模型还与传感器、控制器、执行器的工作模式有关。

传感器、控制器和执行器的工作模式有两种：时间驱动模式和事件驱动模式。时间驱动模式是按周期操作的方式，即网络节点按照特定的周期启动。事件驱动模式是按事件驱动的方式，即网络节点只被特定的事件驱动，例如按照数据包到达事件来采样和发送数据。

传感器节点作为网络信息的始发地，一般采用时间驱动方式，在固定周期的驱动下对被控对象的状态等信息进行数据采样、量化和编码；控制器和执行器可以采用时间驱动和事件驱动两种方式。

不同的驱动方式将会影响系统的离散化形式。下面简要介绍两种常见的驱动形式，即传感器采用时间驱动，控制器与执行器分别采用时间驱动及事件驱动时的数据传输过程。

1. 控制器与执行器采用时间驱动方式

控制器和执行器采用时间驱动方式的控制时序如图 10-7 所示。时间驱动方式中，传感器时钟作为系统时钟。当网络中有多个传感器节点或控制器和执行器采用时间驱动方式时，需要使得各个节点时钟同步。时钟同步可采用硬件同步等方法，例如，在网络节点间用导线传递系统的时钟信号，从而保持系统中所有节点时间节拍一致。

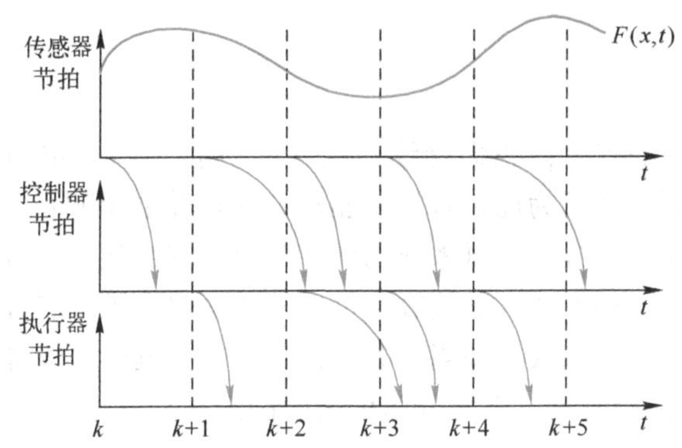

图 10-7　传感器和控制器采用时间驱动工作方式示意图

从图 10-7 中可以看出，当控制器采用时间驱动时，会导致控制器“空采样”和“数据丢包”的情况出现。如在 k+1 到 k+2 时刻之间，控制器并没有接收到数据，在 k+2 时刻的计算是利用了上一次的陈旧数据，是对控制的时延，有可能导致系统失稳。在 k+2 到 k+3 时刻，控制器接收到了两次传感器发来的数据，在 k+3 时刻计算时，利用的是后一次的最新数据，丢掉了前面的数据。

控制器和执行器采用时间驱动方式的缺点在于人为地扩大了系统的网络诱导时延，当数据到达控制器或者执行器后，控制器或执行器需要等到时钟驱动的时刻到来才进行计算。

2. 控制器与执行器采用事件驱动方式

控制器和执行器采用事件驱动方式的控制时序如图 10-8 所示。在该模式下，当网络中有数据到达控制器或者执行器节点时，该节点立即进行控制量计算或者执行控制量。采用这种模式，避免了网络时钟同步，可以最大限度地减少人为造成的时延，且不存在“空采样”和“数据主动丢包”的情况。然而，网络时延往往时变，使得系统表现为非周期采样系统。

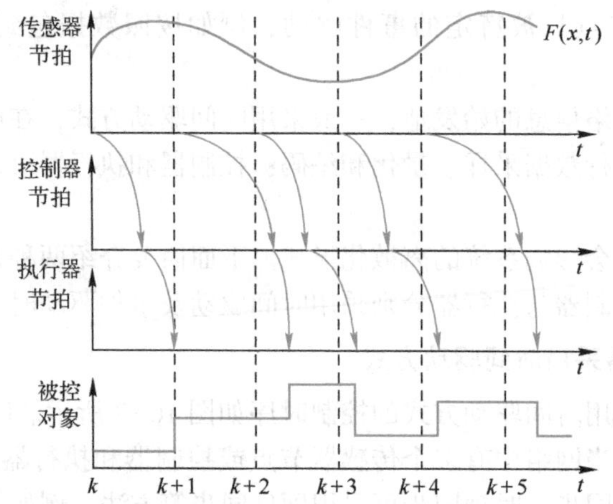

图 10-8 控制器和执行器采用事件驱动方式时的信号时序图

10.3 考虑时延的网络化控制系统建模与设计

在 10.2.2 节的分析基础上，我们继续讨论在时延存在和给定的驱动方式下如何描述图 10-6 中的网络化控制系统。为此，首先对驱动方式做简要说明：

1）传感器采用时间驱动方式，以采样周期 T 对被控对象进行采样。

2）控制器采用事件驱动方式，其接收到传感器数据时立即计算控制量。

3）执行器采用事件驱动方式，即当控制量传输到执行器时，立即执行相应动作。

设控制器为状态反馈控制器。下面分两种情况讨论。

10.3.1 总时延不大于一个采样周期

微课：总时延不大于一个采样周期

首先考虑 $\tau_k \leqslant T$（τ_k 为第 k 个采样周期的总时延）。此时，在第 k 个采样周期内，至多包含两个控制量，即 $u(k-1)$ 与 $u(k)$。

此时闭环系统可表示为

$$\begin{cases}\dot{x}(t)=Ax(t)+Bu(t),t\in[kT+\tau_k,(k+1)T+\tau_{k+1})\\ u(t^+)=-Kx(t-\tau_k),t\in[kT+\tau_k,k=0,1,2,\cdots)\end{cases} \tag{10-2}$$

式中，$u(t^+)$分段连续且仅在 $kT+\tau_k,k=0,1,2,\cdots$时刻改变数值。对式（10-2）按周期 T 采样后可以得到

$$\begin{cases}x(k+1)=A_\mathrm{d}x(k)+B_0(\tau_k)u(k)+B_1(\tau_k)u(k-1)\\ A_\mathrm{d}=\mathrm{e}^{AT},B_0(\tau_k)=\int_0^{T-\tau_k}\mathrm{e}^{As}B\mathrm{d}s,B_1(\tau_k)=\int_{T-\tau_k}^{T}\mathrm{e}^{As}B\mathrm{d}s\end{cases} \tag{10-3}$$

以

$$z(k)=\begin{bmatrix}x(k)\\u(k-1)\end{bmatrix}$$

为增广的状态向量，进而可以将式（10-3）转化为

$$z(k+1)=\overline{A}_{\mathrm{d}}(k)z(k)+\overline{B}_{\mathrm{d}}(k)u(k)=\begin{bmatrix}A_{\mathrm{d}} & B_1(\tau_k)\\ 0 & 0\end{bmatrix}z(k)+\begin{bmatrix}B_0(\tau_k)\\ I\end{bmatrix}u(k) \tag{10-4}$$

其闭环系统描述为

$$z(k+1)=H(k)z(k)=\begin{bmatrix}A_{\mathrm{d}}-B_0(\tau_k)K & B_1(\tau_k)\\ -K & 0\end{bmatrix}z(k) \tag{10-5}$$

从式（10-5）可以看出，闭环系统矩阵与总时延 τ_k 相关。τ_k 若恒定，则闭环系统仍然为时不变系统；若 τ_k 时变，则闭环系统为时变系统。

10.3.2 总时延大于一个采样周期

若总时延 τ_k 存在大于一个采样周期 T 的情况，即 $0<\tau_k<NT(N>1)$，则在一个采样周期内，执行器可能收不到控制量，也可能收到多达 N 个控制量。

微课：总时延大于一个采样周期

例如，若总时延满足

$$(N-1)T<\tau_k<NT,k=1,2,\cdots$$

则当 $k>N$ 时，每个采样周期执行器都将收到一个控制量。和式（10-4）类似，可以列写

$$x(k+1)=A_{\mathrm{d}}x(k)+B_0(\tau_k-(N-1)T)u(k-N)+B_1(\tau_k-(N-1)T)u(k-N+1) \tag{10-6}$$

为便于分离 k 时刻的控制量 $u(k)$，选取增广状态向量

$$z(k)=\begin{bmatrix}x(k)\\ u(k-N)\\ u(k-N+1)\\ \vdots\\ u(k-1)\end{bmatrix}$$

可以得到

$$\begin{aligned}z(k+1)&=\overline{A}_{\mathrm{d}}(k)z(k)+\overline{B}_{\mathrm{d}}u(k)\\ &=\begin{bmatrix}A_{\mathrm{d}} & B_1(\tau_k-(N-1)T) & B_0(\tau_k-(N-1)T) & \cdots & 0\\ 0 & 0 & I & \cdots & 0\\ \vdots & \vdots & \vdots & & \vdots\\ 0 & 0 & 0 & \cdots & 0\end{bmatrix}z(k)+\begin{bmatrix}0\\ 0\\ \vdots\\ I\end{bmatrix}u(k)\end{aligned} \tag{10-7}$$

可以看到，采样后得到的式（10-7）中系统矩阵的阶数和总时延的长度相关，为了分析该系统，需要收集在时延长度内的控制量 $u(k-N)\sim u(k-1)$。对于其他长度的时延 τ_k，均可按上面的思路进行分析。

10.3.3 时延、采样周期和系统稳定性

通常，选取较短的采样周期使得离散化设计能够尽可能地逼近连续系统设计。但是，在网络化控制系统中，采样周期的缩短会导致网络负载的增加，进而增加网络时延。因此，在进行网络化控制系统设计时，采样周期的选取需综合考虑网络时延和系统控制性能。

微课：时延、采样周期和系统稳定性

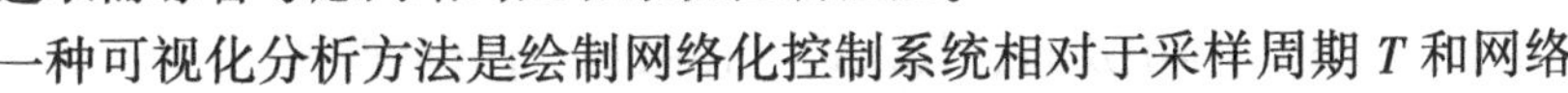

一种可视化分析方法是绘制网络化控制系统相对于采样周期 T 和网络

时延 τ 的稳定性区域。在开始介绍之前，假设网络时延 τ 为固定时延，可以通过网络协议实现（例如令牌环）。下面用一个例子来说明此分析方法。

[例 10-1] 考虑具有时延的积分环节

$$\begin{cases}\dot{x}(t)=u(t),t\in[kT+\tau,(k+1)T+\tau),\tau<T\\ u(t^{+})=-4x(t-\tau),t\in[kT+\tau,k=0,1,2,\cdots)\end{cases} \tag{10-8}$$

解：根据式（10-5）有

$$\boldsymbol{H}(z)=\begin{bmatrix}1-4T+4\tau & \tau\\ -4 & 0\end{bmatrix} \tag{10-9}$$

为使得系统稳定，需满足

$$\max\left\{\frac{1}{2}T-\frac{1}{4},0\right\}<\tau<\min\left\{\frac{1}{4},T\right\}$$

由于 $\tau<T$，为便于展示延时和采样周期的关系，将上式转化成如下形式：

$$\max\left\{\frac{1}{2}-\frac{1}{4T},0\right\}<\frac{\tau}{T}<\min\left\{\frac{1}{4T},1\right\} \tag{10-10}$$

以 T 为横轴，以 $\frac{\tau}{T}$ 为纵轴，绘制如图 10-9 所示的稳定性区域。采样周期和时延应位于图 10-9 中的稳定性区域内。

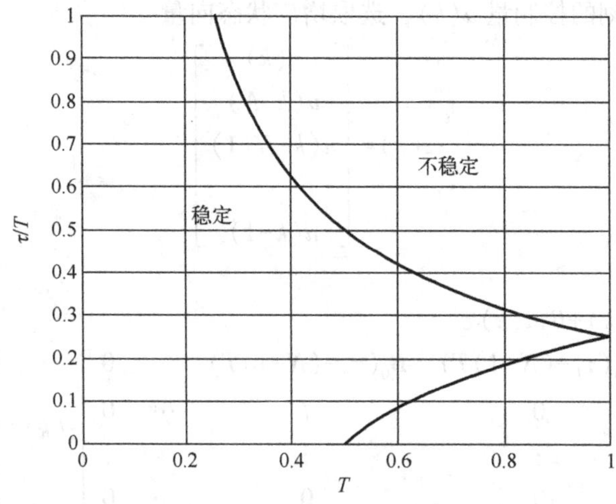

图 10-9 稳定性区域图

判据：图 10-7 中网络化控制系统时延为常值 τ，且控制律为 $u(t^{+})=-Kx(t-\tau)$ 时，闭环系统的稳定性可以根据如下矩阵判定：

$$\boldsymbol{\Phi}=\begin{bmatrix}\mathrm{e}^{AT} & -E(T)BK\\ \mathrm{e}^{A(T-\tau)} & -\mathrm{e}^{A\tau}(E(T)-E(\tau))BK\end{bmatrix},E(\alpha)=\int_0^{\alpha}\mathrm{e}^{A(\alpha-s)}\mathrm{d}s \tag{10-11}$$

若 $\boldsymbol{\Phi}$ 的特征值均位于单位圆内，则系统稳定；反之，不稳定。

[例 10-2] 考虑例 10-1 中的具有时延的积分环节，采用上述判据判断闭环系统稳定性。

解：根据式（10-8）可知，$A=0,B=1$，代入式（10-11）计算可得

$$\boldsymbol{\Phi}=\begin{bmatrix}1 & -TK\\ 1 & -(T-\tau)K\end{bmatrix} \tag{10-12}$$

为使 $\boldsymbol{\Phi}$ 的特征值均位于单位圆内，τ 须满足式（10-10）。例 10-1 与例 10-2 判断结果一致。

本小节的分析可用于稳定性分析和稳定控制器（增益）设计。

10.3.4　状态反馈

在前面的分析中，将 τ_{ca} 和 τ_{sc} 整体作为系统总时延 $\tau=\tau_{sc}+\tau_{ca}$ 进行时延分析，且控制律为 $u(t^+)=-Kx(t-\tau_k),t\in[kT+\tau_k,k=0,1,2,\cdots)$，即 $kT+\tau_k$ 时刻的控制量使用的是 kT 时刻的状态。考虑到 τ_{sc} 和 τ_{ca} 具有不同的特性，在时钟同步的前提下，传感器-控制器时延 τ_{sc} 可以通过时间戳的方式被控制器获得，因此，控制器可以利用 τ_{sc} 对当前时刻的状态进行估计，并依此计算控制量；（非固定值）控制器-执行器时延 τ_{ca} 不能由控制器在线得到，因此，下面将利用 kT 时刻的状态 $x(k)$ 和传感器-控制器时延对 $kT+\tau_{sc,k}$ 时刻的状态 $x(kT+\tau_{sc,k})$ 进行估计，并以之生成控制量，其中 $\tau_{sc,k}$ 为状态 $x(k)$ 对应的传感器-控制器时延。下面以 $\tau_{sc}<T$ 为例进行介绍。

根据式（10-1）列写被控对象的状态转移方程

$$x(t)=\mathrm{e}^{At}x(0)+\int_0^t \mathrm{e}^{A(t-s)}Bu(s)\mathrm{d}s \tag{10-13}$$

在 $kT+\tau_{sc,k}$ 时刻，对 $x(kT+\tau_{sc,k})$ 的估计由式（10-13）给出

$$\hat{x}(kT+\tau_{sc,k})=x(kT+\tau_{sc,k})=\mathrm{e}^{A\tau_{sc,k}}x(k)+\int_{kT}^{kT+\tau_{sc,k}}\mathrm{e}^{A(kT+\tau_{sc,k}-s)}Bu(s)\mathrm{d}s \tag{10-14}$$

根据估计出的 $kT+\tau_{sc,k}$ 时刻状态，可以生成此时的控制量

$$u(kT+\tau_{sc,k})=-K\hat{x}(kT+\tau_{sc,k}) \tag{10-15}$$

进而可以得到闭环系统描述为

$$x((k+1)T+\tau_{sc,k+1})=(A_d(T+\tau_{sc,k+1}-\tau_{sc,k})-B_d(T+\tau_{sc,k+1}-\tau_{sc,k})K)x(kT+\tau_{sc,k}) \tag{10-16}$$

式中

$$A_d(T+\tau_{sc,k+1}-\tau_{sc,k})=\mathrm{e}^{A(T+\tau_{sc,k+1}-\tau_{sc,k})}$$

$$B_d(T+\tau_{sc,k+1}-\tau_{sc,k})=\int_0^{T+\tau_{sc,k+1}-\tau_{sc,k}}\mathrm{e}^{As}B\mathrm{d}s$$

根据式（10-16）便可进行控制器增益设计。

网络化控制作为一个重要研究方向，得到了广泛而深入的研究，并产生了大量成果，其中关于时延、丢包等任一个方面的研究均难以在本章的简短内容中全面涵盖。因此，本章仅针对网络化控制中，与本书前述各章里计算机控制系统离散化、建模、稳定性分析等相关但尚未提及的基础知识进行了非常简要的介绍。在本章的编写过程中主要参考了文献［8］和［48］。

思考题与习题

10.1　请对网络化控制系统中传感器到控制器和控制器到执行器的端到端时延组成和特点进行分析。

10.2　请调研对网络化控制系统时延进行处理的控制器设计方法。

第 11 章 计算机控制案例分析

计算机控制系统设计的内容主要包括熟悉被控对象、掌握其工艺要求、建立被控对象模型、设计控制器、选择或研制适当的硬件平台、确定软件平台及编程语言并进行软件设计、整定控制参数和进行系统调试等。可以说，计算机控制系统的设计、开发、集成、安装和调试等工作几乎涵盖本书前面提及的所有内容。

本章主要介绍计算机控制系统的典型案例，其中涉及控制器设计原则与实现方法等。

11.1 计算机控制系统设计与实现

11.1.1 控制系统设计原则

计算机控制系统的对象不同，设计方案和技术指标也有很大不同，但在系统设计与实施过程中，还是有许多共同的设计原则，这些设计原则主要表现在以下几个方面。

1. 可靠性原则

对计算机控制系统的最基本要求是可靠性高。一旦计算机控制系统中的主要部件出现故障，轻者影响生产，造成产品质量不合格，重者则会造成人员和设备的事故；另一方面，由于工业大生产中的控制对象往往是连续工艺流程的一部分，一个局部的计算机控制系统故障往往会引起前、后工序的连锁反应，最后导致整个生产线的瘫痪。因而，在计算机控制系统的整个设计过程中，务必将可靠性放在首位。在设计计算机控制系统方案时，常采取以下可靠性措施：

1）要求计算机控制系统进行必要的防振动、耐冲击、防尘、抗高温、抗电磁干扰、抗电流干扰等设计，以保证系统在恶劣的工业环境下仍能正常运行。

2）在设计控制方案时，应考虑各种安全保护措施，使系统具有诸如异常报警、事故预测、故障诊断与处理、安全连锁等功能。

3）为保证计算机控制系统出现故障时，系统仍能正常工作，可设置后备装置。对于一般的控制回路，可选用手动操作器作为后备；对于必须进行自动控制的回路或其他特殊回路，可采用常规控制仪表作为后备。这样，一旦计算机控制系统出现故障，就可将后备装置切换到控制回路中，维持生产过程的正常运行。

4）在实时性和安全性要求高的领域，必须对计算机控制系统进行冗余设计，使系统在故障时也能安全运行，如常用的有双机备份工作方式、双机主从工作方式、双机比较工作方式、3 取 2 计算机工作方式等。

2. 操作与维护方便原则

操作方便主要是指人机交互界面友好、使用简便，比如输出显示直观形象、输入形式简单明了、重要参数设置有密码保护等。

维护方便要从软件与硬件两个方面考虑，目的是易于查找故障、排除故障。硬件上宜采用标准的功能模块式结构，便于及时查找并更换故障模板。模板上还应安装工作状态指示灯和监测点，便于检修人员检查与维修。软件上应配备检测与诊断程序，用于查找故障源。

3. 实时性原则

实时性是工业控制系统最主要的特点之一，要求对内部和外部事件都能及时地响应，并在规定的时限内做出相应的处理。系统应设置中断，根据事件处理的轻重缓急，预先分配中断级别，一旦事件发生，根据中断优先级别进行处理，保证最先处理紧急事件。

4. 通用性原则

计算机控制系统的研制与开发需要一定的投资和周期。尽管控制的对象千变万化，但若从控制功能上进行分析与归类，仍然可以找到许多共性。因此，在设计开发计算机控制系统时就应尽量考虑能适应这些共性，用积木式的标准化和模块化的结构，在此基础上，再根据不同设备和不同控制对象的不同控制要求，灵活地构成系统。这样设计出的系统便可在其生命周期中随时进行系统扩充或改造，通用性好。

具体说来，计算机控制系统的通用性设计主要体现在硬件与软件两个方面。在硬件方面宜采用标准总线结构（如 ISA 总线、STD 总线或 PCI 总线），配置各种通用的接口板，并留有一定的冗余，以便在必要时只需增加通道或模板就能实现相应的功能。在软件方面宜采用易操作、通用性好的组态软件，它能满足各种不同层次控制系统的需要，能适应不同生产过程的控制要求。组态软件具有良好的人机界面、开放的开发环境、图形化的组态环境，使得采用组态软件编写程序具有可移植性、可继承性和可互操作性等特点。

5. 经济性原则

经济性包括两个方面，一是设计的计算机控制系统性能价格比尽可能高，二是投入产出比尽可能低。

11.1.2 控制系统设计流程

计算机控制系统的设计与实现，一般应包括系统方案设计、硬件设计与实现、软件设计与实现以及系统调试与运行四个阶段。

1. 计算机控制系统的方案设计

虽然计算机控制系统的设计中要求系统具有标准化、模块化和通用性的结构，然而在针对一个具体的生产过程进行设计时，必须注重对实际对象的了解。只有在熟悉生产过程、工艺流程和工作环境的基础上，才能确定计算机控制系统的目标与任务，提出切实可行的技术方案。因此，在工程实践中，要设计一个好的计算机控制系统，离不开对生产工艺的深入了解以及工艺技术人员的支持与配合。

在熟悉被控对象生产工艺基础上，系统方案设计还包括建立数学模型、设计控制算法、确定硬件与软件方案，确定整个控制系统的结构和类型，比如系统是开环还是闭环控制，是单回路还是多回路控制，系统结构是采用 DDC、SCC，还是采用 DCS、PLC、FCS 等。以上工作结合在一起便构成了整个系统方案。该方案是系统具体设计和实现的依据，应在工艺技术人员的配合下，从合理性、经济性及可行性等方面进行反复论证。

（1）建立数学模型，设计控制算法

对于任何一个控制系统的设计，首先应建立该系统的数学模型。数学模型是系统动态特性的数学表达式，它反映了系统输入、内部状态和输出之间的关系，为计算机处理提供了依据。

控制算法选择的正确与否直接影响控制系统的品质，因此确定控制算法是系统设计的一项重要工作。随着控制理论与计算机控制技术的不断发展，控制算法越来越多。因此，在选择控制算法时，应根据不同的控制对象、不同的控制性能指标要求以及所选用的计算机处理能力来确定一种合适的控制算法，并通过计算机仿真进行反复验证。该部分工作将贯穿计算机控制系统设计与实现的整个过程。

（2）硬件系统方案设计

计算机控制系统的硬件设计主要包括以下各方面内容：系统的硬件结构确定，现场设备及自动化仪表的选择，人-机联系方式，系统的机柜或机箱结构设计等。

在硬件方案设计中，用于工业实时控制的计算机应优先选择工业控制计算机（以下简称“工控机”）。因为工控机具有针对工业控制现场环境设计的许多特点，可以满足复杂工业环境的要求，提高系统的可靠性。工控机还具有系统化、模块化、标准化和通用化的特点，有利于系统设计者在系统设计时根据要求任意选择，像搭积木般地组建系统，提高系统研制和开发的速度，增强系统的技术水平和性能。对于嵌入式控制系统或某些特殊要求的计算机控制系统，需要研制人员自己在芯片级设计计算机控制系统的硬件平台，本书的硬件系统设计主要以通用化的平台为例进行介绍。

另外硬件系统设计还包含传感器、变送器和执行机构的选型或研制，它们是影响系统控制精度的重要因素之一，所以要从信号量程范围、精度、对环境及安装的要求等方面进行选择。

（3）软件系统方案设计

软件方案设计的内容主要是确定软件平台、软件结构和任务分解等。在软件设计中也应采用结构化、模块化、通用化的设计方法，画出软件结构框图，逐级细化，直到能清楚地表达出控制系统所要解决的问题为止。将商品化的监控组态软件经二次开发后用于计算机控制系统中，是系统软件设计的有效方法之一。

2. 硬件系统的设计与实现

由于总线式的工业控制计算机具有高度模块化和插板式结构，可采用组合方式简化计算机控制系统的硬件设计。另外，在计算机控制系统设计中，有些控制功能既可以用硬件实现，也能用软件实现，在进行系统设计时，需要综合考虑，将硬件、软件功能划分清楚。

（1）系统总线与主机机型

目前常用的工控机内部总线主要是 PCI 总线、PC 总线和 STD 总线等。另外，由于采用的 CPU 不同，即使是同一种总线的工控机也有许多机型。以 PC 总线工控机为例，CPU 在 20 世纪 90 年代初还以 80286 为主流，后来就逐步过渡到 80386、80486、80586，再到奔腾，直到目前的酷睿系列，相应的内存、硬盘、主频、显示卡、CRT 等配置都有多种规格，设计人员应根据控制系统需求、维护、发展并兼顾供货、系统升级、软件兼容等实际情况合理地进行选型。

其次，随着控制要求的提高和控制系统内涵的扩展，许多计算机控制系统（如 SCC、DCS、FCS、CIMS 等）越来越多地会遇到通信问题，具体选择何种现场总线控制网络进行数据通信，可根据通信的速率、距离、系统拓扑结构、通信协议等要求来综合分析确定。

（2） I/O 接口

应用计算机对生产现场设备进行控制，除了主机之外，还必须配备连接计算机与被控对象并进行信息传递和变换的 I/O 接口，其中包括数字量 I/O（即 DI/DO）、模拟量 I/O（AI/AO）等模板。

1）数字量（开关量）输入输出（DI/DO）模板。

PC 总线的并行 I/O 接口模板多种多样，通常可分为 TTL 电平的 DI/DO 和带光隔离的 DI/DO。通常工业控制机共地装置的接口可以采用 TTL 电平，而其他装置与工业控制机之间则采用光隔离。对于大容量的 DI/DO 系统，往往选用大容量的 TTL 电平 DI/DO 板，而将光隔离及驱动功能安排在工业控制机总线之外的非总线模板上。

2）模拟量输入输出（AI/AO）模板。

AI/AO 模板包括 A/D、D/A 模板及信号调理电路等。AI 模板的输入可能是 0~±5 V、0~10 V、0~10 mA、4~20 mA 以及热电偶、热电阻和各种变送器的信号。AO 模板的输出可能是 0~5 V、0~10 V、0~10 mA、4~20 mA 等信号。选择 AI/AO 模板时必须注意分辨率、转换速度、量程范围等技术指标。

系统中的输入输出模板，可按需要进行组合，不管哪种类型的系统，其模板的选择与组合均由生产过程的输入参数和输出控制信道的种类和数量来确定。

模拟量输入输出模板的选择，很重要的依据之一是 A/D 和 D/A 转换器的精度问题。一般来说，A/D 和 D/A 转换器的位数越多，精度越高，但价格相应越高。

（3）选择传感器和执行机构

1）传感器。

传感器是将被测变量转换为可远距离传输的统一标准信号（0~10 mA、4~20 mA 等）的一种仪表，其输出信号与被测变量有一定的连续关系。在控制系统中其输出信号被送至工业控制机进行处理，实现数据采集。

系统设计人员可根据被测参数的种类、量程、被测对象的介质类型和环境来选择传感器的具体型号。

2）执行机构。

执行机构也是控制系统中必不可少的组成部分，它的作用是接收计算机发出的控制信号，并把它转换成执行机构的动作，使生产过程按预先规定的要求正常运行。

执行机构分为气动、电动、液压三种类型。气动执行机构的特点是结构简单、价格低、防火防爆；电动执行机构的特点是体积小、种类多、使用方便；液压执行机构的特点是推力大、精度高。常用的执行机构为气动和电动两种。

在系统详细设计中，具体选择气动调节阀、电动调节阀、电磁阀、有触点和无触点开关之中的哪一种作为执行机构，要根据系统的要求来确定。如果要实现连续、精确地控制目的，必须选用气动或电动调节阀，而对要求不高的控制系统可选用开关量的电磁阀。

3. 软件系统的设计与实现

由于许多型号的工控机或DCS都配有操作系统或实时监控程序，以及各种控制、运算软件模块、组态软件等，所以采用工控机来组建计算机控制系统不仅能使硬件设计的工作量大大减少，而且可以使系统设计者根据控制要求，选择所需的模块进行组态，以较短的时间开发出目标系统软件。因此，选用商品化工控软件，在减少软件工作量的同时，达到较高的整体水平。

在自行开发控制系统软件时，首先应设计出程序总体流程图和各功能模块流程图，然后按先模块化后整体的顺序编制和调试程序。在进行程序设计时，需要注意以下几个问题。

(1) 硬件资源的合理分配和利用

系统资源包括ROM、RAM、定时器/计数器、中断源、I/O地址等。ROM用于存放程序和表格，I/O地址、定时器/计数器、中断源在任务分析时必须分配好。

(2) 数据采集及处理

数据采集程序主要包括多路信号的采样、输入变换、存储等。数据处理程序包括各种数字滤波、线性化处理和非线性补偿、标度变换、越限报警等，它们可作为公用程序模块被调用。

(3) 实时任务与中断处理

计算机控制系统中的实时任务有两类：第一类是周期性的，如每天固定时间启动、固定时间撤销的任务，其重复周期是一天；第二类是临时性任务，操作者预定好启动和撤销时间后由系统时钟执行，但仅一次有效。假如系统中有几个实时任务，每个任务都有自己的启动和撤销时刻。诸如此类的实时任务，要用定时中断处理方式来定时激活和完成。另外，对于事故报警、掉电检测及处理、重要事件处理等实时任务也需要使用中断技术，以便计算机能对事件做出及时响应。

(4) 控制算法与控制量输出

对于在方案设计和仿真时基本确定的控制算法进行程序实现，产生控制量，通常是根据偏差量进行计算的。

控制量输出程序必须先对控制量进行处理，如上下限和变化率处理、控制量的变换及输出等。控制量输出主要包括模拟量输出和开关量输出两种，其中模拟量由D/A转换模板输出，一般为标准0~10mA、4~20mA信号，该信号驱动执行机构如各种调节阀动作；开关量由DO模板输出驱动各种电气开关等。

4. 控制系统的调试与运行

系统的调试与运行通常分为离线仿真与调试阶段和在线调试与运行阶段。离线仿真与调试阶段一般在实验室进行，在线调试与运行阶段在工业现场进行。其中离线仿真与调试是基础，主要检查硬件和软件的整体性能，为现场运行做准备，在线调试与运行是对全系统的实际考验与检查。

（1）离线仿真和调试

1）硬件离线调试。

首先检查主机板（CPU 板）的主要功能，如检查 RAM 区的读写功能、ROM 区的读出功能，测试复位电路、时钟电路等。

在调试 A/D 和 D/A 模板之前，必须准备好信号源、数字电压表、电流表等。对这两种模板首先检查信号的零点和满量程，然后再分档检查，比如满量程的 25%、50%、75%、100%。要求上行和下行来回测试，以便检查线性度是否符合要求，如果有多路开关板，还应测试各通路能否正确切换。

利用开关量输入和输出程序来检查开关量输入（DI）和开关量输出（DO）模板。测试时可在输入端加开关量信号，检查读入状态的正确性；可在输出端检查（用万用表）输出状态的正确性。

另外，硬件调试还包括现场仪表和执行机构的调试，如压力变送器、差压变送器、流量变送器、温度变送器以及电动或气动调节阀等。这些仪表必须在安装之前按说明书要求检验完毕。

2）软件离线调试。

软件整体调试的方法是自底向顶逐步扩大。首先按分支将模块组合起来，以形成模块子集，调试完各模块子集，再将部分模块子集连接起来进行局部调试，最后进行全局调试。这样经过子集、局部和全局三步调试，完成了整体调试工作。整体调试是对模块之间连接关系的检查，有时为了配合整体调试，在调试的各阶段编制了必要的临时性辅助程序，调试完后应删去。通过整体调试能够把设计中存在的问题和隐含的缺陷暴露出来，从而基本上消除了编程的错误，为以后的仿真调试、在线调试及运行打下基础。

对于系统控制模块的调试应分为开环和闭环两种情况进行。开环调试检查它的阶跃响应特性，测试各个环节的输出是否正确，开环特性调试首先可以通过 A/D 转换器输入一个阶跃电压，然后使控制模块程序按预定的控制周期 T 循环执行，控制量经 D/A 转换器输出模拟电压。闭环调试就是构成反馈控制系统进行调试，主要检查它的反馈控制功能。调试中，被控对象可以使用实验室物理模拟装置，也可以使用计算机模拟被控对象。

3）系统模拟联调。

在硬件和软件分别联调后，并不意味着系统的设计和离线调试已经结束，必须再进行全系统的硬件、软件统调，即通常所说的系统模拟联调。系统模拟联调有以下三种类型：全实物模拟联调（或称在模拟环境条件下的全实物仿真）、半实物模拟联调（或称硬件闭路动态试验），另外对于无法进行实物模拟的，应该进行全数字计算机仿真，以便及早发现问题。

系统模拟联调尽量采用全实物或半实物仿真。试验条件或工作状态越接近真实，其效果也就越好。对于纯数据采集系统，一般可做到实物仿真；而对于控制系统，要做到全实物仿真几乎是不可能的，因此，控制系统只能做离线半实物仿真。不经过系统模拟联调，计算机控制系统很难在生产现场调试中一举成功。

（2）在线调试和运行

在离线调试过程中，尽管工作很仔细，检查很严格，但毕竟没有经过实践的考验，因此，必须在现场实际运行条件下进行在线调试，才能得到满足要求的计算机控制系统。在现场进行在线调试和运行过程中，设计人员要与用户密切配合，在实际运行前制定一系列调试计划、实施方案、安全措施、分工合作细则等。现场调试与运行过程一般也应是从小到大、从易到难、从手动到自动、从简单回路到复杂回路地逐步进行。

11.2 案例1：机器人的关节控制器设计

随着计算机技术和加工制造业的飞速发展，机器人技术的发展速度越来越快，其智能化程度越来越高，已经应用并扩展到经济发展的诸多领域，成为现代生产和高科技研究中的一个不可或缺的组成部分。

国防科技大学从1987年起，开展步行机器人系统与技术领域的研究工作，1989年成功研制第一代平面型两足步行机器人；1990年成功研制我国第一台完整的两足步行机器人系统——空间型两足步行机器人；1991年国防科技大学开展了仿人机器人技术研究，研制成功了我国第一台具有人类外形特征的仿人型两足步行机器人实验演示系统——“先行者”机器人，实现了平地的各种基本步态和爬楼梯等非平整地面的步态演示功能。“先行者”机器人被评为2000年中国高等院校十大科技进展。2003年在国家“863”重点计划资助下，研制了具有无缆动态行走能力的“黑金刚”仿人机器人；2008年又成功研制了第三代仿人机器人。

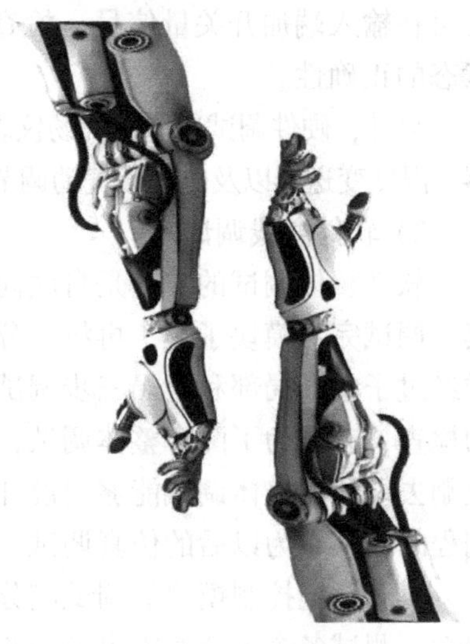
图 11-1 仿人机械臂

本节以仿人机器人的机械臂为研究对象，以控制系统设计为目的，进行案例分析设计。如图11-1所示，机械臂是机器人的重要组成部分。机械臂作为高精度的人工智能体，可以模拟人类手臂进行机械吊装和抓取作业，实现高难度和高强度的装卸工业作业，提高工程作业的效率。机械臂抓取空间物体是一个典型的自动化控制问题。机械臂的运动控制器的设计，是机械臂在复杂环境下正常工作的必要条件。

11.2.1 系统描述

机器人通常由多个关节和连杆组成，通过多个关节之间的协调动作可以实现机器人在各个方向上的运动，一般一个运动方向上的关节代表了一个自由度，图11-2所示为一个2自由度机械臂的模型。

本节主要以2自由度机械臂为对象，结合前面章节的计算机控制系统分析和设计的有关知识，论述机械臂的建模和控制器设计方法。

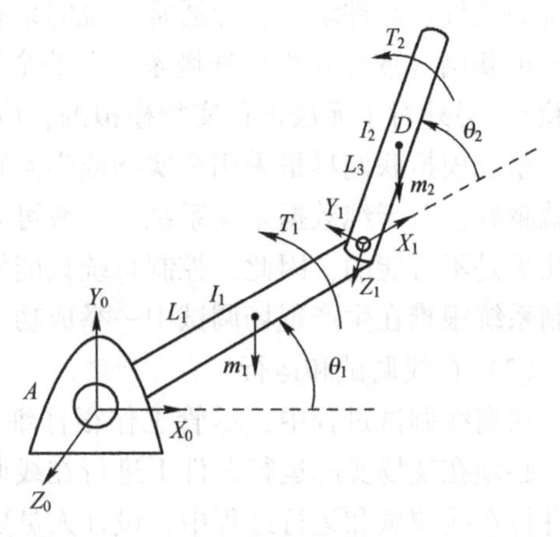

图 11-2 2-DOF（2自由度）机械臂模型

11.2.2 系统建模与分析

1. 机械臂质心坐标

机械臂模型如图11-2所示，假设连杆1

和连杆 2 为均匀质量杆，其质心位于连杆的中心，其中 l_1，m_1 为均匀质杆 1 的长度和质量，l_2，m_2 为均匀质杆 2 的长度和质量。

以 X_0，Y_0，Z_0 坐标轴作为基准坐标轴，则均匀质杆 1 的质心坐标为

$$\begin{cases} x_C=\dfrac{l_1}{2}C_1 \\ y_C=\dfrac{l_1}{2}S_1 \end{cases} \tag{11-1}$$

在上述基坐标系下，连杆 2 的质心坐标为

$$\begin{cases} x_D=l_1C_1+\dfrac{l_2}{2}C_{12} \\ y_D=l_1S_1+\dfrac{l_2}{2}S_{12} \end{cases} \tag{11-2}$$

针对连杆 2 质心运动的速度平方为

$$\begin{aligned} v_D^2 &=\dot{x}_D^2+\dot{y}_D^2 \\ &=\dot{\theta}_1^2\left(l_1^2+\frac{1}{4}l_2^2+l_1l_2C_2\right)+\dot{\theta}_2^2\left(\frac{1}{4}l_2^2\right)+\dot{\theta}_1\dot{\theta}_2\left(\frac{1}{2}l_2^2+l_1l_2C_2\right) \end{aligned} \tag{11-3}$$

式中，C_1，S_1，C_{12}，S_{12}分别指 $\cos\theta_1$，$\sin\theta_1$，$\cos(\theta_1+\theta_2)$，$\sin(\theta_1+\theta_2)$。

2. 机械臂动势能

假设以 X_0 轴为零势能线（基准线），系统的总势能是两连杆势能之和，即

$$\begin{aligned} P &=P_1+P_2 \\ &=m_1gy_C+m_2gy_D \\ &=m_1g\frac{l_1}{2}S_1+m_2g\left(l_1S_1+\frac{l_2}{2}S_{12}\right) \end{aligned} \tag{11-4}$$

系统的总动能是连杆 1 和连杆 2 的动能之和。由连杆绕定轴 A 转动（连杆 1）和绕质心 D 转动（连杆 2）。由于连杆 1 绕定点转动，因此只考虑转动时的转动动能。而由于连杆 2 不仅在绕质心转，同时质心也在移动，因此其动能由两部分构成。系统总的动能为

$$\begin{aligned} K &=K_1+K_2 \\ &=\left[\frac{1}{2}I_A\dot{\theta}_1^2\right]+\left[\frac{1}{2}I_D(\dot{\theta}_1+\dot{\theta}_2)^2+\frac{1}{2}m_2v_D^2\right] \end{aligned} \tag{11-5}$$

3. 动力学模型

根据式（11-4）、式（11-5）可得到拉格朗日方程

$$\begin{aligned} L &=K-P \\ &=\frac{1}{2}\left[I_A+I_D+m_2l_1^2+\frac{1}{4}m_2l_2^2+m_2l_2l_1C_2\right]\dot{\theta}_1^2+\frac{1}{2}\left[I_D+\frac{1}{4}m_2l_2^2\right]\dot{\theta}_2^2+ \\ &\quad\left[I_D+\frac{1}{4}m_2l_2^2+\frac{1}{2}m_2l_1l_2C_2\right]\dot{\theta}_1\dot{\theta}_2-\left(\frac{1}{2}m_1gl_1+m_2gl_1\right)S_1-\frac{1}{2}m_2gl_2S_{12} \end{aligned} \tag{11-6}$$

在已知拉格朗日函数的前提下，又已知

$$T_i=\frac{\partial}{\partial t}\left(\frac{\partial L}{\partial\dot{\theta}_i}\right)-\frac{\partial L}{\partial\dot{\theta}_i} \tag{11-7}$$

式中，T_i 为杆 i 产生转动的合外力矩。将式（11-6）进行变换后代入式（11-7）可得到下面两个有关力矩的微分方程：

$$T_1=\left[I_A+I_D+m_2l_1^2+\frac{1}{4}m_2l_2^2+m_2l_1l_2C_2\right]\ddot{\theta}_1+\left[I_D+\frac{1}{4}m_2l_2^2+\frac{1}{2}m_2l_1l_2C_2\right]\ddot{\theta}_2-m_2l_1l_2S_2\dot{\theta}_1\dot{\theta}_2-\frac{1}{2}m_2l_1l_2S_2\dot{\theta}_2^2+\left(\frac{1}{2}m_1+m_2\right)gl_1C_1+\frac{1}{2}m_2gl_2C_{12} \tag{11-8}$$

$$T_2=\left[I_D+\frac{1}{4}m_2l_2^2+\frac{1}{2}m_2l_2l_1C_2\right]\ddot{\theta}_1+\left[I_D+\frac{1}{4}m_2l_2^2\right]\ddot{\theta}_2+\frac{1}{2}m_2l_1l_2S_2\dot{\theta}_1^2+\frac{1}{2}m_2gl_2C_{12} \tag{11-9}$$

化成矩阵的形式为

$$\begin{bmatrix}T_1\\T_2\end{bmatrix}=\begin{bmatrix}I_A+I_D+m_2l_1^2+\frac{1}{4}m_2l_2^2+m_2l_1l_2C_2 & I_D+\frac{1}{4}m_2l_2^2+\frac{1}{2}m_2l_1l_2C_2\\ I_D+\frac{1}{4}m_2l_2^2+\frac{1}{2}m_2l_1l_2C_2 & I_D+\frac{1}{4}m_2l_2^2\end{bmatrix}\begin{bmatrix}\ddot{\theta}_1\\\ddot{\theta}_2\end{bmatrix}+\begin{bmatrix}0 & -\frac{1}{2}m_2l_1l_2S_2\\ \frac{1}{2}m_2l_1l_2S_2 & 0\end{bmatrix}\begin{bmatrix}\dot{\theta}_1^2\\\dot{\theta}_2^2\end{bmatrix}+\begin{bmatrix}-m_2l_1l_2S_2 & 0\\0 & 0\end{bmatrix}\begin{bmatrix}\dot{\theta}_1\dot{\theta}_2\\\dot{\theta}_2\dot{\theta}_1\end{bmatrix}+\begin{bmatrix}\left(\frac{1}{2}m_1+m_2\right)gl_1C_1+\frac{1}{2}m_2gC_{12}\\ \frac{1}{2}m_2gl_2C_{12}\end{bmatrix} \tag{11-10}$$

4. 系统参数

2 自由度机械臂参考参数见表 11-1。

表 11-1　2 自由度机械臂参考参数

符　号	含　义	数　值
m_1	杆 1 的质量/kg	0.2
m_2	杆 2 的质量/kg	0.2
l_1	杆 1 的长度/m	0.5
l_2	杆 2 的长度/m	0.5
I_A	杆 1 的转动惯量	0.017
I_D	杆 2 的转动惯量	0.004

11.2.3　机械臂关节控制器设计及仿真

针对机械臂控制器设计，采用数字 PID 控制策略，其模型结构为

$$\boldsymbol{u}(kT)=\boldsymbol{K}_\mathrm{p}\boldsymbol{e}(kT)+\boldsymbol{K}_\mathrm{i}\sum_{j=0}^{k}\boldsymbol{e}(jT)+\boldsymbol{K}_\mathrm{d}(\boldsymbol{e}(kT)-\boldsymbol{e}(kT-1)) \tag{11-11}$$

1. 机械臂控制系统 SIMULINK 仿真模型

图 11-3 为双关节机械臂控制系统仿真图，机械臂控制系统为一连续系统，所采用的 PID 控制器为数字控制器，其采样周期为 0.001 s，双关节数字 PID 三个参数（比例、积分、微分）选择整定值分别为 100、0、10。

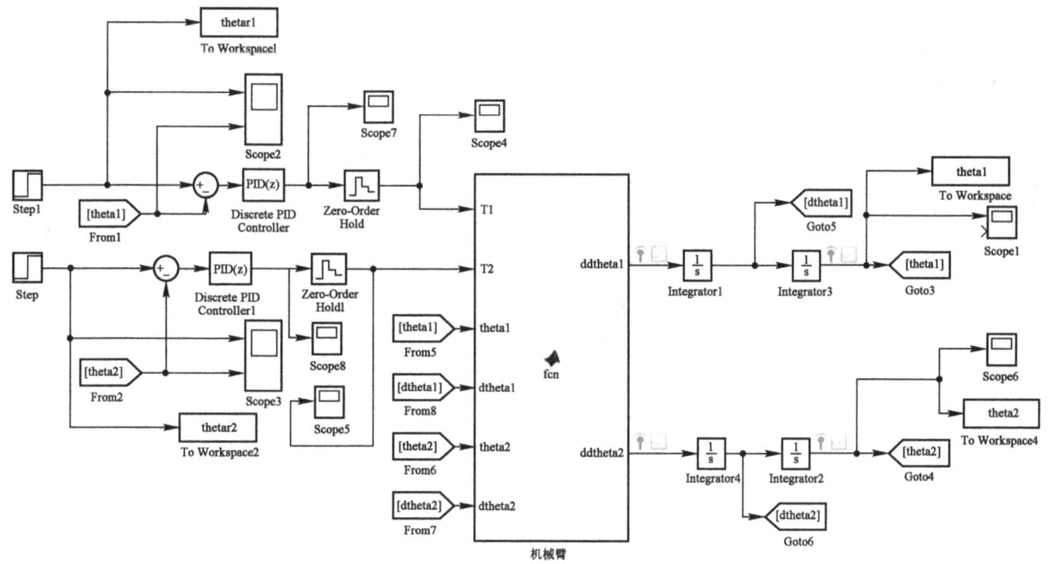

图 11-3　双关节机械臂控制系统仿真图

其中机械臂模型为式（11-8）与式（11-9）所描述的模型。

2. 关节 1 的控制仿真

假设关节 2 处于静止状态，针对关节 1 控制器设计，其单位阶跃仿真结果如图 11-4 所示。

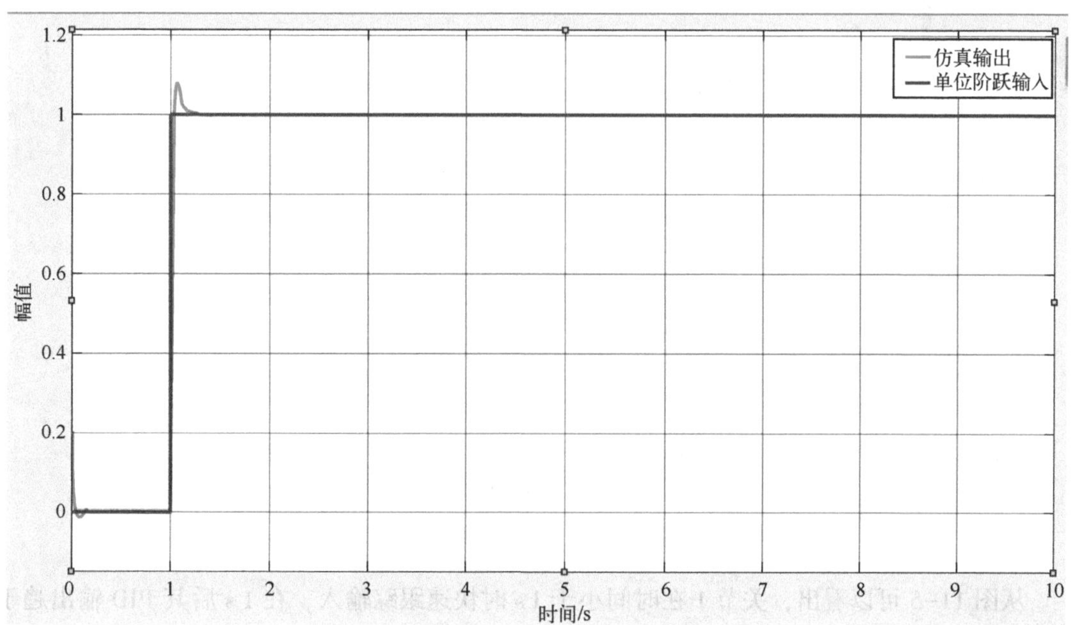

图 11-4　单位阶跃仿真结果

从图 11-4 中可以看到，系统在 1.2s 后具有较好的跟踪特性。

在正弦输入的作用下，其系统跟踪如图 11-5 所示。

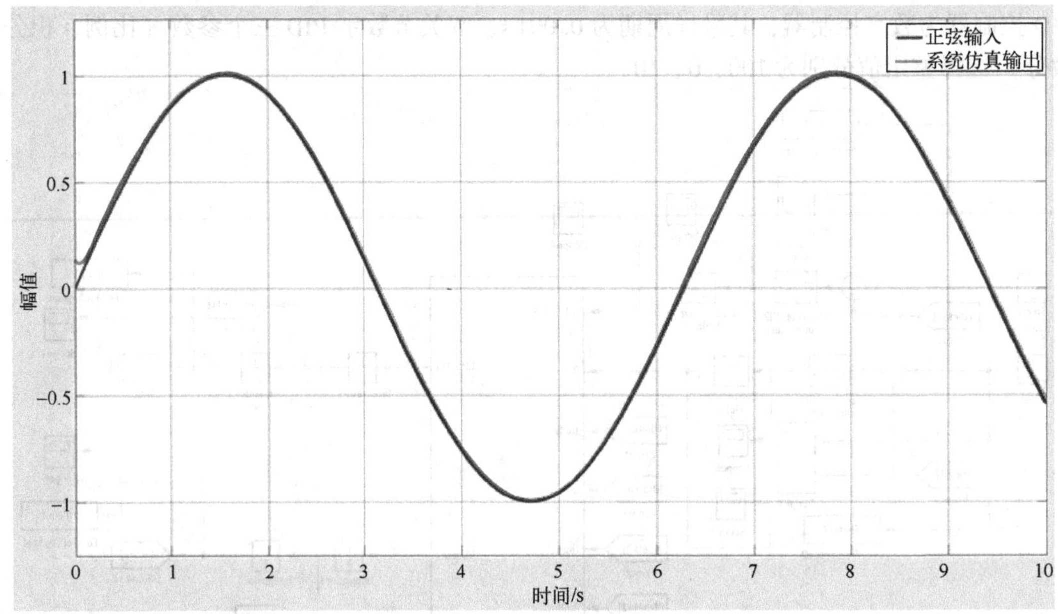

图 11-5 关节 1 的正弦跟踪

关节 1 的 PID 输出如图 11-6 所示。

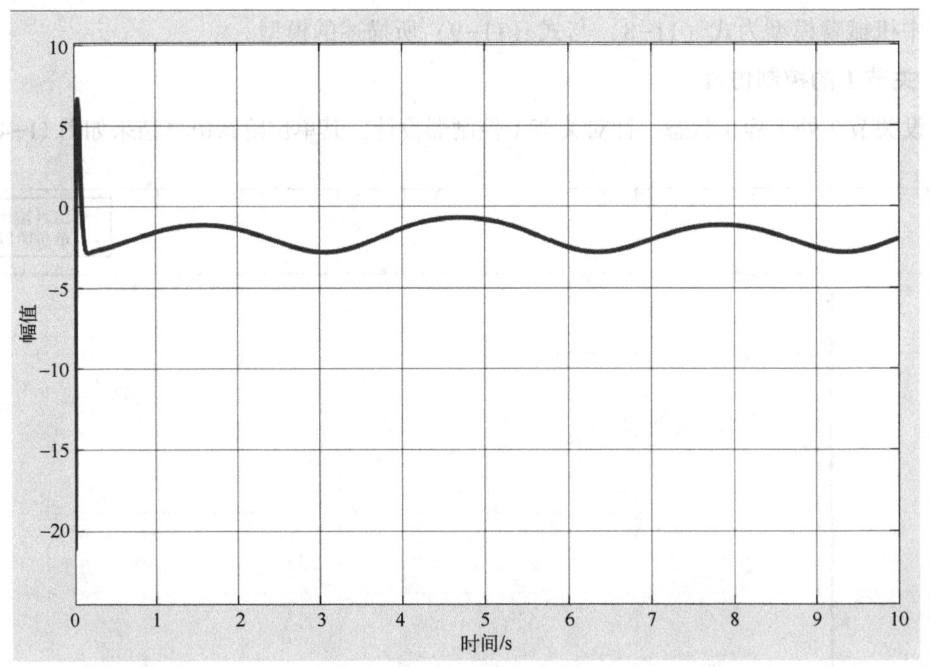

图 11-6 关节 1 的 PID 输出

从图 11-5 可以看出，关节 1 在时间小于 1s 时快速跟踪输入，在 1s 后其 PID 输出趋于平缓。

3. 关节 2 的控制仿真

假设关节 1 处于竖直位置的平衡状态，针对关节 2 仿真设计，其单位阶跃跟踪如图 11-7 所示。

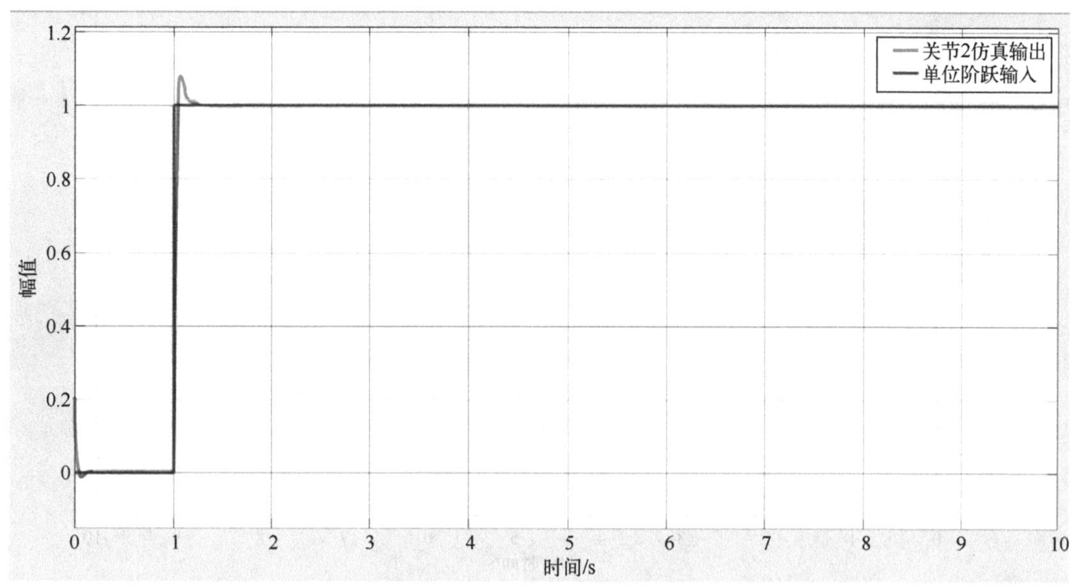

图 11-7　关节 2 单位阶跃跟踪

在保证关节 1 稳定的前提条件下，关节 2 的输出与关节 1 输出相类似，能快速跟踪系统输入。由于 PID 参数的选定，故和机械臂 1 存在一定超调。

在正弦输入作用下，关节 2 的跟踪特性如图 11-8 所示。

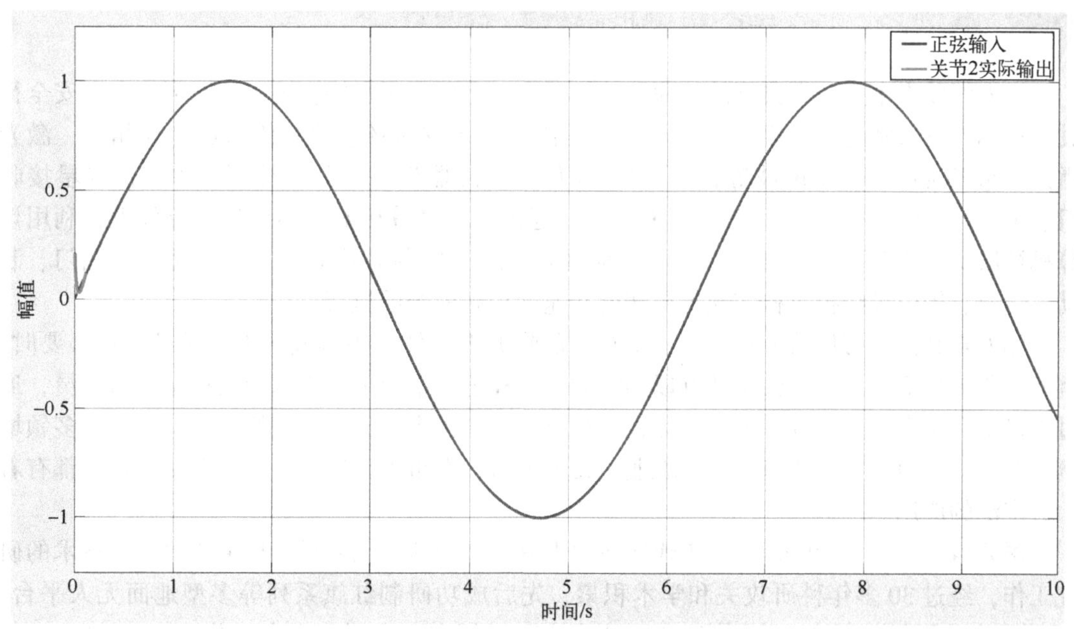

图 11-8　关节 2 的正弦跟踪

关节 2 的 PID 输出如图 11-9 所示。

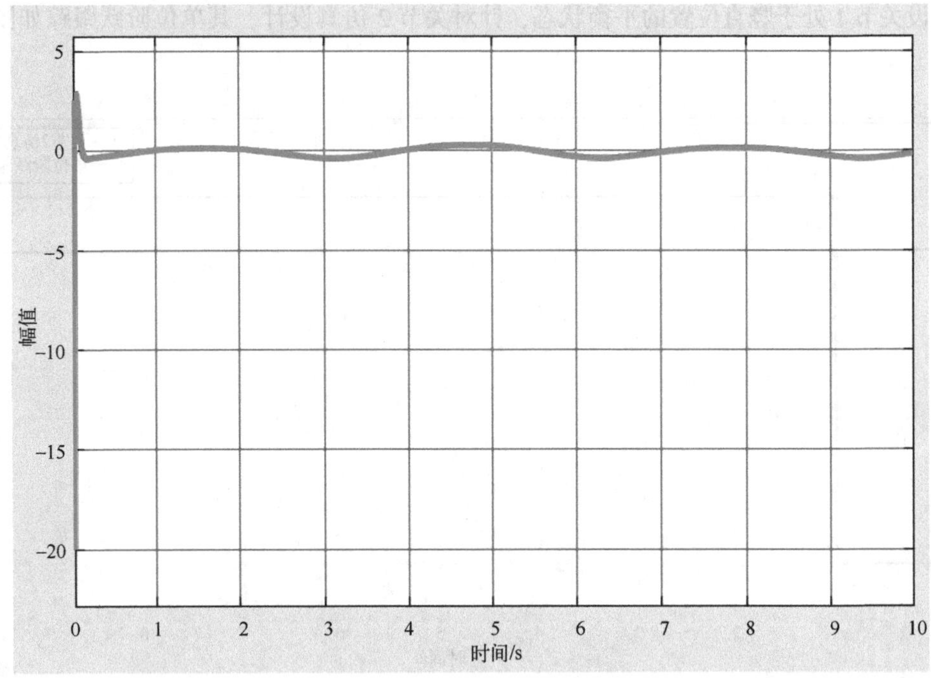

图 11-9 关节 2 的 PID 输出

从图 11-8 和图 11-9 可以看出，关节 2 的正弦跟踪特性能达到无差跟踪，特性曲线和预期输入曲线吻合。

11.3 案例 2：无人车的轨迹跟踪控制器设计

无人驾驶汽车是一类典型的地面移动机器人，它以实现车辆在地面环境下的自主安全行驶为目标。它通常是在地面移动平台（例如汽车）上安装环境感知传感器（如相机、激光雷达、毫米波雷达、超声波等）、自身运动位姿传感器设备（如惯性测量单元、卫星接收机、组合导航设备等），以及车载计算机等，通过车载计算机对上述信息进行处理，利用计算机算法实现任务规划、环境感知、运动规划、运动控制等功能，并最终通过节气门、制动、转向、档位等线控机构实现上层转向和速度控制命令的执行。

无人驾驶汽车可以将人从枯燥、重复、危险的驾驶任务中解放出来，又可以在必要时，例如紧急工况下，无人驾驶系统难以判断的复杂和危险情况下，将驾驶权移交车内乘员，通过人机协同实现安全驾驶。未来，无人驾驶技术除了为个人出行提供便捷之外，在很多领域例如在智能交通、智慧物流、智慧农业、无人港口、军事无人装备、星球探测等领域都有着十分广泛的应用。

国防科技大学自 20 世纪 80 年代起在国内率先开展地面无人平台自主驾驶相关技术的研究工作，经过 30 多年科研攻关和学术积累，先后成功研制红旗系列等多型地面无人平台，2003 年成功研制我国第一代红旗 CA7460 自主驾驶轿车，实现了在高速公路以 130 km/h 的速度稳定驾驶，峰值速度达到 170 km/h，并具有自主超车功能，被评为 2003 年度“最佳汽车技术”。2011 年 7 月，研制的第二代“红旗 HQ3 自主驾驶轿车”完成了我国首次在开放道路环境下的长距离自主驾驶试验。

随着计算机科学技术的飞速发展，更多智能网联技术在无人车辆上得以应用，良好的控制策略是实现无人车轨迹跟踪和避障的前提。目前主要的轨迹跟踪控制策略有纯追踪算法、模型预测控制算法以及线性二次型调节器（LQR）控制算法等。纯追踪算法是一类前轮转向器路径跟踪算法，该控制算法的性能相当有限，仅限于车速相对较低的情况。模型预测控制算法适用于考虑约束条件的多输入多输出系统，具有良好的轨迹跟踪效果，但该算法较复杂且对硬件需求较严格。LQR 控制器通过在平衡点附近对非线性系统近似线性化，以低能量损耗和快速的收敛速度为控制律设计基准。

11.3.1 系统描述

轨迹跟踪是指车辆根据自身与期望轨迹之间的相对位姿，结合当前车辆状态和道路环境信息，按照一定的逻辑做出决策后，将控制命令发送给转向、驱动/制动等执行系统跟踪期望轨迹。轨迹跟踪控制技术是智能电动汽车的关键技术之一，其研究与开发对促进智能驾驶汽车的发展起着举足轻重的作用。

如图 11-10 所示，无人车辆由车体、一对相对车体转轴方向不变的后轮和一对相对车体转轴方向可变的前轮构成。无人车辆运动时，车辆的质心位置相对于世界坐标系会发生变化。在驱动轮的作用下，车辆可以前进或后退。当前轮轴发生偏转，也就是存在前轮偏角 δ_f 时，车辆的运动方向与车体前向存在一个角度，因此车辆将发生侧向移动和转动。

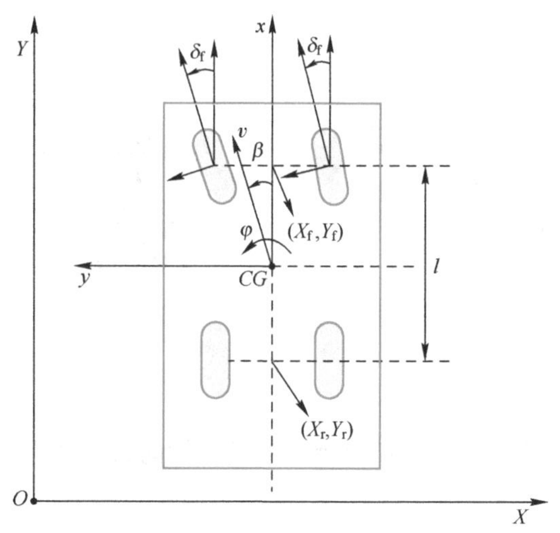

图 11-10 车辆结构俯视图和轨迹跟踪示意

下面以无人车辆在恒定车速条件下通过调节前轮偏角实现车辆对预定运动轨迹的跟踪，来具体说明计算机控制技术在无人驾驶系统中的作用和意义。

11.3.2 系统建模与分析

1. 车辆运动学建模

车辆沿设定轨迹运动过程中，从 t 时刻运动到 $t+\Delta t$ 时刻的速度大小和方向都会发生改变。图 11-11 为车辆沿设定轨迹运动示意图，车辆在 x 轴上的速度变化与纵、横向加速度如下：

$$(u+\Delta u)\cos\Delta\theta-u-(v+\Delta v)\sin\Delta\theta\approx\Delta u-v\Delta\theta \tag{11-12}$$

$$a_x=\frac{\mathrm{d}u}{\mathrm{d}t}-v\frac{\mathrm{d}\theta}{\mathrm{d}t}=\dot{u}-v\omega \tag{11-13}$$

$$a_y=\frac{\mathrm{d}v}{\mathrm{d}t}+u\frac{\mathrm{d}\theta}{\mathrm{d}t}=\dot{v}+u\omega \tag{11-14}$$

式中，u 为车辆纵向速度；v 为车辆横向速度；ω 为车辆横摆角速度；$\Delta\theta$ 为车辆质心运动速度方向变化；a_x为车辆纵向加速度；a_y为车辆横向加速度。

车辆实际运动过程中，横向偏差与航向偏差示意图如图 11-12 所示，其中，y_e 为 y 向误差，L 为 x 向误差，ψ 为航向角误差。根据车辆位置和期望轨迹的相对运动几何关系可得

$$\dot{\psi}=\omega-u\rho \tag{11-15}$$

$$\dot{y}_e=u\psi+v \tag{11-16}$$

式中，ρ 为期望跟踪轨迹的道路曲率。当不计实际路径的影响时，无人驾驶汽车航向变化率为横摆角速度，即

$$\dot{\psi}=\omega \tag{11-17}$$

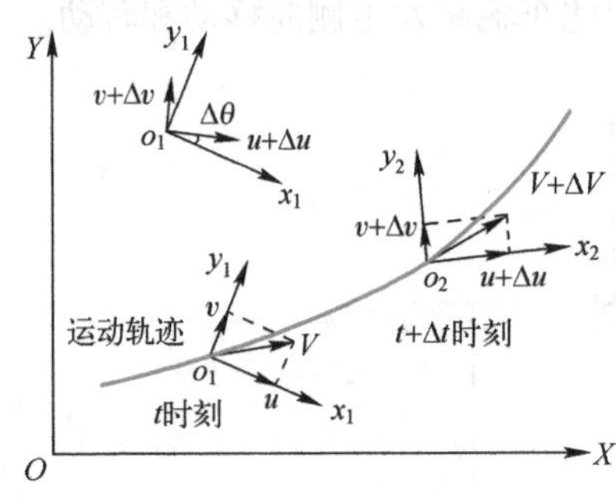

图 11-11　车辆沿轨迹运动示意图

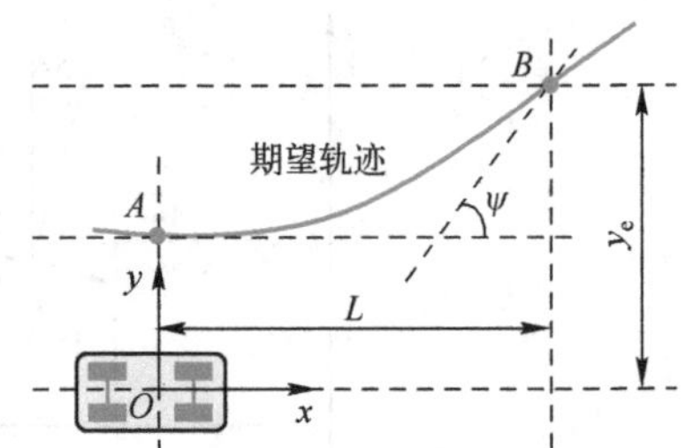

图 11-12　横向偏差与航向偏差示意图

2. 车辆动力学建模

线性比例模型是一种典型的横向胎路摩擦模型，横向力被认为与轮胎侧偏角成线性的比例关系，即

$$F_y=-C_\alpha\alpha \tag{11-18}$$

式中，F_y为轮胎侧向力；C_α为轮胎侧偏刚度系数；α 为轮胎侧偏角。

前轮的侧向速度为 $v_f=v+a\omega$，后轮的侧向车速为 $v_r=v-b\omega$。车辆前后轮侧偏角示意图如图 11-13 所示，其中，u 为车辆纵向速度，v 为车辆横向速度；α_f 为前轮侧偏角，α_r 为后轮侧偏角；$F_{x,\mathrm{Lf}}$为左前轮前向摩擦力，$F_{x,\mathrm{Lr}}$为左前轮后向摩擦力；$F_{x,\mathrm{Rf}}$为右前轮前向摩擦力，$F_{x,\mathrm{Rr}}$为右前轮后向摩擦力。根据图 11-13，得出了车辆前后轮胎侧偏角的大小关系为

$$\tan\alpha_r=\frac{v-b\omega}{u_c} \tag{11-19}$$

$$\alpha_{\mathrm{r}}=\frac{v-b\omega}{u_{\mathrm{c}}} \tag{11-20}$$

$$\tan\alpha_{\mathrm{f}}=\frac{v+a\omega}{u_{\mathrm{c}}}-\delta_{\mathrm{f}} \tag{11-21}$$

$$\alpha_{\mathrm{f}}=\frac{v-b\omega}{u_{\mathrm{c}}} \tag{11-22}$$

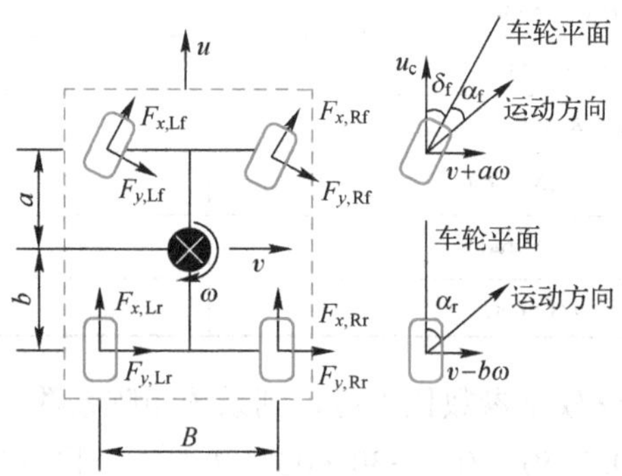

图 11-13　车辆前后轮侧偏角示意图

假定车辆速度恒定，则纵向运动可列为次要考虑的问题，根据质心运动定理和动量矩定理可建立车辆动力学模型如下：

$$m(\dot{v}+u_{\mathrm{c}}r)=F_{y\mathrm{f}}+F_{y\mathrm{r}} \tag{11-23}$$

$$I_z\dot{\omega}=aF_{y\mathrm{f}}-bF_{y\mathrm{r}} \tag{11-24}$$

则可推导出以微分方程形式表达的车辆动力模型如下：

$$\dot{v}=-\frac{2(C_{\alpha\mathrm{f}}+C_{\alpha\mathrm{r}})}{mu_{\mathrm{c}}}v-\left(\frac{2aC_{\alpha\mathrm{f}}-2bC_{\alpha\mathrm{r}}}{mu_{\mathrm{c}}}+u_{\mathrm{c}}\right)\omega+\frac{2C_{\alpha\mathrm{f}}}{m}\delta_{\mathrm{f}} \tag{11-25}$$

$$\dot{\omega}=-\frac{(2aC_{\alpha\mathrm{f}}-2bC_{\alpha\mathrm{r}})}{I_zu_{\mathrm{c}}}v-\frac{(2a^2C_{\alpha\mathrm{f}}+2b^2C_{\alpha\mathrm{r}})}{I_zu_{\mathrm{c}}}\omega+\frac{aC_{\alpha\mathrm{f}}}{I_z}\delta_{\mathrm{f}} \tag{11-26}$$

式中，u 为车辆恒定的前进车速；v 为车辆侧向车速；ω 为车辆横摆角速度；m 为车辆的质量；I_z为车辆横摆转动惯量；a，b 为质心到前、后轴的距离；$C_{\alpha\mathrm{f}}$，$C_{\alpha\mathrm{r}}$为前、后轮胎侧偏刚度（等于单个轮胎侧偏刚度的 2 倍）。

令车辆动力学模型系统状态变量为 $\boldsymbol{X}=[v,\psi,\dot{\psi},y_{\mathrm{e}}]^{\mathrm{T}}$，系统输入为车辆前轮转角 δ_{f}，则将系统的运动学和动力学方程以矩阵形式表达如下：

$$\dot{\boldsymbol{X}}=\boldsymbol{A}X+\boldsymbol{B}U \tag{11-27}$$

式中，$\boldsymbol{A}=\begin{bmatrix} -\dfrac{2(C_{\alpha\mathrm{f}}+C_{\alpha\mathrm{r}})}{mu} & 0 & -u+\dfrac{2aC_{\alpha\mathrm{f}}-2bC_{\alpha\mathrm{r}}}{mu} & 0 \\ 0 & 0 & 1 & 0 \\ -\dfrac{2aC_{\alpha\mathrm{f}}-2bC_{\alpha\mathrm{r}}}{I_zu} & 0 & -\dfrac{2a^2C_{\alpha\mathrm{f}}+2b^2C_{\alpha\mathrm{r}}}{I_zu} & 0 \\ 1 & u & 0 & 0 \end{bmatrix}$；$\boldsymbol{B}=\begin{bmatrix} \dfrac{2C_{\alpha\mathrm{f}}}{m} \\ 0 \\ \dfrac{2bC_{\alpha\mathrm{f}}}{I_z} \\ 0 \end{bmatrix}$；　$U=\delta_{\mathrm{f}}$。

表 11-2 列出了车辆动力学模型的参数值，其中，大部分参数为车辆的基本设计参数，但是有些参数则需要根据使用情况确定，如车辆行驶车速和装载质量等。

表 11-2　车辆动力学模型参数值

参　数	数　值
车辆质量 m/kg	2045
横摆转动惯量 I/(kg·m^2)	5248
质心至前轴距离 a/m	1.488
质心至后轴距离 b/m	1.712
前轮侧偏刚度 C_{af}/(kN/rad)	77.85
后轮侧偏刚度 C_{ar}/(kN/rad)	76.51
恒定的行驶车速 u/(m/s)	30

将表 11-2 的车辆动力学模型参数代入可得到系统矩阵系数为

$$\boldsymbol{A}=\begin{bmatrix}-0.0050 & 0 & -30.0005 & 0\\ 0 & 0 & 1 & 0\\ 0.0002 & 0 & -0.0050 & 0\\ 1 & 30 & 0 & 0\end{bmatrix};\ \boldsymbol{B}=\begin{bmatrix}0.0761\\ 0\\ 0.0508\\ 0\end{bmatrix}$$

从连续状态空间方程求取离散系统状态空间方程可得到

$$\boldsymbol{G}=\begin{bmatrix}1.0000 & 0 & -0.0150 & 0\\ 0 & 1.0000 & 0.0005 & 0\\ 0.0000 & 0 & 1.0000 & 0\\ 0.0005 & 0.0150 & -0.0000 & 1.0000\end{bmatrix}$$

$$\boldsymbol{H}=\begin{bmatrix}0.3786\times10^{-4}\\ 0.0001\times10^{-4}\\ 0.2540\times10^{-4}\\ 0.0001\times10^{-4}\end{bmatrix}$$

其离散化的状态方程表达式为

$$\boldsymbol{X}(k+1)=\boldsymbol{G}\boldsymbol{X}(k)+\boldsymbol{H}U(k)$$

检查离散系统的能控性：

$$\boldsymbol{Q}_{\mathrm{c}}=[\boldsymbol{H}\quad \boldsymbol{G}\boldsymbol{H}\quad \boldsymbol{G}^2\boldsymbol{H}\quad \boldsymbol{G}^3\boldsymbol{H}]$$

求取离散系统能控性矩阵的秩

$$\mathrm{rank}(\boldsymbol{Q}_{\mathrm{c}})=4$$

能控性矩阵 $\boldsymbol{Q}_{\mathrm{c}}$ 为满秩，所以系统能控。

11.3.3　轨迹跟踪控制器的设计

线性二次型调节器（Linear Quadratic Regulator，LQR）是一种基于线性状态空间方程的控制方法，以较低的能量损耗和较快的收敛速度为控制律设计基准，实现车辆模型的反馈控制。LQR 控制器设计也要首先假设所有系统状态都是已知的，控制器的最优性标准是使标

量代价函数 J 最小，即

$$J=\frac{1}{2}\sum_{k=0}^{\infty}\left[\boldsymbol{X}^{\mathrm{T}}(k)\boldsymbol{Q}\boldsymbol{X}(k)+\boldsymbol{U}^{\mathrm{T}}(k)\boldsymbol{R}\boldsymbol{U}(k)\right] \tag{11-28}$$

式中，$\boldsymbol{X}\in\mathbf{R}^{n}$，为系统状态向量；$\boldsymbol{U}\in\mathbf{R}^{r}$，为前轮偏角；$\boldsymbol{Q}\in\mathbf{R}^{n\times n}$，为状态权重矩阵；$\boldsymbol{R}\in\mathbf{R}^{r\times r}$，为输入权重矩阵。

由于高成本及其他原因，很多方法并不是直接测量出所有的车辆特征。例如，车辆控制中基本的轮胎侧偏角、航向角和横向速度，都很难直接测量得到，取而代之的是使用一些特殊观测器来重构需要的信息。若偏移量 y_e 可以被测量，则系统是可观测的。假设车辆为前轮转向且仅使用了前端传感器，则系统输出矩阵 $\boldsymbol{C}=[0\ 0\ 0\ 1]$，直接传递矩阵 $\boldsymbol{D}=[0\ 0\ 0\ 0]^{\mathrm{T}}$。可得车辆动力学模型的输出方程式（11-29）以及状态观测方程式（11-30）：

$$y(k)=\boldsymbol{C}\boldsymbol{X}(k)+\boldsymbol{D}\boldsymbol{U}(k) \tag{11-29}$$

$$\hat{\boldsymbol{X}}(k+1)=\boldsymbol{G}\hat{\boldsymbol{X}}(k)+\boldsymbol{H}\boldsymbol{U}(k)+L(y(k)-C\,\hat{\boldsymbol{X}}(k)-\boldsymbol{D}\boldsymbol{U}(k)) \tag{11-30}$$

在没有建模误差的前提下，可进行前向增益 $\boldsymbol{N}$ 的设计用以消除系统稳态误差：

$$\boldsymbol{N}=\boldsymbol{N}_{\mu}+\boldsymbol{K}\boldsymbol{N}_{x} \tag{11-31}$$

$$\begin{bmatrix}\boldsymbol{N}_{x}\\ \boldsymbol{N}_{\mu}\end{bmatrix}=\begin{bmatrix}\boldsymbol{A} & \boldsymbol{B}\\ \boldsymbol{C} & \boldsymbol{D}\end{bmatrix}^{-1}\begin{bmatrix}\boldsymbol{0}\\ \boldsymbol{I}\end{bmatrix} \tag{11-32}$$

式中，$\boldsymbol{K}$ 表示根据 LQR 控制算法所设计的控制器增益矩阵；$\boldsymbol{N}_{x}$，$\boldsymbol{N}_{\mu}$ 表示根据动力学模型确定；$\boldsymbol{0}$ 表示零矩阵；$\boldsymbol{I}$ 表示单位矩阵。

将车辆模型输入也附加到输出向量，构成增广设备输出向量，可将车辆动力学模型和观测器—控制器组成闭环的系统方程如下：

$$\boldsymbol{X}(k+1)=\boldsymbol{G}\boldsymbol{X}(k)+\boldsymbol{H}\boldsymbol{U}(k) \tag{11-33}$$

$$\tilde{y}(k)=\begin{bmatrix}\boldsymbol{C}\\ \boldsymbol{0}\end{bmatrix}\boldsymbol{X}(k)+\begin{bmatrix}\boldsymbol{D}\\ \boldsymbol{I}\end{bmatrix}\boldsymbol{U}(k) \tag{11-34}$$

$$\hat{\boldsymbol{X}}(k+1)=(\boldsymbol{G}-\boldsymbol{L}\boldsymbol{C})\hat{\boldsymbol{X}}(k)+[\boldsymbol{L}\boldsymbol{H}-\boldsymbol{L}\boldsymbol{D}]\tilde{y}(k) \tag{11-35}$$

$$\boldsymbol{U}(k)=\boldsymbol{N}\boldsymbol{r}-\boldsymbol{K}\hat{\boldsymbol{X}}(k) \tag{11-36}$$

在控制器结构中引入积分环节，可以降低系统的稳态误差，从输出中减去参考输入，对误差结果进行积分，则可得车辆的状态误差积分为

$$X_{I}(k+1)=e(k)=y(k)-r(k) \tag{11-37}$$

增加误差积分状态后的系统状态空间方程为

$$\begin{bmatrix}X_{I}(k+1)\\ \boldsymbol{X}(k+1)\end{bmatrix}=\begin{bmatrix}\boldsymbol{0} & \boldsymbol{C}\\ \boldsymbol{0} & \boldsymbol{G}\end{bmatrix}\begin{bmatrix}X_{I}(k)\\ \boldsymbol{X}(k)\end{bmatrix}+\begin{bmatrix}\boldsymbol{D}\\ \boldsymbol{H}\end{bmatrix}\boldsymbol{U}(k)-\begin{bmatrix}\boldsymbol{I}\\ \boldsymbol{0}\end{bmatrix}r(k) \tag{11-38}$$

系统控制输入为

$$U(k)=-[\boldsymbol{K}_{I}\quad \boldsymbol{K}_{0}]\begin{bmatrix}X_{I}(k)\\ \boldsymbol{X}(k)\end{bmatrix}+K_{0}\boldsymbol{N}_{x}r \tag{11-39}$$

式中，$\boldsymbol{K}_{0}$ 表示系统状态反馈增益；$\boldsymbol{K}_{I}$ 表示误差积分增益。

设计无限时间状态调节器，此处选择 Q 和 R 均为 1。

得到反馈增益矩阵和误差积分增益矩阵分别为

$$\boldsymbol{K}_{0}=[18.9823\quad 601.2640\quad 7.7096\quad 0.9995]$$

$$\boldsymbol{K}_I=[1]$$

然后利用 MATLAB 数值模拟，得到二次型最优的无限时间状态调节器控制的轨迹跟踪曲线如图 11-14 所示，由图 11-14a 可知，当以很高的车速进行轨迹跟踪时，轮胎侧偏角满足在 $-5°\leqslant C_a\leqslant 5°$的范围内，仿真结果与建模假设不矛盾，满足小角度假设下的车辆动力学建模需求；由图 11-14b 可知，前轮偏角在约束范围内缓慢变化，满足前轮偏角的变化率需求，从而保证了执行机构的平稳运行。

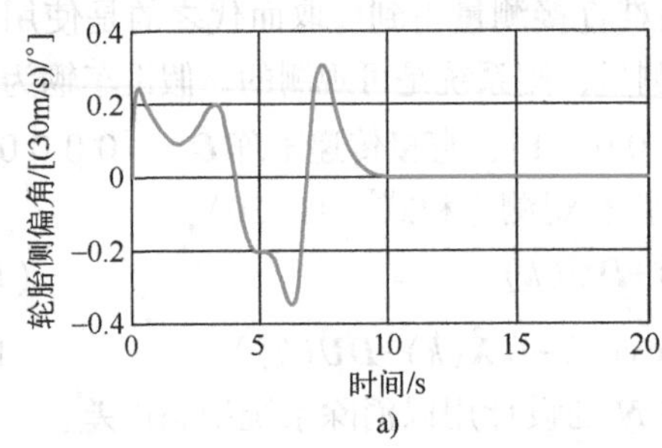

a)

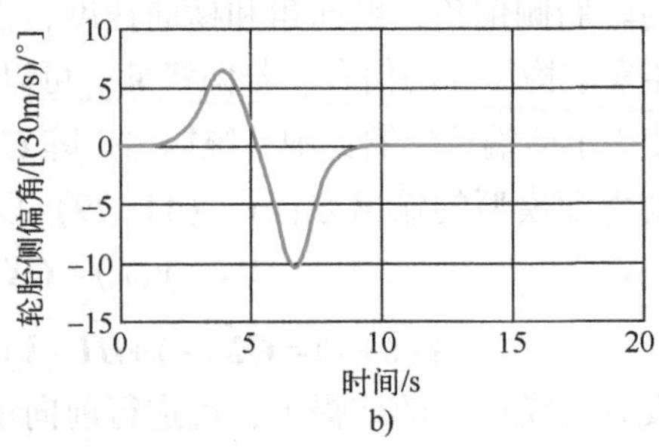

b)

图 11-14　轨迹跟踪曲线

a）轮胎侧偏角　b）轮胎偏角

11.4 案例 3：磁浮列车的悬浮系统控制器设计

电磁悬浮型磁浮列车采用电磁吸力等车、轨作用力，实现车辆与轨道之间的无接触悬浮和导向，通过直线电机实现列车的牵引与电制动。其中，中低速型磁浮系统主要解决城市内部的交通运输问题，最大优点是造价低廉、绿色环保；高速磁浮系统适合作为城市间的交通工具。虽然电磁悬浮型的中低速和高速磁浮列车在牵引、供电以及运行控制方面存在较大差异，但是两者的悬浮原理相同，均采用主动控制的电磁悬浮技术，其悬浮间隙均在 10 mm 左右。

国防科技大学从 1980 年开始了磁浮控制技术的研发，1981 年研制成功单点悬浮系统，1986 年研制了一台四点悬浮的内嵌式结构的磁浮小车；1989 年年初，国防科技大学成功研制了一辆小型磁浮模型样车，该车集悬浮、导向与推进于一体，车重约 80 kg，可承载 1 人。1995 年 5 月，国防科技大学研制成功全尺寸单转向架磁浮列车系统，该车最多可乘载 40 人，悬浮重量 6 吨，1995 年被评为“全国十大科技进展”。2001 年 9 月，北控磁浮公司与国防科技大学合作建成了长度 204 m 的国防科大中低速磁浮试验线，研制了 CMS-03 型中低速磁浮试验样车并在该线路进行了试验运行。2005 年 7 月 29 日，北控磁浮公司、国防科技大学和中车唐山公司研制的中低速磁浮工程样车 CMS-03A 在中车唐山公司下线。在国家“十一五”科技支撑计划支持下，2008 年 5 月，北控磁浮公司、国防科技大学、中车唐山公司联合国内行业优势单位组成联合体，在中车唐山公司建成了 1547 m 试验示范线，研制了一列两辆编组的实用型磁浮列车 CMS04，并开始在试验示范线上进行运行试验，最高运行速度达到 105 km/h。

中国在前期技术研发的基础上，基于电磁悬浮技术，先后开工建设了北京、长沙、凤凰、清远等中低速磁浮运营线或磁浮旅游线。其中北京中低速磁浮示范运营线于 2013 年 10 月正式开工，2017 年 12 月 31 日开通试运营；湖南长沙磁浮快线于 2014 年 5 月开工，2016

年 5 月 6 日开通试运营；湖南凤凰磁浮旅游线于 2019 年 7 月开工建设，2021 年 12 月开通试运行；广东清远磁浮旅游线也于 2017 年 12 月开工建设，2022 年 12 月开通运营。另外，在高速领域，2002 年 12 月中德合作建成了上海浦东机场高速磁浮运营示范线。

11.4.1　系统描述

电磁悬浮型磁浮列车应用广泛，其原理是通过测量车辆与导轨之间的间隙，控制电磁铁电流，调节电磁吸力大小，来实现车辆与导轨之间的无接触悬浮，其结构示意图如图 11-15 所示。

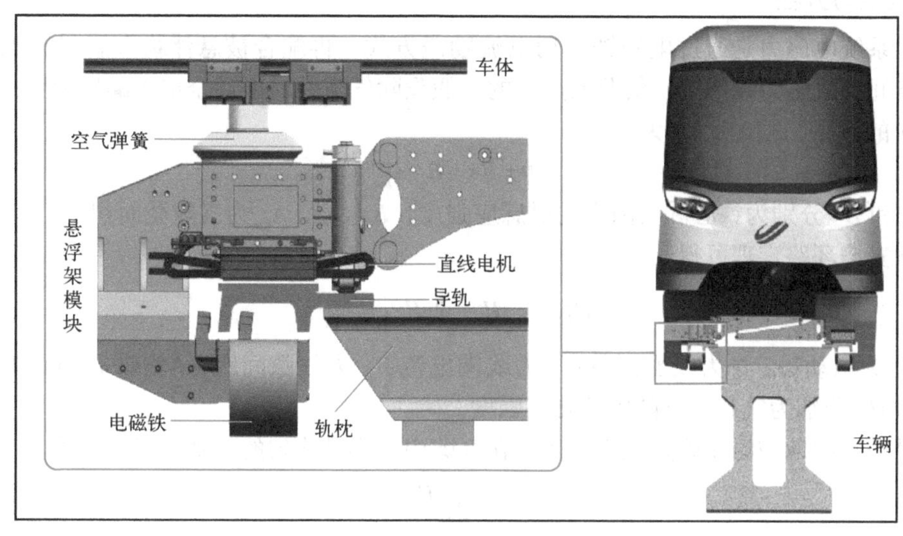

图 11-15　常导中低速磁浮列车结构示意图

本节主要以中低速磁浮列车为背景，结合前面章节的计算机控制系统分析和设计的有关知识，论述电磁悬浮型磁浮列车悬浮控制系统分析、建模和控制器设计方法。

一列三节编组的中低速磁浮列车包含了两个头车（MC1 车和 MC2 车）和一个中间车（M 车）。每辆车由 5 个磁浮转向架支撑，转向架与车厢通过空气弹簧相连，每个磁浮转向架包含左右两个电磁铁模块，每个电磁模块由两个悬浮点支撑。因此，一节包含 5 个转向架的磁浮车共有 20 个相对独立的悬浮支撑点。不失一般性，本节以单悬浮点为研究对象，研究磁浮列车悬浮控制系统建模与控制器设计问题。

11.4.2　系统建模与分析

单点悬浮系统可简化为如图 11-16 所示的模型，其中，m 为电磁铁等效质量，$F(i,z)$ 为电磁力，$i(t)$ 为电磁铁线圈中的电流，$z(t)$ 为轨道与电磁铁之间的间隙，$u(t)$ 为电磁铁两端的电压，$f_d(t)$ 为外界干扰力。对单点悬浮系统做出如下假设：

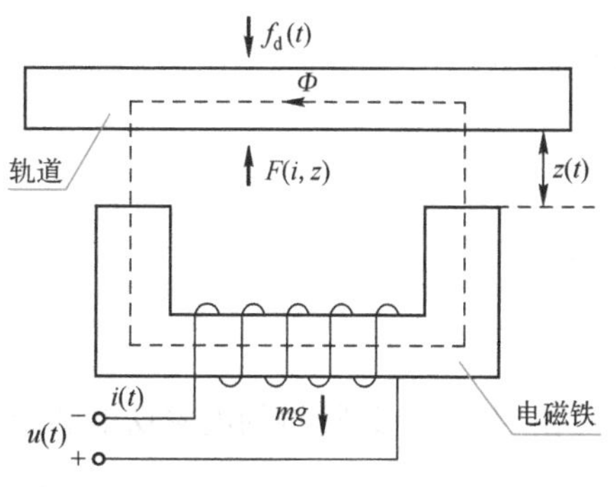

图 11-16　单点悬浮系统模型

1）忽略漏磁和边缘效应，认为磁通均匀分布在气隙上。

2）忽略导轨、铁心和极板的磁阻。

3）认为电磁铁提供的悬浮力集中在几何中心上，且电磁铁的几何中心与质心重合。

4）认为磁极面与导轨之间没有位错，即电磁铁相对于轨道没有滚动运动，只有垂直方向的运动，空气弹簧对电磁铁的作用力也是垂直方向的。

1. 动力学方程

$$m\ddot{z}(t)=mg-F(i,z)+f_{\mathrm{d}}(t) \tag{11-40}$$

式中，m 为电磁铁等效质量；$F(i,z)$ 为电磁力；$i(t)$ 为电磁铁线圈中的电流；$f_{\mathrm{d}}(t)$ 为外界干扰力。

2. 电磁力方程

悬浮系统电磁力是通过电磁铁采用电流励磁方式，再配合被悬浮物金属材料的导磁特性，在空间构成磁力线回路，借此而产生的。假设除气隙外，磁通全部无漏磁地穿过铁心截面积为 A 的磁路，则磁通 Φ 为

$$\Phi=BA=B_{\mathrm{air}}A_{\mathrm{air}} \tag{11-41}$$

式中，B 和 B_{air} 分别为铁心和气隙中的磁感应强度，$B=B_{\mathrm{air}}$，A_{air} 为气隙截面积。

根据安培环路定理可得

$$\oint H\mathrm{d}l = lH + 2zH_{\mathrm{air}} = NI \tag{11-42}$$

式中，NI 为磁动势；N 为线圈匝数；I 为线圈电流；z 为气隙间距；l 为铁心回路的平均长度，H 和 H_{air} 分别为铁心和气隙中的磁场强度。

假设磁路中地磁场无论是在铁心还是在气隙中，都是均匀的，则上式转化为

$$l\frac{B}{\mu_0\mu_{\mathrm{r}}}+2z\frac{B}{\mu_0}=NI \tag{11-43}$$

故可得

$$B=\frac{\mu_0 NI}{\dfrac{l}{\mu_{\mathrm{r}}}+2z} \tag{11-44}$$

式中，μ_0 为真空磁导率；μ_{r} 为铁心地相对磁导率。由于 $\mu_{\mathrm{r}}>>1$，因此铁心中的磁化强度项可被忽略。

因此 B 可化简为

$$B=\frac{\mu_0 NI}{2z} \tag{11-45}$$

则磁通为

$$\Phi=BA=\frac{\mu_0 NIA}{2z} \tag{11-46}$$

磁链为

$$\Psi=N\Phi=NBA=\frac{\mu_0 N^2 IA}{2z} \tag{11-47}$$

由 $\Psi=LI$，计算得到电磁铁电感为

$$L=\frac{\mu_0 N^2 A}{2z} \tag{11-48}$$

假设存储在气隙中的能量为 W_{air}，当磁路气隙中的磁场均匀时，W_{air} 为

$$W_{air}=\frac{1}{2}B_{air}H_{air}V_{air}=\frac{1}{2}B_{air}H_{air}A\cdot 2z \tag{11-49}$$

根据虚功法，可由磁场能量 W_{air} 对气隙 z 的偏导求得电磁力 F 为

$$F(i,z)=\frac{\mu_0 N^2 A}{4}\cdot\left(\frac{i(t)}{z(t)}\right)^2 \tag{11-50}$$

另外也可根据如下公式直接求取电磁力：

$$F(i,z)=\frac{B^2 A}{\mu_0}=\frac{\mu_0 N^2 A}{4}\cdot\left(\frac{i(t)}{z(t)}\right)^2 \tag{11-51}$$

3. 电学方程

将电磁铁线圈模型简化为一个电阻 R 与一个电感线圈串联：

$$u(t)=Ri(t)+\frac{\mathrm{d}\Psi(z,t)}{\mathrm{d}t}=Ri(t)+\dot{L}(z)\cdot i(t) \tag{11-52}$$

$$L(z)=L_1+\frac{L_2}{1+\dfrac{z}{a}}\approx L_1=\frac{\mu_0 A N^2}{2z} \tag{11-53}$$

式中，L_1 为轨道没有处于电磁场中时的静态电感，远大于 L_2；L_2 为轨道处于电磁场中时线圈中增加的电感；a 为磁极附近一点到磁极表面的气隙。

因此可以得到电学方程为

$$u(t)=Ri(t)+\frac{\mu_0 N^2 A}{2}\cdot\frac{i(t)}{z(t)}-\frac{\mu_0 N^2 A i(t)}{2}\cdot\frac{\dot{z}(t)}{(z(t))^2} \tag{11-54}$$

式中，$u(t)$ 为控制线圈两端所加的控制电压，R 为线圈阻抗，N 为线圈绕组匝数，A 为电磁铁有效磁极面积。

4. 边界条件

$$mg=F(i_0,z_0)=\frac{\mu_0 N^2 A}{4}\cdot\left(\frac{i_0}{z_0}\right)^2 \tag{11-55}$$

综上所述，悬浮系统由如下方程确定：

$$\begin{cases} m\ddot{z}(t)=mg-F(i,z)+f_d(t) \\ F(i,z)=\dfrac{\mu_0 N^2 A}{4}\cdot\left(\dfrac{i(t)}{z(t)}\right)^2 \\ u(t)=Ri(t)+\dfrac{\mu_0 N^2 A}{2}\cdot\dfrac{i(t)}{z(t)}-\dfrac{\mu_0 N^2 A i(t)}{2}\cdot\dfrac{\dot{z}(t)}{(z(t))^2} \\ mg=F(i_0,z_0)=\dfrac{\mu_0 N^2 A}{4}\cdot\left(\dfrac{i_0}{z_0}\right)^2 \end{cases} \tag{11-56}$$

将 $F(i,z)$ 在平衡点附近进行泰勒级数展开（忽略高阶），得到系统线性化微分方程模型为

$$\begin{cases} m\Delta\ddot{z}=k_z\Delta z(t)-k_i\Delta i(t)+\Delta f_{\mathrm{d}}(t) \\ \Delta u(t)=L_0\Delta\dot{i}(t)+R\Delta i(t)-k_i\Delta\dot{z}(t) \end{cases} \tag{11-57}$$

式中

$$k_z=\frac{u_0N^2Ai_0^2}{2z_0^3},\ k_i=\frac{u_0N^2Ai_0}{2z_0^2},\ L_0=\frac{\mu_0N^2A}{2z}$$

线性化后的系统的框图如图 11-17 所示。

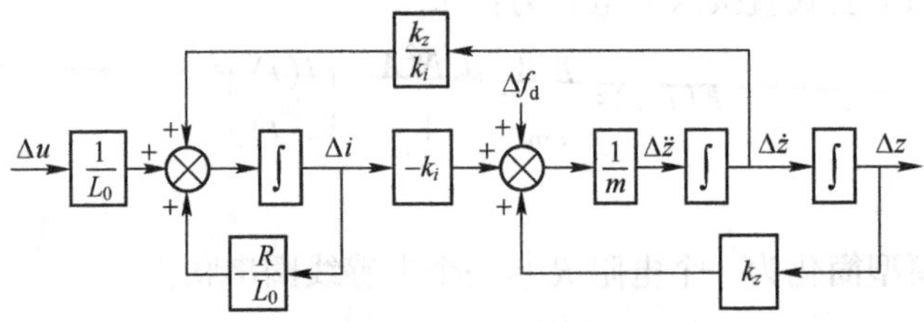

图 11-17 线性化后的系统的框图

考虑电磁铁在平衡位置附近小范围运动，电磁铁的电感可以视为常数，则式（11-57）中的 $k_i\Delta\dot{z}(t)$可以忽略。在零初始条件下，对系统动力学微分方程两边取拉普拉斯变换，则有

$$\Delta z(s)s^2=k_z\Delta z(s)-k_i\Delta i(s) \tag{11-58}$$

整理得到悬浮间隙与电磁电流的传递函数为

$$\frac{\Delta z(s)}{\Delta i(s)}=-\frac{\frac{k_i}{m}}{s^2-\frac{k_z}{m}} \tag{11-59}$$

对电学微分方程进行拉普拉斯变换：

$$\Delta u(s)=R\Delta i(s)+L_0\Delta i(s)s \tag{11-60}$$

电磁铁电流 i 与控制电压 u 之间的传递函数为

$$G_i(s)=\frac{\Delta i(s)}{\Delta u(s)}=\frac{1}{L_0s+R} \tag{11-61}$$

因此，得到悬浮系统的开环传递函数为

$$G(s)=\frac{-\frac{k_i}{mL_0}}{s^3+\frac{R}{L_0}s^2-\frac{k_z}{m}s-\frac{k_z}{mL_0}R} \tag{11-62}$$

系统的特征方程为

$$s^3+\frac{R}{L_0}s^2-\frac{k_z}{m}s-\frac{k_z}{mL_0}R=0 \tag{11-63}$$

由劳斯判据可知这是个三阶不稳定系统（因为特征方程系数出现零和负值），因此必须设计控制器才能使悬浮系统稳定。

另外根据上述表达式可以建立系统的状态方程，取状态变量 $x=(x_1,x_2,x_3)^{\mathrm{T}}=(z,\dot{z},i)^{\mathrm{T}}$，

则其状态空间表达式如下：

$$\begin{cases}\dot{x}_1=x_2\\ \dot{x}_2=-\dfrac{K}{m}\dfrac{x_3^2}{x_1^2}+g\\ \dot{x}_3=\dfrac{R}{L}x_3-\dfrac{u}{L}\end{cases}\tag{11-64}$$

式中，$K=\mu_0AN^2/4$。

对式（11-64）在平衡点进行线性化得到如下表达式：

$$\begin{cases}\dot{x}_1=x_2\\ \dot{x}_2=\dfrac{k_z}{m}x_1-\dfrac{k_i}{m}x_3\\ \dot{x}_3=\dfrac{R}{L_0}x_3-\dfrac{u}{L_0}\end{cases}\tag{11-65}$$

线性化后的系统的状态空间模型为

$$\begin{cases}\begin{bmatrix}\dot{x}_1\\ \dot{x}_2\\ \dot{x}_3\end{bmatrix}=\begin{bmatrix}0 & 1 & 0\\ \dfrac{k_z}{m} & 0 & \dfrac{k_i}{m}\\ 0 & 0 & \dfrac{R}{L_0}\end{bmatrix}\begin{bmatrix}x_1\\ x_2\\ x_3\end{bmatrix}+\begin{bmatrix}0\\ 0\\ -\dfrac{1}{L_0}\end{bmatrix}u\\ y=[1\quad 0\quad 0]\begin{bmatrix}x_1\\ x_2\\ x_3\end{bmatrix}\end{cases}\tag{11-66}$$

悬浮系统的参数见表 11-3。

表 11-3　悬浮系统参数

m	535 kg	M	665 kg	N	360 匝
R	0. 92 Ω	A	0. 038 m^2	μ_0	$4\pi\times10^{-7}$ H/m
z_0	8. 0 mm	i_0	22. 0 A	g	9. 8 N/kg

将表 11-3 中悬浮系统参数代入状态方程（11-66）得到

$$\begin{cases}\begin{bmatrix}\dot{x}_1\\ \dot{x}_2\\ \dot{x}_3\end{bmatrix}=\begin{bmatrix}0 & 1 & 0\\ 2496 & 0 & -114\\ 0 & 0 & 3\end{bmatrix}\begin{bmatrix}x_1\\ x_2\\ x_3\end{bmatrix}+\begin{bmatrix}0\\ 0\\ -3.23\end{bmatrix}u\\ y=[1\quad 0\quad 0]\begin{bmatrix}x_1\\ x_2\\ x_3\end{bmatrix}\end{cases}\tag{11-67}$$

系统的矩阵系数为

$$\boldsymbol{A}=\begin{bmatrix}0 & 1 & 0\\ 2946 & 0 & -114\\ 0 & 0 & 3\end{bmatrix},\quad \boldsymbol{B}=\begin{bmatrix}0\\ 0\\ -3.23\end{bmatrix},\quad \boldsymbol{C}=[1\quad 0\quad 0]$$

容易求得系统的能控矩阵为

$$[\boldsymbol{B}\quad \boldsymbol{AB}\quad \boldsymbol{A}^2\boldsymbol{B}]=\begin{bmatrix}0 & 0 & -367\\ 0 & -367 & -1090\\ 3.2 & 9.6 & 28.6\end{bmatrix} \tag{11-68}$$

能控矩阵的秩为 3，所以系统具有完全可控性。

容易求得系统的能观性矩阵为

$$\begin{bmatrix}\boldsymbol{C}\\ \boldsymbol{CA}\\ \boldsymbol{CA}^2\end{bmatrix}=\begin{bmatrix}1 & 0 & 0\\ 0 & 1 & 0\\ 2496 & 0 & 113.5\end{bmatrix} \tag{11-69}$$

能观性的矩阵秩为 3，所以系统具有完全可观测性。

该系统具有完全可控性和完全可观测性，因而闭环控制可以实现任意的零极点配置。该控制系统的设计可以有许多种方法。

11.4.3 悬浮控制器设计

1. 基于模拟化控制器的设计

根据计算机控制系统的模拟化设计法，针对磁浮列车悬浮系统设计控制器。因为电磁铁是一个一阶惯性系统，因此电磁铁线圈电流 i 和控制电压 u 之间存在较大延时，需引入电流反馈。为提高电流的快速响应，设计电流内环，电流环校准后，电磁铁可近似为一个比例环节，此时悬浮系统的阶数可从 3 阶降为 2 阶系统：

$$\frac{\Delta z(s)}{\Delta u(s)}=\frac{-\dfrac{k_i}{mR}}{s^2-\dfrac{k_z}{m}} \tag{11-70}$$

对该 2 阶系统进行模拟化控制器设计，整定 PID 控制器的参数分别为 $K_\mathrm{p}=332$，$K_\mathrm{d}=64$，$K_\mathrm{i}=10.5$。然后用离散化方法将 PD 转化为离散的形式。

离散化后，其控制律为

$$\Delta u(kT)=K_\mathrm{p}(\Delta z(kT)-z_0)+K_\mathrm{d}(\Delta z(kT)-\Delta z(kT-1))+K_\mathrm{i}\sum_{j=0}^{k}(\Delta z(\mathrm{j}T)-z_0) \tag{11-71}$$

最后用 MATLAB 进行数值仿真得到悬浮效果曲线如图 11-18 所示。

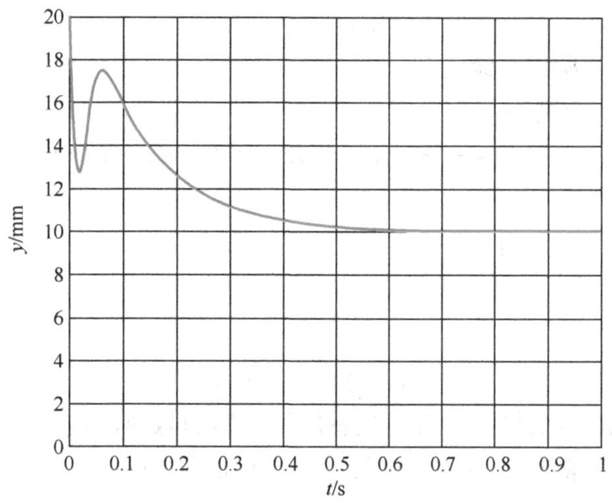

图 11-18　基于 PID 控制器的悬浮响应曲线

2. 基于状态反馈极点配置的控制器设计

从连续状态空间方程求取离散系统状态空间方程可以用 MATLAB 中的如下命令：

```
A=[0 1 0;2496 0 -114;0 0 595];B=[0;0;-3.23];T=0.0005;
[G H]=c2d(A,B,T)
```

MATLAB 命令式中，T 是离散控制系统的采样周期，单位是 s。得到

$$\boldsymbol{G}=\begin{bmatrix}1 & 0.0005 & 0\\ 1.2482 & 1.0003 & -0.0568\\ 0 & 0 & 1.0015\end{bmatrix}$$

$$\boldsymbol{H}=\begin{bmatrix}0\\ 0\\ 0.0016\end{bmatrix}$$

离散化的状态方程表达式为

$$\begin{cases}\boldsymbol{x}(k+1)=\boldsymbol{G}\boldsymbol{x}(k)+\boldsymbol{H}u(k)\\ y(k)=\boldsymbol{C}\boldsymbol{x}(k)\end{cases} \tag{11-72}$$

先检查离散系统的能控性：

$$\boldsymbol{Q}_{\mathrm{c}}=[\boldsymbol{H}\quad \boldsymbol{G}\boldsymbol{H}\quad \boldsymbol{G}^2\boldsymbol{H}\quad \cdots\quad \boldsymbol{G}^{n-1}\boldsymbol{H}] \tag{11-73}$$

求取离散系统能控性矩阵的秩

$$\mathrm{Rank}(\boldsymbol{Q}_{\mathrm{c}})=3$$

能控性矩阵 $\boldsymbol{Q}_{\mathrm{c}}$ 为满秩，所以系统能控。

再检查系统的能观性。求取系统的能观性矩阵：

$$\boldsymbol{Q}_{\mathrm{o}}=\begin{bmatrix}\boldsymbol{C}\\ \boldsymbol{C}\boldsymbol{G}\\ \vdots\\ \boldsymbol{C}\boldsymbol{G}^{n-1}\end{bmatrix} \tag{11-74}$$

求取系统的

$$\mathrm{Rank}(\boldsymbol{Q}_o)=3$$

能观性矩阵 $\boldsymbol{Q}_o$为满秩，所以系统能观。

取状态变量的反馈控制为

$$u(kT)=-[K_1x_1(kT)+K_2x_2(kT)+K_3x_3(kT)] \tag{11-75}$$

利用零极点配置命令：

```
p=[0.998 0.95 0.86];
K=place(G,H,p)
```

得到状态反馈系数

$$\boldsymbol{K}=[2871\ 87\ 118]$$

然后利用MATLAB数值模拟，得到状态反馈控制的悬浮曲线如图11-19所示，纵坐标代表状态变量 x_1，即间隙输出 y 的坐标，初始状态为20 mm，约0.5 s后达到平衡位置10 mm。

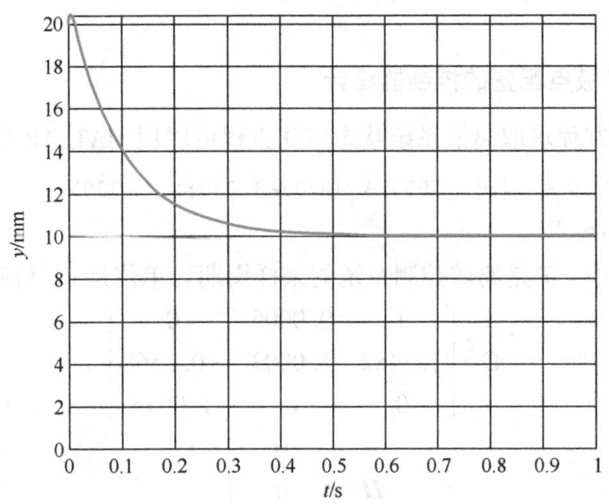

图 11-19　基于状态反馈控制的悬浮响应曲线

3. 基于二次型最优的无限时间状态调节器设计

采用最优控制器设计方法，设计无限时间状态调节器，使如下指标最优：

$$J=\frac{1}{2}\sum_{k=0}^{\infty}[x^{\mathrm{T}}(k)Qx(k)+u^{\mathrm{T}}(k)Ru(k)] \tag{11-76}$$

此处选择 Q 为1，R 为0.001。MATLAB求解命令为 $K=-\mathrm{dlqr}(\mathrm{G,H,1,1})$，最优反馈律如下：

$$\boldsymbol{K}=-[R+\boldsymbol{H}^{\mathrm{T}}\boldsymbol{PH}]^{-1}\boldsymbol{H}^{\mathrm{T}}\boldsymbol{PG} \tag{11-77}$$

得到反馈增益矩阵 $\boldsymbol{K}$ 为

$$\boldsymbol{K}=[2137\quad 52\quad 68]$$

然后利用MATLAB数值模拟，得到二次型最优的无限时间状态调节器控制的悬浮曲线如图11-20所示，纵坐标代表状态变量 x_1，即输出 y 的坐标，初始状态为20 mm，约0.45 s后达到平衡位置10 mm。

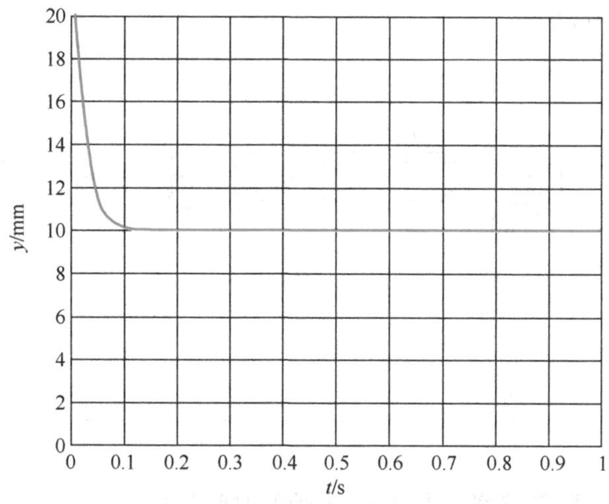

图 11-20　基于 LQR 控制的悬浮响应曲线

11.5 案例 4：新生儿供氧系统控制器设计

新生儿供氧系统是一套专门为新生儿提供照料和护理的综合性系统。该系统通常由医疗机构、护理人员和相关设备组成，在确保新生儿的生存和健康发展有着关键的作用。系统提供对新生儿生命体征的实时监测，包括心率、呼吸、体温等。这些监测数据可以帮助医护人员及时发现和处理任何异常情况。对于早产儿或存在呼吸困难的新生儿，系统可以提供呼吸支持，如氧气给养、呼吸机等，以确保其正常呼吸功能。

11.5.1 新生儿供养系统

本案例研究用于分析新生儿供氧系统的反馈控制器的性能。首先，该模型基于赛诺（Sano）及菊池（Kikuchi）模型，需满足如下假设：

1）吸氧率和耗氧量恒定不变；

2）身体内的气体混合和吸入氧气瞬间完成；

3）呼吸交换律恒定，呼吸交换律是指一次呼吸中吸入的氧气分子数量与呼出的二氧化碳分子数量之比。

基于上述假设，所搭建的 Simulink 闭环传递函数模型如图 11-21 所示。

关于控制对象的模拟模型，将混合器、吸氧罩和婴儿分开考虑。三者的传递函数分别为

$$\text{对于混合器}:G(s)_{\text{Blender}}=K_{\text{b}}\mathrm{e}^{-T_{\text{b}}s} \tag{11-78}$$

$$\text{对于吸氧罩}:G(s)_{\text{Hood}}=\frac{1}{1+\tau_{\text{H}}s} \tag{11-79}$$

$$\text{对于婴儿}:G(s)_{\text{Baby}}=\frac{K_{\text{L}}}{1+\tau_{\text{L}}s} \tag{11-80}$$

式中，指数项 T_{b} 代表氧气输送中的混合器时间延迟因子；K_{b} 是氧气混合器的增益；τ_{H} 是吸

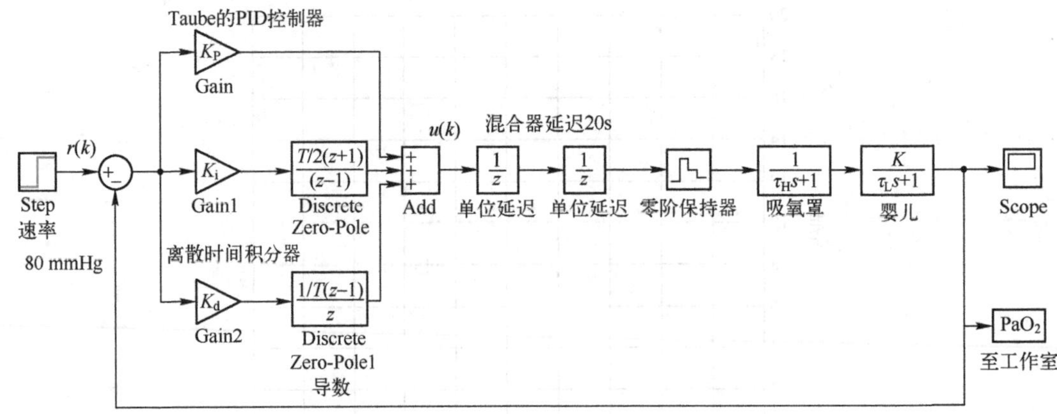

图 11-21 Simulink 闭环传递系统模型

氧罩的时间常数；K_L 是肺转移率；参数 τ_L 为肺的时间常数。

至此，可得控制对象完整的模拟传递函数为

$$G_P(s)=\frac{K_L K_b e^{-T_b s}}{(1+\tau_H s)(1+\tau_L s)} \tag{11-81}$$

11.5.2 系统模型参数

针对上述系统，模型参数见表 11-4。

表 11-4 系统模型参数

符 号	含 义	数 值
K_b	氧气混合器的增益	1.0
T_b	混合时间延迟因子/s	20
τ_H	吸氧罩的时间常数/s	55
K_L	肺转移率	90
τ_L	肺的时间常数/s	12

11.5.3 系统控制器设计

将表 11-4 中的参数代入式（11-81）可得系统传递函数为

$$G_P(s)=\frac{90e^{-20s}}{(1+55s)(1+12s)}=\frac{(3/22)e^{-20s}}{s^2+(67/660)s+(1/660)} \tag{11-82}$$

1. 基于 PID 的控制器设计

基于上述二阶加延迟环节，采用 PID 控制器设计策略，其模型如下所示。

1）比例环节：

$$G_k(s)=K_P \tag{11-83}$$

2）积分环节：

$$G_I(s)=K_I\frac{z+1}{z-1} \tag{11-84}$$

3）微分环节：

$$G_D(s)=K_D\frac{z-1}{z} \tag{11-85}$$

其数字 PID 控制器为：

$$D(z)=K_P+K_I\frac{z+1}{z-1}+K_D\frac{z-1}{z} \tag{11-86}$$

2. 最小拍控制器设计

针对控制器设计，设采样时间 T 设为 1 s，将 $G_P(s)$ 离散化得：

$$\begin{aligned}G(z)&=Z\left[\frac{1-e^{-Ts}}{s}G_P(s)\right]=(1-z^{-1})Z\left[\frac{1}{s}\frac{90e^{-20s}}{(1+55s)(1+12s)}\right]\\&=z^{-21}\frac{0.06279(s+1.064z^{-1})}{(1-0.982z^{-1})(1-0.92z^{-1})}\end{aligned} \tag{11-87}$$

经过离散化后的 $G(z)$ 的零点为-1.064（单位圆外），极点为 0.982 和 0.920（单位圆内），故 $u=1$，$v=0$，$m=21$。由于系统针对阶跃输入进行设计，$q=1$。综合考虑闭环系统的稳定性、准确性、快速性，$\Phi(z)$ 应该选为：

$$\Phi(z)=z^{-21}(1+1.0640z^{-1})\varphi_0 \tag{11-88}$$

由 $\phi(1)=1$ 得：

$$\varphi_0=\frac{1}{2.0640}=0.484496 \tag{11-89}$$

故：

$$\Phi(z)=0.4845z^{-21}(1+1.0640z^{-1}) \tag{11-90}$$

数字控制器为：

$$\begin{aligned}D(z)&=\frac{\Phi(z)}{(1-\Phi(z))G(z)}\\&=\frac{0.4845(1-0.982z^{-1})(1-0.920z^{-1})}{0.06279(1-0.4845z^{-21}-0.5155z^{-22})}\end{aligned} \tag{11-91}$$

3. 大林算法控制器设计

根据式（11-82）可知其开环增益 $K=90$，时间常数 $T_1=55$，$T_2=12$，延迟因子 $\tau=NT=20$，取 $T=5$，$N=4$ 可得：

$$Z\left(\frac{a}{s}+\frac{b}{s+\frac{1}{55}}+\frac{c}{s+\frac{1}{12}}\right)=\frac{z}{z-1}-\frac{55}{43}\frac{z}{z-e^{-\frac{5}{55}}}+\frac{12}{43}\frac{z}{z-e^{-\frac{5}{12}}} \tag{11-92}$$

$$\begin{aligned}G(z)&=z^{-4}\frac{1.4440z^{-1}+1.2213z^{-2}}{(1-0.9131z^{-1})(z-0.6592z^{-1})}\\&=\frac{1.4440(1+0.9460z^{-1})z^{-5}}{(1-0.9131z^{-1})(1-0.6592z^{-1})}\end{aligned} \tag{11-93}$$

根据稳定性、快速性、准确性的要求，取 $T_\tau=5$，闭环传递函数为

$$\Phi(s)=\frac{1}{5s+1}e^{-20s} \tag{11-94}$$

$$
\begin{aligned}
D(z) &= \frac{\Phi(z)}{(1-\Phi(z))G(z)} \\
&= \frac{0.6321(1-0.9131z^{-1})(1-0.6592z^{-1})}{1.4440(1-0.3678z^{-1}-0.6321z^{-5})(1+0.9460z^{-1})}
\end{aligned} \tag{11-95}
$$

11.5.4 系统仿真

1. PID 控制器

原系统输出是发散的，加入 PID 环节后通过调整 K_P、K_I、K_D 参数，使系统输出较为理想。选择的 $K_P = 0.02$，$K_I = 0.00000293$，$K_D = 26$，PID 调节输出响应如图 11-22 所示。

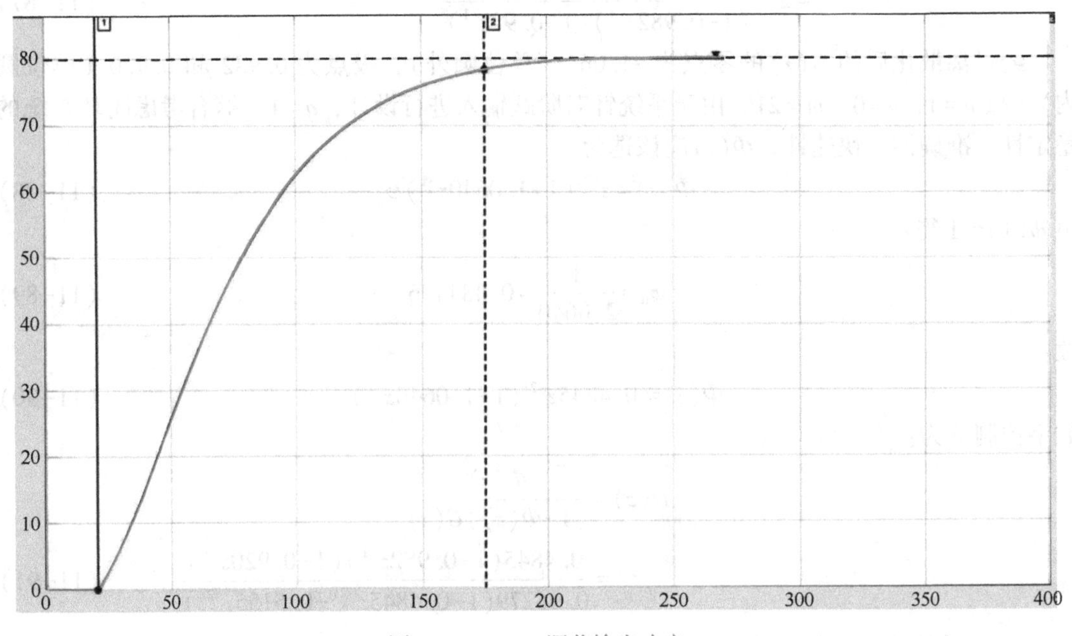

图 11-22 PID 调节输出响应

图中虚线为期望阶跃信号输入，实线为闭环控制系统实际输出。从中可以看出，经 PID 环节调节后，输出曲线的无超调，稳态输出值为 80，调节时间大约为 155 s（2%指标）。

2. 最小拍控制器

按照控制器设计中的控制器模型构建的最小节拍控制器系统搭建模型，控制量曲线以及系统输出响应如图 11-23 和图 11-24 所示。

图 11-24 中蓝色为期望跃阶信号输入（无延迟），灰色为实际闭环控制系统输出。从图 11-24中可以看出，在 20s 附近系统经最小节拍设计后的系统输出拍数为 1，经过 1s（一个采样周期）后即可达到稳定，且无振荡，无超调，无稳态误差。

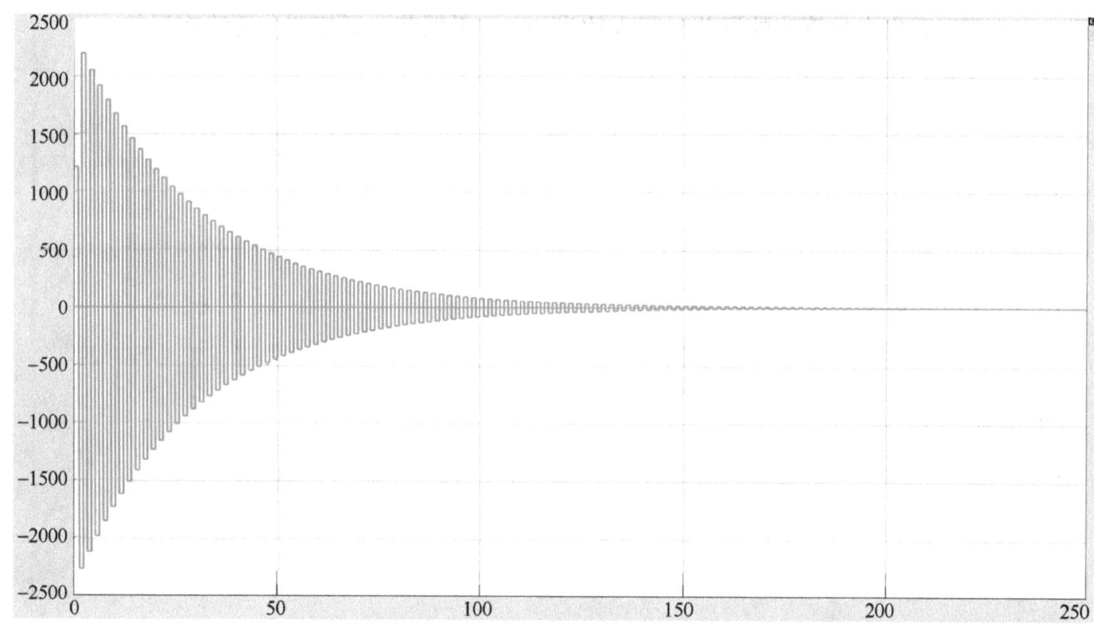

图 11-23　最小节拍数字控制量曲线

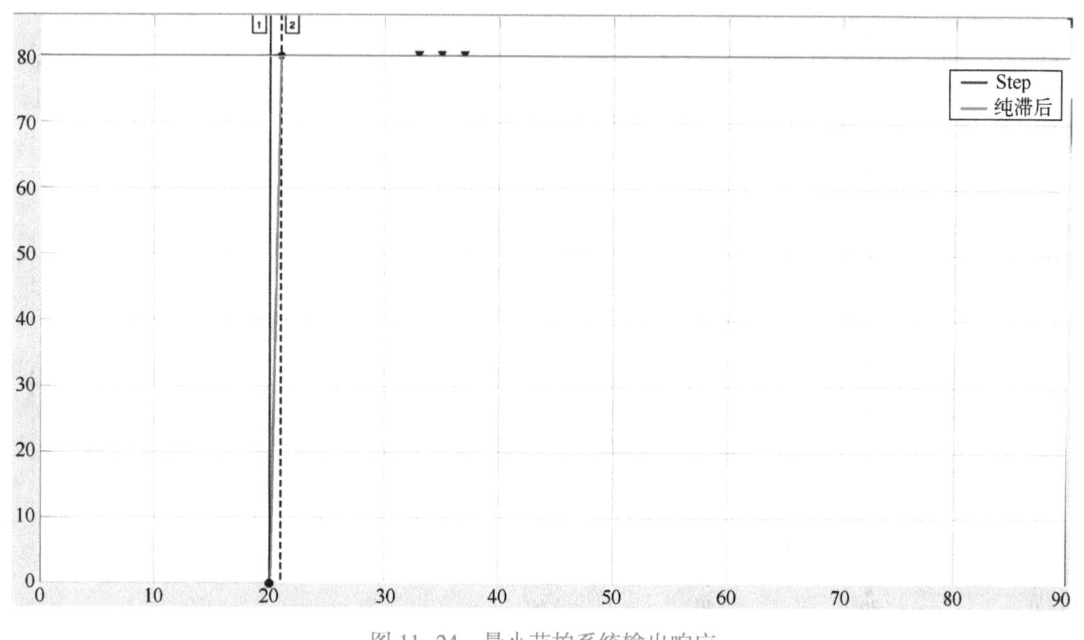

图 11-24　最小节拍系统输出响应

3. 大林算法控制器

经过大林算法控制器设计及模型搭建仿真，其控制量曲线和输出响应如图 11-25 和图 11-26 所示。

图 11-26 中灰色为期望阶跃信号输入（无延迟），蓝色为实际闭环控制系统输出。从图 11-26 可以看出大林算法的调节时间大约为 10 s，无振荡，无超调，无稳态误差。

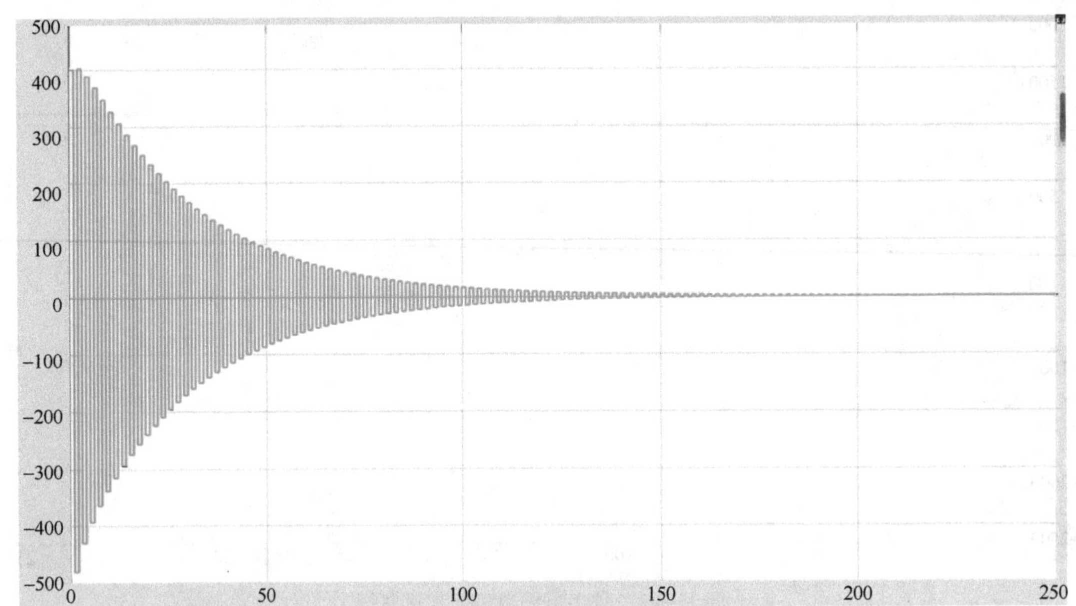

图 11-25　大林算法的控制量曲线

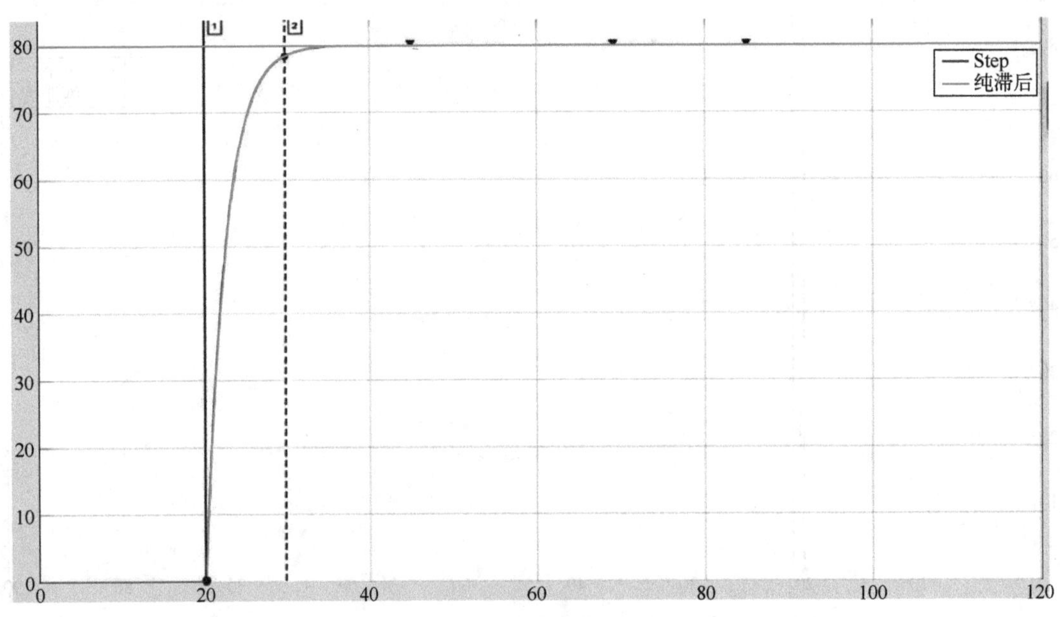

图 11-26　大林算法的输出响应

参 考 文 献

[1] 李友善．自动控制原理［M］．北京：国防工业出版社，2007.
[2] DORF R C，BISHOP R H. 现代控制系统：12 版［M］．谢红卫，孙志强，宫二玲，等译．北京：电子工业出版社，2015.
[3] 王永骥，王金城，王敏．自动控制原理［M］．3 版．北京：化学工业出版社，2015.
[4] 宫二玲，沈辉．自动控制建模·分析·设计［M］．北京：中国水利水电出版社，2016.
[5] 王广雄，何朕．控制系统设计［M］．北京：清华大学出版社，2008.
[6] 埃利斯．控制系统设计指南［M］．汤晓君，译．北京：机械工业出版社，2016.
[7] 刘明俊，杨壮志，张拥军，等．计算机控制原理与技术［M］．长沙：国防科技大学出版社，1999.
[8] 龙志强，李迅，刘建斌．计算机控制及网络技术［M］．北京：中国水利水电出版社，2007.
[9] 孙增圻．计算机控制理论及应用［M］．2 版．北京：清华大学出版社，2008.
[10] 李元春．计算机控制系统［M］．2 版．北京：高等教育出版社，2009.
[11] 席爱民．计算机控制系统［M］．北京：高等教育出版社，2010.
[12] 高金源，夏洁，张平，等．计算机控制系统［M］．北京：高等教育出版社，2010.
[13] 夏扬．计算机控制技术［M］．北京：机械工业出版社，2011.
[14] 李嗣福．计算机控制基础［M］．合肥：中国科学技术大学出版社，2014.
[15] 何克忠，李伟．计算机控制系统［M］．2 版．北京：清华大学出版社，2015.
[16] 刘建昌，关守平，谭树彬，等．计算机控制系统［M］．2 版．北京：科学出版社，2016.
[17] 杨根科，谢剑英．微型计算机控制技术［M］．北京：国防工业出版社，2016.
[18] 王锦标．计算机控制系统［M］．北京：清华大学出版社，2018.
[19] 姜学军，等．计算机控制技术［M］．3 版．北京：清华大学出版社，2020.
[20] 张燕红．计算机控制技术［M］.3 版．南京：东南大学出版社，2020.
[21] ASTROM K A，WITTENMARK B. Computer-Controlled Systems：Theory and Design［M］．Hoboken：Prentice Hall PTR，1996.
[22] 菲利普斯，内格尔，查克拉博蒂．数字控制系统分析与设计：第 4 版［M］．王萍，等译．北京：机械工业出版社，2017.
[23] VELONI A，MIRIDAKIS N. Digital Control Systems：Theoretical Problems and Simulation Tools［M］．Boca Raton：CRC Press，2017.
[24] 龙志强，李迅，李晓龙，等．现场总线控制网络技术［M］．北京：机械工业出版社，2011.
[25] 龙志强，李晓龙，窦峰山，等．CAN 总线技术与应用系统设计［M］．北京：机械工业出版社，2013.
[26] 关守平，周玮，尤富强．网络控制系统与应用［M］．北京：电子工业出版社，2008.
[27] 孙德辉，史运涛，李志军，等．网络化控制系统：理论、技术及工程应用［M］．北京：国防工业出版社，2008.
[28] 王岩，孙增圻．网络控制系统分析与设计［M］．北京：清华大学出版社，2009.
[29] 俞立，张文安．网络化控制系统分析与设计：切换系统处理方法［M］．北京：科学出版社，2012.
[30] 郭戈，卢自宝．网络化控制系统的新进展［M］．北京：科学出版社，2015.
[31] 关治洪，黄剑，丁李，等．网络控制系统的性能分析与设计［M］．北京：科学出版社，2016.
[32] 阳宪惠．网络化控制系统：现场总线技术［M］．2 版．北京：清华大学出版社，2014.
[33] BEMPORAD A，HEEMELS M，JOHANSSON M. Networked Control Systems［M］．London：Springer，2010.

[34] 常文森，佘龙华．磁浮列车技术发展与自动控制［C］．第22届中国控制会议论文集，2003：27-30.
[35] LIU Z G，LONG Z Q，LI X L．Maglev Trains：Key Underlying Technologies［M］．Berlin：Springer，2016.
[36] 王志强．高速磁浮列车悬浮系统故障诊断与容错控制研究［D］．长沙：国防科技大学，2019.
[37] 丁叁叁．时速600 km高速磁浮交通系统［M］．上海：上海科学技术出版社，2022.
[38] 龙志强，李晓龙，程虎，等．永磁电磁悬浮技术及应用研究［M］．上海：上海科学技术出版社，2023.
[39] 胡德文，王正志，王耀南，等．神经网络自适应控制［M］．长沙：国防科技大学出版社，2006.
[40] 梶田秀司．仿人机器人［M］．管贻生，译．北京：清华大学出版社，2007.
[41] GOSWAMI A，VADAKKEPAT P．Humanoid Robotics：A Reference［M］．Dordrecht：Springer，2019.
[42] 绳涛．欠驱动两足机器人控制策略及其应用研究［D］．长沙：国防科技大学，2011.
[43] 侯文琦．双足机器人行走能耗分析与地面适应性控制方法研究［D］．长沙：国防科技大学，2016.
[44] 申泽邦，雍宾宾，周庆国，等．无人驾驶原理与实践［M］．北京：机械工业出版社，2019.
[45] BIAGIOTTI L，MELCHIORRI C．Trajectory Planning for Automatic Machines and Robots［M］．Heidelberg：Springer，2008.
[46] 李峻翔．无人车规划及车辆运动预测研究［D］．长沙：国防科技大学，2019.
[47] PHILLIPS C L，NAGLE H T，CHAKRABORTTY A．数字控制系统分析与设计：4版［M］．王萍，译．北京：机械工业出版社，2017.
[48] ZHANG W，BRANICKY M S，PHILLIPS S M．Stability of networked control systems［J］．IEEE control systems magazine，2001，21（1）：84-99.
[49] 刘金琨．先进PID控制MATLAB仿真［M］．北京：电子工业出版社，2016.
[50] 朱玉华．计算机控制及系统仿真［M］．北京：机械工业出版社，2018.
[51] 董宁．计算机控制系统［M］．3版．北京：电子工业出版社，2017.